AF211611

ATLAS DEL ESPACIO

Un mapa del universo: del *big bang* al futuro

ATLAS DEL ESPACIO

Un mapa del universo: del *big bang* al futuro

ROGER D. LAUNIUS

Librero

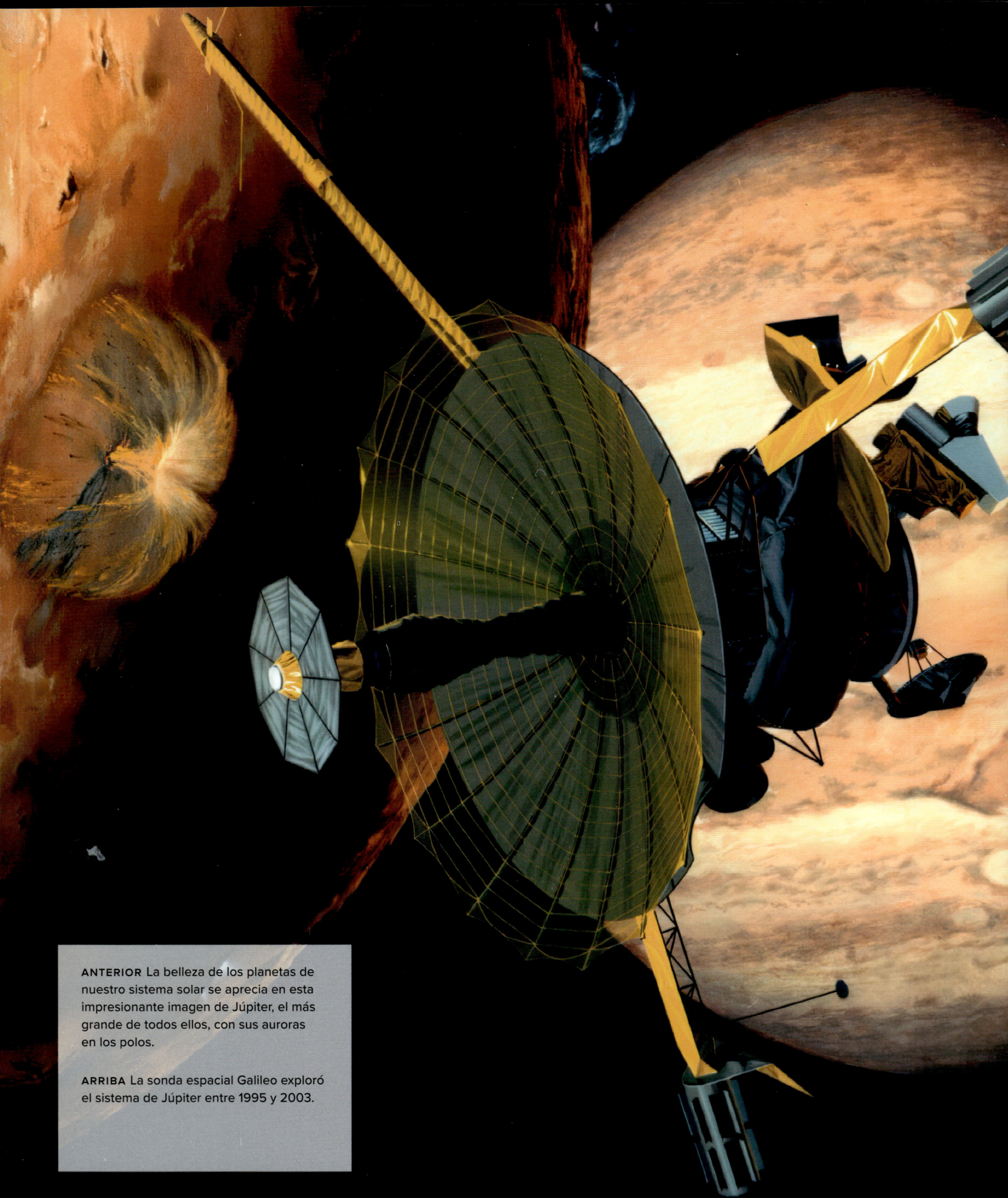

ANTERIOR La belleza de los planetas de nuestro sistema solar se aprecia en esta impresionante imagen de Júpiter, el más grande de todos ellos, con sus auroras en los polos.

ARRIBA La sonda espacial Galileo exploró el sistema de Júpiter entre 1995 y 2003.

ÍNDICE

INTRODUCCIÓN

Cuesta creer que haya pasado más de un siglo desde que la teoría de la relatividad de Albert Einstein, del Big Bang y del universo en expansión empezaron a ganar aceptación. Hasta el siglo XX, los astrónomos no estaban seguros de si había más de una galaxia. Ahora sabemos que existen millones, sino miles de millones, de galaxias además de la Vía Láctea. Los agujeros negros, los exoplanetas y las posibilidades de vida —en cualquiera de sus formas— dominan actualmente nuestras consideraciones sobre la naturaleza del universo. Parece mentira lo mucho que han cambiado las cosas en solo un siglo.

En su búsqueda de la verdad sobre el cosmos, los científicos han tenido que afrontar logros y retos a veces estimulantes, otras veces desconcertantes, y otras, sorprendentes. La humanidad salió de este planeta por primera vez la segunda mitad del siglo XX, puesto que los primeros cohetes llegaron al espacio después de la Segunda Guerra Mundial. Las actividades orbitales continuadas empezaron con el lanzamiento del Sputnik 1 el 4 de octubre de 1957, y las misiones humanas dieron comienzo en 1961. Desde entonces, quienes tratan de desvelar los misterios del universo han enviado sondas a visitar todos los planetas del sistema solar, en ocasiones repetidas veces, y han rebasado las fronteras del conocimiento sobre ellos. Algunos han llevado a cabo minuciosas investigaciones del firmamento con telescopios terrestres cada vez más avanzados, mientras que otros han buscado vida más allá de la Tierra (sin encontrarla hasta hoy) e intentan comprender el lugar que ocupa la humanidad en el cosmos.

Como afirmó con vehemencia el periodista Walter Cronkite en el 2000: «Sí, efectivamente, somos la generación afortunada». En esta época, «primero rompimos los lazos terrenales y nos aventuramos en el espacio. Desde las atalayas de otros planetas o de lejanas ciudades espaciales, nuestros descendientes recordarán esta hazaña maravillados por nuestro coraje y audacia y agradecerán nuestros éxitos, que habrán garantizado el futuro que habitan». La mejor respuesta pública de la exploración espacial sigue siendo la que se vivió en Times Square durante el amartizaje del Curiosity en 2012 (*véase* pág. 238), cuando la gente que seguía el evento a través de las grandes pantallas corearon: «¡Cien-cia, cien-cia, cien-cia!».

Este atlas del espacio representa una parte de lo que sabemos del universo en esta fase de nuestras investigaciones. Se basa en la actuación de la ciencia que lleva a un mayor entendimiento, planteando un debate no solo de lo que sabemos del universo, sino también de cómo lo sabemos. La exploración llevada a cabo y los métodos de descubrimiento han alimentado la curiosidad acerca de nuestro espacio físico. En el proceso de exploración, los humanos hemos aprendido mucho; principalmente, hemos empezado a comprender lo que aún no sabemos. Lo que entendemos hoy día está incompleto, tergiversado y, en algunos casos, sencillamente es erróneo. A cien años vista, los lectores de este libro lo aceptarán como un informe de las ideas y los conocimientos

Una de las nebulosas más brillantes del cielo nocturno, Messier 42, más conocida como la nebulosa de Orión, se halla al sur del cinturón de Orión. Es visible desde la Tierra incluso a ojo desnudo, pero, a lo largo de los años, telescopios de todo tipo han capturado su imagen. Esta la tomó el Telescopio Espacial James Webb (JWST) el 23 de agosto de 2023. En el corazón de la nebulosa se encuentra el cúmulo de estrellas de Trapecio, la más grande de las cuales ilumina el gas y el polvo circundantes con sus intensos campos de radiación ultravioleta, mientras que las proto-estrellas continúan formándose hoy día en la nube molecular OMC-1 que queda detrás.

de nuestra época. Con suerte, entenderán que nuestras ideas equivocadas no son fruto de un error intencionado, sino del conocimiento incompleto que la investigación permanente seguirá proporcionando.

En la búsqueda de la verdad sobre el cosmos, desde nuestro planeta y nuestro sistema solar relativamente mundanos, la humanidad observa los confines del universo. En la actualidad, el paradigma de la tecnología comprometida con este cometido es el Telescopio Espacial James Webb (JWST, por sus siglas en inglés), que ha tomado el relevo del Telescopio Espacial Hubble (HST, por sus siglas en inglés) como el telescopio espacial operativo en el espectro de luz visible más avanzado. Pese a estar activo solo desde 2022, ya ha rebasado los límites de la comprensión humana del cosmos. Científicos de todo el mundo lo han utilizado, junto con otros muchos instrumentos, para replantear el lugar que ocupamos en el universo. Las imágenes del JWST y otros telescopios ilustran las páginas de este libro.

Los cinco capítulos que siguen van de fuera adentro, empezando por los confines del universo y pasando por otras galaxias y sistemas estelares hasta nuestro sistema solar exterior y, por último, el sistema solar interior. El último capítulo reflexiona sobre el futuro de la exploración espacial a lo largo del resto del siglo XXI. El objetivo de este planteamiento «de fuera adentro» es explorar la cosmología; los orígenes y la evolución del universo;

Esta imagen combinada de la galaxia irregular NGC 6822 fusiona los datos de la Cámara de Infrarrojo Cercano y el Instrumento de Infrarrojo Medio del JWST. Juntas, las imágenes muestran un denso campo de estrellas con nubes de gas y polvo amarillo verdoso flotando sobre él. Las luminosas galaxias de formas y tamaños distintos son rojas.

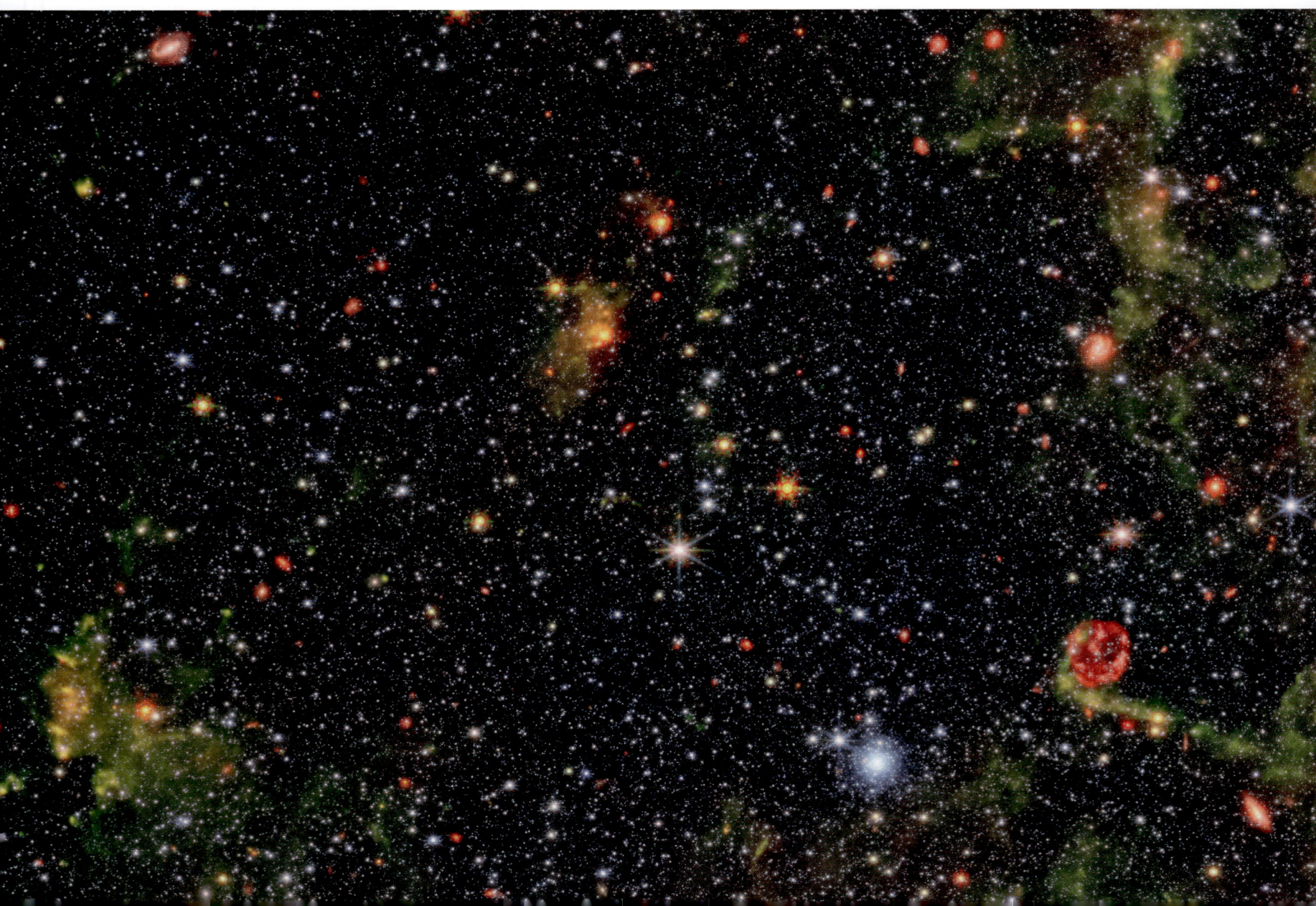

la naturaleza de las galaxias y nuestro mayor conocimiento de ellas, y lo que hemos aprendido desde la era espacial acerca de las entidades principales del sistema solar.

El *Atlas del espacio* ofrece una perspectiva textual y gráfica de este tema. Las asombrosas imágenes —sobre todo las fotografías espaciales, los mapas (tanto los que se han creado específicamente para esta obra como los que proceden de otras fuentes), los esquemas y los diagramas— representan un afán por plasmar lo que sabemos de este maravilloso universo y cómo lo sabemos. En las páginas siguientes, espero poder transmitir la inmensidad del universo de una manera más profunda e inteligible.

«Hasta el siglo XX, los astrónomos no estaban seguros de si había más de una galaxia. Ahora sabemos que existen millones, sino miles de millones, de galaxias además de la Vía Láctea. Los agujeros negros, los exoplanetas y las probabilidades de vida —en cualquiera de sus formas— dominan actualmente nuestras consideraciones sobre la naturaleza del universo.»

1 NUESTRO UNIVERSO

El universo es un lugar maravilloso. Esta imagen de julio de 2022 del Telescopio Espacial James Webb (JWST) captura parte de la nebulosa de Carina, que se encuentra a 7600 años luz de la Tierra.

La vastedad del universo es inimaginable. Su forma es desconocida, aunque posiblemente sea esférico o como una moneda aplastada. Algunos cosmólogos defienden la teoría de que podría ser uno de los muchos integrantes de un multiverso finito o incluso infinito. Aún quedan muchos misterios por descubrir del universo en el que vivimos.

Un universo esférico podría imaginarse como un globo con, siguiendo la analogía, nosotros viviendo en el centro. Como las paredes de un globo cuando se infla, la superficie del universo se expande, con los «márgenes» alejándose cada vez más del punto central. Albert Einstein se refirió a este modelo esférico como un «universo finito pero ilimitado».

En cambio, una forma plana podría dar pie a un universo infinito. John C. Mather, cosmólogo de la NASA, ganador del Nobel de Física y director científico del Telescopio Espacial James Webb (JWST), sugirió que el universo podía ser plano «como una [interminable] hoja de papel (...) se podría ir infinitamente lejos en cualquier dirección y el universo seguiría siendo más o menos igual».

Dentro de nuestra capacidad de observación del universo (hasta 92 000 millones de años luz de distancia), puede que haya dos billones de galaxias, pero nos queda la duda de cuánto universo existe más allá de nuestras posibilidades de visualización. Sabemos que el universo tiene 13 800 millones de años de antigüedad, millón arriba, millón abajo, y que probablemente se originó a raíz de lo que los científicos denominan el «Big Bang», cuando un objeto superdenso más pequeño que una partícula subatómica empezó a expandirse rápidamente. Nuestro universo crece exponencialmente día a día, y las galaxias se alejan unas de otras cada vez más deprisa. El porqué aún es una incógnita.

Además, solo un 4,9 % del universo aproximadamente está compuesto por materia visible. El 95,1 % restante está formado por materia oscura y energía oscura invisibles, que solo pueden estudiarse desde un planteamiento teórico. Dado que los científicos tienen tan poca información de la materia y la energía oscuras, lo mejor que pueden hacer es extrapolar a partir de las observaciones detectadas indirectamente a través de las acciones de la gravedad y otros tipos de energía sobre la materia visible. Por ejemplo, han llegado a la conclusión de que nuestro universo se está expandiendo gracias a la observación. Pero, si el universo solo está formado por galaxias, estrellas y planetas, debería bastar con la gravedad para mantener las cosas en su sitio. ¿Son la materia y la energía oscuras las responsables de la expansión? Esta es otra cuestión que cabe considerar.

PÁGINA SIGUIENTE NGC 346, un cúmulo estelar a 200 000 años luz, fue capturado por la Cámara de Infrarrojo Cercano (NIRCam) del JWST el 11 de enero de 2023. Imágenes como esta revelan los pilares fundamentales de las galaxias, las estrellas e incluso los planetas, lo que nos ayuda a comprender la vastedad del universo y a caracterizar su materia.

TEORÍAS SOBRE LA FORMA DEL UNIVERSO

El universo esférico no es infinito, pero no tiene fin, del mismo modo que ningún punto de la esfera puede considerarse un «final».

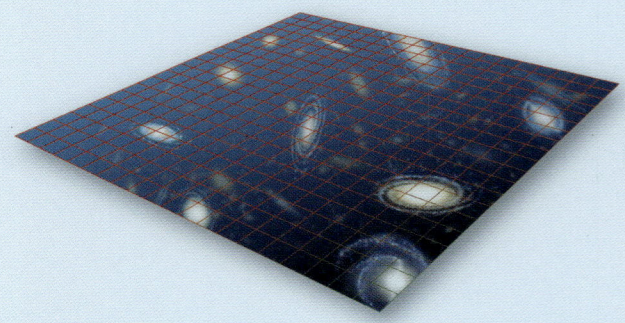

El hecho de que nuestro universo exista con las propiedades que observamos hoy día nos indica que, muy al principio, probablemente fuera casi plano. Si no hubiera materia oscura o energía oscura, un universo plano nunca dejaría de expandirse, pero a un ritmo en constante desaceleración, con lo que la expansión iría ralentizándose hasta ser casi nula.

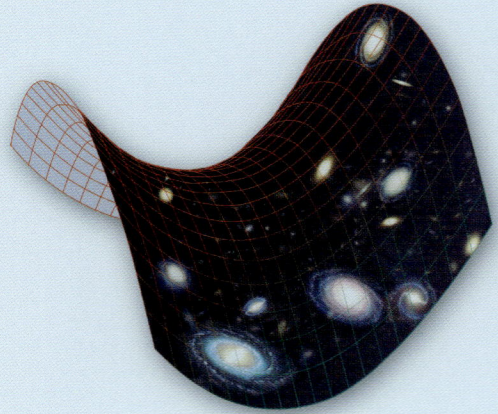

La curvatura negativa de un universo se origina por una escasez de masa (manifestada como gravedad) que frene la expansión del universo. En ese caso, el universo nunca dejará de expandirse.

Situada en la galaxia llamada Gran Nube de Magallanes, la nebulosa de la Tarántula es la región de formación estelar más grande y luminosa cercana a nuestra galaxia, descubierta a 161000 años luz de la Tierra. La nebulosa alberga las estrellas más masivas y calientes que se conocen. En el centro de esta imagen, tomada por el JWST el 2 de junio de 2022, la región de formación estelar más activa resplandece con estrellas de color azul pálido.

ANTIGUAS CONCEPCIONES DEL UNIVERSO

La cosmología (el estudio del universo, cómo se formó y qué leyes rigen su evolución) es tan antigua como la humanidad. Todas las civilizaciones han tenido sus propias ideas acerca del origen del universo. Si bien para la sociedad moderna estas ideas ancestrales no resultan convincentes (y las nuevas teorías de la evolución del universo han reemplazado muchas de ellas, si no todas), todas las teorías eran coherentes con lo que se sabía entonces.

Aunque todas las civilizaciones tenían sus propias creencias sobre los orígenes del universo y su evolución, antes de la Revolución Científica del siglo XVII (cuando los nuevos instrumentos como los telescopios cambiaron muchos planteamientos), buena parte de la cosmología antigua estaba arraigada en la religión y el misticismo. Todas las teorías abordaban no solo los orígenes y la evolución del universo, sino también la experiencia humana de la vida y la muerte. Los tres conceptos de la cosmología que veremos a continuación ilustran la diversidad de estas ideas.

COSMOLOGÍA MAYA

La civilización maya se originó en el primer milenio antes de Cristo y seguía existiendo cuando los conquistadores españoles llegaron a Mesoamérica en el siglo XVI. La cosmología maya proyectó un universo estable con la Tierra en el centro de todas las cosas, fija e inamovible. El mundo plano que concebían los mayas tenía un dios en cada uno de los cuatro puntos cardinales. Por encima había un cielo con trece niveles (cada uno representado por otro dios) donde se encontraban las estrellas, la luna y el sol. Por debajo de la superficie terrestre estaba el Xibalbá, o el inframundo, con nueve niveles, cada uno presidido por un señor de la muerte. Los individuos eran recompensados o castigados en función del comportamiento y las creencias que habían tenido a lo largo de su vida, un concepto religioso explícito de lo que le sucede al alma después de la muerte.

Los mayas eran unos minuciosos observadores del cielo y rastreaban todos los ciclos importantes para la cotidianidad de su civilización. El calendario maya del ciclo solar, con 365 días, era una maravilla de la antigüedad y sigue siendo un referente para el calendario actual. Observaban los ciclos planetarios y los movimientos celestes para reconocer patrones, tanto con fines prácticos, como plantar, como para predecir el futuro. Toda la vida maya podía relacionarse con estos ciclos y su relación con las estaciones.

Destinada a guardar la sangre que abre un portal al más allá, en una antigua vasija trípode maya datada en 600-800 e. c. estaba pintada una representación del cosmos maya. Recreada en este dibujo, representa los elementos siguientes:

1. Pájaro celestial
2. Signo de Venus
3. El árbol del mundo
4. Dios cuatripartito, la cabeza posterior del Monstruo Cósmico
5. Gemelo jaguar
6. Cabeza anterior del Monstruo Cósmico
7. Serpiente de la Visión como las ramas del árbol
8. Chac-Xib como el lucero del alba saliendo del inframundo
9. Fauces del inframundo
10. Aguas negras del mundo medio
11. Xibalbá
12. Aguas sangrientas del inframundo

LA COSMOLOGÍA DE LA ANTIGUA CHINA

La concepción del universo de la antigua China aunaba los conceptos religiosos, las observaciones del cielo nocturno y las ideas de la antigua filosofía en una explicación básica del cosmos que respondía a las necesidades de la mayoría de la población de esa cultura. La cosmología más aceptada de la antigua China (la teoría Xuan Ye, que surgió hacia 1300 a. e. c.) defendía una visión astronómica del cosmos como un espacio infinito, donde la Tierra consistía en el yin condensado y, el cielo, en el yang, unidos en una relación dinámica eterna. Estas propiedades coexistían entre sí, y las relaciones entre el mundo humano y el cosmos exterior tenían que estar en armonía.

Para garantizar el equilibrio, los observadores del firmamento, equipados con los mejores instrumentos de medición disponibles, concibieron sistemas para predecir acontecimientos celestes, desde los solsticios y equinoccios hasta los movimientos de los cuerpos en el cielo. Nuestro conocimiento de las concepciones chinas del cosmos procede de las extensas crónicas detalladas de los sistemas predictivos construidos por los astrónomos chinos, en especial el sistema astronómico Han (Han li), adoptado oficialmente en 85 e. c., cuyos procedimientos calculan todos los datos solares, lunares y planetarios de cualquier año posterior.

Este tapiz del siglo XIV representa un mandala (imagen circular) cosmológico chino con el mítico monte Meru, considerado el centro del universo, en medio. La montaña aparece en forma de pirámide invertida con una flor de loto. A un lado del monte Meru hay un conejo, que simboliza la Luna y, al otro, un pájaro de tres patas, que simboliza el Sol.

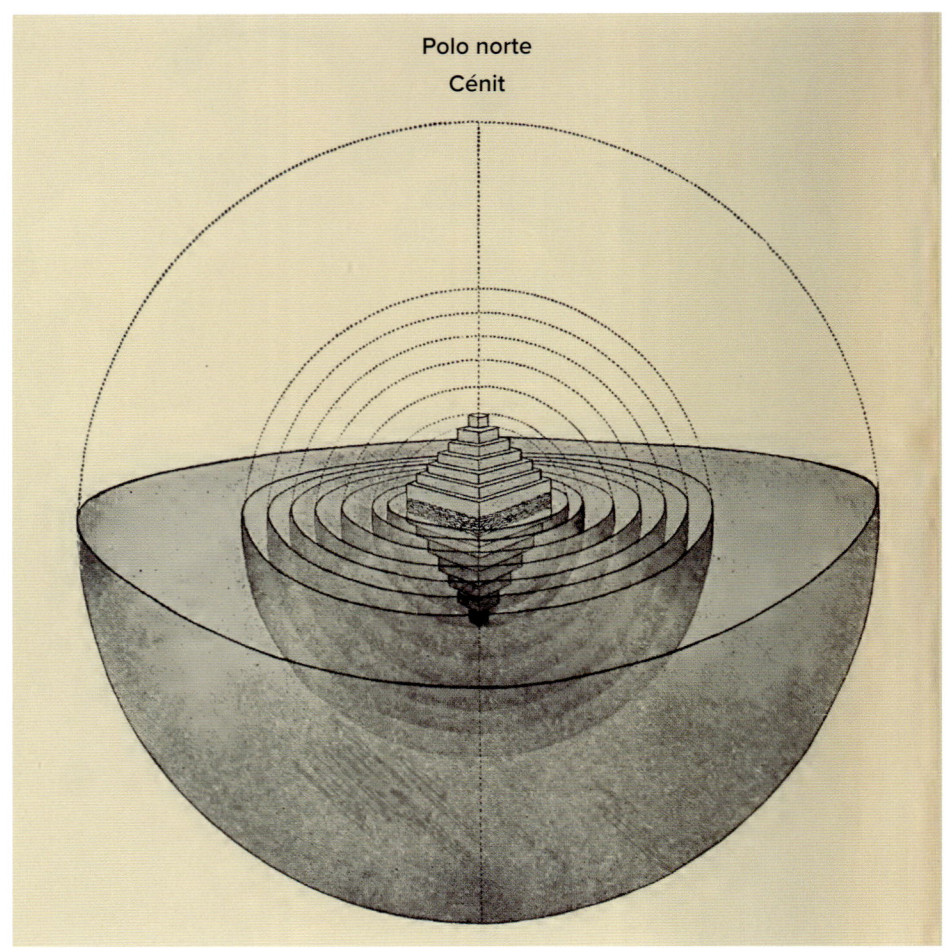

Polo norte
Cénit

LA CONCEPCIÓN BABILÓNICA DEL UNIVERSO

Los antiguos babilónicos concebían el universo como una ostra rodeada de agua. Según ellos, el cielo era una cúpula que, a su vez, protegía la Tierra y sembraba la destrucción a través del fuego y el agua. Cada día, el sol, la luna y las estrellas emprendían un lento movimiento por esta cúpula, entrando por el este y saliendo por el oeste. Como otras civilizaciones antiguas que estudiaron estos movimientos, los babilónicos lo calculaban todo y predecían con gran precisión el movimiento de los planetas y el cambio de las estaciones.

FORMULACIÓN DE IDEAS

Si bien todas estas concepciones del universo poseían elementos de realidad, también tenían un componente mitológico. Con el paso del tiempo, las ideas evolucionaron, actuando en concordancia y discordancia con las observaciones del cielo nocturno, el cuestionamiento de los conocimientos basado en otras ideas e ideales, y las influencias de otras culturas a medida que las épocas y las circunstancias cambiaron. Pueden parecer curiosas para los estándares del conocimiento del siglo XXI, pero no eran un mero reflejo costumbrista. Dentro de otros 2000 años podremos plantear la pregunta adecuada: ¿cuánto de lo que creemos que es cierto sobre el universo en el siglo XXI sigue siendo correcto y cuánto ha cambiado en función de los nuevos descubrimientos? Algunas creencias actuales seguirán vigentes, pero también es probable que una buena parte se sustituya por nuevos conocimientos.

ARRIBA Los primeros observadores griegos del cielo transmitieron a la civilización occidental sus primeros conocimientos del universo. Desde Apolo y su carro del Sol hasta los dioses y las diosas que vigilaban varios aspectos de los quehaceres humanos, esta perspectiva era profundamente mitológica, plasmada en ilustraciones como esta de los escritos del matemático y cartógrafo francés Oronce Fine (1494-1555), *De mundi sphaera* (París, 1542): «Ilustración de Oronce Fine, personificación de la astronomía y una esfera armilar». Una esfera armilar era una representación tridimensional de la esfera celeste, con una estructura de anillos centrada en la Tierra o el Sol que representaba los grandes movimientos de los objetos en el cielo nocturno.

ARRIBA IZQUIERDA El universo babilónico consiste en dos pirámides de siete escalones que representan la Tierra, con la humanidad viviendo en la parte superior y los muertos, en la inferior. Los dioses vigilan cada uno de estos mundos, y el mundo de las estrellas y los demás objetos del cielo nocturno representa todo lo que hay más allá de la Tierra. Los babilonios creían que el polo norte de los cielos era el verdadero cénit del sistema cósmico.

IZQUIERDA Un fragmento principal del mecanismo de Anticitera (un antiguo sistema de computación diseñado para predecir posiciones astronómicas y eclipses) recuperado de un naufragio próximo a la isla griega homónima que data del siglo I a. e. c. El mecanismo consiste en un complejo sistema de treinta y dos ruedas dentadas con inscripciones relacionadas con los signos del zodiaco y los meses del año. El estudio de los fragmentos sugiere que era el tipo de astrolabio utilizado para la navegación marítima.

DERECHA Reconstrucción del dial frontal del mecanismo de Anticitera se creó a partir de las mejores pruebas acerca de su finalidad que se tenían. Los planetas se representan con cuentas marcadoras con saetas para la Luna, el Sol, la línea de los nodos y la fecha. En el centro está la Tierra, con una bola plateada que representa la Luna unida a ella. Además, los anillos representan Mercurio, Venus, el Sol, Marte, Júpiter y Saturno.

Las civilizaciones de la antigüedad eran incapaces de observar el espacio con tanta claridad y profundidad como nosotros en el siglo XXI. Se habrían asombrado, como nosotros hoy, al ver la complejidad, la belleza y la energía del universo que intentamos descifrar. Esta imagen combinada de la nebulosa de Carina (NGC 3324) la capturó con múltiples exposiciones la Cámara de Infrarrojo Cercano y el Instrumento de Infrarrojo Medio del Telescopio Espacial James Webb (JWST) en julio de 2022. El JWST representa uno de los telescopios espaciales operativos más avanzados. Está reescribiendo el conocimiento del universo.

«*Dentro de nuestra capacidad de observación del universo (hasta 92 000 millones de años luz de distancia), puede que haya dos billones de galaxias, pero nos queda la duda de cuánto universo existe más allá de nuestras posibilidades de visualización*».

MODELOS DEL UNIVERSO EN LA CIVILIZACIÓN OCCIDENTAL

Como otras regiones del mundo en la antigüedad, la civilización occidental tendía a clasificarlo todo, incluidas la estructura y la evolución del universo. Esta búsqueda de disciplina llevó a dos grandes concepciones del universo en la tradición occidental. Ambas tenían sentido en su época, pero eran, y siguen siéndolo, incompletas y, hasta cierto punto, erróneas.

Las ideas de la mitología griega y romana conformaron muchos de los conocimientos comunes entre los europeos hasta la era cristiana, pero pronto fueron suplantadas por observaciones más ordenadas (aunque, como descubriremos, aún imprecisas e incompletas). El universo tal como se concibe en Europa desde la antigüedad hasta la Edad Media y principios del Renacimiento se fundamentaba principalmente en la visión del mundo del filósofo y polímata Aristóteles (384-322 a. e. c.) y el astrónomo y teórico Ptolomeo (siglo II). Aristóteles creía que la Tierra era redonda y el centro del universo, con el Sol, la Luna y los planetas girando a su alrededor. El modelo ptolemaico del universo también era «geocéntrico», situando la Tierra en el centro, pero en esta concepción la Tierra estaba rodeada de esferas cristalinas, con el Sol, las estrellas y los planetas engastados como piedras preciosas en ellas. De dentro afuera, las esferas seguían este orden:

1. La Tierra (central e inmóvil)
2. La Luna
3. Mercurio
4. Venus
5. El Sol
6. Marte
7. Júpiter
8. Saturno
9. Estrellas fijas
10. Primer móvil o Firmamento

No obstante, cada vez costaba más que esta explicación del universo encajara con las observaciones de los astrónomos. Durante mucho tiempo, trataron de modificar el modelo para tener en cuenta las discrepancias y formularon explicaciones cada vez más complejas, la más importante de las cuales incorporaba epiciclos en el interior de las esferas. Este modelo geométrico resolvió las variaciones observadas en la velocidad y la dirección del movimiento aparente de los cuerpos en el sistema solar. Y, lo que es más importante, asumió el movimiento aparentemente retrógrado de los cinco planetas que se conocían en los primeros siglos de la era común (Mercurio, Venus, Marte, Júpiter y Saturno). Asimismo, explicó los cambios aparentes en las distancias de los planetas de la Tierra.

Harían falta más de 1500 años de cuestionamiento riguroso del modelo ptolemaico para invalidarlo. Se demostró que tres de sus conjeturas principales eran incorrectas: primero, que la Tierra ocupaba el centro del universo; segundo, que una uniformidad perfecta del movimiento circular gobernaba el universo, y, tercero, que los objetos más allá de la Tierra eran perfectos e invariables. Copérnico cuestionó cada uno de estos supuestos.

El modelo ptolemaico del universo tal como se ilustra en la *Cosmographia* de Bartolomeu Velho (París, 1568).

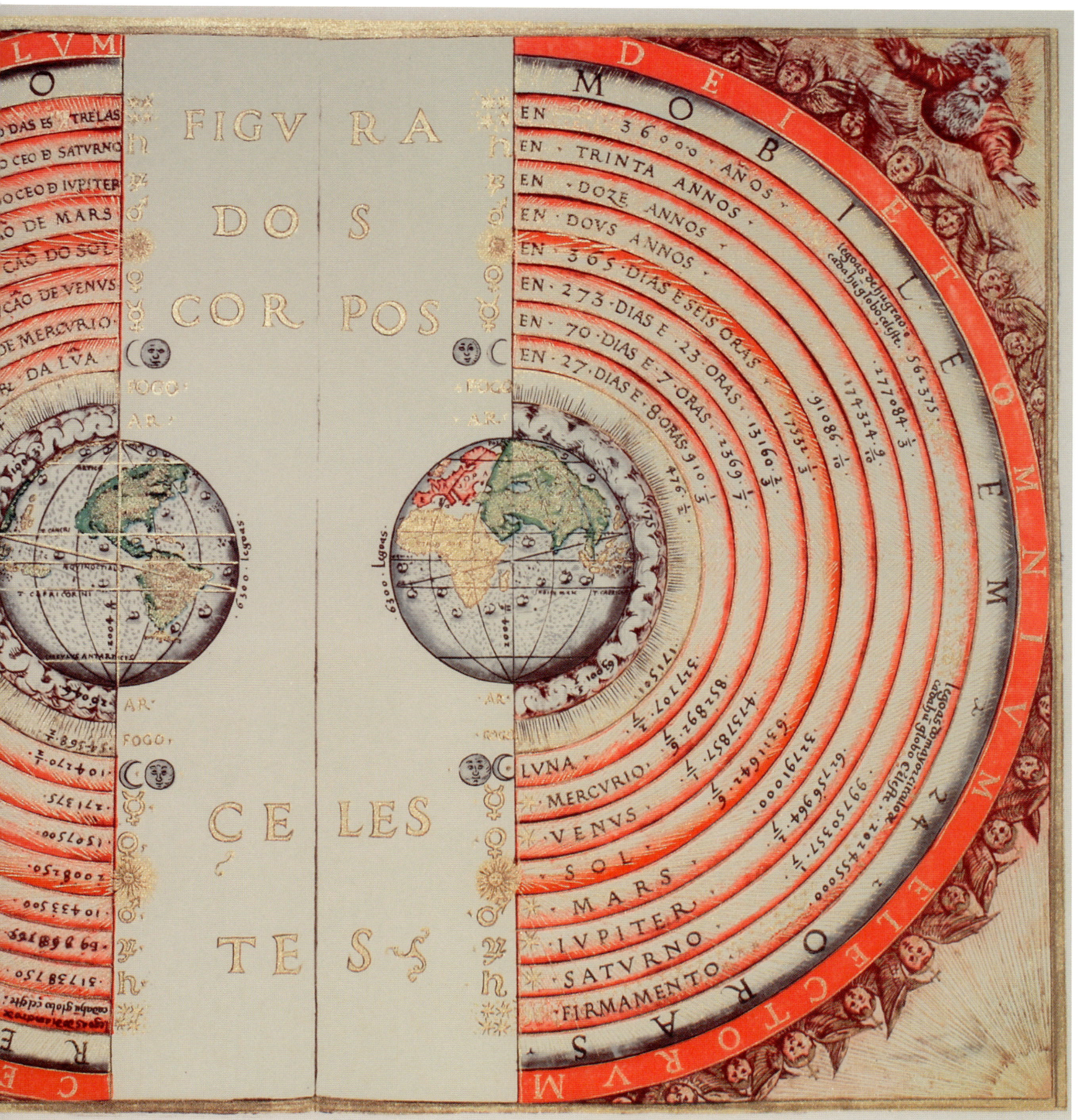

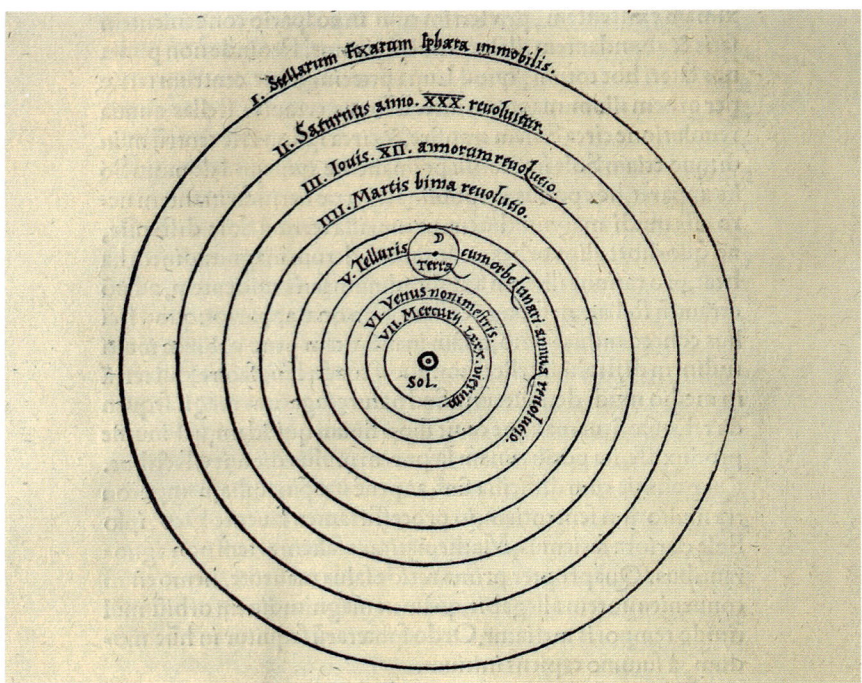

Esta ilustración del universo copernicano corresponde a *Sobre las revoluciones de los orbes celestes* de Nicolás Copérnico (1543). Ofrece un modelo en el que el Sol ocupa el centro del universo conocido, con la Tierra y otros planetas observables y las estrellas más allá.

NICOLÁS COPÉRNICO (1473-1543)

Nacido en el reino de Polonia, por entonces parte de la Prusia Real, Nicolás Copérnico se doctoró en derecho canónico y estudio matemáticas, astronomía, medicina y a los clásicos. Aunque, según sus cálculos, creía que la concepción ptolemaica del universo era errónea, era prudente en sus declaraciones públicas sobre este hallazgo. Para evitar polémicas, no publicó hasta poco antes de su fallecimiento en 1543, y recibió las últimas páginas impresas de su *Sobre las revoluciones de los orbes celestes* justo antes de morir. La Iglesia católica no censuró oficialmente a Copérnico, mal que pesara a algunos, por eso, a partir de entonces, sus ideas se convirtieron en un pilar de la transformación del conocimiento del universo.

En su libro *Sobre las revoluciones de los orbes celestes*, Copérnico defendió que el Sol, y no la Tierra, era el centro del sistema solar, porque el movimiento irregular de algunos planetas no podía explicarse ni siquiera con los epiciclos de Ptolomeo. Este modelo «heliocéntrico» del universo resolvió los defectos del sistema ptolemaico y halló adeptos en toda Europa en 1650. De dentro afuera, el modelo de Copérnico seguía este orden:

1. El Sol
2. Mercurio
3. Venus
4. La Tierra (con la Luna en órbita)
5. Marte
6. Júpiter
7. Saturno
8. Más allá de las estrellas

Este modelo distaba mucho de ser una visión completa del sistema solar e, indudablemente, no contemplaba galaxias ni otros aspectos del universo exterior, pero representó una importante transformación del conocimiento.

Aunque los cristianos, convencidos de que la humanidad era el centro del universo, se negaron a aceptar el modelo copernicano hasta el siglo XVII, Johannes Kepler, Galileo Galilei, Isaac Newton y otros ratificaron los descubrimientos del astrónomo. Conocida como la Revolución de Copérnico, esta transformación de las ideas representó un cambio radical en nuestra forma de entender el universo hasta Albert Einstein, a principios del siglo XX (*véase* pág. 28).

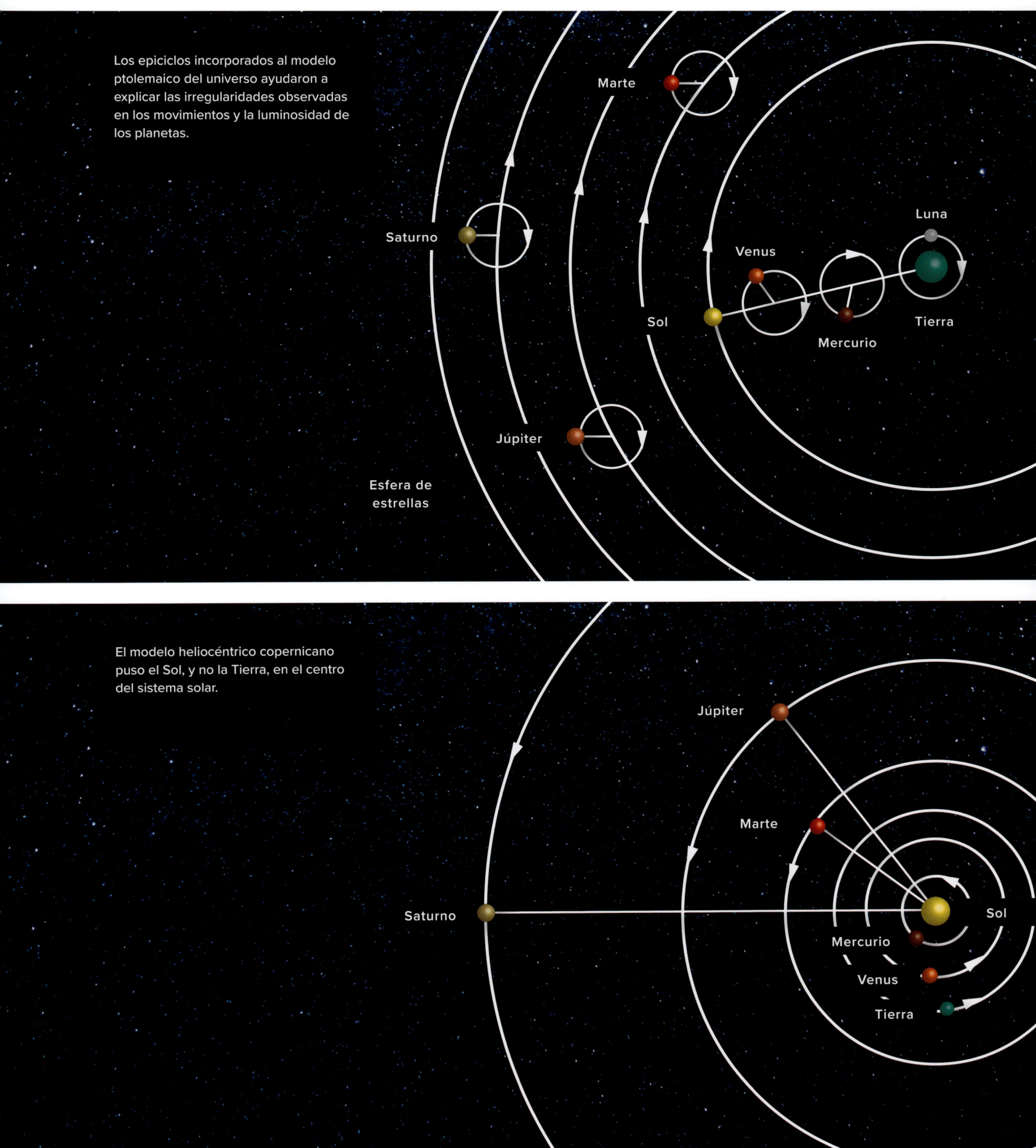

Los epiciclos incorporados al modelo ptolemaico del universo ayudaron a explicar las irregularidades observadas en los movimientos y la luminosidad de los planetas.

Marte

Saturno

Venus

Luna

Sol

Tierra

Mercurio

Júpiter

Esfera de estrellas

El modelo heliocéntrico copernicano puso el Sol, y no la Tierra, en el centro del sistema solar.

Júpiter

Marte

Saturno

Sol

Mercurio

Venus

Tierra

Este montaje de imágenes tomadas por la sonda Voyager durante su viaje a los límites del sistema solar (*véase* pág. 172) enriqueció notablemente los conocimientos sobre nuestro rincón del universo. Todos los planetas, algunos de los cuales aún no habían sido descubiertos cuando Copérnico estaba en activo, y cuatro de las lunas de Júpiter se han superpuesto a una nébula Roseta en falso color con la Luna terrestre en primer plano. Esta «foto de familia» sugiere el poder y la belleza del sistema solar, algo que Copérnico estaba muy lejos de comprender.

NEWTON, EINSTEIN Y LOS MISTERIOS DEL ESPACIO-TIEMPO

Dos figuras ilustres de la ciencia han transformado aún más nuestro conocimiento del universo. El matemático de la Universidad de Cambridge sir Isaac Newton ayudó a liderar la Revolución Científica con sus pioneros estudios sobre la gravedad y la óptica, mientras que el astrofísico estadounidense de origen alemán Albert Einstein también revolucionó la ciencia con sus teorías de la relatividad en el siglo XX.

Sir Isaac Newton (1643-1727) hizo novedosos descubrimientos en muchos ámbitos, que compendió en *Philosophiæ naturalis principia mathematica* («Principios matemáticos de la filosofía natural»), publicado en 1687. En este tratado expuso sus tres leyes del movimiento, que son fundamentales para la idea de los viajes espaciales, puesto que, sin el conocimiento de las mismas, la tecnología principal de los vuelos, el cohete, no existiría:

1. Todo cuerpo persevera en su estado de reposo o movimiento uniforme y rectilíneo a no ser que sea obligado a cambiar su estado por fuerzas impresas sobre él.
2. El cambio de movimiento de un objeto es proporcional a la fuerza motriz impresa y ocurre según la línea recta a lo largo de la cual aquella fuerza se imprime.
3. Con toda acción ocurre siempre una reacción igual y contraria: o sea, las acciones mutuas de dos cuerpos siempre son iguales y dirigidas en direcciones opuestas.

Estos descubrimientos explicaron la relación hasta entonces imprecisa entre la masa y la fuerza.

Otra figura notable del despunte de la era espacial (el periodo en el que los viajes espaciales se hicieron realidad) fue Albert Einstein, un físico teórico de origen alemán. En su teoría de la relatividad especial, Einstein descubrió que nada podía superar la velocidad de la luz (aproximadamente 300 000 km/s), una teoría confirmada por el experimento de la misión Gravity Probe B (GP-B) de la NASA entre 2004 y 2005. Asimismo, postuló que la tripulación de una nave espacial que viajara casi a la velocidad de la luz envejecería más despacio cuanto más deprisa fuera.

Einstein también predijo la existencia de agujeros negros en el espacio, y el potencial de los agujeros de gusano como atajos de un punto en el espacio-tiempo a otro.

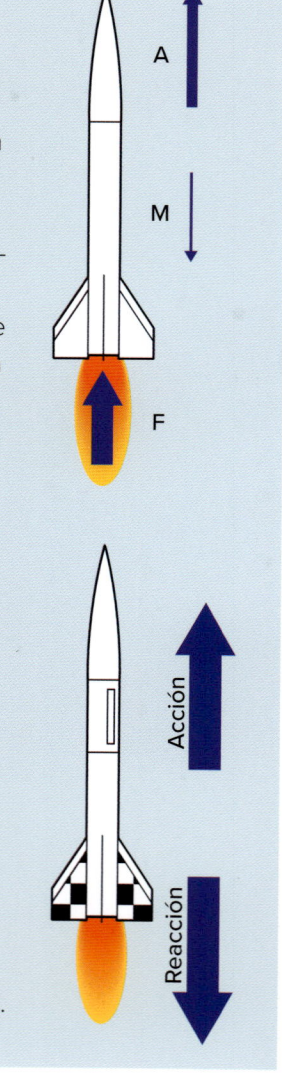

LA INFLUENCIA DE LAS LEYES DE NEWTON EN LOS VIAJES ESPACIALES

PRIMERA LEY DE NEWTON
Esta ley describe la inercia. Un objeto en reposo (A) permanecerá en reposo hasta que una fuerza actúe sobre él (B). Entonces, el objeto permanecerá en estado de movimiento uniforme hasta que otra fuerza actúe sobre él (C). Comprender la inercia es esencial para los viajes espaciales, ya que, incluso en ausencia de gravedad, la propulsión del cohete debe vencer la inercia de una nave espacial para hacer que se mueva.

SEGUNDA LEY DE NEWTON
Se necesita una fuerza de 1 newton para mover una masa de 1 kilo con una aceleración de 1 metro por segundo. Estas unidades se utilizan para calcular la puesta en marcha de los propulsores y así poner la nave en órbita y atravesar el sistema solar. Aquí, «A» corresponde al avance, «F» corresponde a la fuerza que hace avanzar el cohete y «M» representa la resistencia que contiene el avance. «F» debe ser mayor que «M» para que se produzca el avance.

TERCERA LEY DE NEWTON
Esta ley explica cómo los cohetes desplazan las naves espaciales a través del espacio vacío. Al aplicar una fuerza con propulsores, la fuerza de reacción hace que la nave se mueva en la dirección contraria.

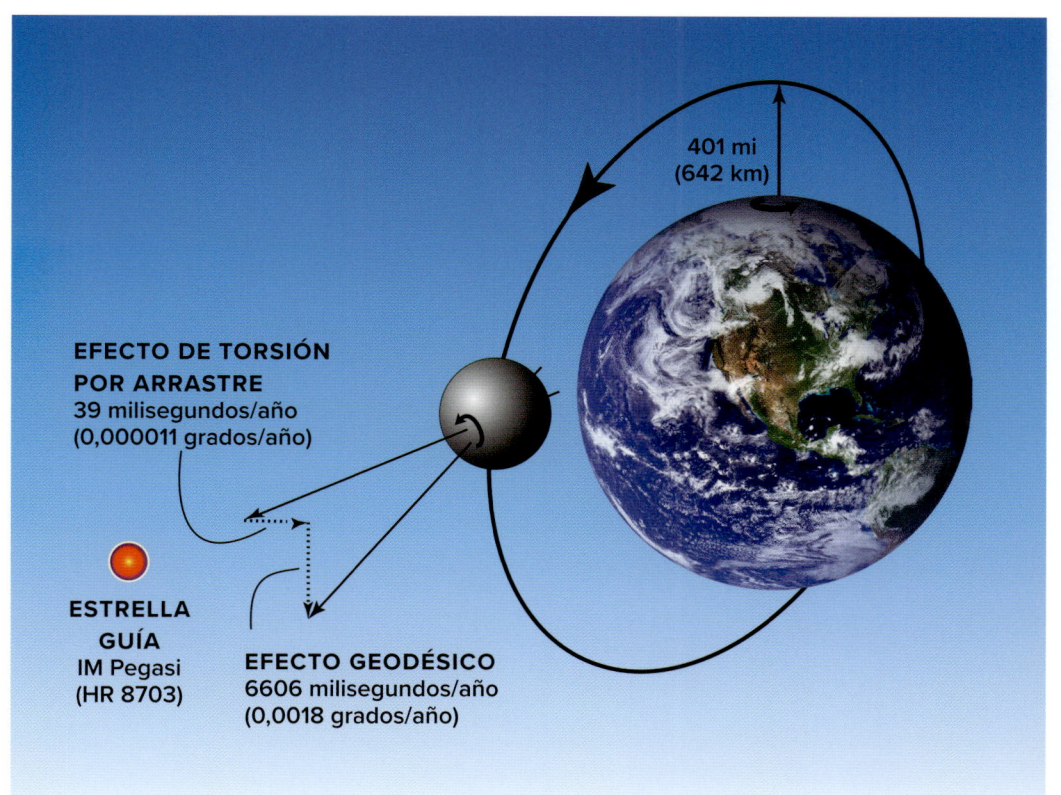

EFECTO DE TORSIÓN
POR ARRASTRE
39 milisegundos/año
(0,000011 grados/año)

401 mi
(642 km)

ESTRELLA
GUÍA
IM Pegasi
(HR 8703)

EFECTO GEODÉSICO
6606 milisegundos/año
(0,0018 grados/año)

ARRIBA Einstein postuló que el espacio y el tiempo son entidades relativas, entretejidas en una «tela» que él llamó el espacio-tiempo. En el universo de Einstein, la presencia de cuerpos celestes hace que el espacio-tiempo se deforme o se curve, y la gravedad es el producto del movimiento de los cuerpos en el espacio-tiempo curvado. A partir de las predicciones de la teoría de Einstein, la sonda GP-B calculó el efecto geodésico: la cantidad por la cual la Tierra deforma su dimensión espacio-tiempo. Además, lo que es más importante, calculó el efecto de torsión por arrastre de

cuerpos masivos como la Tierra, que arrastran su espacio-tiempo a su alrededor al girar. La GP-B orbitó 642 kilómetros por encima de la Tierra. A bordo llevaba cuatro giroscopios esféricos del tamaño aproximado de una pelota de pimpón cada uno, y el experimento calculó los ligeros cambios esperados en la dirección de los ejes de rotación con una precisión sin precedentes. Estos giroscopios realizaron movimientos de precesión a una velocidad acorde con las predicciones gravitatorias de las teorías de Einstein.

ARRIBA Los técnicos de la NASA preparan la GP-B en lo alto del vehículo de lanzamiento Delta II en abril de 2004.

ALBERT EINSTEIN
(1879-1955)

Albert Einstein es una figura legendaria en el mundo moderno con gran repercusión en la cultura popular. Sin embargo, sus comienzos fueron distintos. Cuando terminó los estudios, trabajó en la oficina de patentes de Suiza antes de cosechar éxitos en el ámbito de la física teórica. Sus ideas sobre la relatividad se publicaron en 1905, y su fórmula de la equivalencia entre masa y energía, $E = mc^2$, posiblemente sea la ecuación científica más célebre. Por este trabajo, Einstein recibió el Premio Nobel de Física en 1921.

Las contribuciones de Einstein al ámbito de la física teórica fueron excepcionales. Hasta entonces, se creía que el universo era básicamente estático, de acuerdo con las investigaciones de Newton, pero Einstein predijo un universo en constante cambio. Antes de la Segunda Guerra Mundial, se trasladó a la Universidad de Princeton, en Estados Unidos, donde continuó su búsqueda para comprender el universo.

La lente gravitatoria de galaxias lejanas altera las formas y crea luminosos haces de luz. Este efecto se produce cuando un objeto celeste masivo como una agrupación galáctica provoca la suficiente curvatura del espacio-tiempo para que la luz se doble visiblemente a su alrededor, como por efecto de una lupa (*véase* pág. 84). Aquí, un arco distorsionado que se extiende cerca de una galaxia lejana conocida como Caballito de Mar Cósmico se amplía extraordinariamente con la lente gravitatoria. La imagen, tomada por el Telescopio Espacial James Webb (JWST) y difundida el 28 de mayo de 2023, captura galaxias a 6300 millones de años luz de la Tierra en la constelación de la Cabellera de Berenice.

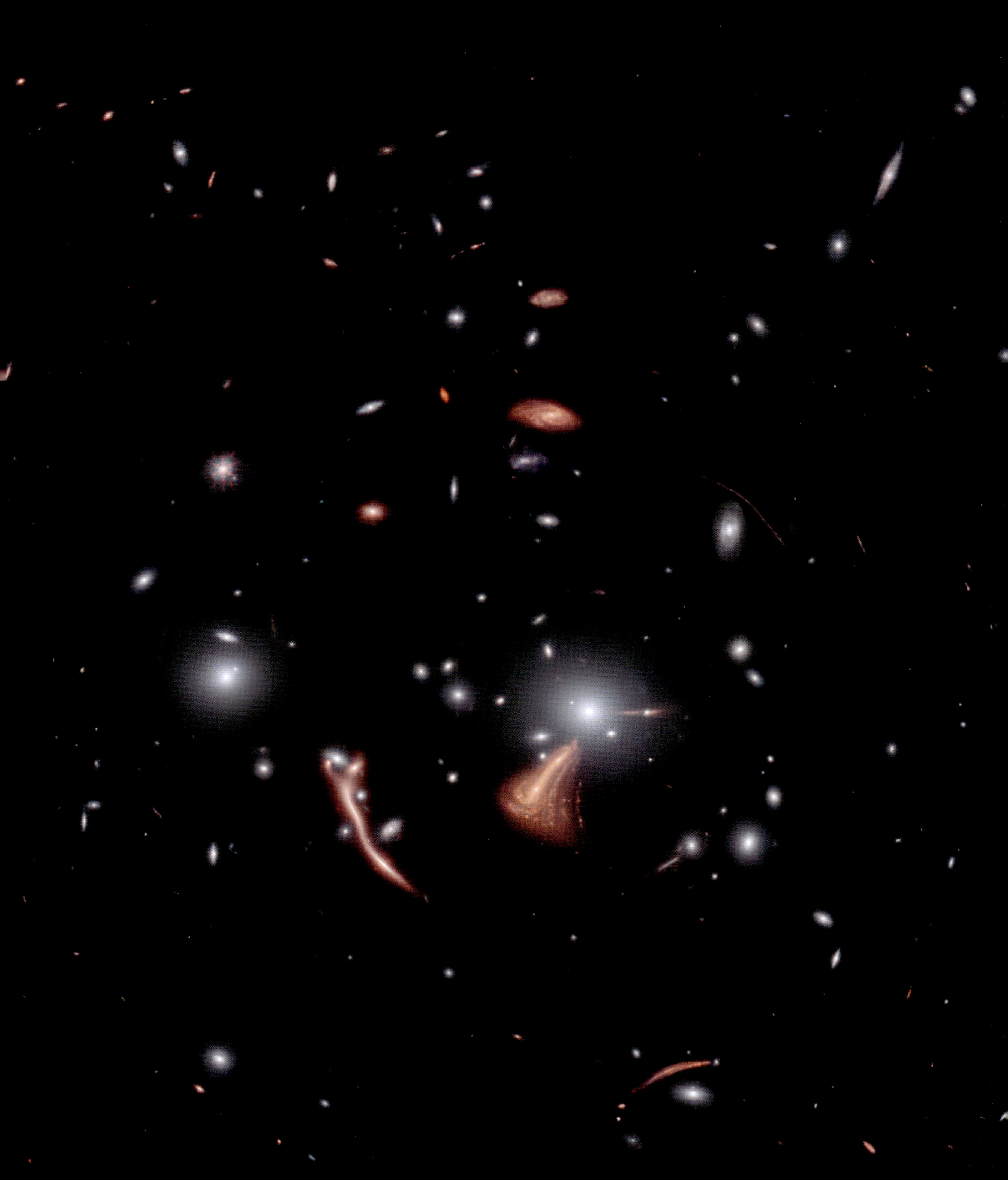

HUBBLE, EL UNIVERSO EN EXPANSIÓN Y LA TEORÍA DEL BIG BANG

Hace solo cinco siglos (apenas un parpadeo comparado con la edad del universo), la visión de la humanidad se extendió poco más allá de Saturno. Nuestros antepasados imaginaron un universo limitado y organizado. El telescopio cambió esta idea, y nuestro universo empezó a expandirse exponencialmente a medida que observábamos millones de objetos más allá de la Tierra, el sistema solar y, finalmente, la galaxia de la Vía Láctea.

El astrónomo Edwin Hubble investigó la naturaleza de lo que parecían ser manchas llamadas nebulosas, zonas brillantes del cielo a las que Ptolomeo llamó así porque parecían «nubladas» o en forma de nube. Durante siglos, nadie supo si las nebulosas formaban parte de la Vía Láctea u otra cosa. Surgieron debates basados en la medición del desplazamiento espectral de la Gran Nebulosa de Andrómeda. La distancia de los objetos se calculaba por su «corrimiento al rojo»: cuanto más lejos está el objeto, más se estira la luz que procede de él y más rojo se ve (*véase* pág. 36). Este descubrimiento disparó la búsqueda de respuestas en todo el mundo.

En 1925, Hubble publicó pruebas irrefutables de la existencia de múltiples galaxias en el universo tras analizar una variable cefeida, un tipo de estrella que pulsa habitualmente y cuyas variaciones de brillo, diámetro y temperatura pueden medirse para establecer la escala de las distancias galácticas. Hubble calculó el brillo de la estrella a lo largo de varios meses, y llegó a la conclusión de que había variado durante un periodo de 31,45 días. A partir de dicha variación del brillo, calculó que la estrella se encontraba a 900 000 años luz, mucho más lejos que la galaxia de la Vía Láctea. También descubrió otras estrellas variables y, en 1929, publicó un artículo donde probaba que esos objetos eran galaxias distintas de la Vía Láctea, que había millones de ellas y que se estaban alejando unas de otras.

El descubrimiento de Hubble respaldó la teoría del Big Bang que dos años antes había postulado Georges Henri Joseph Édouard Lemaître (1894-1966), un sacerdote católico y físico teórico belga de la Universidad Católica de Louvain. Lemaître postuló que el movimiento de las galaxias puede explicarse por la expansión del universo, ocasionada por lo que podría definirse mejor como una explosión masiva de materia. Las observaciones de Hubble consolidaron la teoría del Big Bang como una explicación plausible de los orígenes del universo. Demostró ser una teoría elegante, convincente y resiliente que sigue recibiendo la aprobación general de los científicos, pese a someterse a modificaciones fruto de la observación y la experimentación.

EDWIN POWELL HUBBLE (1889-1953)

Edwin Hubble fue una figura cabal de la astronomía en la primera mitad del siglo XX. Realizó tres contribuciones fundamentales a la cosmología:

1. Hubble demostró que los objetos distantes, por entonces llamados nebulosas, estaban demasiado lejos para formar parte de la Vía Láctea, por eso había galaxias aparte de la nuestra.

2. Llegó a la conclusión de que el universo se expande, lo que se demuestra por un corrimiento dópler al extremo rojo del espectro de luz visible que revela que los objetos cósmicos se están alejando de nosotros. Un principio muy útil en astronomía, el efecto dópler indica un cambio en la frecuencia de una onda de luz o de sonido en relación con un observador que se encuentra con la fuente de la onda.

3. Demostró que las galaxias se mueven a una velocidad directamente proporcional a la distancia que las separa de nosotros, lo que se conoce como la ley de Hubble. La ley se suele expresar con la ecuación $v = H0D$, donde v es la velocidad de recesión, D es la distancia que separa a la galaxia del observador, y $H0$ es la constante de Hubble que los une.

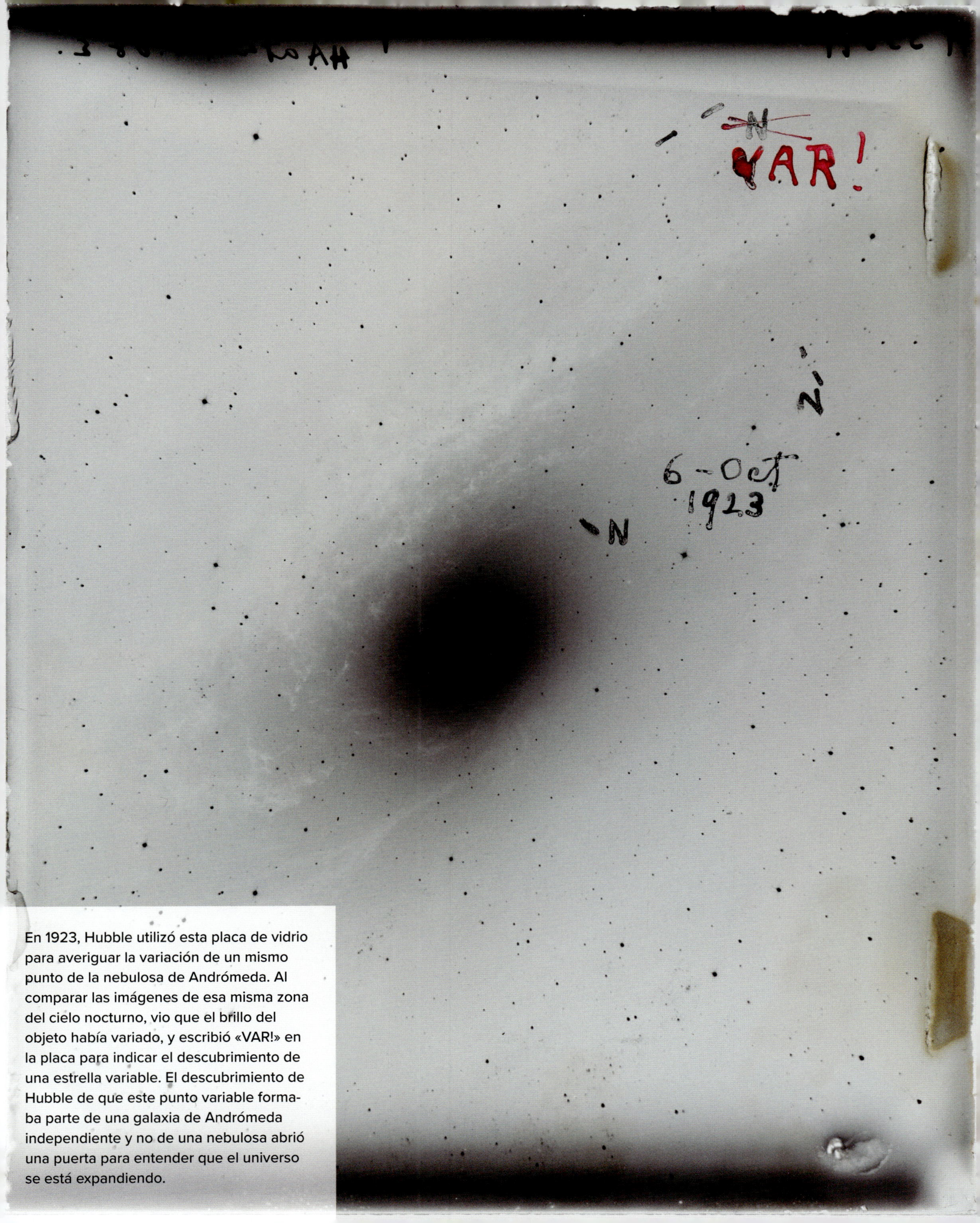

En 1923, Hubble utilizó esta placa de vidrio para averiguar la variación de un mismo punto de la nebulosa de Andrómeda. Al comparar las imágenes de esa misma zona del cielo nocturno, vio que el brillo del objeto había variado, y escribió «VAR!» en la placa para indicar el descubrimiento de una estrella variable. El descubrimiento de Hubble de que este punto variable formaba parte de una galaxia de Andrómeda independiente y no de una nebulosa abrió una puerta para entender que el universo se está expandiendo.

ARRIBA La Gran Nebulosa de Andrómeda,
fotografiada desde el observatorio Yerkes en
1901. La nebulosa centró el debate de si había
múltiples galaxias en el universo o no. Hubble
demostró sin género de dudas que era una
galaxia en sí misma, y que había otras miles
de millones además de esta.

DERECHA La galaxia de Andrómeda (Messier 31),
capturada el 9 de julio de 2019. La pequeña galaxia Messier 32 se ve arriba y algo a la izquierda
del centro de la M31, y Messier 110 está abajo
y hacia la izquierda.

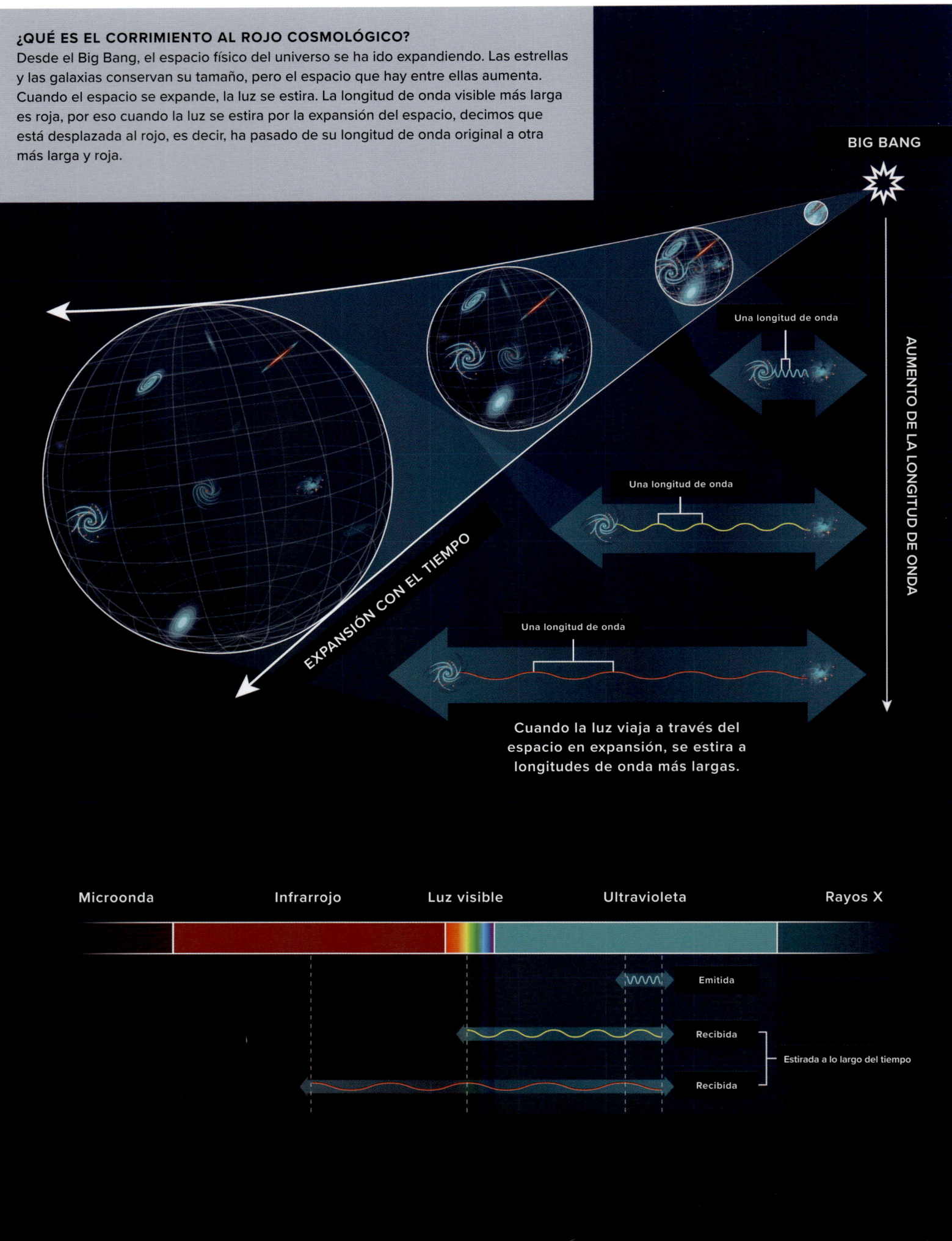

¿QUÉ ES EL CORRIMIENTO AL ROJO COSMOLÓGICO?

Desde el Big Bang, el espacio físico del universo se ha ido expandiendo. Las estrellas y las galaxias conservan su tamaño, pero el espacio que hay entre ellas aumenta. Cuando el espacio se expande, la luz se estira. La longitud de onda visible más larga es roja, por eso cuando la luz se estira por la expansión del espacio, decimos que está desplazada al rojo, es decir, ha pasado de su longitud de onda original a otra más larga y roja.

BIG BANG

AUMENTO DE LA LONGITUD DE ONDA

Una longitud de onda

Una longitud de onda

EXPANSIÓN CON EL TIEMPO

Una longitud de onda

Cuando la luz viaja a través del espacio en expansión, se estira a longitudes de onda más largas.

Microonda   Infrarrojo   Luz visible   Ultravioleta   Rayos X

Emitida

Recibida

Estirada a lo largo del tiempo

Recibida

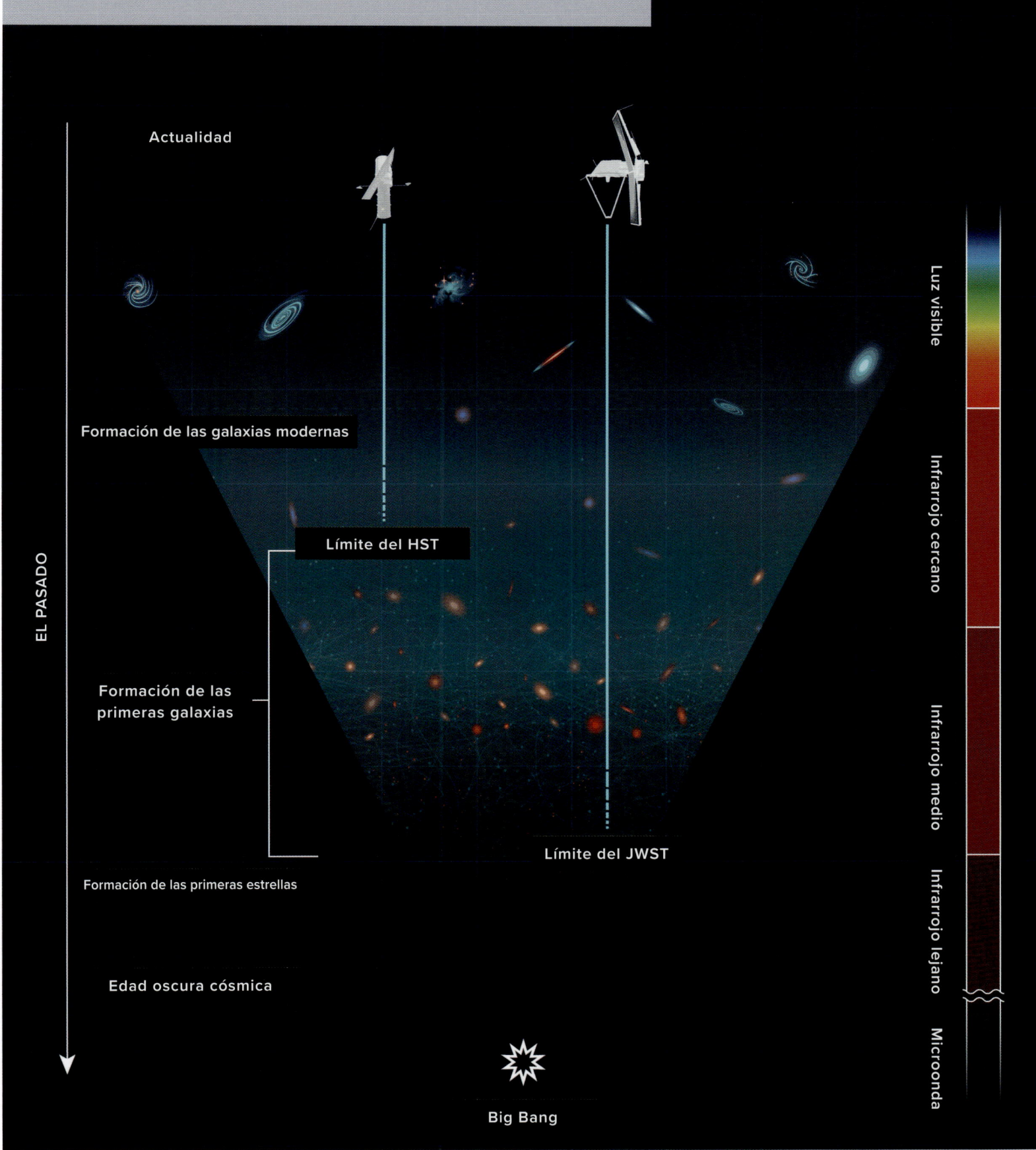

VIENDO EL PASADO
Los telescopios con detectores de infrarrojos nos permiten ver la antigua luz de las primeras galaxias, que se ha desplazado al rojo a lo largo del espacio y el tiempo. Este gráfico ilustra el potencial del Telescopio Espacial Hubble (HST), que ofrecía prestaciones inéditas cuando se lanzó en 1990, y el Telescopio Espacial James Webb (JWST), lanzado en fechas más recientes.

Actualidad

EL PASADO

Formación de las galaxias modernas

Límite del HST

Formación de las primeras galaxias

Límite del JWST

Formación de las primeras estrellas

Edad oscura cósmica

Big Bang

Luz visible

Infrarrojo cercano

Infrarrojo medio

Infrarrojo lejano

Microonda

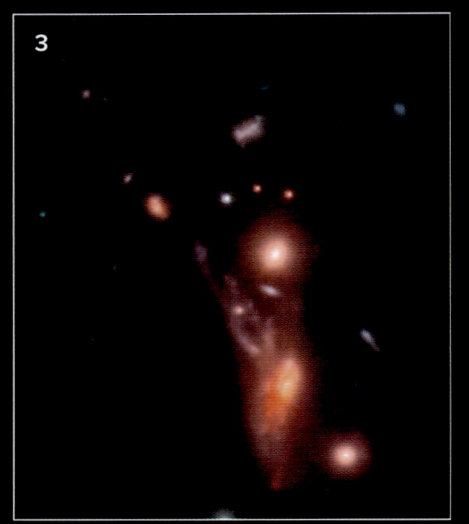

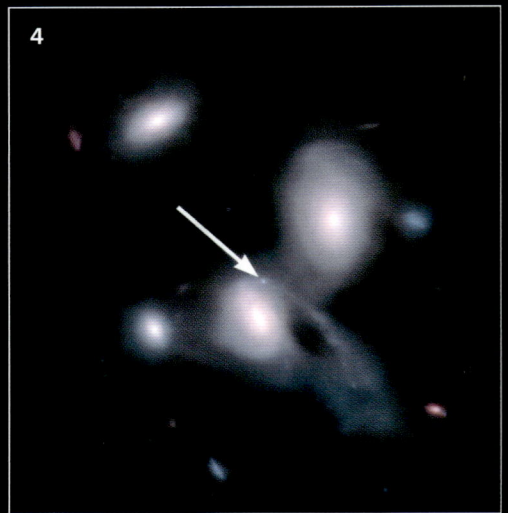

Mosaico numerado de seis de los 690 foto-
gramas individuales tomados con la Cámara de
Infrarrojo Cercano (NIRCam) del JWST en 2022,
cerca del mango del Carro, una constelación
llamada formalmente Osa Mayor. El corrimiento
al rojo presente en estas galaxias distantes
sugería una aceleración del universo a medida
que se mueve hacia fuera.

El Big Bang podría caracterizarse como una «singularidad» que, aunque no era más grande que un electrón, contenía la totalidad de la materia del universo. Su «explosión» puso en marcha la expansión del universo y la formación de la materia en los objetos que se observan actualmente en el cosmos. Las ubicuas galaxias del cielo actual son relativamente unas recién llegadas al universo, pues se formaron

hace mil millones de años. En total, los cosmólogos calculan que hay 221373 galaxias en el universo local, en un radio de 2000 millones de años luz de la Tierra. Esta cronología del universo, desde el Big Bang hasta la actualidad, va de izquierda a derecha. El universo ha atravesado varias «eras». La «era de Planck» se extendió entre el Big Bang y aproximadamente 10^{-43} segundos después. Esto es lo más

cerca que podemos estar del origen absoluto del universo. Después llegaron la «era de la gran unificación» y la «era inflacionaria», solo 10^{-36} y 10^{-34} segundos después, respectivamente, de la explosión del Big Bang. A partir de entonces, empezaron a formarse las partículas, fusionándose y cambiando con el tiempo para convertirse en los elementos que conforman nuestro universo actual.

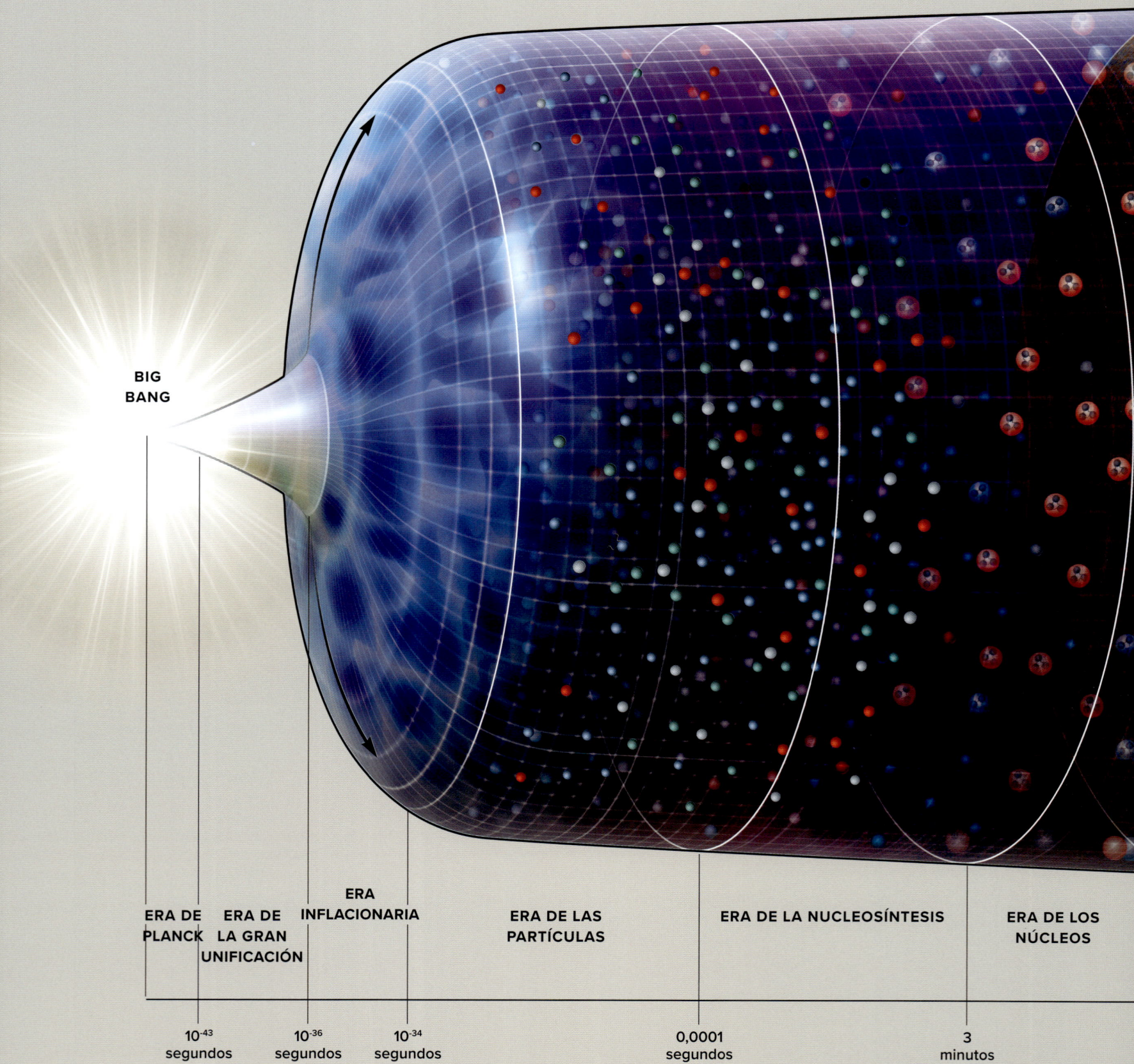

BIG BANG

| ERA DE PLANCK | ERA DE LA GRAN UNIFICACIÓN | ERA INFLACIONARIA | ERA DE LAS PARTÍCULAS | ERA DE LA NUCLEOSÍNTESIS | ERA DE LOS NÚCLEOS |

10^{-43} segundos 10^{-36} segundos 10^{-34} segundos   0,0001 segundos   3 minutos

ATLAS DEL ESPACIO

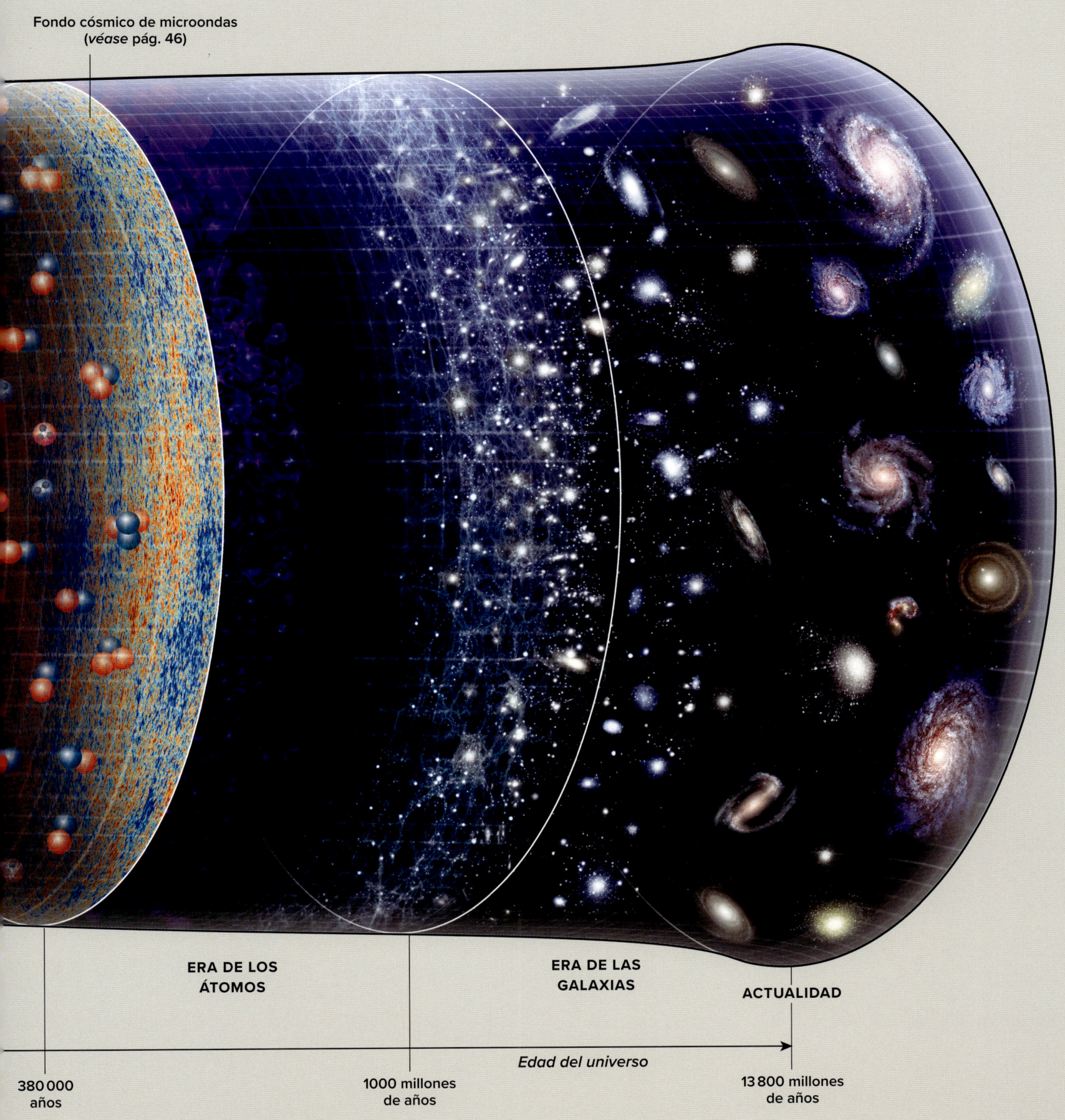

Fondo cósmico de microondas
(*véase* pág. 46)

ERA DE LOS ÁTOMOS

ERA DE LAS GALAXIAS

ACTUALIDAD

Edad del universo

380 000 años

1000 millones de años

13 800 millones de años

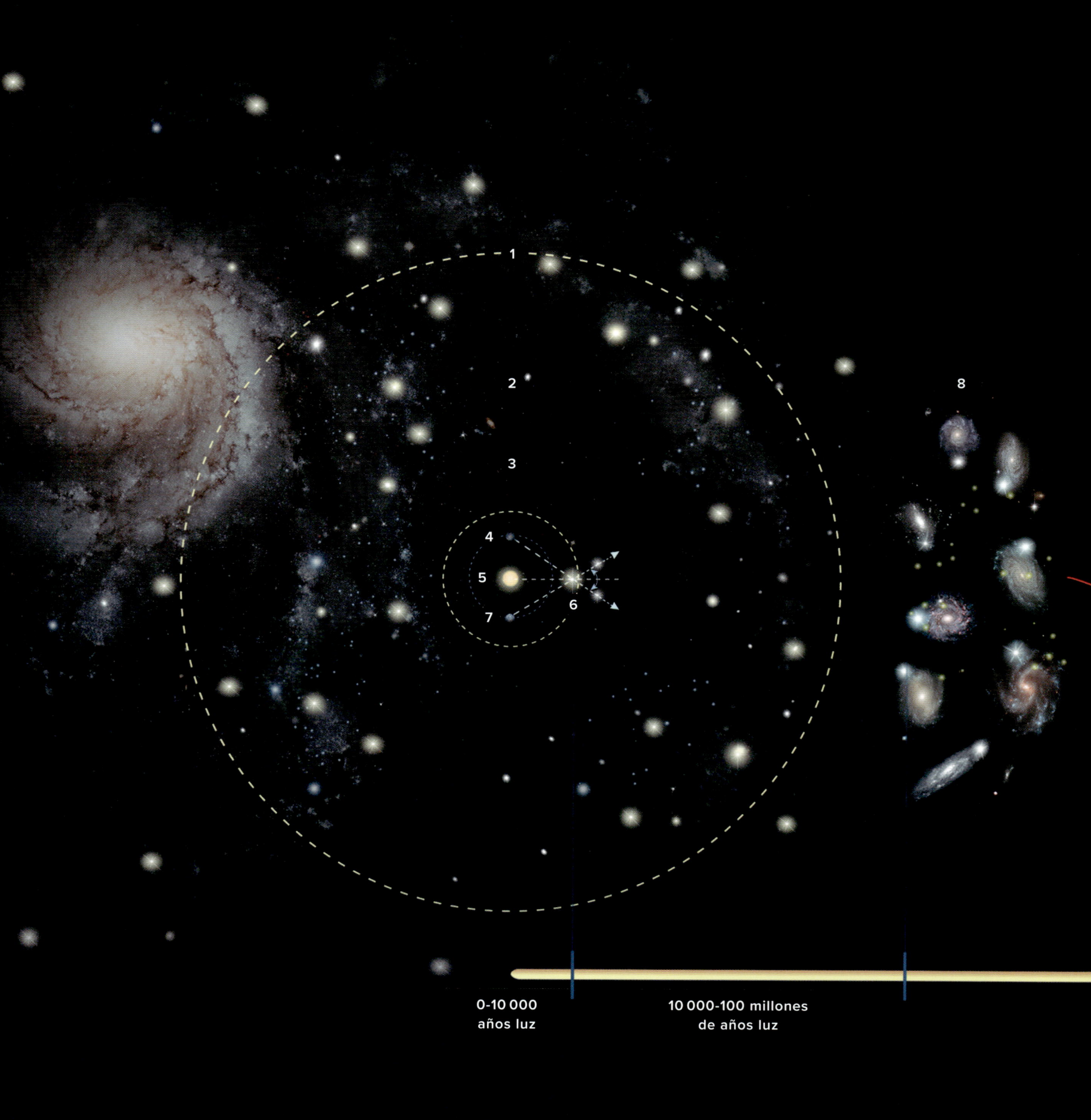

1
2
3
4
5
6
7
8

0-10 000
años luz

10 000-100 millones
de años luz

¿Cómo calculan los astrónomos la velocidad a la que se expande el universo? El HST ha proporcionado más herramientas para este fin que nunca.

Las observaciones de las cefeidas (estrellas pulsantes) a distancias conocidas de la Tierra han revelado una correlación entre su luminosidad media y los periodos de pulso. Con esta información, los astrónomos pueden averiguar la distancia de cualquier cefeida midiendo el tiempo que tarda en cambiar rítmicamente su brillo. Para obtener resultados más precisos, los astrónomos utilizan dos puntos en lados opuestos de la órbita de la Tierra alrededor del Sol para obtener múltiples lecturas de la luminosidad; la variación aparente de la posición de la estrella cuando se mide desde estos dos puntos se denomina paralaje. La distancia de la Tierra a la que las estrellas pueden medirse de esta forma recibe el nombre de límite de paralaje.

Más allá de la Vía Láctea (*centro*), los astrónomos buscan galaxias que contengan estrellas cefeidas y estrellas explosivas. Comparando la luminosidad de las supernovas distantes, a continuación, los astrónomos miden la distancia a la que puede verse la expansión del universo (en el corrimiento al rojo de los cuerpos que se alejan de la Vía Láctea). Utilizan estos valores para calcular la constante de Hubble: un parámetro que mide la velocidad a la que se expande el universo con el tiempo. En 2016, utilizando el HST que expandió el límite de paralaje, los científicos midieron unas 2400 cefeidas de diecinueve galaxias y compararon la luminosidad observada de ambos tipos de estrellas. El resultado fue un valor mejorado de la constante de Hubble de 73,2 kilómetros por segundo por megaparsec. (Un megaparsec equivale a 3,26 millones de años luz). Más recientemente, el equipo de científicos del satélite Planck de la Agencia Espacial Europea (ESA) concretaron aún más la constante de Hubble.

1. Nuevo límite de paralaje
2. Paralaje de las cefeidas en la Vía Láctea
3. Antiguo límite de paralaje
4. La Tierra en junio
5. El Sol
6. Cefeida
7. La Tierra en diciembre
8. Paralaje de las cefeidas en la Vía Láctea
9. Luz desplazada al rojo (estirada) por la expansión del espacio
10. Galaxias distantes en el universo en expansión que albergan supernovas de Tipo Ia.

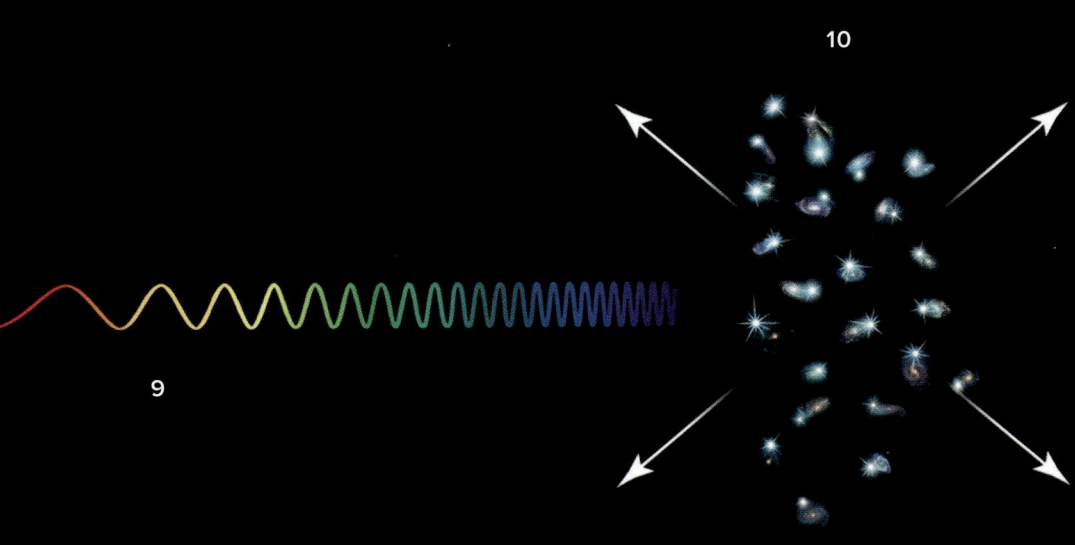

10

9

DISTANCIA DEL SOL

100 millones-1000 millones de años luz

Estas galaxias, capturadas por el HST de la NASA, albergan variables cefeidas y supernovas. Las cefeidas ayudan a determinar la distancia de la Tierra a partir de la medición de los cambios de luz y del corrimiento al rojo. Este tipo de mediciones ayudan a precisar la constante de Hubble, la velocidad a la que se está expandiendo el universo.

MAPA DE LA EDAD DEL UNIVERSO

Los viajes espaciales fueron una oportunidad para ampliar mucho más los conocimientos adquiridos a través de los descubrimientos de Hubble, Lemaître y otros astrofísicos de antes de la Segunda Guerra Mundial. Desde la década de 1960, una serie de observaciones del espacio han enriquecido el conocimiento humano de los millones de estrellas y galaxias que hay más allá de la Vía Láctea.

El universo tiene 13 787 +/- 0,020 miles de millones de años y, desde sus orígenes, no ha dejado de expandirse. Lo sabemos gracias a los hallazgos de Hubble y muchos otros que siguieron sus pasos. Los objetos distantes se alejan a medida que el universo se expande, por eso su luz se «estira», desplazándose a longitudes de onda más largas en la parte roja del espectro electromagnético (*véase* pág. 36). Esta luz lleva miles de millones de años viajando en dirección a la Tierra. Dicho de otro modo, vemos los objetos distantes tal como se veían cuando la luz los abandonó. En consecuencia, a veces los científicos de la NASA se refieren los telescopios como una forma de viaje en el tiempo. Tal vez no, pero es una idea tentadora. Lo que es indiscutible es que, a medida que los astrónomos observan objetos cada vez más lejanos, pueden descubrir las primeras etapas del universo.

EL EXPLORADOR DEL FONDO CÓSMICO

Una de las astronaves más trascendentales para ayudar a entender los orígenes del universo fue el Explorador del Fondo Cósmico (COBE, por sus siglas en inglés), que estuvo operativo entre 1989 y 1993. El COBE buscaba, y encontró, la radiación del fondo cósmico de microondas que dejó el Big Bang en el límite del universo observable. El descubrimiento del COBE del calor residual del sobrecalentado Big Bang inicial fue como hallar las «huellas dactilares» en la escena de un crimen. A partir de este descubrimiento, los investigadores postularon una teoría mucho más completa del origen del universo.

El COBE no fue el primer satélite del fondo cósmico de microondas (este honor corresponde al RELIKT-1 de la Unión Soviética, de 1983), pero sí la sonda espacial más sofisticada de estas características. Más adelante, la Sonda de Anisotropía de Microondas Wilkinson (WMAP; 2001-2010) de la NASA y el satélite Planck (2009-2013) de la Estación Espacial Internacional (EEI) trazaron un Mapa de Todo el Cielo (que cubría todo lo que era visible desde la Tierra) que ofreció los mejores datos del origen del universo hasta la fecha. Las mediciones precisas del fondo cósmico de microondas del universo también permitieron realizar estimaciones más

GALAXIAS ENVEJECIDAS

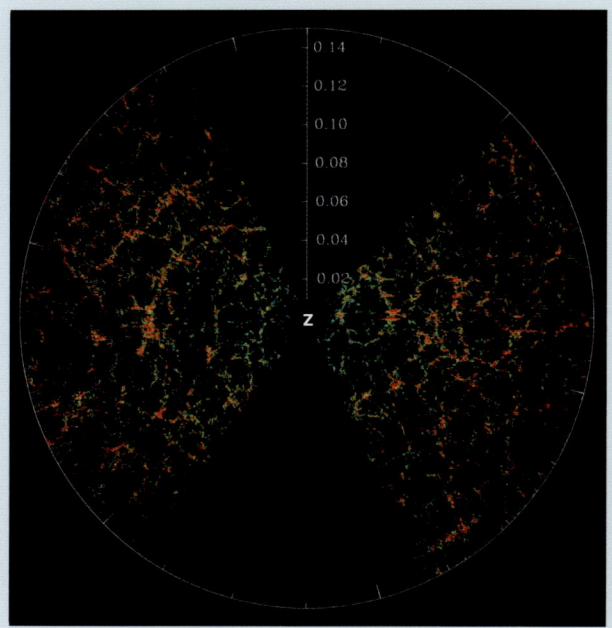

Esta ilustración del Sloan Digital Sky Survey muestra la distribución de galaxias, con la Tierra en el centro. Cada punto en color representa una galaxia, codificadas en función de las edades de sus estrellas: los puntos más rojos y agrupados muestran las galaxias que albergan estrellas más antiguas, mientras que las verdes son más jóvenes. Los fragmentos oscuros no pudieron cartografiarse por el polvo oscurecedor de nuestra galaxia. El círculo externo está una distancia de 2000 millones de años luz o un valor de corrimiento al rojo («z») de 0,15, mostrado en esta escala.

PÁGINA SIGUIENTE, ARRIBA Combinación de imágenes de tres observatorios astrofísicos de la NASA que muestra imágenes en las partes de microondas, infrarrojos y luz visible del espectro electromagnético. Colocadas en la cronología de abajo, ofrecen un mapa del universo a lo largo del tiempo.

PÁGINA SIGUIENTE, ABAJO Esta imagen de todo el cielo la produjo el equipo científico del COBE en 1999. Es una imagen de baja resolución del cielo, pero las regiones frías y cálidas resultan evidentes. La gran banda roja corresponde a las emisiones de microondas de nuestra galaxia. Esta imagen muestra un rango de temperaturas de ±100 microkelvin.

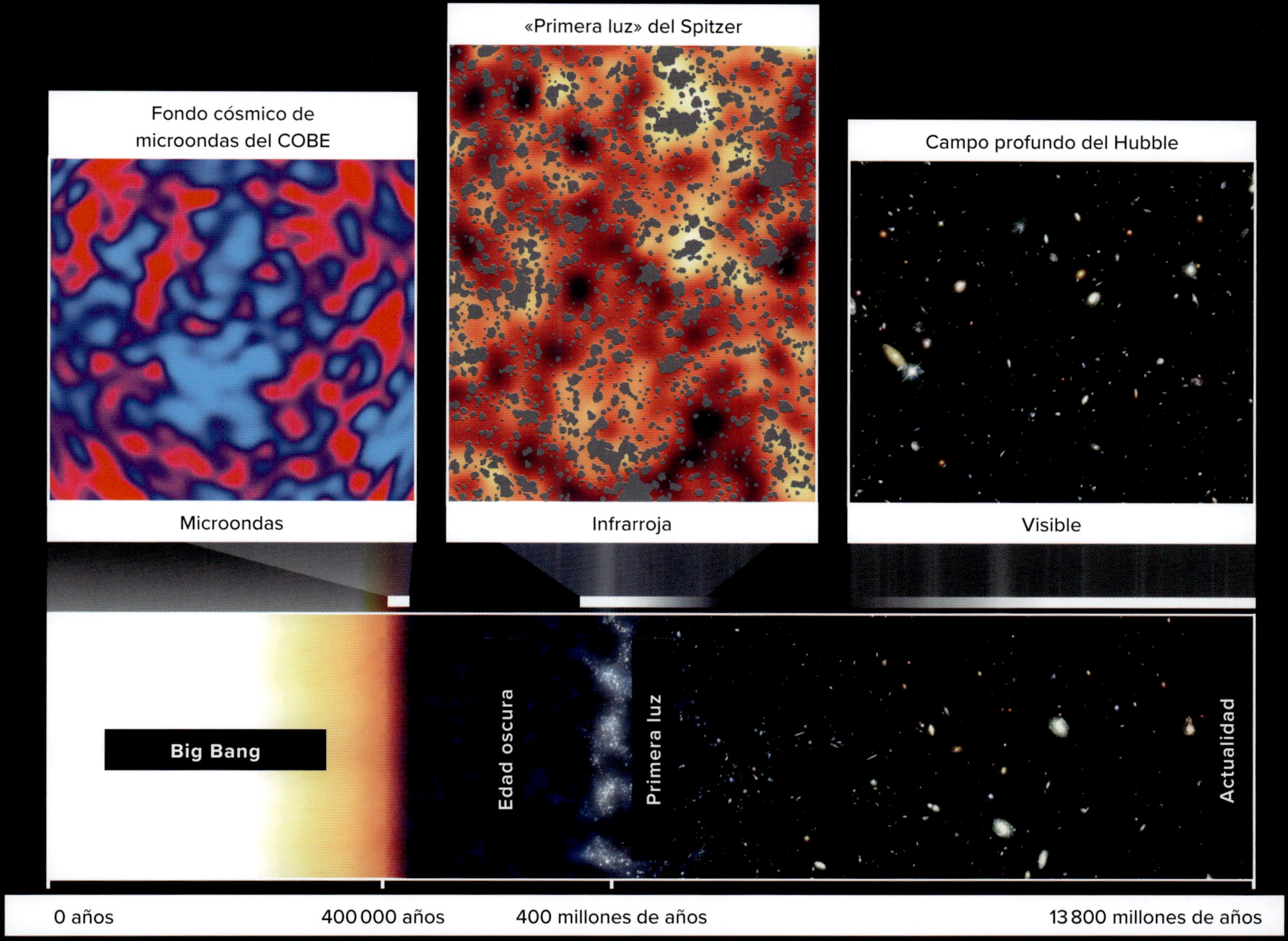

Fondo cósmico de microondas del COBE

Microondas

«Primera luz» del Spitzer

Infrarroja

Campo profundo del Hubble

Visible

Big Bang

Edad oscura

Primera luz

Actualidad

0 años

400 000 años

400 millones de años

13 800 millones de años

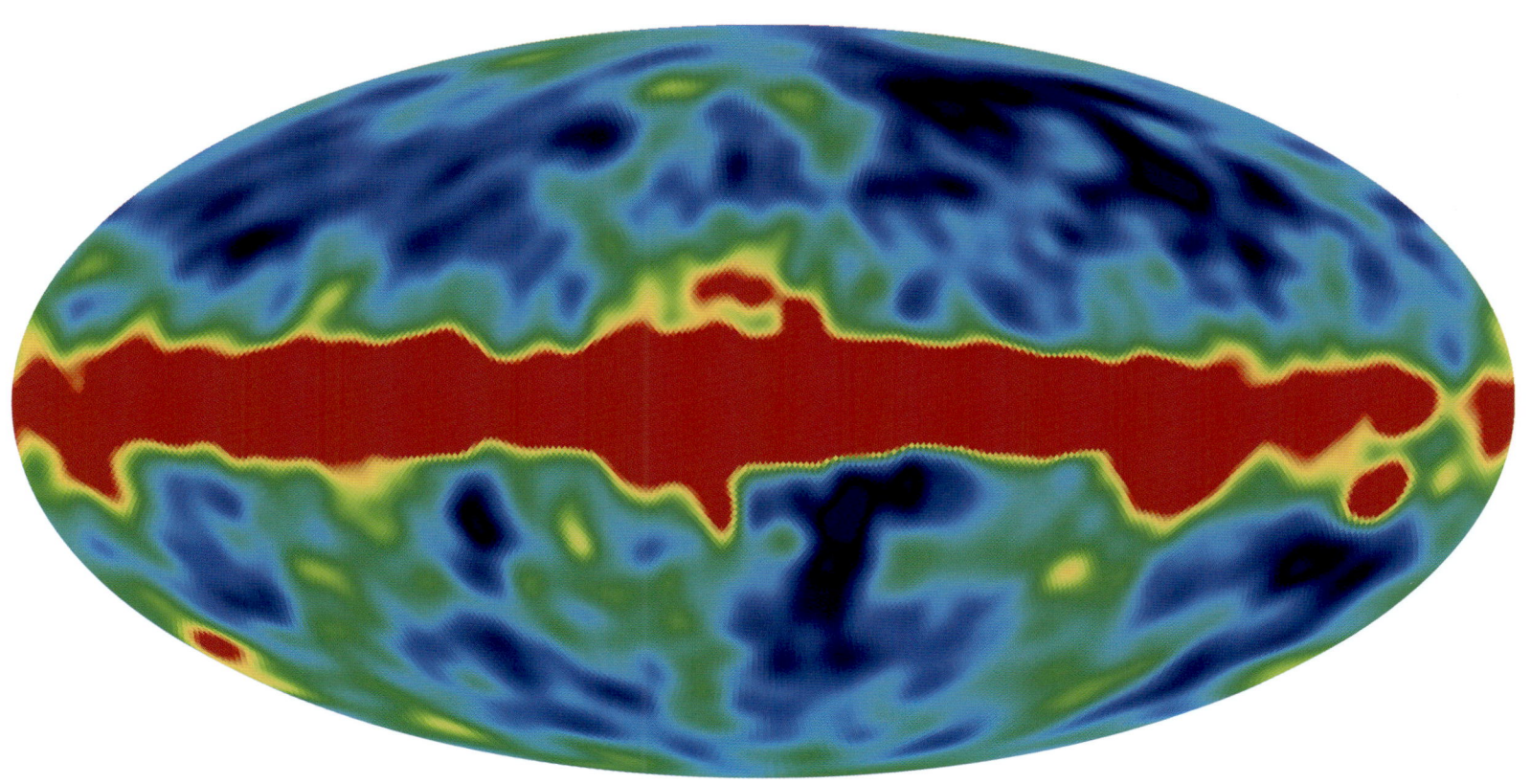

exactas del tamaño, la masa, la edad, la composición, la geometría e incluso el destino del universo, es decir, si colapsará o nunca dejará de expandirse (*véase* pág. 68).

Los investigadores principales del COBE, George F. Smoot III (n. 1945), de la Universidad de California, y John C. Mather (n. 1946), de la NASA, recibieron el Premio Nobel de Física de 2006 por su labor en este proyecto. Como dijo el comité del galardón, el COBE «puede considerarse el punto de partida de la cosmología como una ciencia de precisión». Mather coordinó el proyecto y fue el responsable principal de las mediciones de la radiación del fondo cósmico del COBE. Era la primera vez que un científico de la NASA recibía el Premio Nobel. Smoot se encargó de medir las pequeñas variaciones de temperatura de la radiación.

EL TELESCOPIO ESPACIAL JAMES WEBB

Uno de los observatorios espaciales más recientes, el Telescopio Espacial James Webb (JWST, por sus siglas en inglés), llamado así por el que fuera administrador de la NASA entre 1961 y 1968, orbita el Sol a 1600 millones de kilómetros de distancia de la Tierra en el punto de Lagrange 2 (L2), donde prácticamente no se necesita energía para mantener su ubicación porque la gravedad de los distintos cuerpos se iguala (*véase* pág. 135). Explícitamente una continuación del Telescopio Espacial Hubble (HST), los científicos de la NASA concibieron el JWST como un instrumento que pudiera descubrir la formación de las primeras galaxias. Su científico principal, Mather, se refirió en estos términos al JWST: «Nuestra

ABAJO, IZQUIERDA El satélite COBE preparándose para volar en el Centro de Vuelo Espacial Goddard de Greenbelt, Maryland, en 1989.

ABAJO El observatorio espacial Planck de la ESA se lanzó desde el puerto espacial de la Guayana Francesa en mayo de 2009 y estuvo operativo hasta 2013 en el punto de Lagrange 2 (L2) de nuestro sistema terrestre/solar (*véase* pág. 135), a unos 1500 millones de kilómetros de la Tierra. El Planck ha ampliado notablemente la información del Big Bang y la expansión del universo recabada por anteriores telescopios espaciales.

resolución es mejor que la del Hubble y veremos con infrarrojos las primeras galaxias cuando eran jóvenes. Además, el Hubble no puede ver las galaxias más primitivas y nosotros, sí».

El JWST llevó la tecnología más lejos que cualquier observatorio orbital hasta entonces, lo que se tradujo en varios retrasos en su implementación. El espejo principal (formado por dieciocho segmentos de berilio ultraligero) se despliega robóticamente y se ajusta según las necesidades una vez en el espacio. Además, cuenta con un parasol del tamaño de una cancha de tenis para que el telescopio funcione al máximo rendimiento. Pese a sufrir retrasos en su lanzamiento y afrontar retos tecnológicos a lo largo de la década de 2010, la NASA lanzó el JWST en un cohete Ariane 5 de Arianespace en la Guayana Francesa el 25 de diciembre de 2021.

El JWST ya ha arrojado datos que han transformado nuestros conocimientos del espacio. Las primeras imágenes son de 2022, y el telescopio ha descubierto la formación de galaxias mucho más próximas en el tiempo al Big Bang de lo que se había visto hasta ahora (*v.* pág. 54), así como agujeros negros y otros fenómenos.

«El Telescopio Espacial James Webb (JWST), llamado así por el que fuera administrador de la NASA entre 1961 y 1968, orbita el Sol a 1600 millones de kilómetros de distancia de la Tierra».

Las prestaciones de los satélites diseñados para medir la antigua luz que dejó el Big Bang han evolucionado a lo largo del tiempo. Los tres paneles de abajo muestran una zona de diez grados cuadrados de un mapa de todo el cielo creado por distintas misiones espaciales. El observatorio Planck capturó imágenes con una resolución más de dos veces y media superior que la sonda WMAP, lo que dio como resultado el mapa de todo el cielo con más nitidez realizado del fondo cósmico de microondas del universo hasta la fecha.

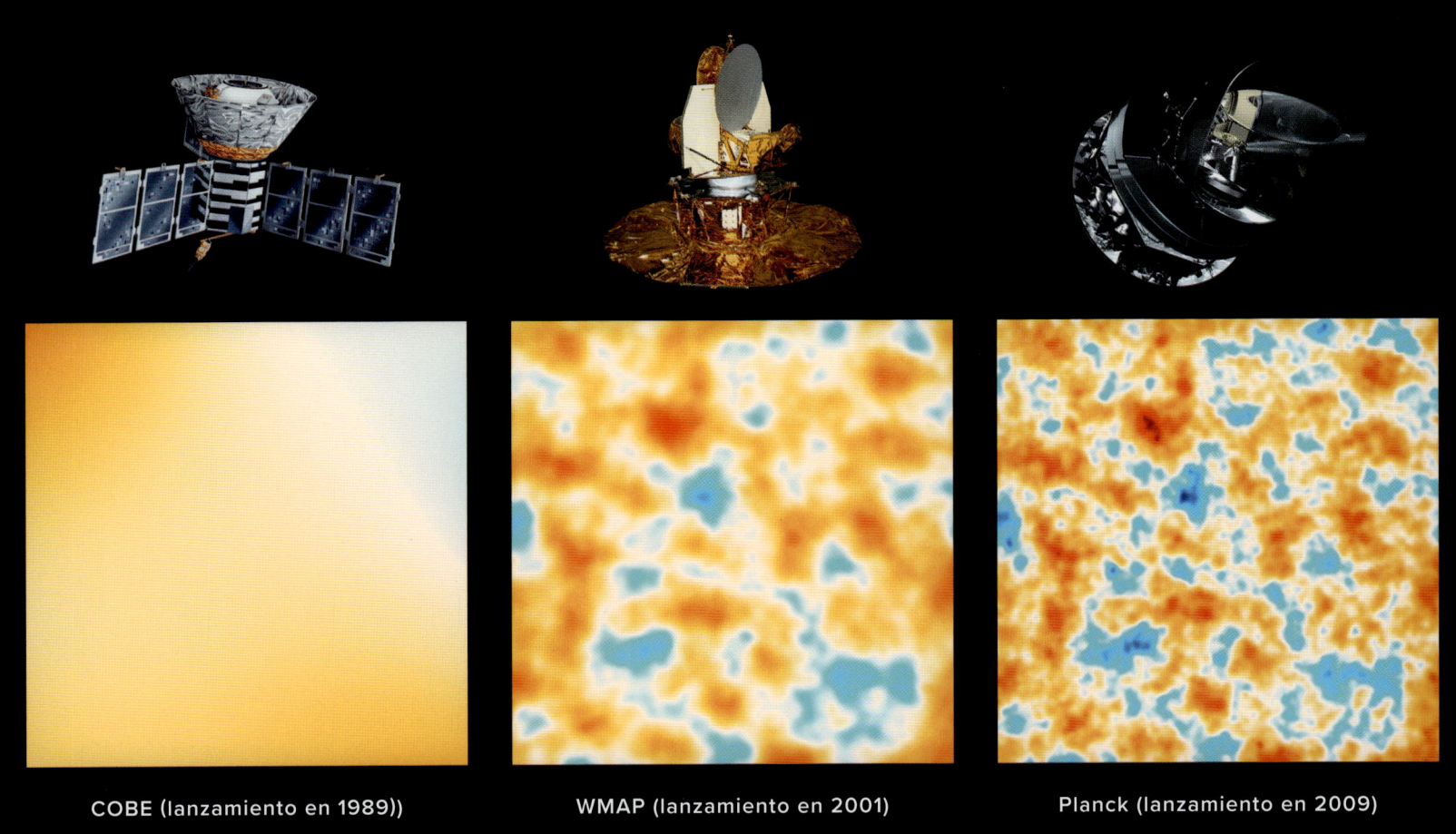

COBE (lanzamiento en 1989))

WMAP (lanzamiento en 2001)

Planck (lanzamiento en 2009)

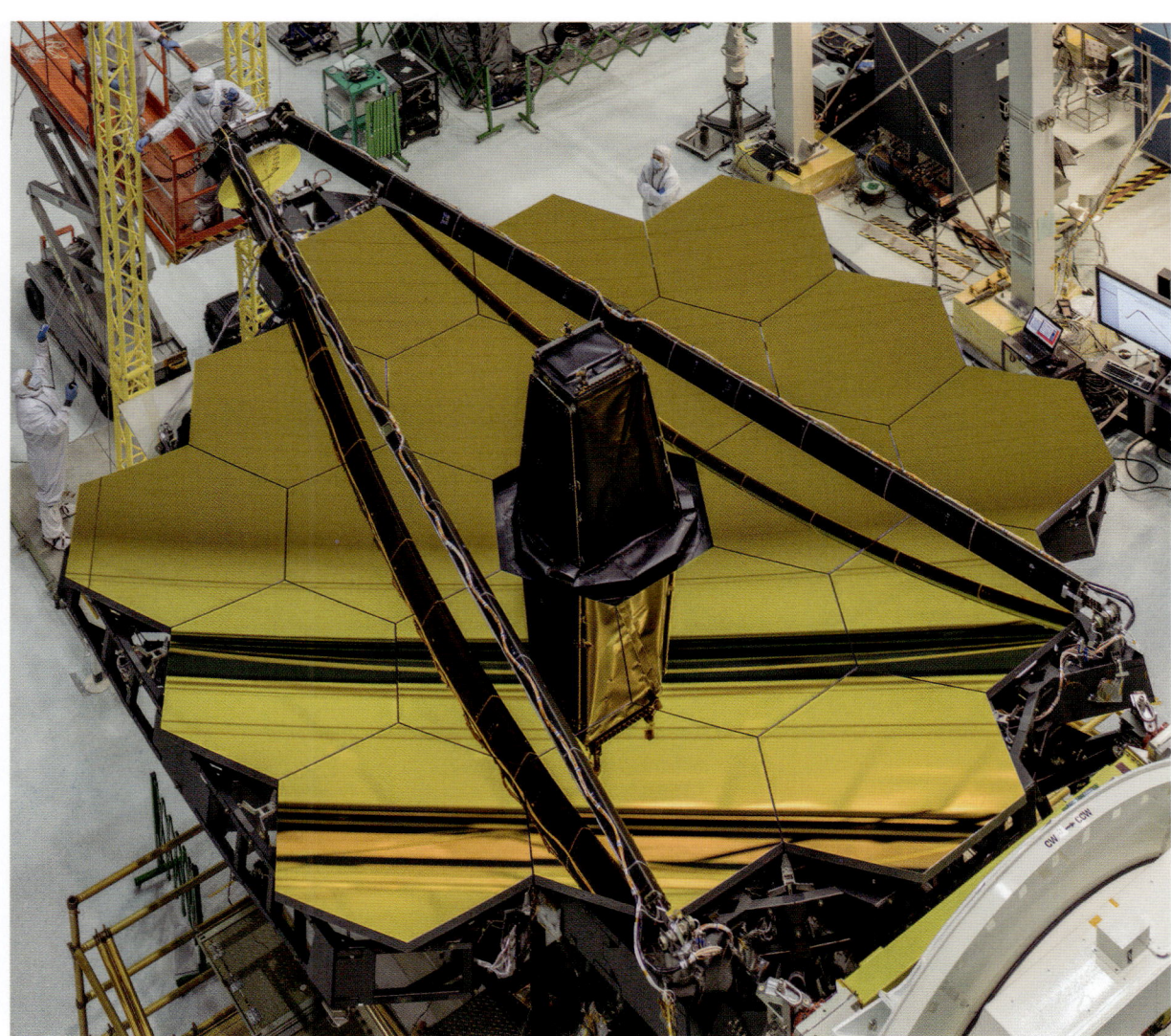

IZQUIERDA El parasol en forma de cometa del JWST protege el instrumento, mientras que el espejo captura la luz distante de galaxias lejanas. El morro negro del centro del espejo más grande enfoca la imagen y captura los datos, mientras que un espejo secundario descansa en un largo trípode.

ARRIBA El revolucionario ensamblaje del espejo principal del JWST consiste en dieciocho segmentos hexagonales hechos de berilio, que se desplegaron tras el lanzamiento del telescopio.

Los patrones de picos de difracción del JWST quedan patentes en esta imagen de un par de estrellas en proceso de formación estrechamente unidas, conocidas como Herbig-Haro 46/47, tomada con la Cámara de Infrarrojo Cercano de alta resolución. Puede que los haya visto en otras fotografías astronómicas, como las tomadas por el HST, y no son poco comunes. Los picos de difracción son patrones producidos cuando la luz se curva alrededor de los bordes de un telescopio. Aunque todas las estrellas pueden crearlos, lo más habitual es verlos en las estrellas más brillantes de una imagen. Se originan cuando la luz interactúa con el espejo principal y los montantes que sujetan el espejo secundario. Básicamente, los distintos sistemas ópticos suelen tener obstáculos que hacen que la luz incidente se difracte y cree picos de difracción.

UNA METRÓPOLIS ESTELAR QUE EMPEZÓ A FORMARSE DESPUÉS DEL BIG BANG

El universo, denominado una «metrópolis estelar» por la NASA en 2005, es un lugar inmenso. Recientemente, los astrofísicos han averiguado que está formado por una elegante estructura de estrellas, galaxias y cúmulos estelares que se formaron mucho antes de lo que se creía.

Los científicos llegaron a esta conclusión a raíz de las observaciones del Telescopio Espacial XMM-Newton de la Agencia Espacial Europea (ESA) y del Telescopio Muy Grande (VLT) del Observatorio Europeo Austral (ESO) de Chile. Cuando se detectaron cúmulos de materia extendidos de manera irregular, el doctor Christopher Mullis, de la Universidad de Michigan, dijo en 2005: «Vemos toda una red de estrellas y galaxias posicionadas unos cuantos millones de años después del Big Bang, como un reino que hubiera aparecido de la noche a la mañana en la Tierra».

Situada a unos 9000 millones de años luz de la Tierra, a unos 9500 billones de kilómetros de distancia, la luz del cúmulo que Mullis y su equipo detectaron en 2005 era tan remota que tardó 9000 millones de años en llegar hasta nosotros. Puesto que el universo tiene 13 780 millones de años, esto significa que el cúmulo estaba creando galaxias solo 4000 millones de años después del Big Bang. Según el doctor Piero Rosati, de la sede central del ESO en Alemania: «El universo creció deprisa». Antes, los científicos creían que las galaxias no se habían formado hasta mucho después del Big Bang.

Desde 2005, los astrofísicos han aprendido mucho más sobre el origen de las galaxias. A partir de 2022, los científicos que utilizaban el Telescopio Espacial James Webb (JWST) empezaron a buscar cúmulos de protogalaxias incluso mucho más distantes y las hallaron en abundancia. Descubrieron galaxias que se habían originado hacía 13 000 millones de años, cada una de ellas con una notable diversidad de formas. Tras analizar unas 850 galaxias, los investigadores pudieron caracterizarlas por formas: discos (como nuestra galaxia espiral), cúmulos e irregulares.

A través de mediciones repetidas y métodos de observación sofisticados, se descubrió que galaxias como la Vía Láctea se habían formado mil millones de años después del Big Bang, lo que cambió el paradigma de la formación de galaxias que imperaba décadas atrás. Como el astrónomo Haojing Yan dijo en enero de 2023: «Hay que actualizar la imagen que teníamos asumida de la formación de la galaxia en los orígenes del universo». ¿Hay otros cúmulos de galaxias incluso más lejanas que las que ha descubierto recientemente el JWST en esta «metrópolis estelar"? Es probable, y el JWST está descubriendo las nuevas que se formaron incluso antes. Esto ofrece más pistas sobre la forma, el tamaño y la extensión del universo.

HENRIETTA SWAN LEAVITT (1868-1921)

Esta astrónoma estadounidense realizó valiosas mediciones de las vastas distancias entre varios cuerpos del cosmos, que hoy se sabe que son galaxias remotas. Descubrió la luminosidad fluctuante de las estrellas cefeidas, lo cual tuvo una importancia fundamental en el trabajo de Edwin Hubble sobre el universo en expansión (*véase* pág. 32).

Pese a ser mujer y padecer sordera, a partir de 1893, Leavitt hizo carrera en Harvard como «computadora», realizando cálculos para los astrónomos profesionales. Con el tiempo, se convirtió en astrónoma por méritos propios y dirigió el departamento de fotometría estelar del observatorio. En el siglo XXI, Leavitt causó furor en la cultura popular cuando Joyce van Dyke escribió The Women who Mapped the Stars («Las mujeres que cartografiaron las estrellas»), una obra teatral donde contó la historia de Leavitt y sus colegas en el observatorio de Harvard. Llevó a escena las dificultades de las mujeres que trabajaban en una disciplina dominada por los hombres, al tiempo que experimentaban la aventura del descubrimiento, el deseo de reconocimiento y el anhelo de abrir puertas a quienes les sucederían.

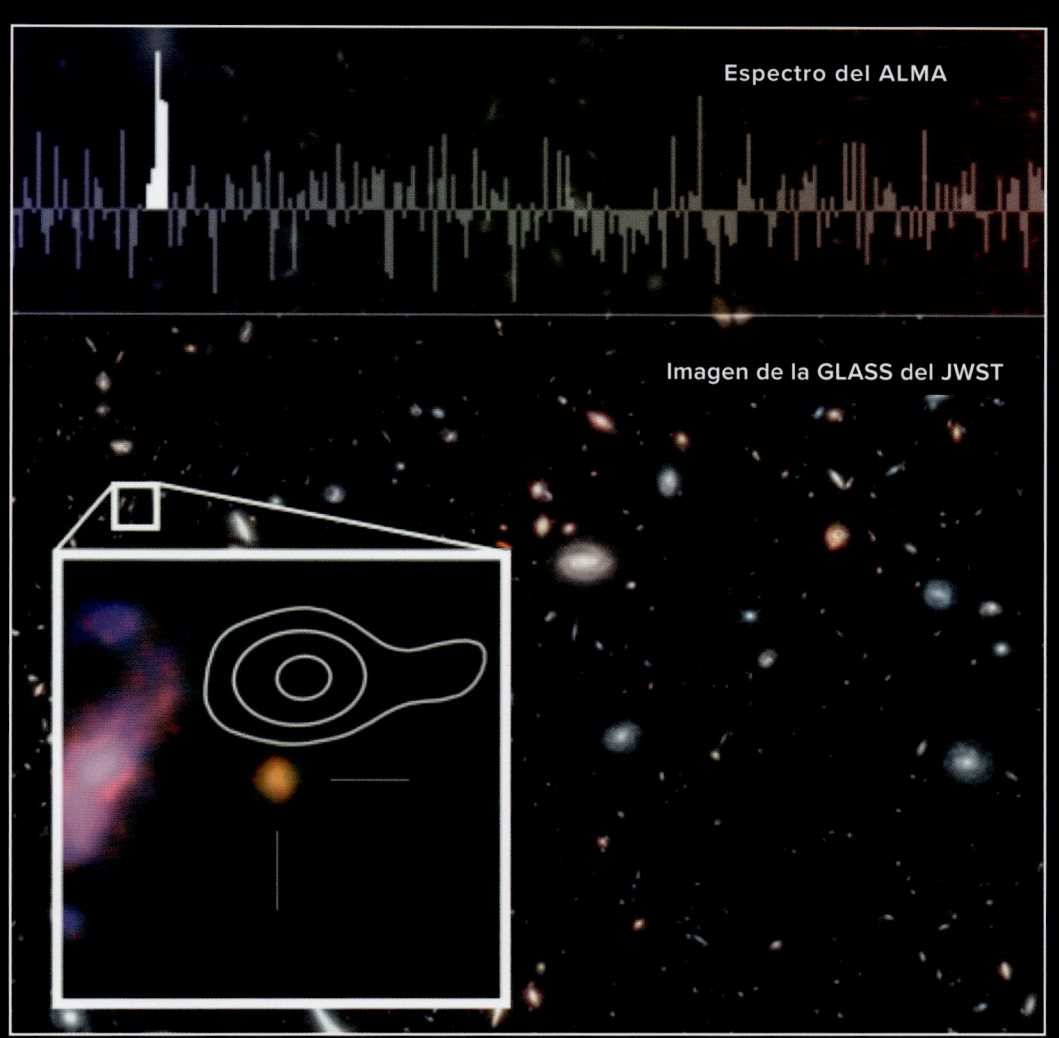

367   350   330

Espectro del ALMA

Imagen de la GLASS del JWST

IZQUIERDA GHZ2/GLASS-z12 es una galaxia excepcionalmente lejana que emergió muy poco después del Big Bang. De hecho, ha existido un 97 % de los 13 800 millones de años del universo. Situada detrás de cúmulos masivos de galaxias más próximas, los científicos tuvieron que utilizar los radiotelescopios del Atacama Large Millimeter/submillimeter Array (ALMA) de Chile y el JWST para averiguar su edad. Los datos de las antenas de radio del ALMA (arriba) revelaron una emisión de oxígeno —la línea luminosa de la izquierda del diagrama de datos— cerca de la posición de la galaxia que empezó unos 367 millones de años después del Big Bang. Al hacer el cotejo con las imágenes del JWST (abajo), los científicos vieron que los datos espectrales revelaban que el oxígeno ionizado cerca de la galaxia se había desplazado debido a la expansión del universo. El pequeño recuadro de la izquierda de la imagen del JWST permitió a un equipo formado por científicos de la Universidad de Nagoya y el Observatorio Astronómico Nacional de Japón calcular la edad cósmica de esta galaxia lejana, cuyos resultados se publicaron en enero de 2023.

DERECHA Este esquema de 2005 muestra la distribución de los cúmulos de la galaxia formados hace 9000 millones de años. La Tierra se encuentra en el extremo inferior, con la parte superior del cono cada vez más distante, y capturando luz de una época anterior de la historia del universo. La distancia (corrimiento al rojo) está indicada en el eje de la derecha, y el correspondiente tiempo cósmico hasta el Big Bang, en el eje de la izquierda. El cúmulo descubierto en 2005 en el corrimiento al rojo 1,4 («XMMU J2235») fue un importante hallazgo que supera con creces la observación de estudios anteriores («ROSAT Horizon»). Con datos recabados desde el lanzamiento del JWST en 2022, este diagrama, aunque aún no se ha actualizado, podría remontarse a más de 13 000 millones de años.

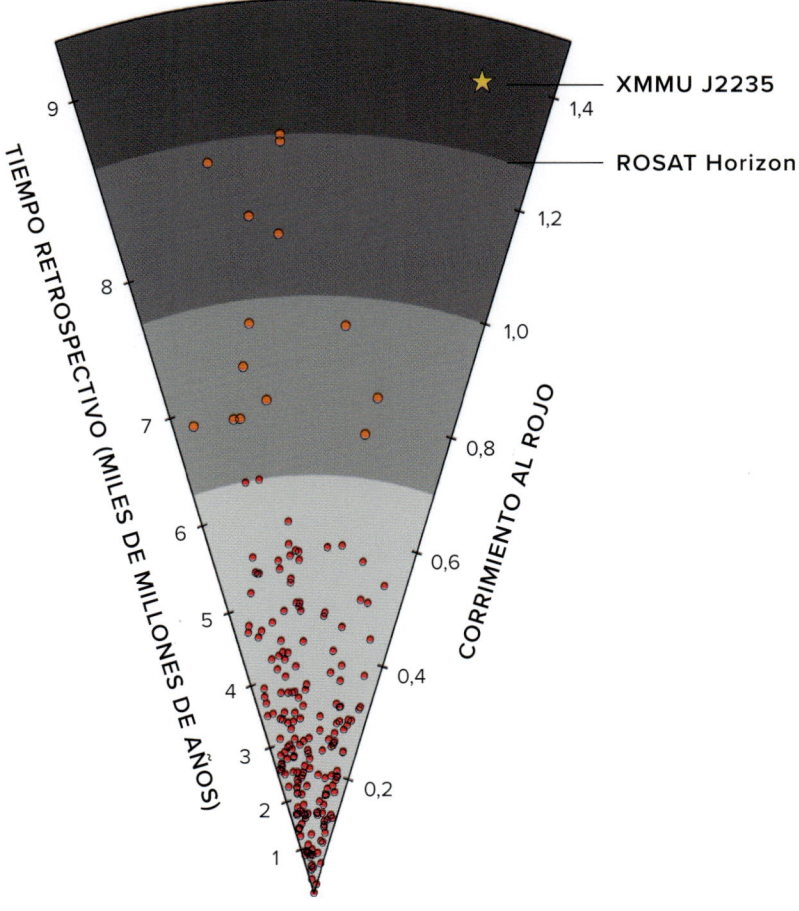

TIEMPO RETROSPECTIVO (MILES DE MILLONES DE AÑOS)

CORRIMIENTO AL ROJO

XMMU J2235

ROSAT Horizon

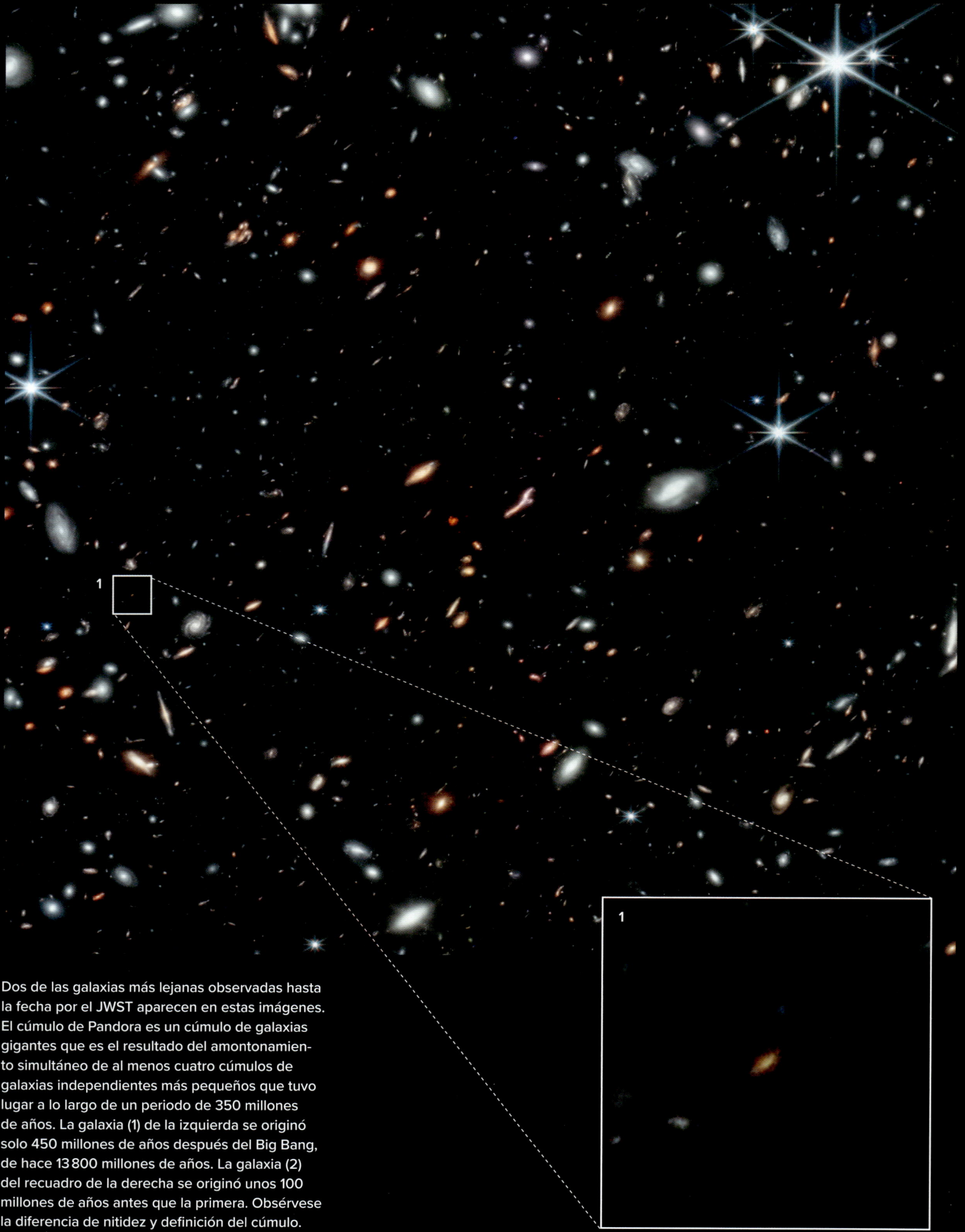

Dos de las galaxias más lejanas observadas hasta la fecha por el JWST aparecen en estas imágenes. El cúmulo de Pandora es un cúmulo de galaxias gigantes que es el resultado del amontonamiento simultáneo de al menos cuatro cúmulos de galaxias independientes más pequeños que tuvo lugar a lo largo de un periodo de 350 millones de años. La galaxia (1) de la izquierda se originó solo 450 millones de años después del Big Bang, de hace 13 800 millones de años. La galaxia (2) del recuadro de la derecha se originó unos 100 millones de años antes que la primera. Obsérvese la diferencia de nitidez y definición del cúmulo.

Al observar un campo de galaxias en nueve rangos de longitud de onda de infrarrojos, los investigadores del JWST descubrieron galaxias distantes que solo son visibles con luz infrarroja, y confirmaron que cuatro de ellas son las más antiguas vistas jamás y casi de la misma edad que el universo. La luz de estas galaxias tardó más de 13 400 millones de años en llegar a la Tierra y, por tanto, mostró las galaxias tal como eran 350 millones de años después del Big Bang.

La amplia órbita terrestre del Observatorio Espacial XMM-Newton de la ESA lleva la nave espacial a más de la mitad del camino de ida y vuelta a la Luna. El XMM-Newton se lanzó en 1999, pero sigue operativo. Su áreas específicas de investigación incluyen los agujeros negros, la vida y la muerte de supernovas, el espacio gaseoso entre las galaxias del universo y, lo más importante, el origen y la evolución del universo.

«A partir de 2022, los científicos que utilizaban el Telescopio Espacial James Webb (JWST) empezaron a buscar cúmulos de protogalaxias incluso mucho más distantes y las hallaron en abundancia. Descubrieron galaxias que se habían originado hacía 13 000 millones de años, cada una de ellas con una notable diversidad de formas».

En julio de 2022, el JWST capturó el margen de una región de formación de estrellas denominada NGC 3324 en la nebulosa de Carina, a unos 7600 años luz de la Tierra. El aspecto de «montañas» y «valles» llevó a la NASA a calificar esta imagen como «los acantilados cósmicos».

EL MISTERIO DE LA MATERIA OSCURA Y LA ENERGÍA OSCURA

Antes incluso del planteamiento de la teoría del Big Bang, los científicos que investigaban la estructura del universo estaban confundidos porque sus observaciones no se correspondían con las teorías imperantes del cosmos. Tenían que revisar sus ideas, sobre todo en cuanto a las dimensiones del universo y la cantidad de material que albergaba.

En 1884, el eminente científico británico lord Kelvin (1824-1907) teorizó que, de todos los cuerpos que existían en el universo, «tal vez una gran mayoría sean cuerpos oscuros» por la discrepancia entre las observaciones y los constructos teóricos. La gravedad, una constante en el universo, no bastaba para explicar todo lo que habían observado los científicos, lo que llevaba a plantearse qué otras fuerzas podían estar en juego. En algunos casos, había gases calientes entre la materia, observables en el espectro de rayos X o de rayos gamma, pero, debido a las acciones de la materia en el universo, este fenómeno parecía insuficiente para explicar todo lo que existía. Esto llevo a astrónomos como el científico suizo Fritz Zwicky (1898-1974) a teorizar sobre la materia y la energía oscuras, llamadas así porque aún no se pueden estudiar directamente. Aun así, pueden medirse indirectamente y, a partir de observaciones cosmológicas, los científicos han desarrollado un modelo teórico de la composición del universo, según el cual aproximadamente un 68 % del universo es energía oscura, en torno a un 27 % es materia oscura y solo un 5 % es materia ordinaria visible.

LA BÚSQUEDA DE ENERGÍA OSCURA

En 1990, la NASA implementó un nuevo observatorio astronómico espacial que revolucionó el conocimiento del cosmos. El impacto del Telescopio Espacial Hubble (HST) ha sido notable. Las observaciones realizadas a lo largo de treinta años han calculado la expansión del universo y, durante el proceso, han ofrecido una explicación convincente del papel de la energía oscura.

En 1998, los científicos que manejaban datos del HST descubrieron una discrepancia entre la velocidad de expansión calculada justo después del Big Bang y la que el universo experimenta ahora. El Premio Nobel Adam Riess (n. 1969) lideró un equipo de investigadores que descubrieron que la expansión del universo se estaba acelerando. Hace un siglo, Hubble calculó que la velocidad de expansión, conocida como la constante de Hubble, era de 67,5 más o menos 0,5 kilómetros por segundo por megaparsec. A partir de observaciones, el equipo de Riess averiguó que, en realidad, la velocidad era de 73 kilómetros por segundo por megaparsec. Según la estimación de Riess, la expansión del universo se acelera en función de la energía oscura que todavía se está calculando.

VERA RUBIN (1928-2016)

Vera Rubin, que siempre había querido ser astrofísica, demostró que las galaxias están formadas básicamente por materia oscura. Su trabajo con W. Kent Ford (1931-2023), a partir de la década de 1960, llevó a la publicación de observaciones pioneras sobre la rotación de las galaxias espirales. Empezando por la cercana galaxia de Andrómeda, investigaron las curvas planas de rotación, y descubrieron que los brazos más exteriores giraban tan deprisa como los centrales. Esto indicaba que las galaxias espirales debían de separarse si la gravedad era lo único que las mantenía en formación. En su lugar, una gran cantidad de masa invisible (materia oscura) las mantenía juntas, lo que demostraba el problema de la masa faltante sobre la que lord Kelvin y otros habían teorizado. Las galaxias contenían entre cinco y diez veces más materia oscura que la materia ordinaria. Este descubrimiento se ha confirmado y reconfirmado muchas veces desde entonces.

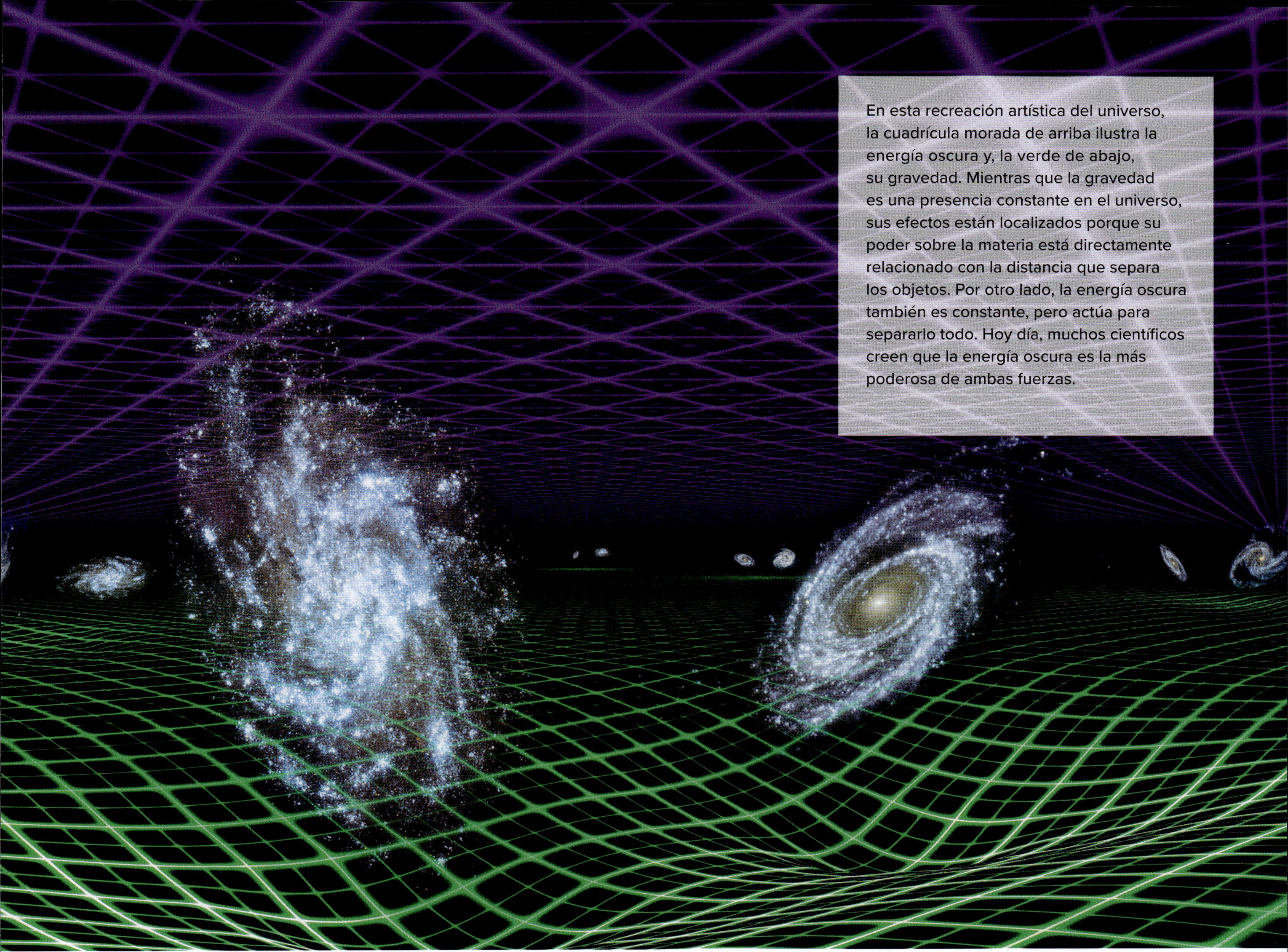

En esta recreación artística del universo, la cuadrícula morada de arriba ilustra la energía oscura y, la verde de abajo, su gravedad. Mientras que la gravedad es una presencia constante en el universo, sus efectos están localizados porque su poder sobre la materia está directamente relacionado con la distancia que separa los objetos. Por otro lado, la energía oscura también es constante, pero actúa para separarlo todo. Hoy día, muchos científicos creen que la energía oscura es la más poderosa de ambas fuerzas.

La materia faltante del universo hace mucho que desconcierta a los astrofísicos, y se han llevado a cabo revisiones basadas en la calidad de las mediciones que permiten los instrumentos científicos. En 2013, el satélite Planck de la ESA permitió a los científicos computar los porcentajes que aparecen en el gráfico de sectores de la derecha. Representaban las lecturas más precisas hasta la fecha, con la materia ordinaria que conforma las estrellas y las galaxias contribuyendo solo con un 4,9 % en la masa y la energía totales del universo. Invisible, pero, aun así, detectable a través de la influencia gravitatoria, la materia oscura representa el 26,8 % del universo, más de lo que se creía anteriormente. La energía oscura es la entidad más difícil de estudiar, aunque, con toda seguridad, está acelerando la expansión del universo. Estas mediciones representan un escaso 68,3 % de todo el universo, algo menos de lo que se creía previamente, como se muestra en el gráfico de sectores de la izquierda.

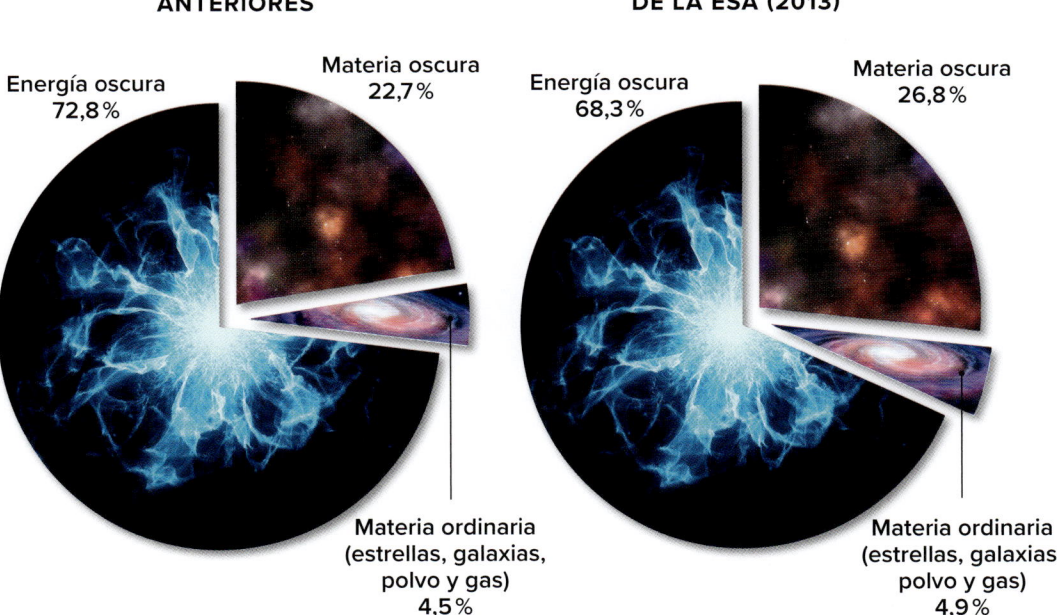

HIPÓTESIS ANTERIORES

Energía oscura
72,8 %

Materia oscura
22,7 %

Materia ordinaria
(estrellas, galaxias,
polvo y gas)
4,5 %

DATOS DEL SATÉLITE PLANCK DE LA ESA (2013)

Energía oscura
68,3 %

Materia oscura
26,8 %

Materia ordinaria
(estrellas, galaxias,
polvo y gas)
4,9 %

ARRIBA El cúmulo gigante de galaxias Abell 1689, a unos 2200 millones de años luz de la Tierra, contiene más de mil galaxias y millones de estrellas. Esta imagen, tomada por el HST en junio de 2002, muestra la distribución de la materia oscura en el centro del cúmulo, que puede deducirse al analizar el efecto de la lente gravitatoria, donde la luz de las galaxias de detrás de Abell 1689 se distorsiona por la materia ordinaria del interior del cúmulo.

PÁGINA SIGUIENTE El HST ha proporcionado pruebas muy necesarias del efecto de la materia oscura en el universo. Aquí, Abell S1063, un cúmulo de galaxias cuya inmensa masa —que contiene materia bariónica (un tipo de partícula subatómica compuesta, incluidos el protón y el neutrón, que contiene un número impar de elementos denominados cuarks) y materia oscura— actúa como una lupa cósmica que altera la imagen de los objetos que tiene detrás. Antiguamente, los astrónomos utilizaban este efecto de la lente gravitatoria para calcular la distribución de la materia oscura en los cúmulos de galaxias, pero el equipo que trabajaba en esta serie de observaciones descubrió que una manera más precisa es estudiar la luz teñida de azul del cúmulo, que sigue la distribución de la materia oscura.

«El impacto del Telescopio Espacial Hubble (HST) ha sido notable. Las observaciones realizadas a lo largo de treinta años han calculado la expansión del universo y, durante el proceso, han ofrecido una explicación convincente del papel de la energía oscura».

La galaxia espiral NGC 5585 reside en la cola de la constelación Osa Mayor. Esta imagen del HST, difundida el 21 de septiembre de 2020, aporta pruebas de materia oscura en abundancia puesto que las estrellas, las nubes de polvo, el gas y otros materiales representan solo una mínima parte de la materia que mantiene unida esta galaxia. En el mejor de los casos, es una prueba indirecta de la existencia de materia oscura, pero los científicos están de acuerdo en que la materia oscura bien podría ser la «sustancia» dominante del universo.

EL FIN
DEL UNIVERSO

¿Se acabará el universo? Depende de a quién se pregunte, pero la mayoría de los astrónomos suscriben al menos una de las distintas posibilidades de su desaparición. Las tres principales son las que los científicos denominan el Big Freeze (Gran Congelación), el Big Crunch (Gran Implosión) y el Big Rip (Gran Desgarramiento).

Impulsado por la fuerza del Big Bang y las velocidades aparentemente aceleradas generadas por la energía oscura, algunos científicos teorizan que el universo se expandirá indefinidamente con el Big Freeze (Gran Congelación) cuando se alcance la temperatura más baja posible. En este final del universo, su materia (y su atracción gravitatoria) será insuficiente para contrarrestar la expansión. Con el tiempo, las partículas irán a la deriva hasta el infinito, perdiendo toda la energía para recombinarse en distintos tipos de materiales. Esta expansión eterna podría disminuir en términos de velocidad a lo largo de los eones, pero nunca se detendrá, y el universo terminará reducido a la nada.

El Big Crunch (Gran Implosión) plantea la situación opuesta. En el universo hay suficiente gravedad y materia para ralentizar, en algún momento, la expansión iniciada por el Big Bang, y después comenzar una contracción hasta un punto en que toda la materia contenida en el universo alcance otra singularidad, tras lo cual todo el proceso podría empezar de nuevo. El misterio de la energía oscura que parece acelerar la expansión desde el Big Bang hace que muchos científicos se pregunten cómo podría evolucionar esta idea de un universo oscilante.

Finalmente, la teoría del Big Rip (Gran Desgarramiento) asigna un papel más destacado a la energía oscura en la desaparición del universo. Podría hacer trizas el universo con más rapidez y violencia con el paso del tiempo, contrarrestando los efectos de la gravedad y desgarrando el propio tejido del universo. En este planteamiento, las galaxias quedan hechas jirones, igual que los agujeros negros, las estrellas y los planetas como el nuestro. Esto podría adoptar muchas formas, nadie lo sabe a ciencia cierta.

También se han propuesto, estudiado y debatido otras teorías, a veces adoptadas, pero también rechazadas a medida que los científicos han tenido más información. Puede que incluso haya múltiples universos, a saber, multiversos o univesos en miniatura alternativos con distintas leyes de la física que podrían separarse del nuestro. En la actualidad, se desconoce la respuesta del final del universo. En algún momento será conocible, aunque solo sea porque empieza a desencadenarse.

NANCY GRACE ROMAN (1925-2018)

Conocida como la «madre» del Telescopio Espacial Hubble (HST), Nancy Grace Roman se doctoró en Astronomía por la Universidad de Chicago antes de trabajar de astrónoma en el observatorio Yerkes. Le encantaba su trabajo, pero lamentaba que no hubiera más mujeres en su institución que tuvieran plaza de astrónomas, pese a sus muchos años de experiencia. Convencida de que su carrera se estancaría en el mundo académico, Roman empezó a trabajar en el programa de radioastronomía del Laboratorio de Investigación Naval de Estados Unidos.

En 1960, entró en la NASA como jefa de Astronomía y Relatividad, y estuvo un tiempo considerable prestando apoyo a la astronomía espacial. Cuando presentó el HST a los miembros del Congreso de EE. UU., dijo: «Por el precio de una noche en el cine cada año, cada estadounidense recibiría quince años de descubrimientos apasionantes». Se quedó corta, porque el telescopio ha proporcionado datos científicos asombrosos durante más de treinta años.

Cuando Roman murió, la NASA bautizó su siguiente gran proyecto de telescopio espacial con el nombre de la pionera astrónoma. El Telescopio Espacial Nancy Grace Roman se lanzará en 2027 y explorará la energía oscura, los exoplanetas y la astrofísica infrarroja.

El Telescopio Espacial Nancy Grace Roman podría arrojar luz sobre la cuestión del destino del universo. La NASA implementó el Telescopio de Exploración de Infrarrojos de Campo Amplio (WFIRST, por sus siglas en inglés) para explorar la naturaleza de la «energía oscura», un elemento fundamental del misterio del fin del universo. Rebautizado como el Telescopio Espacial Nancy Grace Roman el 20 de mayo de 2020, este observatorio espacial levantará un mapa de la distribución de la materia en el universo, las fuerzas que actúan sobre él y la influencia de los agujeros negros y las supernovas en el destino del cosmos. Pero, por encima de todo, tiene la misión de medir los cambios a lo largo del tiempo de las fuerzas que actúan sobre la materia del universo, incluidas la materia oscura y la energía oscura.

«Impulsado por la fuerza del Big Bang y las velocidades aparentemente aceleradas generadas por la energía oscura, algunos científicos teorizan que el universo se expandirá indefinidamente con el Big Freeze (Gran Congelación) cuando se alcance la temperatura más baja posible».

Los científicos han aventurado tres destinos posibles del universo. La energía oscura inestable podría provocar el Big Rip (Gran Desgarramiento), arrasando con todo a medida que el universo se expande, destruyendo galaxias, estrellas, planetas y átomos. El Big Crunch (Gran Implosión) podría producirse a medida que la expansión del universo se ralentice, se detenga y empiece a contraerse. Terminaría con una implosión y una compresión. Según la tercera opción que barajan buena parte de los científicos, el Big Freeze (Gran Congelación), el universo se expande infinitamente, hasta que termina enfriándose y queda reducido a la nada.

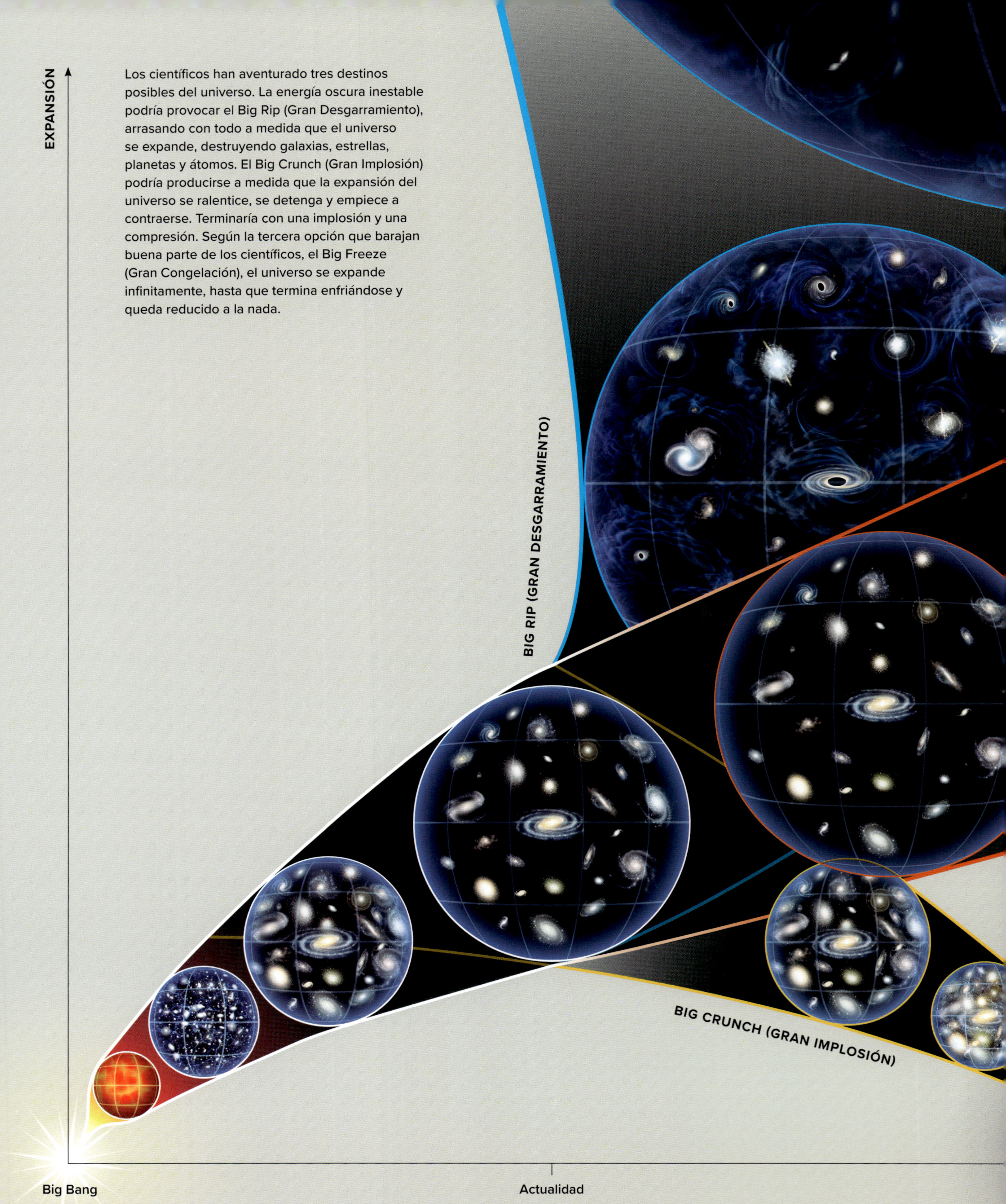

BIG RIP (GRAN DESGARRAMIENTO)

BIG CRUNCH (GRAN IMPLOSIÓN)

Big Bang

Actualidad

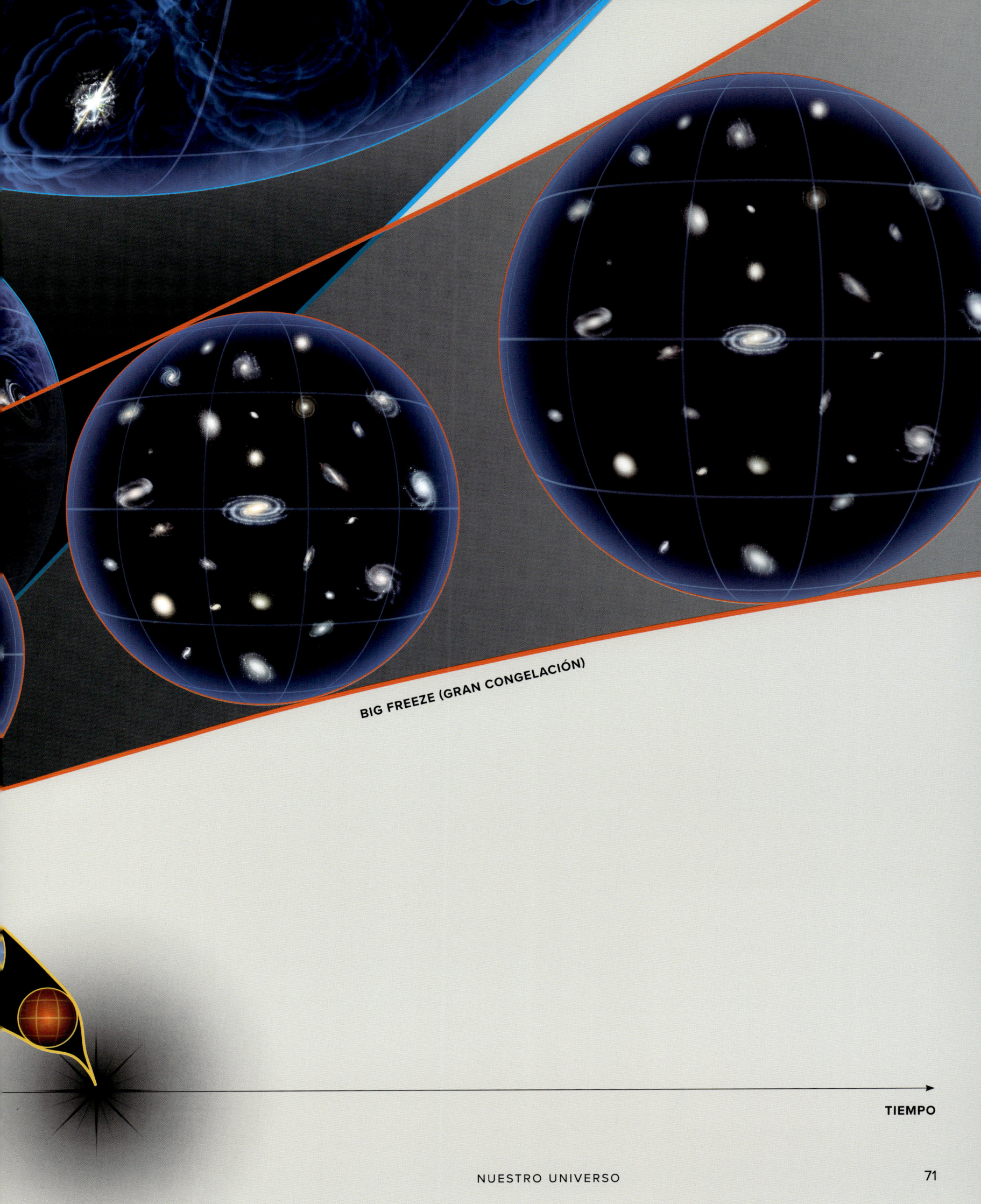

BIG FREEZE (GRAN CONGELACIÓN)

TIEMPO

Una galaxia lejana con un cuásar activo en el centro sugiere parte de la violencia que podría desencadenarse si el universo terminara con un Big Rip (Gran Desgarramiento). Toda la materia sería arrastrada a un agujero oscuro, donde ni siquiera la luz podría escapar. Esta recreación artística fue el resultado de los datos obtenidos con el HST, que permitieron a los astrónomos descubrir una intensa radiación y una energía que afecta a toda la galaxia, desgarrándola.

2 GALAXIAS Y SISTEMAS ESTELARES

La galaxia del Molinete, también llamada
Messier 101 (M101), con su forma y tamaño
característicos, se encuentra a unos
21 millones de años luz de la Tierra, en
la constelación de la Osa Mayor.

No fue hasta la primera parte del siglo XXI cuando los científicos se dieron cuenta de que, lo que llamamos galaxias, en realidad están fuera de nuestra Vía Láctea. Resultó ser un descubrimiento verdaderamente notable. Desde entonces, hemos aprendido que las galaxias de nuestro universo son grupos de materia unidos por la gravedad y aparentemente repelidos por la energía oscura (*véase* pág. 62), lo que provoca la expansión del universo. Existe una miríada de galaxias distintas, con una apariencia y una composición diferentes en función de sus orígenes y su evolución a lo largo de miles de millones de años.

La mayoría de los científicos están de acuerdo en que las galaxias empezaron siendo nubes de polvo que se convirtieron en estrellas y, con el tiempo, adoptaron la forma de galaxias entrelazadas por la fuerza de la gravedad. Las galaxias más grandes comprenden millones de estrellas y podrían abarcar más de un millón de años luz. Las más pequeñas también son masivas, pero podrían incluir solo algunos miles de estrellas en un campo gravitatorio comprimido de solo unos centenares de años luz de diámetro. La mayoría de las galaxias también cuentan con agujeros negros supermasivos en las profundidades de la parte central, que engullen la materia con intensos campos gravitatorios (*véase* pág. 112).

Las galaxias como nuestra Vía Láctea expelen materia del interior al borde externo de su campo gravitatorio, creando masivos brazos espirales llenos de colonias de estrellas. Nuestro sistema solar es uno de estos brazos de los alrededores de la Vía Láctea, una galaxia de unos 100 000 años luz de diámetro. Más cerca del centro de esta galaxia, actúan fuerzas gravitatorias más fuertes. Existimos en un lugar especial de la Vía Láctea, un lugar tranquilo y apacible, aunque, evidentemente, todo está en constante movimiento. Por ejemplo, nuestro sistema solar requiere unos 240 millones de años para orbitar una vez la Vía Láctea.

Aunque la Vía Láctea es única, al menos para nosotros, reside en un vecindario con más de cincuenta galaxias más, de tipos y tamaños diferentes, pero todas en movimiento por efecto de la gravedad y la energía oscura. Nuestra vecina más próxima es la galaxia de Andrómeda, que durante muchos años se creyó que era una nebulosa de la Vía Láctea. Fueron Edwin Hubble y otros quienes, en la década de 1920, llegaron a la conclusión de que era una entidad independiente y distinta, lo que ha generado un ámbito de investigación y conocimientos completamente nuevo en los cien años transcurridos desde entonces.

PÁGINA SIGUIENTE En una vista aérea de la galaxia de la Vía Láctea, sus dos brazos principales, Escudo-Centauro y Perseo, parecen estar unidos a un eje central grueso y alargado. Otros dos brazos, Norma y Sagitario, también son visibles, pero resultan menos perceptibles. Las líneas de grados y las distancias en años luz dan una idea de las proporciones de la Vía Láctea. Nuestro sistema solar se encuentra entre dos brazos secundarios de Sagitario y Perseo, con el Sol justo debajo del centro de la Vía Láctea.

«Las galaxias como nuestra Vía Láctea expelen materia del interior al borde externo de su campo gravitatorio, creando masivos brazos espirales llenos de colonias de estrellas».

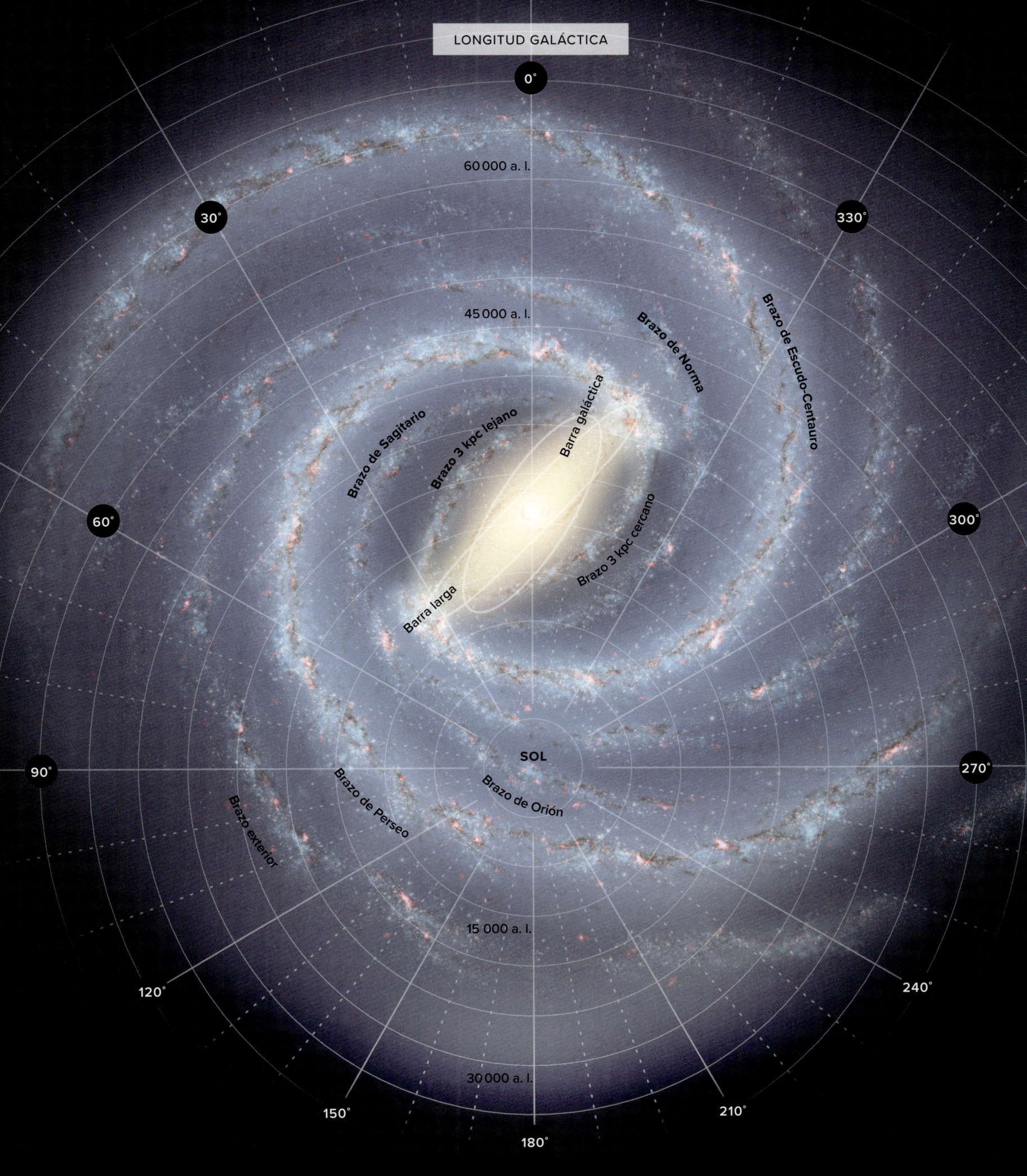

SUPERIOR Formada por muchas imágenes individuales capturadas por el observatorio espacial Gaia, esta sorprendente vista lateral de la galaxia de la Vía Láctea la difundió la Agencia Espacial Europea (ESA) en 2019.

ARRIBA La Vía Láctea y la Gran Nube de Magallanes (LMC, por sus siglas en inglés), una galaxia satélite que orbita la Vía Láctea, de mayor tamaño, se han superpuesto en un mapa del área circundante que se extiende entre 200 000 y 325 000 años luz del centro de la Vía Láctea. Formadas por numerosas imágenes individuales capturadas por el observatorio espacial Gaia, las zonas de un azul más oscuro representan una baja concentración de estrellas, que son más numerosas y luminosas en las zonas de un azul más claro. Los científicos han descubierto que la gravedad de la LMC ha distorsionado notablemente el disco de nuestra galaxia, creando un halo galáctico alrededor del mismo, como se aprecia en la parte superior central de la imagen. Los círculos oscuros de la parte inferior también sugieren las partes de la Vía Láctea que se están separando, cambiando la estructura de la galaxia a lo largo de los eones.

DERECHA El Telescopio Espacial Hubble (HST) capturó esta fotografía, conocida como la «cara fantasmal», de la colisión de dos galaxias en el sistema galáctico dual Arp-Madore 2026-424 (AM 2026-424) durante el proceso de destrucción mutua. Las colisiones de galaxias no son raras, pero esta muestra un anillo alrededor de ambos sistemas y el estiramiento de gas, polvo, estrellas, y probablemente planetas chocando entre ellos.

ABAJO Esta composición de la galaxia de Andrómeda, o M31, difundida el 16 de junio de 2002, combina los datos de la misión Herschel y el observatorio Planck de la ESA y de dos misiones de la NASA. Los tonos rojos indican la presencia de gas de hidrógeno, el color verde indica polvo intensamente frío y el polvo más cálido se muestra en azul. Globalmente, la composición presenta el polvo galáctico de Andrómeda mucho más fino de lo que se creía hasta entonces.

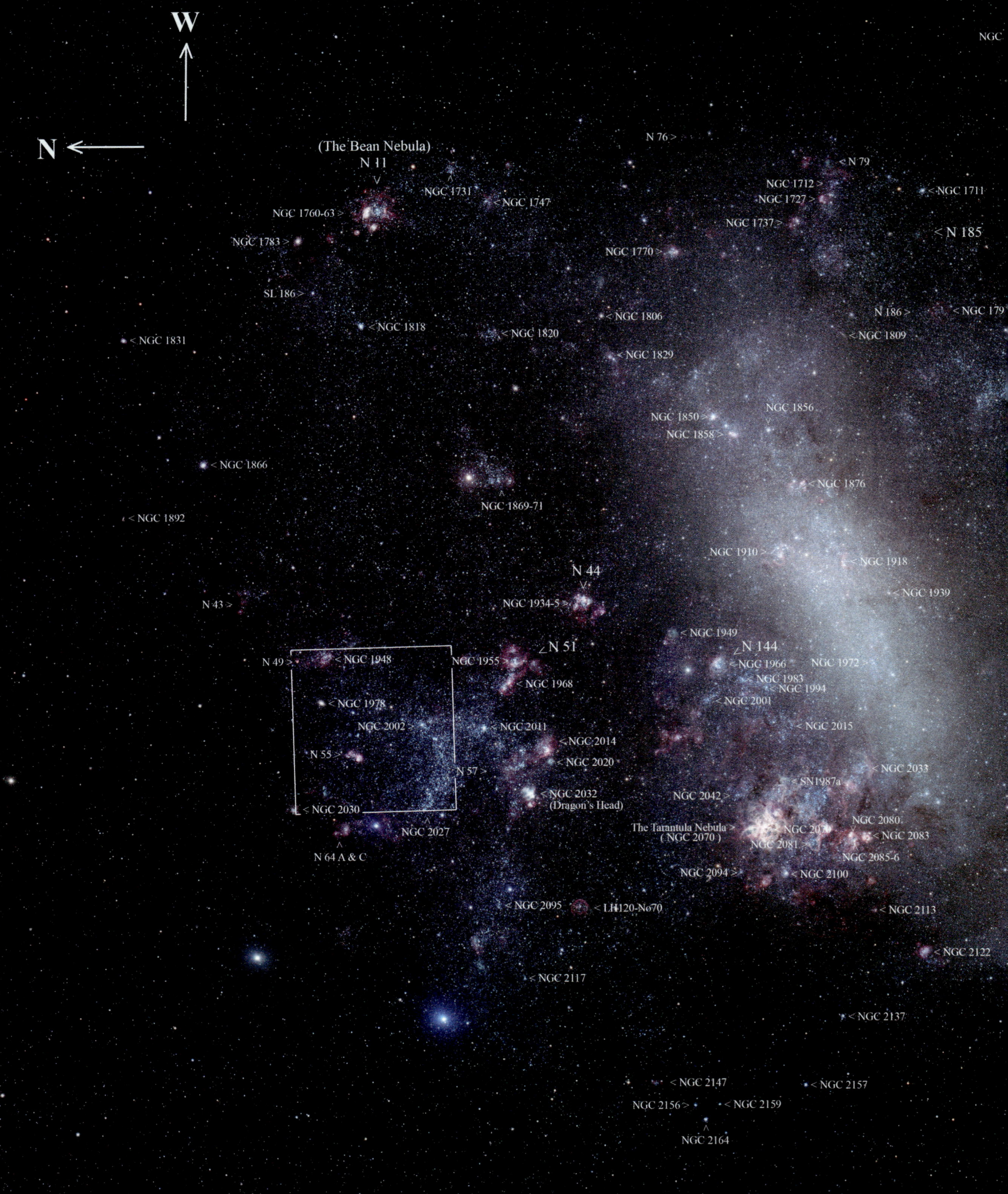

W

N

(The Bean Nebula)
N 11
N 76 >
< N 79
NGC 1731
NGC 1712 >
< NGC 1711
NGC 1727 >
< NGC 1747
NGC 1760-63 >
NGC 1737 >
< N 185
NGC 1783 >
NGC 1770 >
SL 186 >
< NGC 1806
N 186 >
< NGC 179
< NGC 1818
< NGC 1820
< NGC 1809
< NGC 1831
< NGC 1829
NGC 1850 >
NGC 1856
< NGC 1866
NGC 1858 >
< NGC 1876
ı < NGC 1892
NGC 1869-71
NGC 1910 >
< NGC 1918
N 44
< NGC 1939
NGC 1934-5 >
N 43 >
< NGC 1949
N 51
N 144
< NGC 1948
NGC 1955
< NGC 1966
NGC 1972 >
N 49 >
< NGC 1983
< NGC 1968
< NGC 1994
< NGC 1978
< NGC 2001
NGC 2002 >
< NGC 2015
NGC 2011
N 55 >
< NGC 2014
< NGC 2033
< NGC 2020
N 57 >
< SN1987a
NGC 2032
< NGC 2030
(Dragon's Head)
NGC 2042 >
NGC 2027
The Tarantula Nebula >
NGC 2080
N 64 A & C
(NGC 2070)
NGC 2070
NGC 2081 >
< NGC 2083
NGC 2085-6
NGC 2094 >
< NGC 2100
< NGC 2095
< LH120-Nº70
< NGC 2113
< NGC 2122
< NGC 2117
< NGC 2137
< NGC 2147
< NGC 2157
NGC 2156 >
< NGC 2159
NGC 2164

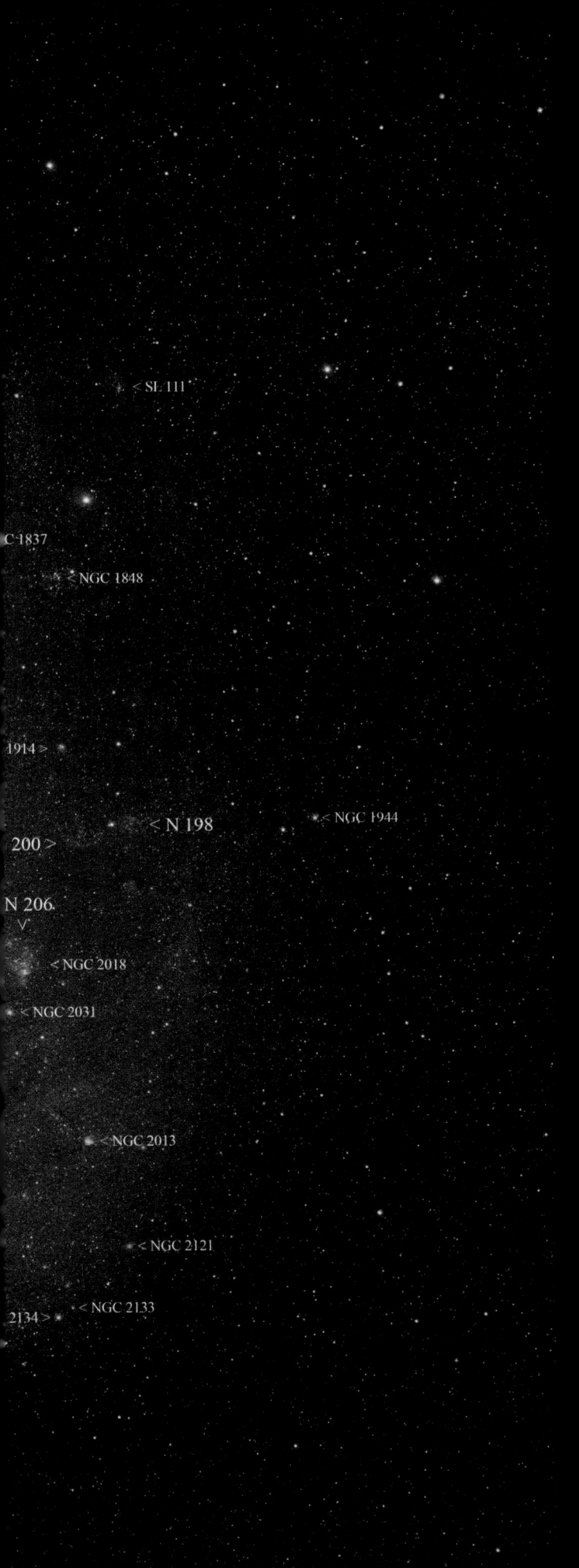

< SL 111

C 1837

NGC 1848

1914 >

< N 198

200 >

< NGC 1944

N 206
V

< NGC 2018

< NGC 2031

< NGC 2013

< NGC 2121

< NGC 2133
2134 >

«*La mayoría de los científicos están de acuerdo en que las galaxias empezaron siendo nubes de polvo que se convirtieron en estrellas y, con el tiempo, adoptaron la forma de galaxias entrelazadas por la fuerza de la gravedad. Las galaxias más grandes comprenden millones de estrellas y podrían abarcar más de un millón de años luz. Las más pequeñas también son masivas, pero podrían incluir solo algunos miles de estrellas en un campo gravitatorio comprimido de solo unos centenares de años luz de diámetro*».

Los objetos más luminosos de la Gran Nube de Magallanes (LMC) están indicados con sus designaciones astronómicas, y el campo del telescopio MPG/ESO de 2,2 metros utilizado para capturar estas imágenes está delimitado por el contorno blanco. La LMC fascina desde hace mucho a los astrónomos por su gran visibilidad desde la Tierra. Sin embargo, no fue hasta el siglo XXI cuando los científicos se dieron cuenta de que era una galaxia irregular enana situada en la frontera entre las constelaciones de Dorado y Mensa. Podría haberse desprendido de una parte de la galaxia de la Vía Láctea, y ahora es una de la treintena de galaxias del vecindario que están débilmente entrelazadas por su atracción gravitatoria.

¿GALAXIAS A BILLONES?

Estimadas en unos 200 000 millones al principio de la era espacial, los científicos actuales creen que hay hasta 2000 billones de galaxias además de la nuestra. Esto supone todo un cambio desde la época de Edwin Hubble, cuando los científicos no estaban seguros de si los objetos que veían desde los telescopios terrestres formaban parte de la Vía Láctea u otra cosa.

A partir de las observaciones realizadas en telescopios cada vez más sofisticados y precisos, tanto terrestres como espaciales, hoy los científicos creen que existen billones de galaxias independientes. La estimación de 2000 billones podría aumentar a medida que tecnologías más novedosas como el Telescopio Espacial James Webb (JWST) mejoren la capacidad de observación. Como es lógico, hay astrónomos más conservadores respecto al recuento de galaxias. El astrofísico Mario Livio, del Instituto de Ciencias del Telescopio Espacial de Baltimore, Maryland, cree que una estimación más aceptable sería de unos 200 000 millones. Nadie lo sabe con seguridad. Lo que es evidente es que no paran de descubrirse nuevas galaxias que van engrosando el compendio. En 1995, por ejemplo, los astrónomos descubrieron unas 3000 galaxias débiles en un solo fotograma de una exposición larga de una parte de la Osa Mayor que anteriormente se consideraba desprovista de galaxias. En 2020, equipado con nuevos instrumentos, un equipo internacional de astrónomos analizó los datos que descubrieron ocho cúmulos de galaxias en una zona del espacio donde no se había detectado ninguno hasta entonces.

Nuestra Vía Láctea va rumbo a colisionar con la galaxia de Andrómeda, la más próxima a ella. Los astrónomos calculan que la colisión se producirá dentro de unos 4000 millones de años. Cuando esto suceda, ambas galaxias dejarán de existir y nuestro rincón del universo cambiará para siempre. Evidentemente, los humanos ya no estarán aquí para contarlo. Nuestro Sol ya se habrá convertido en una gigante roja que engullirá todo el sistema solar. Para sobrevivir, es mejor que los humanos estén en otra parte.

Dentro de 4000 millones de años, podría producirse una colisión entre la Vía Láctea y la galaxia de Andrómeda. Aquí, la NASA muestra el cielo nocturno tal como se vería cuando la gravedad acerque ambas galaxias. Andrómeda (*izquierda*) llena el campo de visión, distorsionando la galaxia de la Vía Láctea (*derecha*) con su atracción gravitatoria.

IZQUIERDA El cúmulo de galaxias SMACS 0723, fotografiado por el JWST, es un hervidero de miles de galaxias que no se habían visto hasta la década de 2020. La imagen de infrarrojos capturó algunos de los objetos más débiles observados jamás.

PÁGINA SIGUIENTE Los resultados del JWST son asombrosos. Debido al efecto de la lente gravitatoria, que se produce cuando una gravedad suficiente curva las ondas luminosas que pasan junto a ella o la atraviesan (*véase* pág. 30 y abajo), esta única imagen del JWST, difundida en 2023, muestra tres imágenes distintas del cúmulo de galaxias RX J2129, situado en la constelación de Acuario, a unos 3200 millones de años luz de la Tierra. Las imágenes no son uniformes en cuanto a tamaño, posición o edad. La luz que recorrió el camino más largo ofrece la imagen más antigua de la galaxia (2), en la que la supernova sigue siendo visible (la luz intensamente brillante de la parte superior central). La siguiente imagen de la galaxia la muestra tal como se ve unos 320 días después de la primera (3), y la última, unos 1000 días después de la primera (1). En las dos versiones posteriores, la supernova se ha desvanecido.

IZQUIERDA El efecto de la lente gravitatoria permite a los astrónomos aprovechar la gravedad de una galaxia para ampliar otras galaxias más lejanas. Como predijo la teoría de la relatividad general de Einstein, la luz que sigue una curvatura de espacio-tiempo se encorva. En consecuencia, la luz de un objeto del otro lado de una galaxia grande o un cúmulo de objetos se curvará hacia el observador. Aquí se ilustra el tipo de lente gravitatoria más sencillo. Una única concentración de materia en el centro, en este caso el núcleo denso de una galaxia, interrumpe la luz de una galaxia lejana (*izquierda*) y la redirige alrededor de su núcleo, permitiendo la obtención de imágenes de una galaxia de fondo (en este caso junto a la nave (*derecha*), con la Tierra próxima). Cuando la lente se acerca a la simetría perfecta, se forma un círculo de luz completo o casi completo denominado anillo de Einstein.

1

1000 días después

2

AT 2022riv

3

TIPOS DE GALAXIAS

Los científicos han categorizado cuatro tipos de galaxias en el universo: espirales, espirales barradas, elípticas e irregulares.

Las galaxias **espirales**, grupos de estrellas y gases en forma de molinete, son las más comunes del universo.

En pocas palabras, una galaxia **espiral barrada** cuenta con grandes barras que irradian del centro junto a las formas en molinete propias de las galaxias espirales.

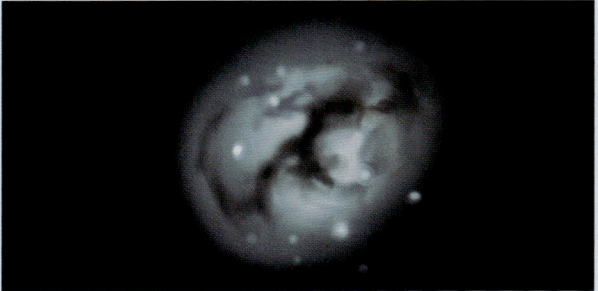

En general, una galaxia **elíptica** tiene forma elipsoide y, en buena medida, revela una imagen lisa y uniforme.

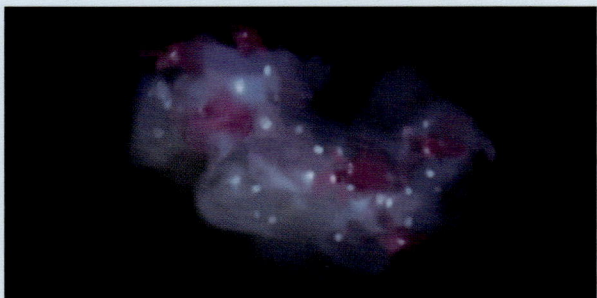

Como su nombre indica, una galaxia **irregular** carece de una forma regular característica, al contrario que las galaxias espirales o elípticas.

La galaxia espiral Messier 101 (M101), también conocida como NGC 5457 y a veces llamada la galaxia del Molinete, se encuentra en la constelación de la Osa Mayor, a unos 21 millones de años luz de la Tierra. Esta impresionante composición está formada por cincuenta y una exposiciones individuales tomadas por el Telescopio Espacial Hubble (HST) y varios telescopios terrestres en 2006.

Situada a 212 millones de años luz de la Tierra, la galaxia espiral barrada NGC 6872 mide 522 000 años luz de extremo a extremo, por lo que es unas cinco veces mayor que la Vía Láctea. Esta impactante composición, difundida en 2013, fusiona imágenes de luz visible del Telescopio Muy Grande del Observatorio Europeo Austral con datos ultravioletas del telescopio espacial Explorador de la Evolución Galáctica (GALEX, por sus siglas en inglés) y datos infrarrojos de 3,6 micrones del Telescopio Espacial Spitzer de la NASA.

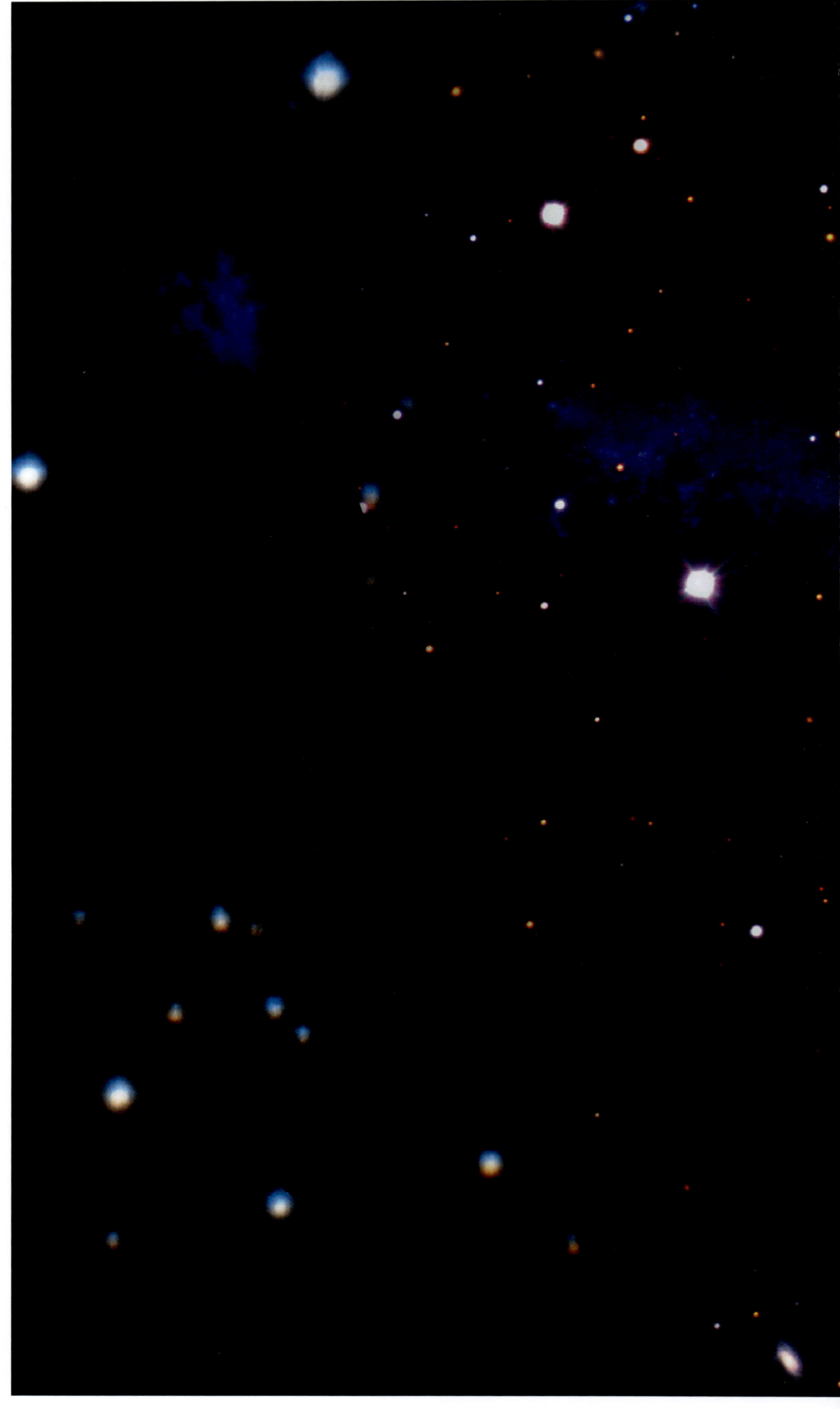

PÁGINA ANTERIOR La galaxia elíptica se caracteriza por su forma alargada y sus complejos amasijos de materia cósmica. Suele tener pocas estrellas y normalmente está dominada por gases y protoestrellas. La galaxia elíptica gigante NGC 1316, que aparece en esta imagen de 2002 del HST, revela más polvo intergaláctico, gases y cúmulos de estrellas que cualquier otra cosa. Los astrónomos están convencidos de que la NGC 1316 es el resultado de la colisión de dos galaxias anteriores.

ARRIBA Debido la manera en que se formó, la NGC 3610 se convirtió en una galaxia elíptica por la fusión de al menos dos galaxias en forma de disco hace unos 4000 millones de años. Durante estas violentas uniones, la mayor parte de la estructura interna de las galaxias originales quedó destruida. Este es el resultado, capturado por la Agencia Espacial Europea (ESA) en 2015.

ARRIBA Y PÁGINA SIGUIENTE Las galaxias irregulares adoptan todo tipo de formas y tamaños, y su única característica común es que no pertenecen a ninguna de las otras tipologías. Estas imágenes muestran la galaxia enana irregular IC 1613 en ultravioleta (*izquierda*) y en el espectro visible (*derecha*). Como se ve, IC 1613, descubierta en 1906 por el astrónomo Max Wolf y situada a 2,3 millones de años luz de la Tierra, se estudia mejor en ultravioleta.

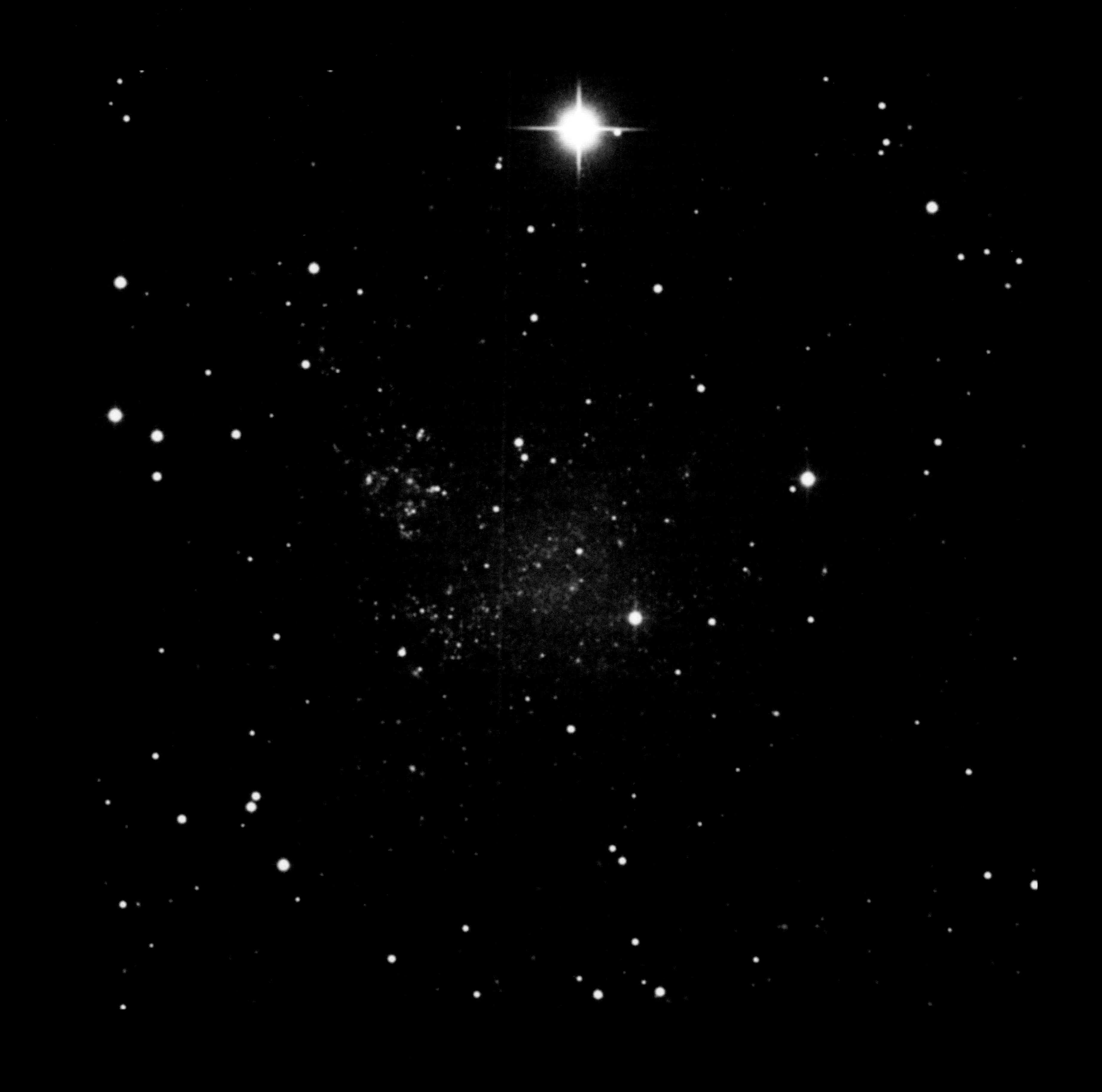

VIDA Y MUERTE
DE LAS ESTRELLAS

Todo tiene un principio, un desarrollo y un final, con vida o sin ella. Los científicos siguen este proceso para todo lo que hay en el universo, una oportunidad única de aprender sobre el cosmos y el lugar que ocupamos en él. Sin duda, las estrellas son los objetos astronómicos más reconocidos. Al ser los pilares de las galaxias, ocupan un lugar central en todos los aspectos del estudio del cosmos. Los científicos rastrean su origen, evolución, edad, distribución y desaparición a través de la lejanía del universo.

Transcurridos 100 millones de años del Big Bang, las estrellas empezaron a fusionarse en el universo emergente a partir de nubes de polvo, como resultado de la energía de toda la materia que salía de la singularidad. A medida que el material se dispersó, la gravedad juntó las nubes hasta que formaron nebulosas donde la materia, la gravedad, la energía y la materia oscuras fueron suficientes para formar cuerpos sólidos. Una nube de polvo como la conocida nebulosa de Orión vista desde la Tierra es un ejemplo del modo en que la atracción gravitatoria actúa sobre la «sustancia» de la región para transformarla en nudos con masa suficiente para formar estrellas. Los científicos suelen llamar guarderías a estas regiones donde nacen las estrellas. Hay estrellas que adquieren estabilidad, alcanzando un punto en el que sus elementos se encienden y su energía equilibra las otras fuerzas que actúan sobre ellas. Las estrellas estables pueden arder durante millones de años, pero otras se «apagan» en una breve y violenta existencia.

La galaxia de la Vía Láctea en la que se encuentra la Tierra está situada en uno de esos lugares estables del cosmos (por suerte para nosotros, de lo contrario no hubiera podido evolucionar la vida en ella). Para formarla, millones de protoestrellas se entrelazaron por acción de la gravedad para convertirse en estrellas completamente formadas en cantidades desconocidas, desarrollando sistemas planetarios. A través de simulaciones informáticas tridimensionales de la formación de estrellas, los científicos han recreado el proceso por el que el movimiento constante del gas que gira y colapsa forma protoplanetas, y suele poner en interacción múltiples sistemas estelares. De hecho, la mayoría de las estrellas de la Vía Láctea están emparejadas o en grupos.

En función del tamaño, el tipo y la composición química, las estrellas pueden tomar caminos muy distintos. Las pequeñas «enanas rojas», las más numerosas, que se encuentran en todo el universo, suelen tener solo un 10 % de la masa del Sol y emiten menos energía a una temperatura entre 3000 y 4000 kelvin. Las estrellas más grandes, llamadas hipergigantes, podrían ser más

Una guardería estelar de la galaxia NGC 1792, capturada por el Telescopio Espacial Hubble (HST). En el centro hay estrellas más antiguas y frías, pero las partes de color azulado de la imagen están llenas de estrellas jóvenes y calientes. La NGC 1792 reside en la constelación de Columba (también conocida como la Paloma), y contiene tanto una galaxia espiral reminiscente de la Vía Láctea como una galaxia con brote estelar conocida por la rápida formación de estrellas. Las fases del brote estelar se acompañan de explosiones de supernovas e intenso viento estelar.

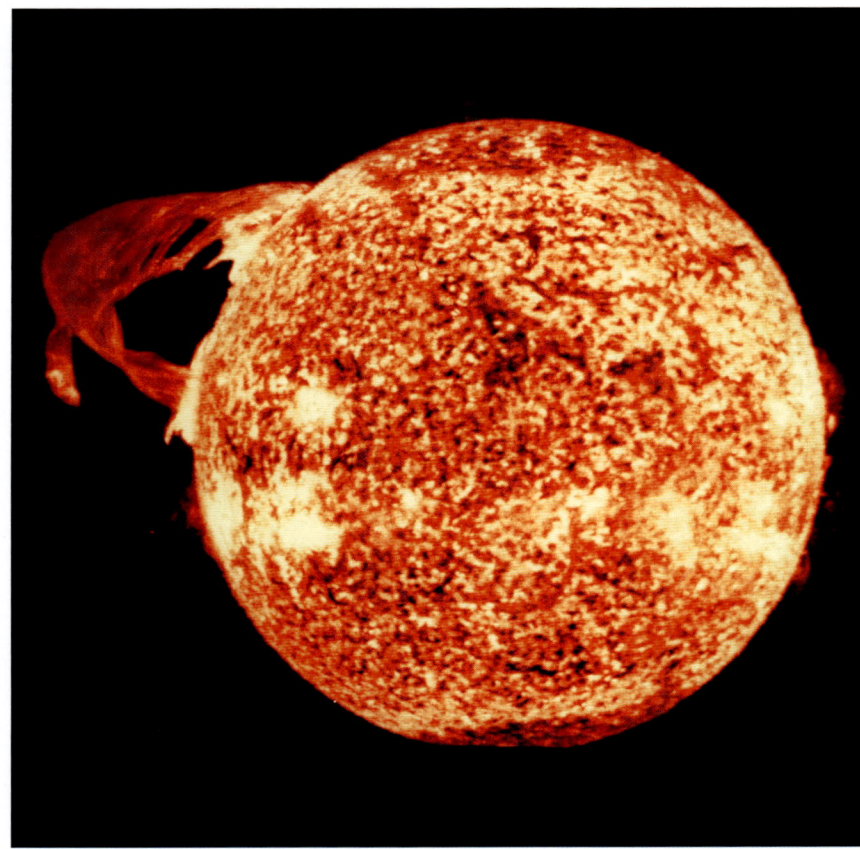

de cien veces más masivas que el Sol, y tienen temperaturas de superficie superiores a los 30 000 kelvin. Son muy luminosas, además de excepcionalmente calientes, pero tienen solo unos millones de años de existencia. Con telescopios terrestres y espaciales, los científicos han identificado VY Canis Majoris, una estrella masiva unas 2000 veces más grande que el Sol. Otro ejemplo es Betelgeuse, en la constelación de Orión, una gigante roja mil veces más grande que el Sol. Los científicos creen que las hipergigantes, aparentemente raras hoy día, podrían haber sido dominantes en el periodo más temprano posterior al Big Bang.

El Sol, como el centro de nuestro sistema solar, es una estrella muy común, inmensamente estable y completamente anodina. Según las observaciones de los científicos, una estrella requiere unos 50 millones de años para nacer y madurar hasta el estado actual que vemos con nuestro Sol. Clasificada como una estrella enana amarilla, es algo más luminosa que la mayoría de las estrellas de la Vía Láctea, y también algo más pequeña que la media. Un motor químico de elegancia suprema, el Sol está formado básicamente por hidrógeno y helio, pero también algunos metales. Mide 1,4 millones de kilómetros de diámetro y tiene una temperatura de 5500 °C en superficie. Su movimiento es constante pero sumamente predecible, y completa una rotación cada veinticinco días en su ecuador y cada treinta y seis días en los polos. Gravitatoriamente anclado en la Vía Láctea, orbita el centro cada 230 millones de años. El Sol está destinado a convertirse en una gigante roja unas doscientas veces más grande que su tamaño actual cuando su combustible de hidrógeno se agote. Entonces sepultará las órbitas de Mercurio y Venus y, posiblemente, incluso la de la Tierra. A partir de entonces, el Sol se encogerá hasta convertirse en una enana blanca. Actualmente en su fase madura, nuestro Sol vivirá aproximadamente otros 10 000 millones de años.

VOLANDO CERCA DEL SOL

Una de las primeras prioridades de la NASA cuando desarrolló la estación orbital Skylab, asistida por tres tripulaciones entre 1973 y 1974, era un telescopio solar, el Apollo Telescope Mount, para estudiar el Sol. Manejado manualmente por los astronautas a bordo de la Skylab, incorporaba un proceso fotográfico para tomar las imágenes de mayor calidad de la actividad solar obtenidas hasta entonces. Los astronautas cambiaban los cargadores de película durante los paseos espaciales y supervisaban todos los aspectos de la observación. Los datos de este telescopio todavía se utilizan para ampliar los conocimientos que se tienen del Sol. En esta imagen (arriba), Edward G. Gibson realiza el último paseo espacial el 3 de febrero de 1974 para recuperar la película del telescopio. El astronauta Gerald P. Carr tomó la fotografía, en la que se aprecia un cable umbilical.

ARRIBA IZQUIERDA El Apollo Telescope Mount de la Skylab capturó una llamarada solar (una gran erupción de radiación electromagnética) con una extensión de más de 588 000 kilómetros el 19 de diciembre de 1973.

PÁGINA SIGUIENTE La luminosa estrella variable V 372 Orionis (*prominente en el centro*), así como una compañera binaria más pequeña (*parte superior izquierda*) son estrellas ligadas gravitatoriamente que se encuentran en la nebulosa de Orión, una región de formación estelar masiva a unos 1450 años luz de la Tierra.

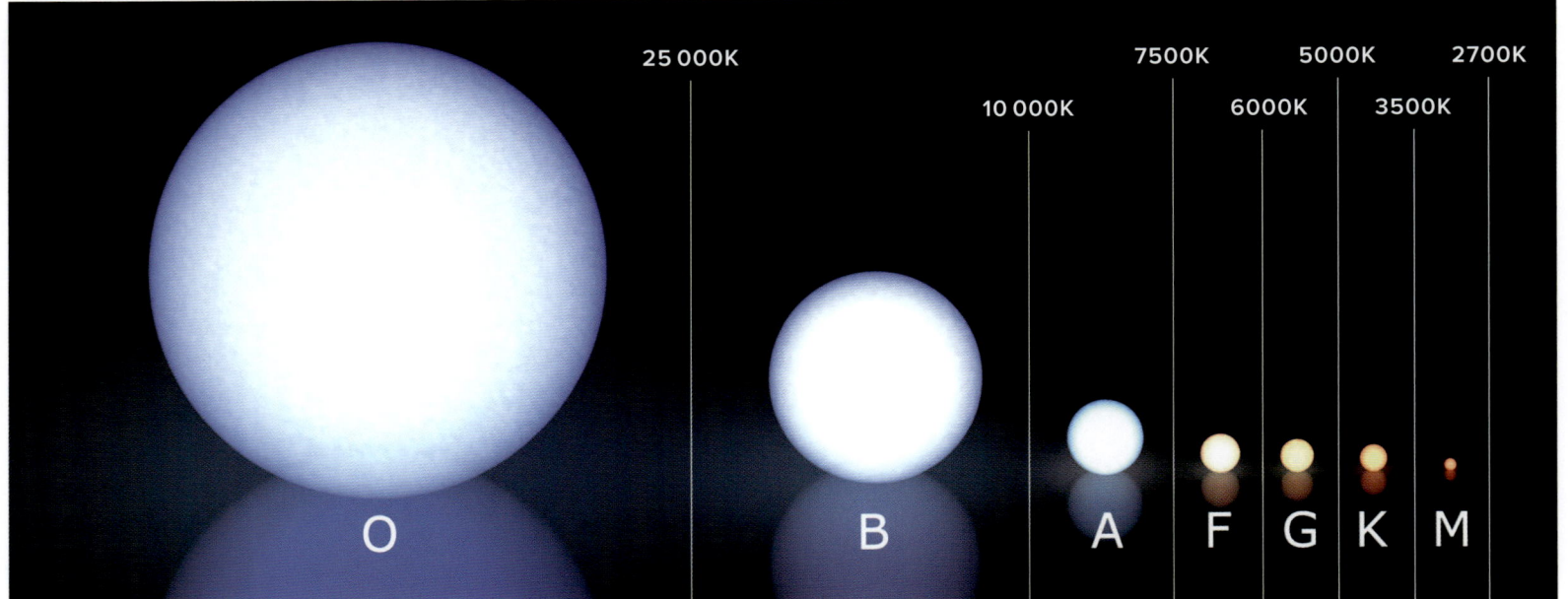

25 000K   10 000K   7500K   5000K   2700K

6000K   3500K

O   B   A F G K M

ARRIBA ¿Qué hace que una estrella sea una estrella? Lo más importante es que es un cuerpo unido por la gravedad cuyas sustancias químicas interactúan para crear calor, luz y radiación. Existen varios tipos de estrellas, representadas en la escala taxonómica establecida en el Observatorio de Harvard que caracteriza el color, la temperatura (en unidades kelvin) y la luminosidad (*véase* abajo). Nuestro Sol se conoce como una estrella de tipo G, cerca de la parte central de este espectro.

PÁGINA SIGUIENTE A partir de la combinación de imágenes de tres telescopios —el Telescopio Espectroscópico Nuclear Conjunto (NuSTAR, por sus siglas en inglés) de la NASA (azul), el satélite Hinode de Japón (verde) y el Observatorio de la Dinámica Solar (SDO) de la NASA (amarillo y rojo)— se creó esta imagen del Sol el 29 de abril de 2015. Detalla las regiones más activas durante este periodo. De la superficie salen microllamaradas, que liberan energía y calor a lo largo del sistema solar. Las observaciones del Sol se remontan a siglos atrás, y, como nuestra estrella más cercana, representa la información más detallada que se dispone de las estrellas del universo. Mientras que los científicos pueden aprender mucho sobre la composición, la luminosidad y otras características estelares observando desde lejos, el Sol es el objeto por excelencia para realizar un estudio de cerca.

Clasificación estelar	Temperatura efectiva (en unidades kelvin)	Cromatismo	Comentarios
O	≥ 30 000K	azul	Muy calientes y extremadamente luminosas, emiten la mayor parte de la radiación en el espectro ultravioleta.
B	10 000-30 000K	blanco azulado intenso	Muy luminosas y azules. Las estrellas supergigantes suelen oscilar entre los tipos O o B (azules) y K o M (rojas).
A	7500-10 000K	blanco azulado	Estrellas comunes a ojo desnudo, blancas o blancas azuladas.
F	6000-7500K	blanco	Caracterizadas por líneas de hidrógeno más débiles y metales ionizados. Son blancas.
G	5200-6000K	blanco amarillento	Las estrellas de tipo G, incluido el Sol, convierten el elemento hidrógeno en helio en su núcleo mediante la fusión nuclear, pero también pueden fusionar helio cuando se agota el hidrógeno.
K	3700-5200K	naranja amarillento pálido	Estrellas anaranjadas que son algo más frías que el Sol.
M	2400-3700K	rojo anaranjado claro	Con diferencia las más comunes, un 76 % de las estrellas de secuencia principal son de tipo M. En general tienen una luminosidad tan baja que ninguna es lo bastante luminosa para poder verla a ojo desnudo.

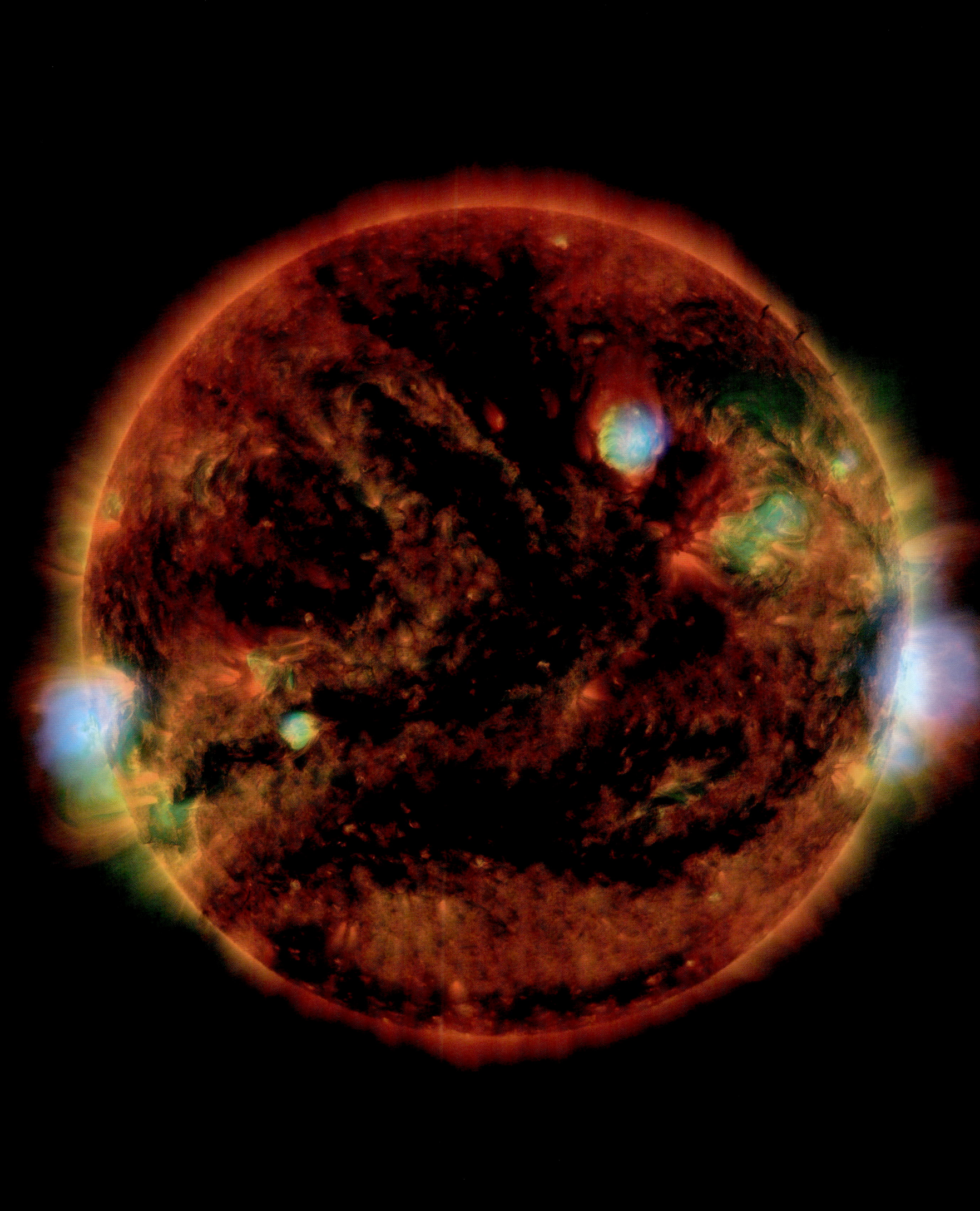

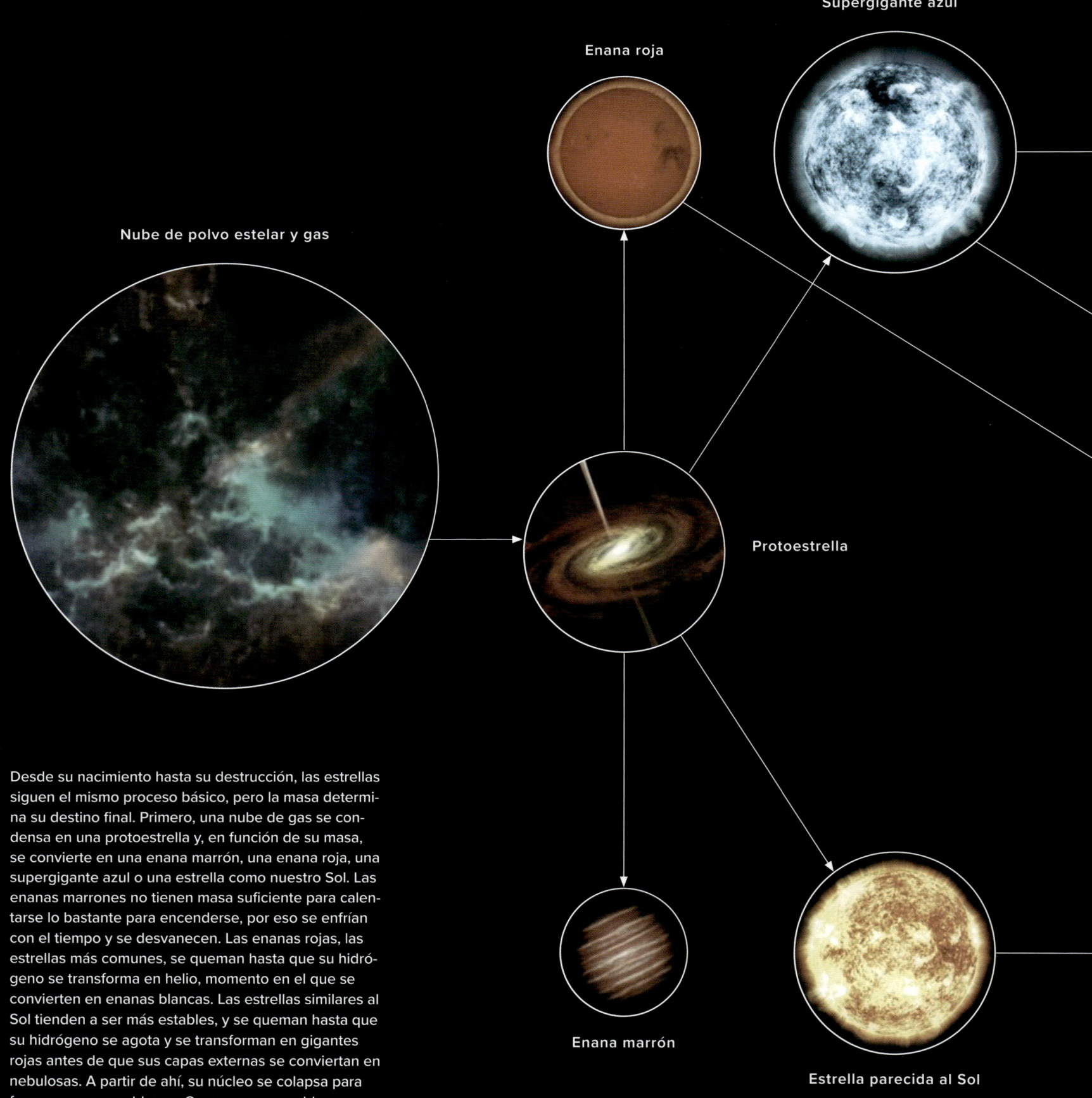

Nube de polvo estelar y gas

Enana roja

Supergigante azul

Protoestrella

Enana marrón

Estrella parecida al Sol

Desde su nacimiento hasta su destrucción, las estrellas siguen el mismo proceso básico, pero la masa determina su destino final. Primero, una nube de gas se condensa en una protoestrella y, en función de su masa, se convierte en una enana marrón, una enana roja, una supergigante azul o una estrella como nuestro Sol. Las enanas marrones no tienen masa suficiente para calentarse lo bastante para encenderse, por eso se enfrían con el tiempo y se desvanecen. Las enanas rojas, las estrellas más comunes, se queman hasta que su hidrógeno se transforma en helio, momento en el que se convierten en enanas blancas. Las estrellas similares al Sol tienden a ser más estables, y se queman hasta que su hidrógeno se agota y se transforman en gigantes rojas antes de que sus capas externas se conviertan en nebulosas. A partir de ahí, su núcleo se colapsa para formar una enana blanca. Como una enana blanca es muy densa, colapsa gradualmente sobre sí misma hasta que explota como una supernova de tipo Ia. Una supergigante azul, una estrella excepcionalmente caliente y luminosa, suele evolucionar en una supergigante roja (con menos calor y luz) o un agujero negro, o explotar en una supernova de tipo II. Después, la supernova de tipo II puede convertirse en una estrella de neutrones, emitiendo radiación pero muy poca luz o calor.

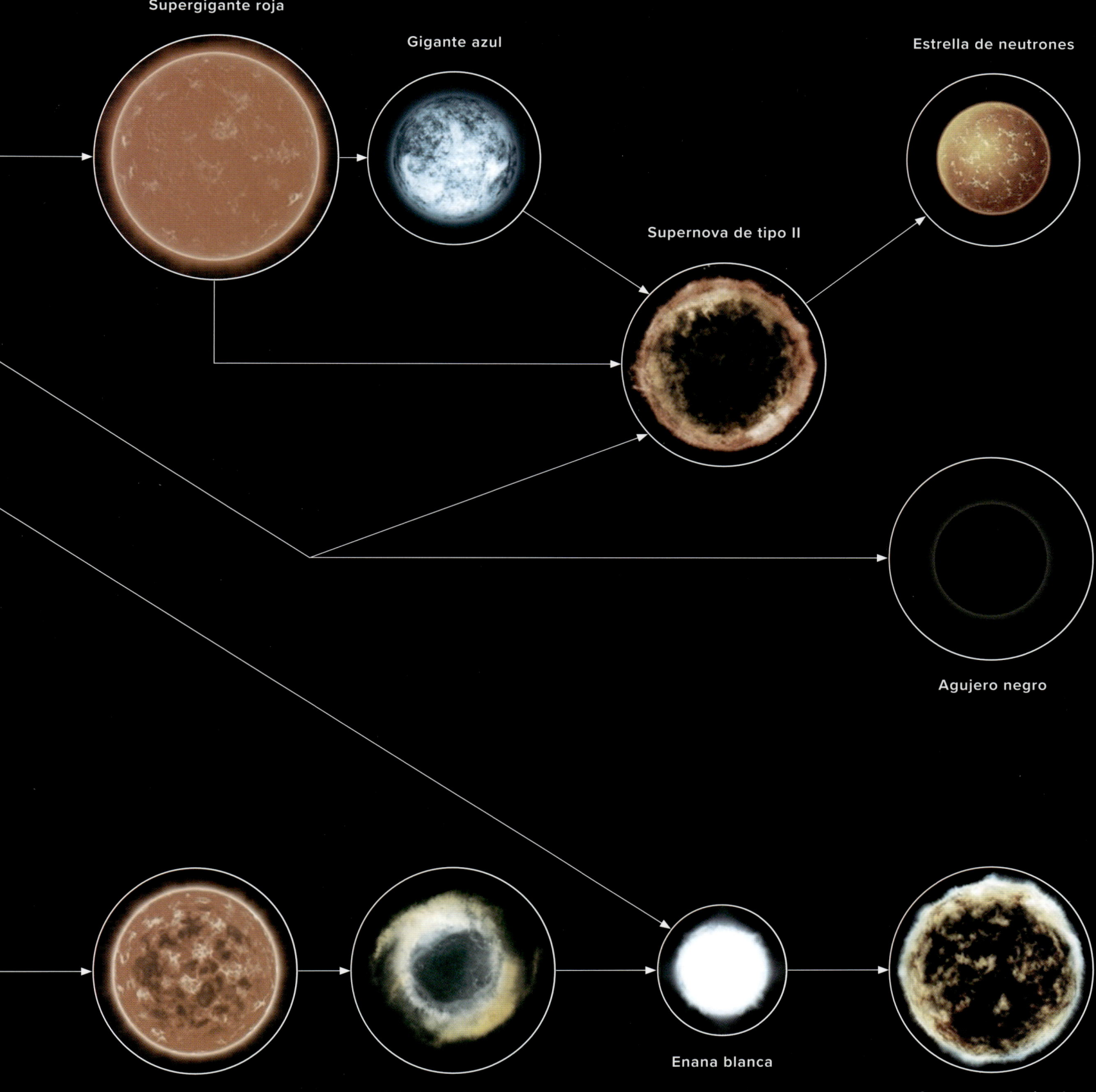

Supergigante roja

Gigante azul

Estrella de neutrones

Supernova de tipo II

Agujero negro

Gigante roja

Nebulosa planetaria

Enana blanca

Supernova de tipo Ia

ABAJO Una de las imágenes astronómicas más célebres de los últimos treinta años es la que se conoce como los *Pilares de la Creación*. Difundida por el equipo del Hubble Heritage de la NASA en 1995, se convirtió en una de las fotografías tomadas por el equipo más reproducidas desde su despliegue en 1990. Parte de la nebulosa del Águila (M16), este mosaico de treinta y dos imágenes representa los zarcillos de formación estelar de la nebulosa. Los distintos colores muestran el hidrógeno (verde), el azufre monoionizado (rojo) y el oxígeno (azul). En conjunto, la imagen muestra una pequeña parte de la nebulosa de entre cuatro y cinco años luz. La nebulosa del Águila completa tiene unas dimensiones de 70 x 55 años luz. Hace siglos que la conocemos: el astrónomo suizo Jean-Philippe Loys de Chéseaux la descubrió en 1745 en la constelación de la Serpiente, a unos 7000 años luz de la Tierra.

PÁGINA SIGUIENTE En 2014, se difundió una versión optimizada de los *Pilares de la Creación* que revelaba aún más rasgos de la zona de formación estelar de la nebulosa del Águila (M16). Los azules intensos son indicios de la presencia de oxígeno, el rojo corresponde al azufre y el verde muestra niveles considerables de nitrógeno e hidrógeno. La abrasadora luz ultravioleta de un cúmulo de estrellas jóvenes situado más allá del vecindario sugiere que los vientos cósmicos erosionan los peculiares «pilares».

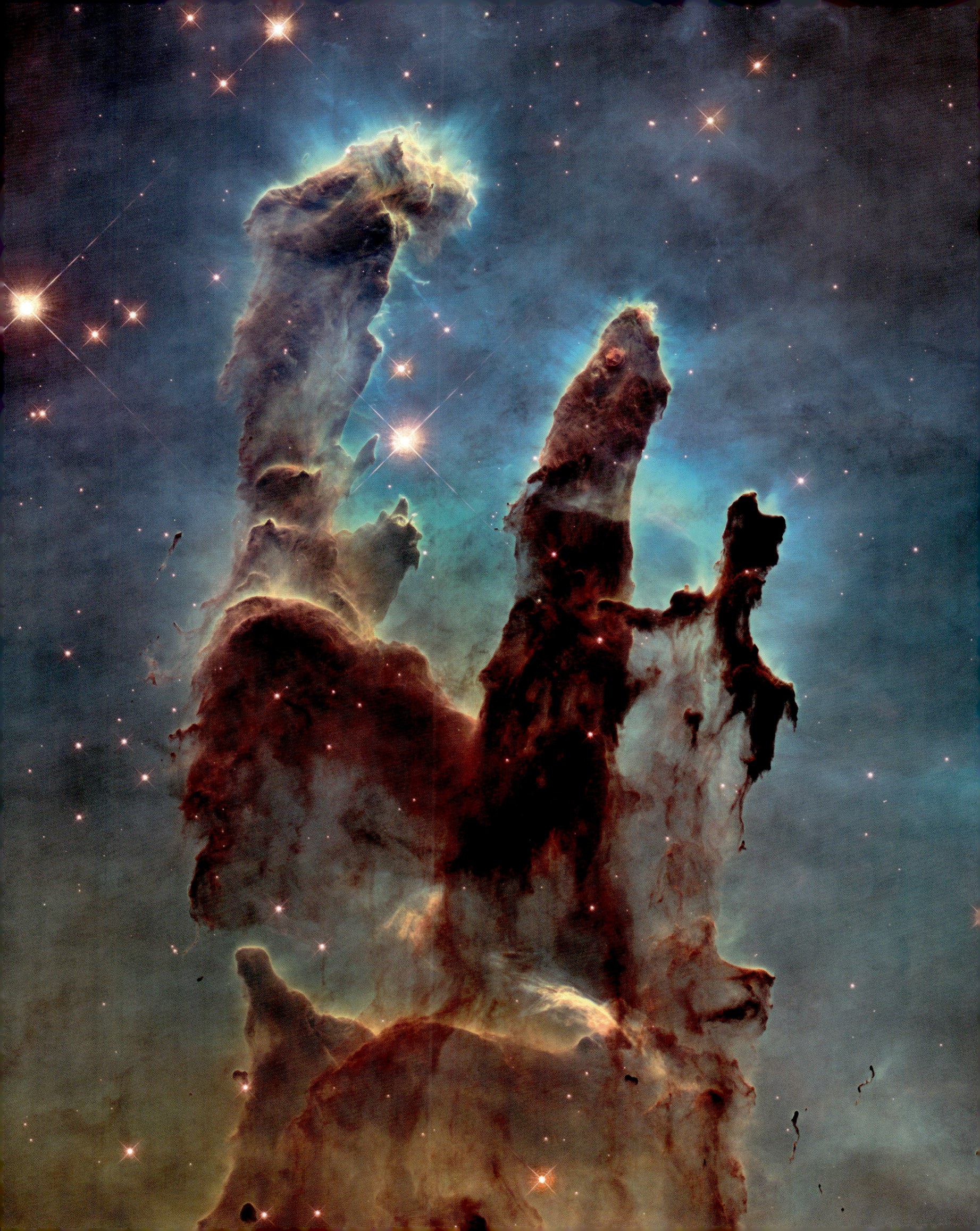

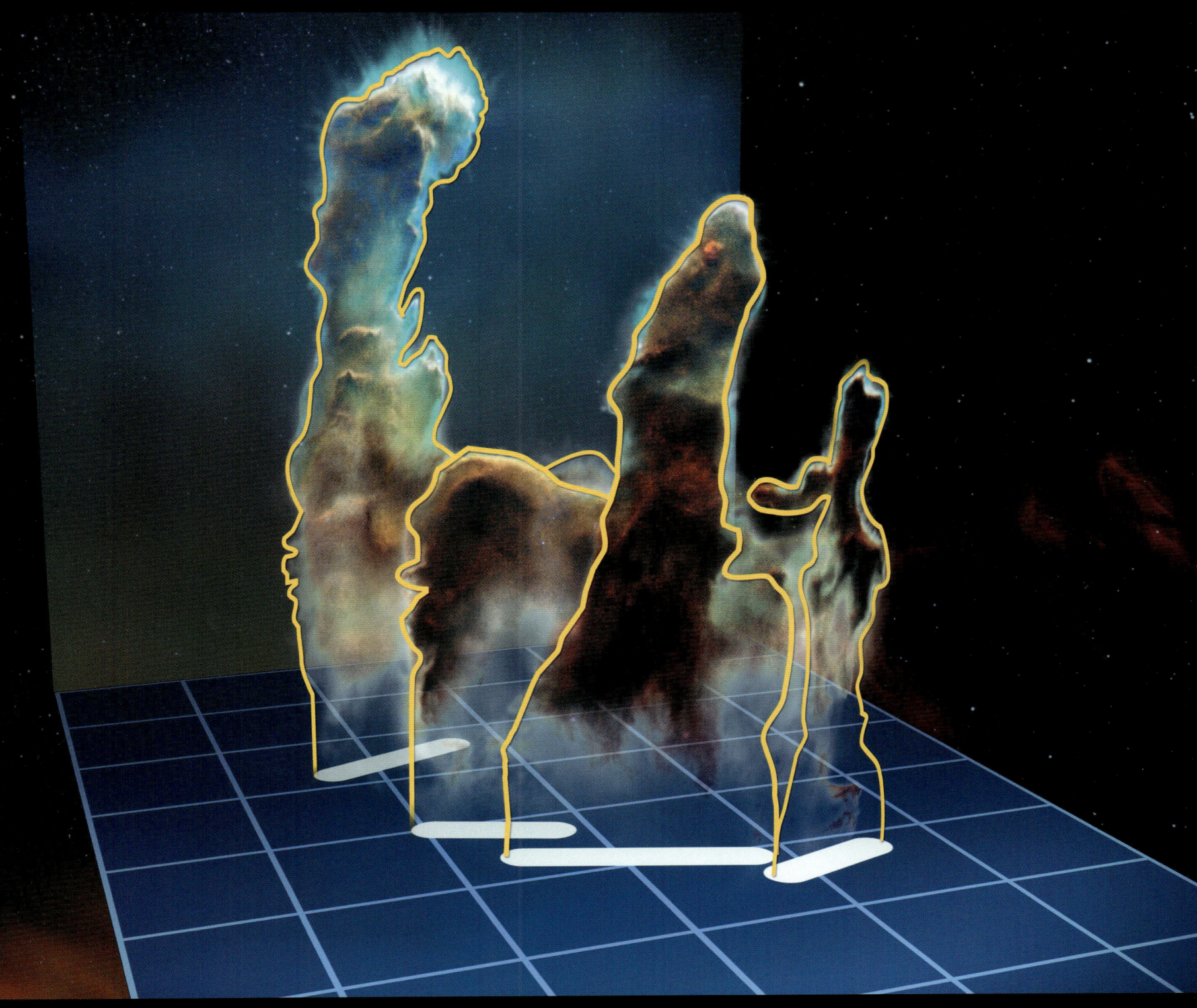

PÁGINA ANTERIOR En otra versión de la icónica imagen de los *Pilares de la Creación*, en 2022 el Telescopio Espacial James Webb (JWST) enfocó con sus potentes cámaras de infrarrojo cercano la nebulosa del Águila (M16) con resultados espectaculares. Han desaparecido la mayoría de los vestigios de las guarderías estelares en forma de dedo, pero hay una mayor sensación de arcos que afloran en un paisaje desértico. Y, lo más importante, los puntos de un rojo intenso definen el centro de la formación estelar de la nebulosa.

ARRIBA Los *Pilares de la Creación* recibieron un nuevo análisis cuando los científicos utilizaron el Explorador Espectroscópico de Unidades Múltiples (MUSE, por sus siglas en inglés) del Telescopio Muy Grande del Observatorio Europeo Austral del Observatorio Paranal del desierto de Atacama, en el norte de Chile, para obtener su primera vista tridimensional completa. Estas observaciones demuestran cómo se distribuyen en el espacio los pilares de este objeto celeste.

Los científicos de la NASA utilizaron la Cámara de Infrarrojo Cercano de alta resolución del JWST para revelar los elegantes detalles de las emanaciones de una estrella joven en la región de Herbig-Haro 211 (HH 211) el 14 de septiembre de 2023. HH 211 es una analogía de nuestro Sol, acabada de nacer. La imagen muestra una serie de arcos de choque (una onda de choque fruto de la colisión de un viento estelar con otro medio) en la parte inferior izquierda y la parte superior derecha, así como un chorro bipolar (gas del viento estelar de alta velocidad expulsado en dos flujos estrechos). Los flujos de estos objetos luminosos son habituales alrededor de las estrellas recién nacidas, formados por la interacción de los vientos estelares con el gas y el polvo a grandes velocidades. En este punto del proceso de nacimiento de la estrella, la masa de estos objetos equivale solo a un 8 % del Sol actual. Sin embargo, las predicciones indican que acabará creciendo hasta convertirse en una estrella como el Sol cuando la gravedad fusione todos estos elementos, así como otros que aún no están en la trayectoria de la protoestrella. Los arcos de choque no son raros en la formación estelar, aunque disminuirán a medida que la gravedad los limite con el paso del tiempo.

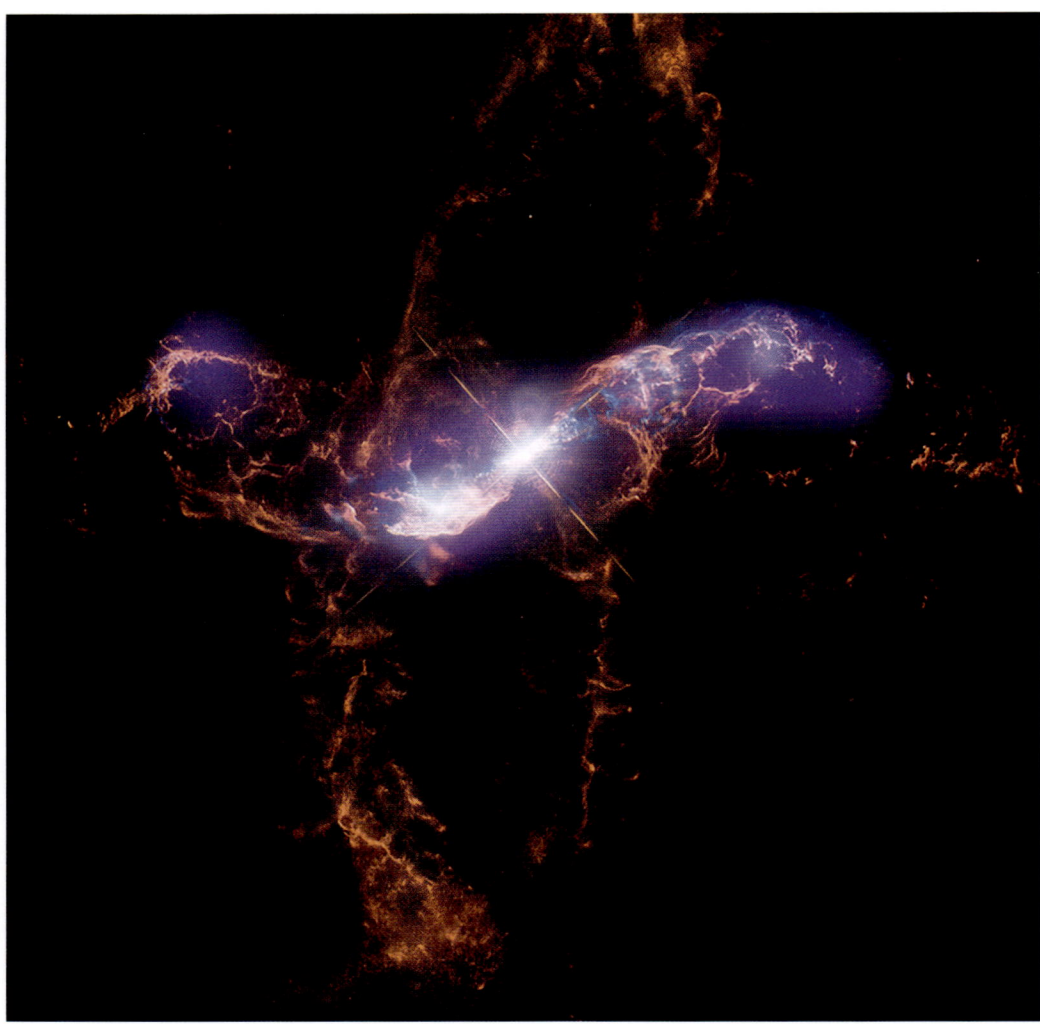

ARRIBA En lo que podría calificarse de danza de la muerte, una estrella enana quemándose a una temperatura relativamente fría orbita una estrella gigante roja muy variable. Al hacerlo, la gravedad de la enana blanca roba materia a la gigante roja, que, con el tiempo, se acumulará y desencadenará una explosión eones en el futuro. Esta impresionante composición fusiona imágenes del Telescopio Espacial Hubble de la NASA (rojo y azul) con datos del Observatorio de Rayos X Chandra (morado), que revelan cómo un chorro de la enana blanca impacta en el material que la rodea y crea ondas de choque.

DERECHA Zeta Ophiuchi, una estrella fascinante veinte veces más grande que el Sol, se encuentra a unos 440 años luz de la Tierra, en la constelación de Ofiuco. La tercera más luminosa de dicha constelación, al parecer tenía una compañera que se convirtió en supernova hace más de un millón de años, expulsando a Zeta Ophiuchi de su vecindario estelar a unos 160 000 km/h. Esta composición de la estrella, que actualmente avanza a toda velocidad por el espacio, fusiona imágenes del Telescopio Espacial Spitzer (verde y rojo) y el Observatorio de Rayos X Chandra (azul) que revelan el intenso calor de la estrella, así como los escombros dejados por la supernova. La onda de choque generada por el calor a decenas de millones de grados de temperatura se aprecia claramente. Difundida el 25 de julio de 2022, esta imagen muestra el destino de algunas estrellas en el cosmos.

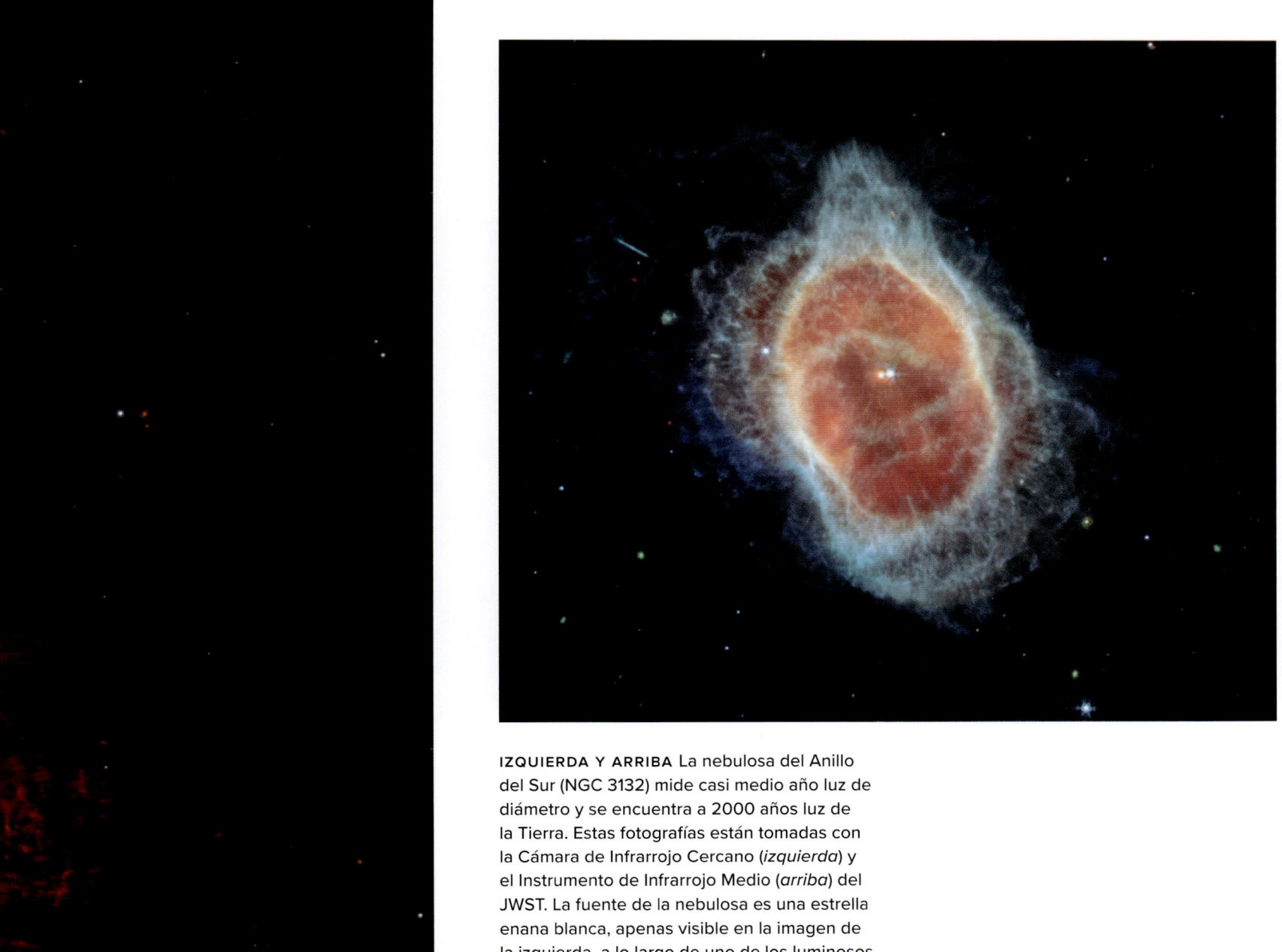

IZQUIERDA Y ARRIBA La nebulosa del Anillo del Sur (NGC 3132) mide casi medio año luz de diámetro y se encuentra a 2000 años luz de la Tierra. Estas fotografías están tomadas con la Cámara de Infrarrojo Cercano (*izquierda*) y el Instrumento de Infrarrojo Medio (*arriba*) del JWST. La fuente de la nebulosa es una estrella enana blanca, apenas visible en la imagen de la izquierda, a lo largo de uno de los luminosos picos de difracción de la estrella (*parte inferior izquierda*), pero más grande, luminosa y roja en la imagen del infrarrojo medio (*arriba*). Miles de años antes de convertirse en una enana blanca, la estrella expulsaba masa periódicamente, perdiendo sus capas, que pueden apreciarse en la nebulosa circundante.

SUPERNOVAS, ESTRELLAS DE NEUTRONES Y AGUJEROS NEGROS

Hay estrellas que tienen una muerte espectacular. Tres de estos finales peculiares son los de las supernovas, las estrellas de neutrones y los agujeros negros. Todas sus muertes son violentas, pero de maneras distintas.

Las supernovas se forman cuando un cambio significativo en el núcleo de una estrella hace que explote. Lo más habitual es que esto ocurra cuando una estrella agota la mayor parte de su combustible nuclear, lo que provoca una explosión del resto de la energía que queda en ella. Nuestro Sol, que primero se convertirá en una gigante roja y, después, terminará su vida como una enana blanca, tiene masa insuficiente para explotar como una supernova.

Los astrónomos observan supernovas desde hace siglos. En 1604, el astrónomo y matemático alemán Johannes Kepler, que vivió en la Revolución Científica, descubrió la última supernova observada en la Vía Láctea. Su hallazgo confundió a los astrónomos del siglo XVII porque contradecía las convenciones sobre la estabilidad y la eternidad del cosmos, con la aportación de pruebas de un modelo copernicano del universo con el Sol en el centro del sistema solar y otros desorganizados fenómenos observables.

El final de las estrellas de neutrones es completamente distinto. En su mayoría, estas estrellas pertenecen a una clase denominada púlsares. Giran bastante deprisa y, al hacerlo, emiten ondas de radio en un haz estrecho que los astrónomos comparan con los rayos de un faro (*véase* pág. 120). Al final de la vida de un púlsar, el colapso gravitacional de la materia que queda se encoge en un paquete comprimido. David Thompson, un científico del Centro de Vuelo Espacial Goddard de la NASA en Greenbelt, Maryland, explica: «Con las estrellas de neutrones, estamos viendo una combinación de una fuerte gravedad, unos campos magnéticos y eléctricos muy poderosos y grandes velocidades. Son laboratorios de física y condiciones extremas que no podemos reproducir aquí en la Tierra».

Los agujeros negros son unos de los fenómenos más conocidos del universo. En pocas palabras, un agujero negro es una estrella o estrellas del espacio con un campo gravitatorio tan intenso del que nada, ni siquiera la luz, puede escapar. La materia, la energía y, probablemente, incluso la materia oscura y la energía oscura son succionadas por él. Los agujeros negros están presentes en todo el universo y parecen necesarios para su estructura.

Los astrónomos han estudiado los agujeros negros durante muchos años, y la calidad de los instrumentos científicos ha aumentado exponencialmente con el tiempo. Hemos aprendido muchas cosas al rastrear, medir y caracterizar las fuerzas de sus inmediaciones; al evaluar sus propiedades, y al describir las partículas que se mueven casi a la velocidad de la luz cerca de ellos. Pero el trabajo no ha hecho más que empezar.

JOHANNES KEPLER (1571-1630)

Descubridor de una supernova que ahora lleva su nombre, conocemos a Johannes Kepler principalmente como astrónomo, pero también era matemático, filósofo natural, compositor de música y astrólogo. Sus leyes del movimiento planetario rigen todos los aspectos de los vuelos espaciales modernos:

1. Los planetas se mueven en órbitas elípticas, y la gravedad del Sol los mantiene a una distancia estable.
2. Un planeta recorre la misma distancia del espacio en la misma cantidad de tiempo, sea cual sea el lugar que ocupa en su órbita.
3. El cuadrado del periodo orbital de cualquier planeta es proporcional al cubo de la longitud del semieje mayor de su órbita.

Kepler también inventó una versión mejorada del telescopio refractor, el «telescopio kepleriano», que sentó las bases del telescopio refractor moderno. También puede considerarse el precursor de la ciencia ficción por su novela póstuma *El sueño* (1634), que narraba un viaje sobrenatural a la Luna en el que los visitantes se encuentran con criaturas serpentinas.

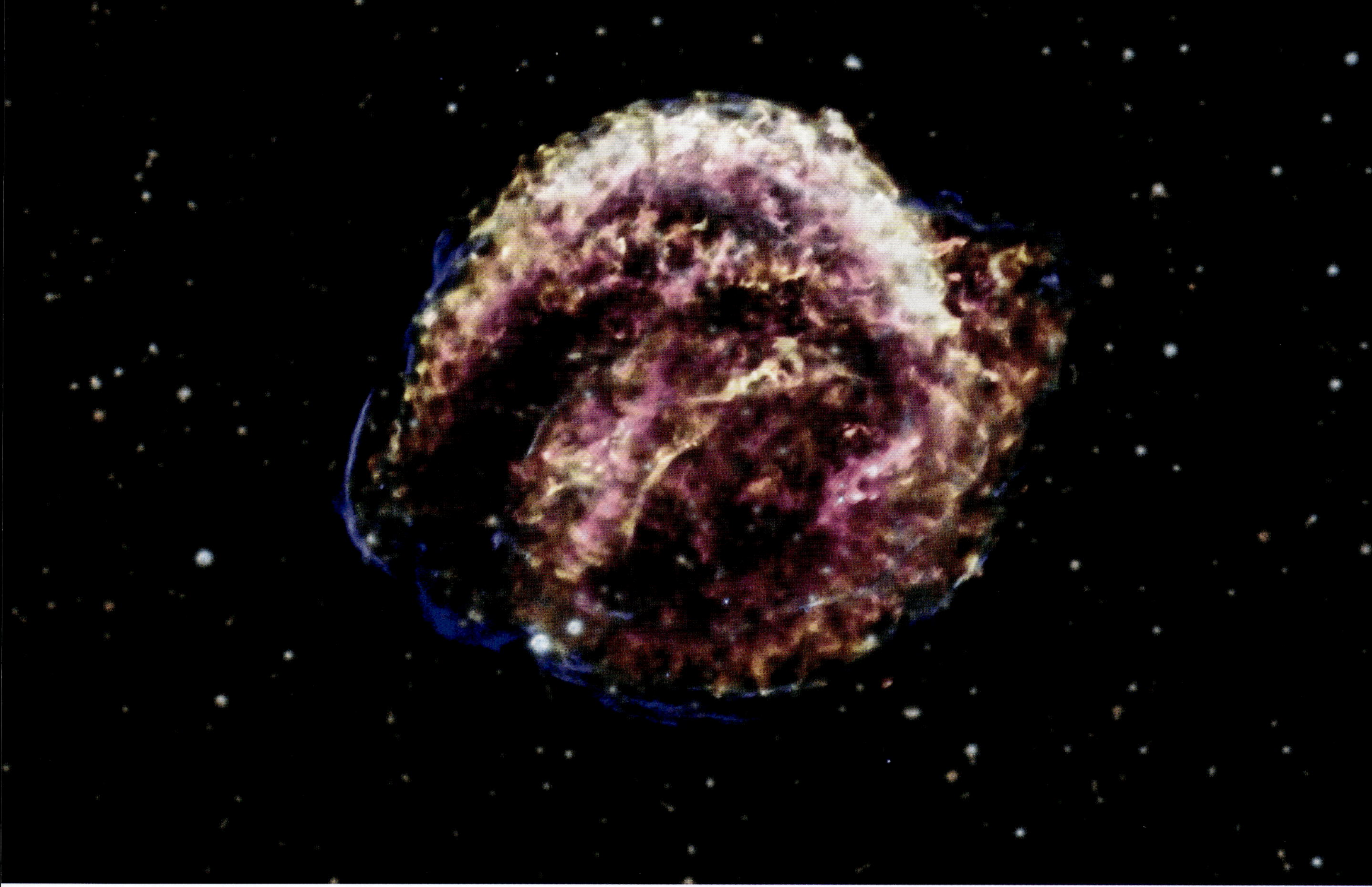

ARRIBA El descubrimiento de Johannes Kepler de una supernova el 9 de octubre de 1604 dio más credibilidad a la precisión del modelo copernicano del universo. Este mosaico moderno de la supernova de Kepler está formado por tres imágenes de la NASA: una del Telescopio Espacial Spitzer (tomada en agosto de 2004), otra del Telescopio Espacial Hubble (de agosto de 2003) y otra del Observatorio de Rayos X Chandra (de junio de 2000). Esta burbuja de gas y polvo son los restos de una explosión estelar, que ahora cuenta con 14 años luz de diámetro. Actualmente se está expandiendo a 6,5 millones de kilómetros por hora.

DERECHA Situada a 160 000 años luz de la Tierra y capturada por el Telescopio Espacial Spitzer y el Observatorio de Rayos X Chandra, ambos de la NASA, la supernova N132D es una capa rosada en el centro de gas y polvo, con el campo estelar alrededor.

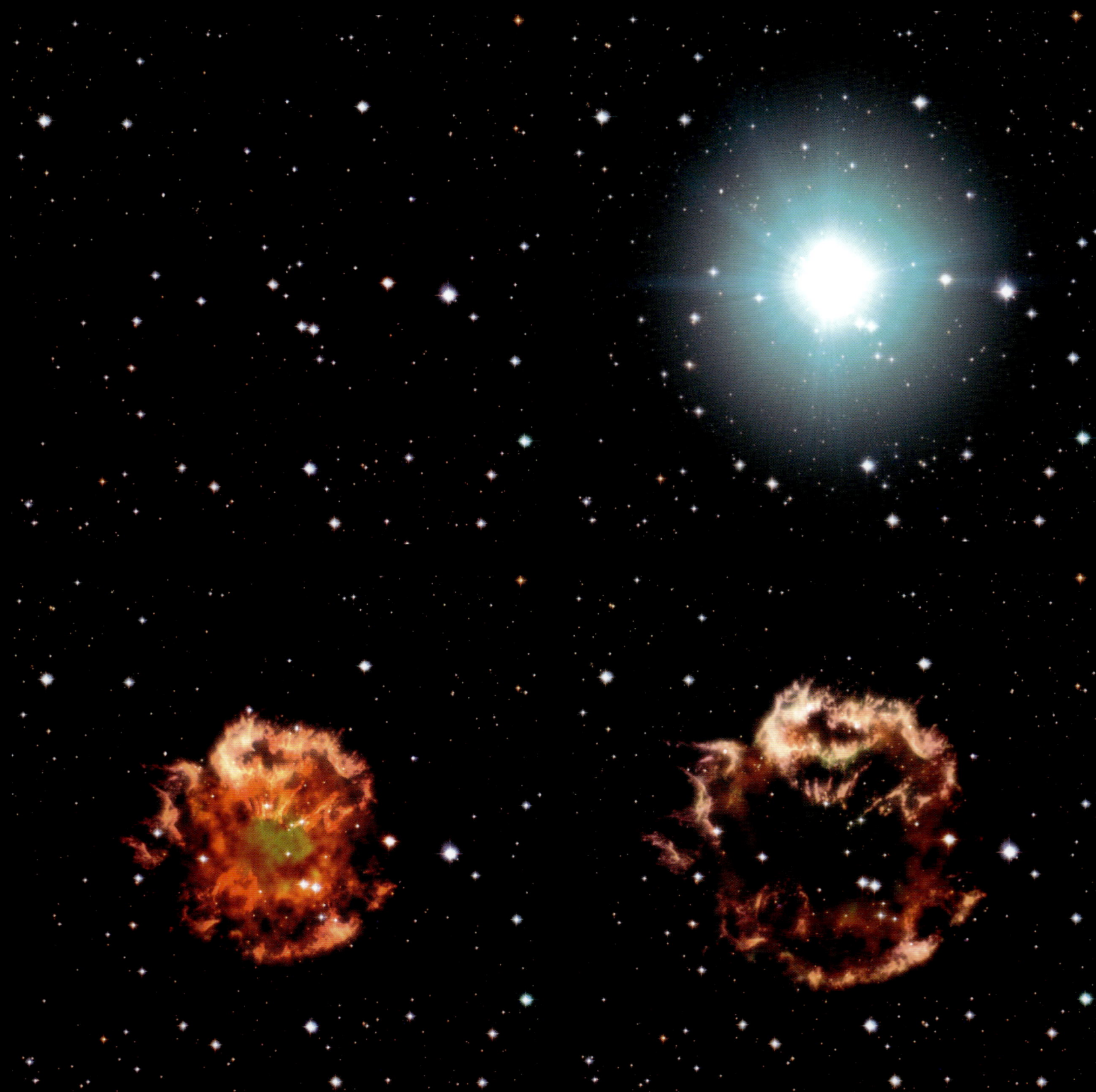

¿Qué aspecto tiene una supernova? Esta recreación artística muestra ocho fases de una supernova, desde la estrella en un campo estelar y la intensa explosión hasta la sucesión de remanente en constante disipación y enfriamiento.

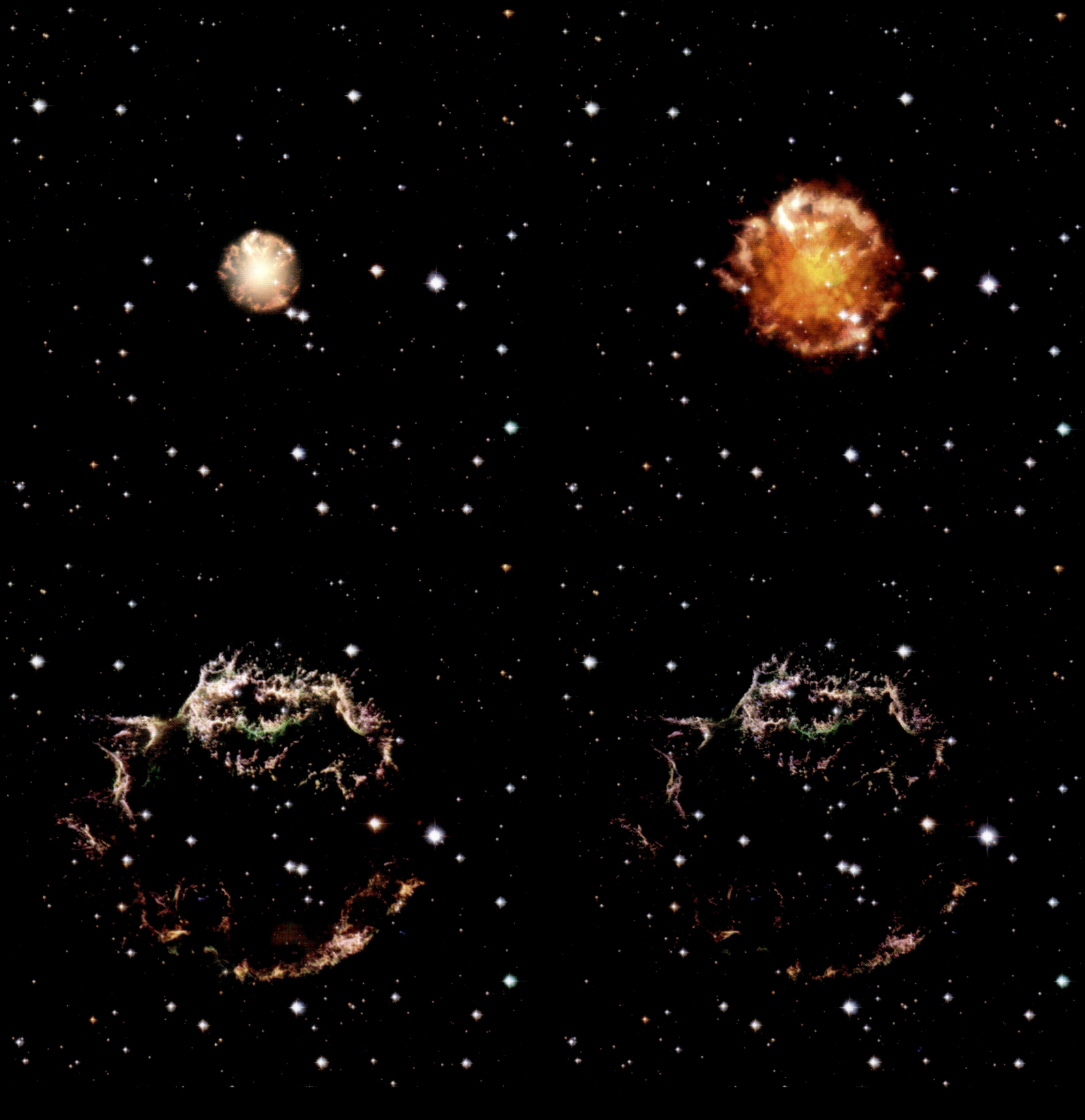

ARRIBA Este remanente de la supernova Cassiopeia A muestra el campo de escombros de una estrella masiva que voló en pedazos hace 400 años. La imagen se creó con datos del Observatorio de Rayos X Chandra de la NASA.

DERECHA La estrella Wolf-Rayet 124 (WR 124) es visible en el centro de esta composición de las observaciones en longitudes de onda del infrarrojo cercano y del infrarrojo medio del Telescopio Espacial James Webb (JWST). Representa el modo en que estos instrumentos equilibran el brillo de una estrella que explota con partículas de gas y polvo más tenues cerca, revelando la estructura de la nebulosa. El fondo violento de la estrella, resultado de una explosión nebular, representa su construcción y movimiento.

«*Las supernovas se forman cuando un cambio significativo en el núcleo de una estrella hace que explote. Lo más habitual es que esto ocurra cuando una estrella agota la mayor parte de su combustible nuclear, lo que provoca una explosión del resto de la energía que queda en ella*».

En otro ejemplo de una supernova, Messier 57, a unos 2600 años luz de distancia en la dirección de la constelación Lyra, fue capturada por el JWST en 2023. Envuelta en una capa de oxígeno, desprende un tinte verdoso cuando la atraviesa la luz.

DIISTINTOS TIPOS DE ESTRELLAS DE NEUTRONES

Líneas del campo magnético

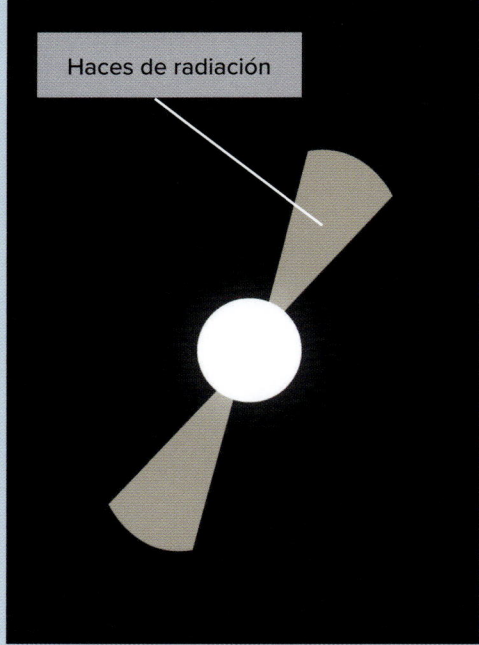

Haces de radiación

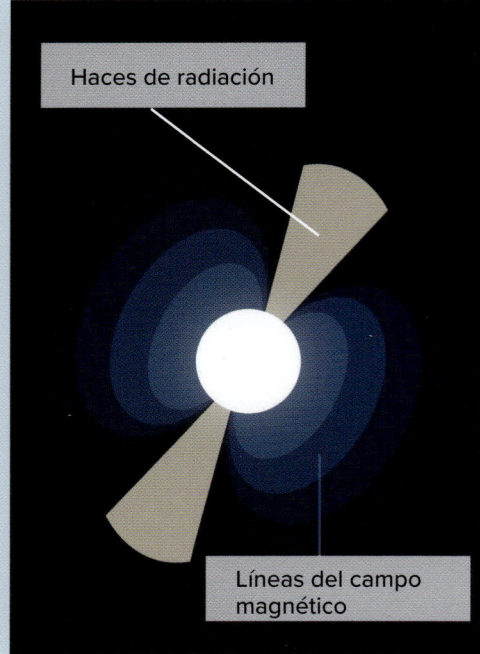

Haces de radiación

Líneas del campo magnético

Un **magnétar** es una estrella de neutrones con un campo magnético particularmente intenso, unas 1000 veces superior al de una estrella de neutrones normal. Esto equivale a una intensidad un billón de veces superior a la del campo magnético de la Tierra y unos 100 millones de veces superior a la de la mayoría de los imanes hechos por los humanos.

Los científicos solo han descubierto una treintena de mágnetares hasta la fecha.

La mayoría de las aproximadamente 3000 estrellas de neutrones conocidas son **púlsares**, que emiten haces gemelos de radiación desde sus polos magnéticos. Estos polos puede que no estén alineados con precisión con el eje de rotación de la estrella de neutrones, por lo que, a medida que el neutrón gira, el haz barre el cielo, como las luces de un faro.

Los observadores de la Tierra lo ven como si la luz del púlsar se encendiera y se apagara.

Actualmente hay seis estrellas de neutrones conocidas que son tanto **púlsares** como **magnétares**.

PÁGINA SIGUIENTE Las estrellas de neutrones son difíciles de detectar, pero el Observatorio Neil Gehrels Swift de la NASA capturó el impresionante resultado de la fusión de dos estrellas de neutrones. Este observatorio lanzado en 2004 es capaz de detectar brotes de rayos gamma (BRG), un fenómeno común en el universo, y recopilar datos sobre ellos. Esta imagen, difundida el 12 de noviembre de 2020, muestra el brillo unas 10 000 veces superior al de una nova clásica. Se ve como un punto luminoso (fíjese en la flecha) en la parte superior izquierda de la galaxia huésped. Se cree que la fusión de dos estrellas de neutrones ha producido un magnétar, un campo magnético sumamente potente que iluminó el material expulsado por la explosión.

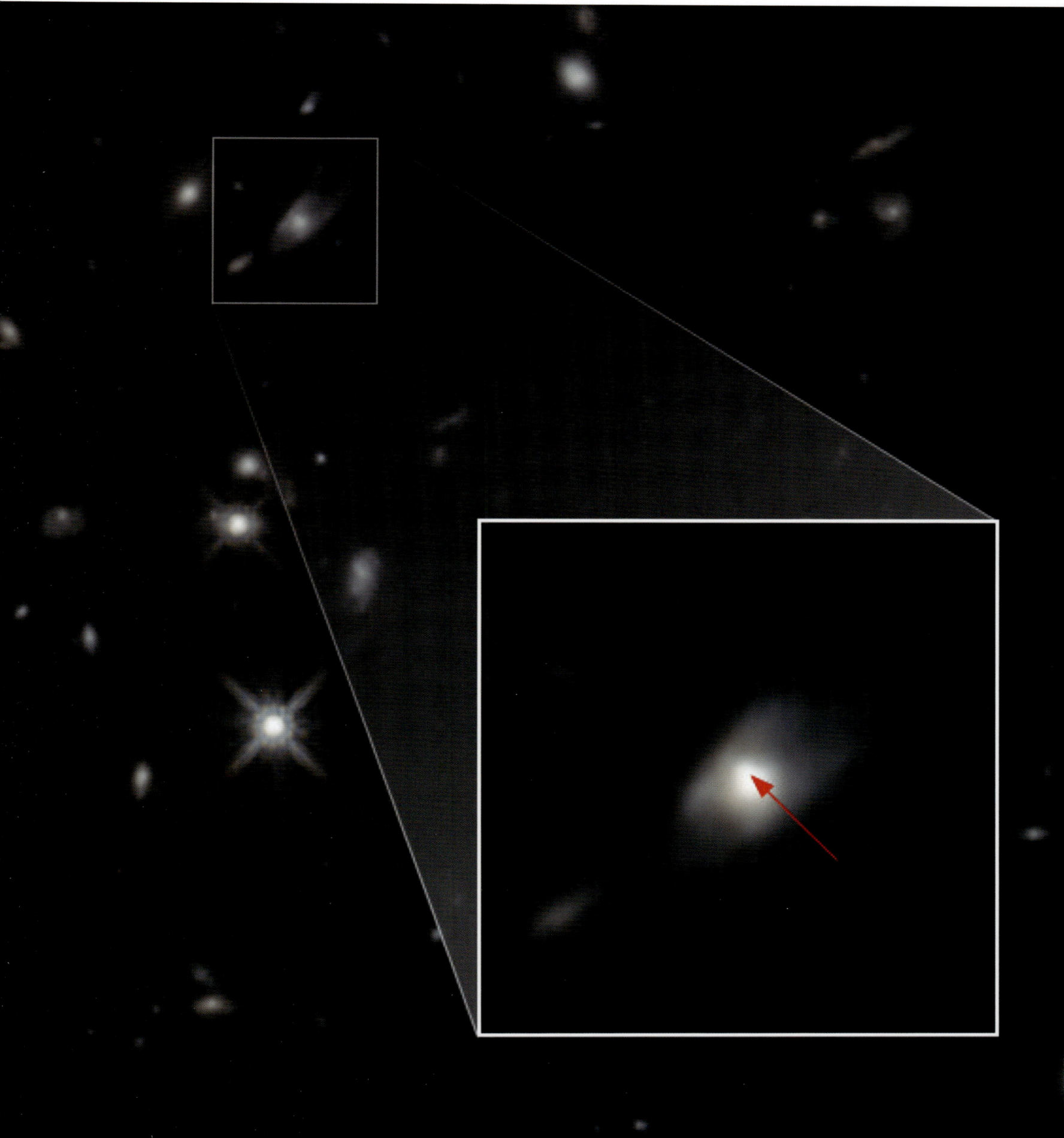

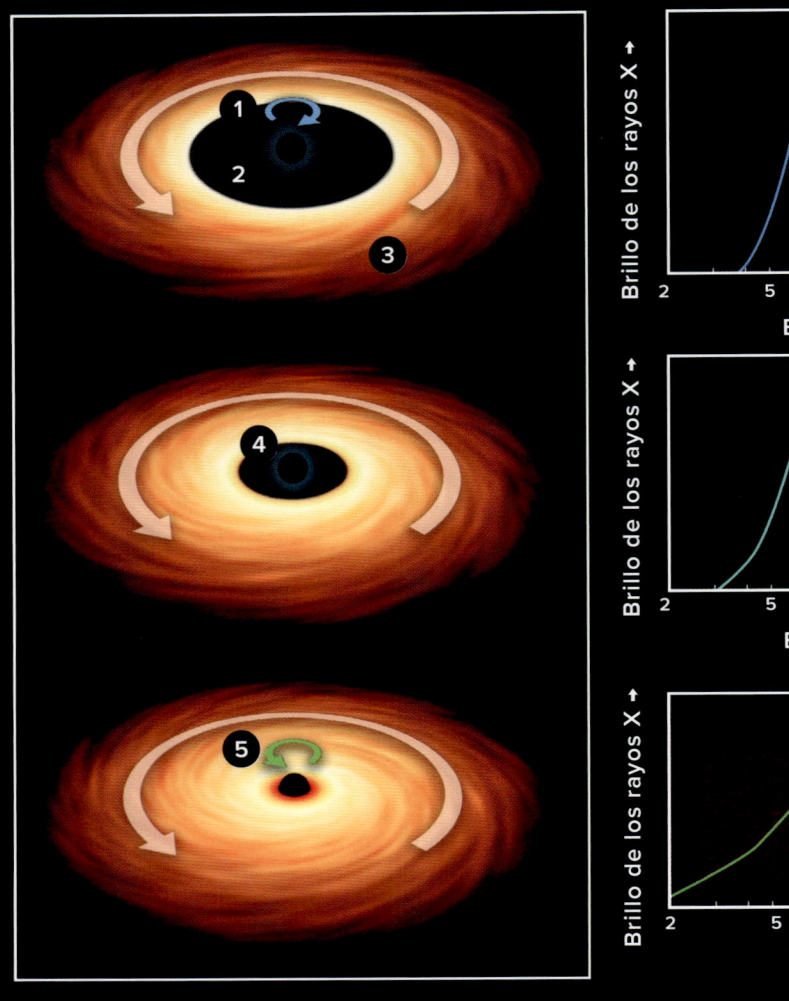

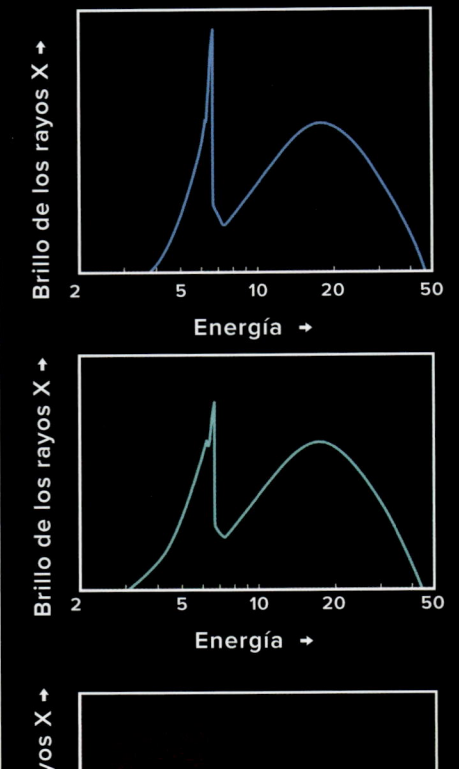

IZQUIERDA Los astrónomos registran el giro, o la ausencia del mismo, de los agujeros negros a través de la medición del movimiento y las distorsiones de los rayos X. Cada giro —en el sentido de las agujas del reloj (retrógrado) o en el sentido contrario (prógrado)— emite patrones explícitos de rayos X.

1. Giro retrógrado
2. Agujero negro
3. Disco de acreción
4. Sin giro
5. Giro prógrado

ABAJO Un agujero negro supermasivo con una masa que cuadruplica la del Sol se encuentra en el corazón de la galaxia de la Vía Láctea, en una región denominada Sagitario A*, o Sgr A*. Rodeado de una nube densa de gas y polvo, el agujero negro ocupa los quince años luz más interiores de la Vía Láctea. La intensa radiación ultravioleta de las estrellas masivas que orbitan de cerca el agujero negro central sobrecalienta estos componentes.

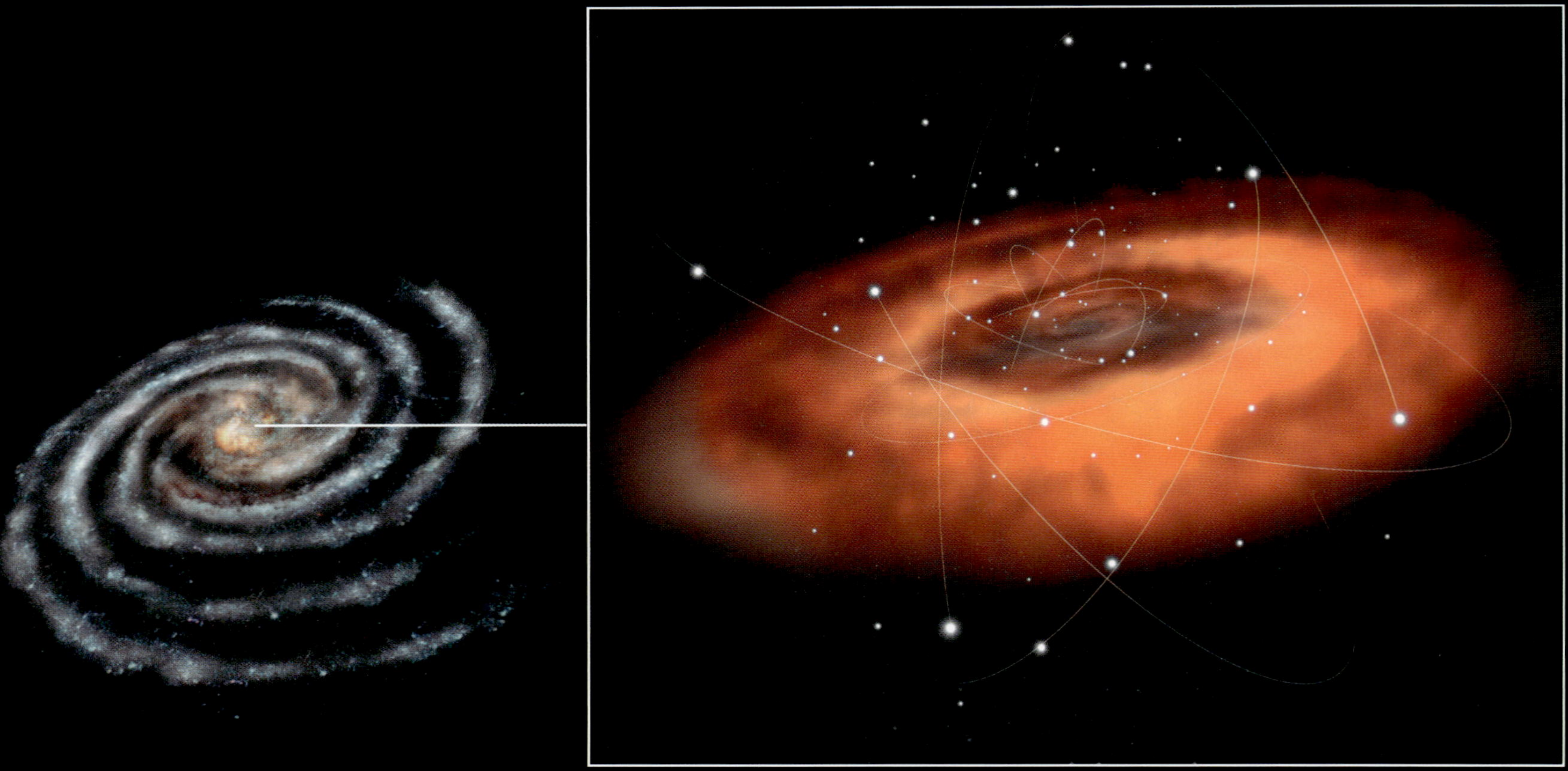

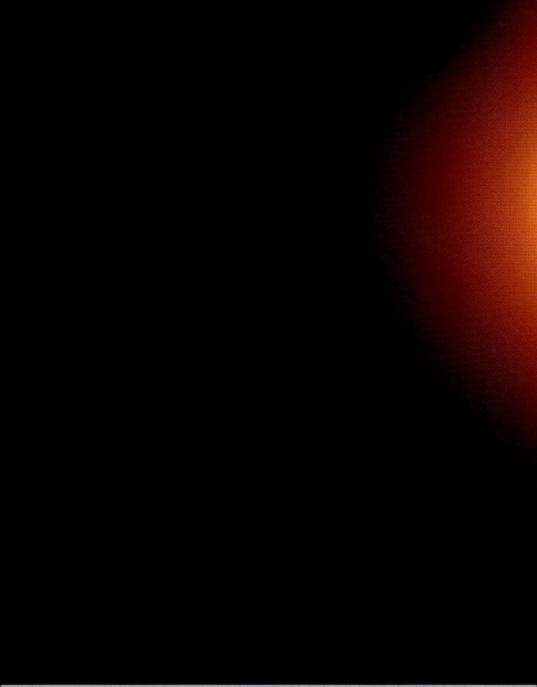

El colapso de una estrella en una supernova con más del triple de la masa del Sol
desencadena la creación de un agujero
negro en el que la gravedad es tan grande
que ni siquiera la luz puede escapar. Entonces, el agujero negro emergente empieza
a devorar toda la materia del vecindario,
un proceso con el que adquiere fuerza y
energía gravitatoria. Los agujeros negros
estelares están muy presentes en la cultura
popular, pero, hasta 2019, no se había capturado la imagen de ninguno. Los científicos
que manejan el Telescopio del Horizonte de
Sucesos (EHT, por sus siglas en inglés), una
colaboración de ocho radiotelescopios terrestres de todo el mundo, capturaron esta
imagen. Las características principales del
agujero negro se distinguen a simple vista:
un círculo oscuro delimitado por un disco
orbital de materia caliente y radiante. Este
agujero negro supermasivo está situado en
el corazón de la galaxia M87, a unos 55 millones de años luz de distancia, y pesa más
de 6000 millones de masas solares.

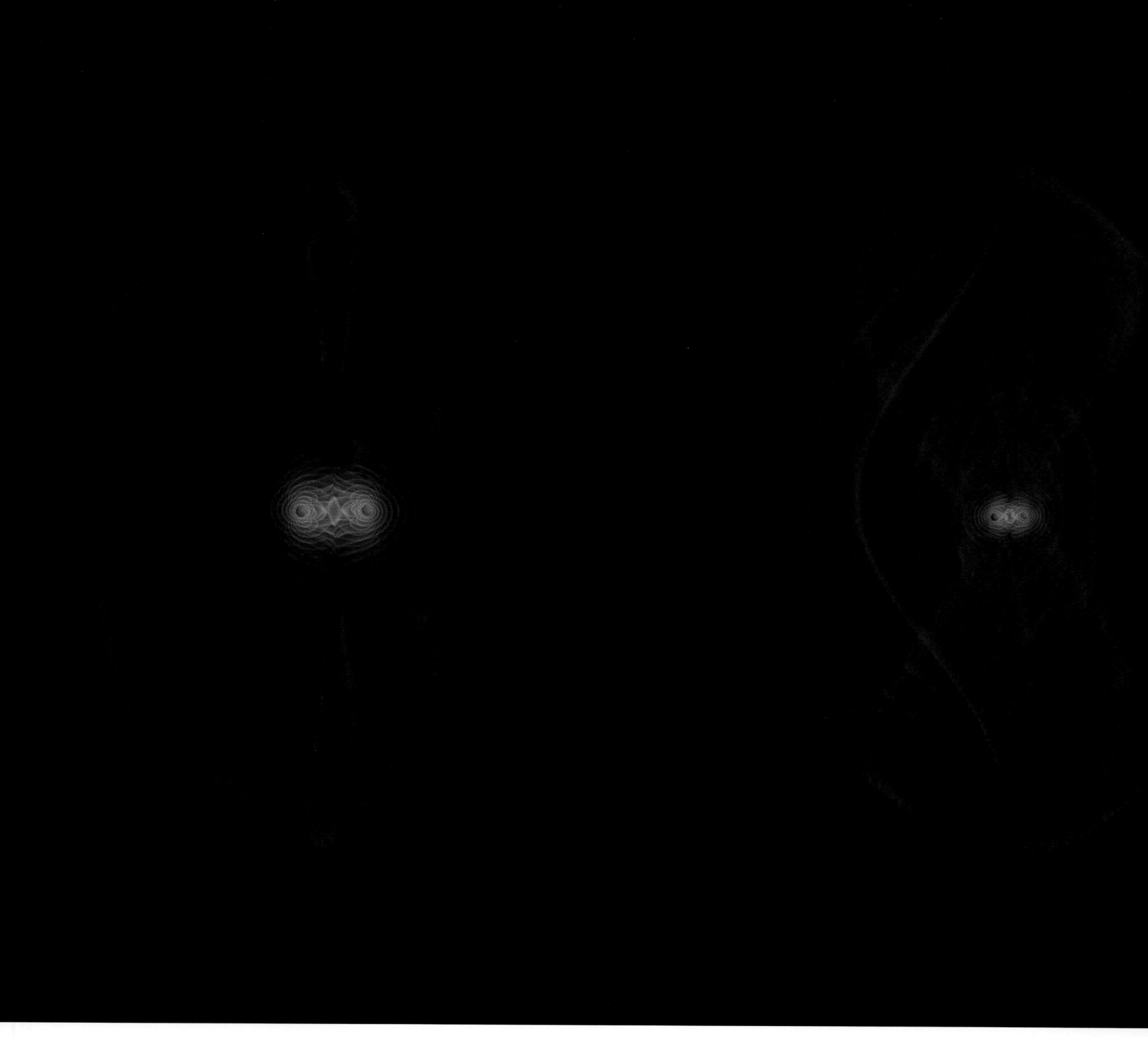

Si dos agujeros negros se acercan tanto que no pueden escapar de la gravedad mutua, se fusionan en un evento violento y se convierten en un agujero negro más grande. Hasta ahora, nadie ha presenciado una colisión de agujeros negros, pero un equipo formado por astrofísicos del Centro de Vuelo Espacial Goddard de la NASA ha simulado una fusión y la emisión resultante de radiación gravitatoria.

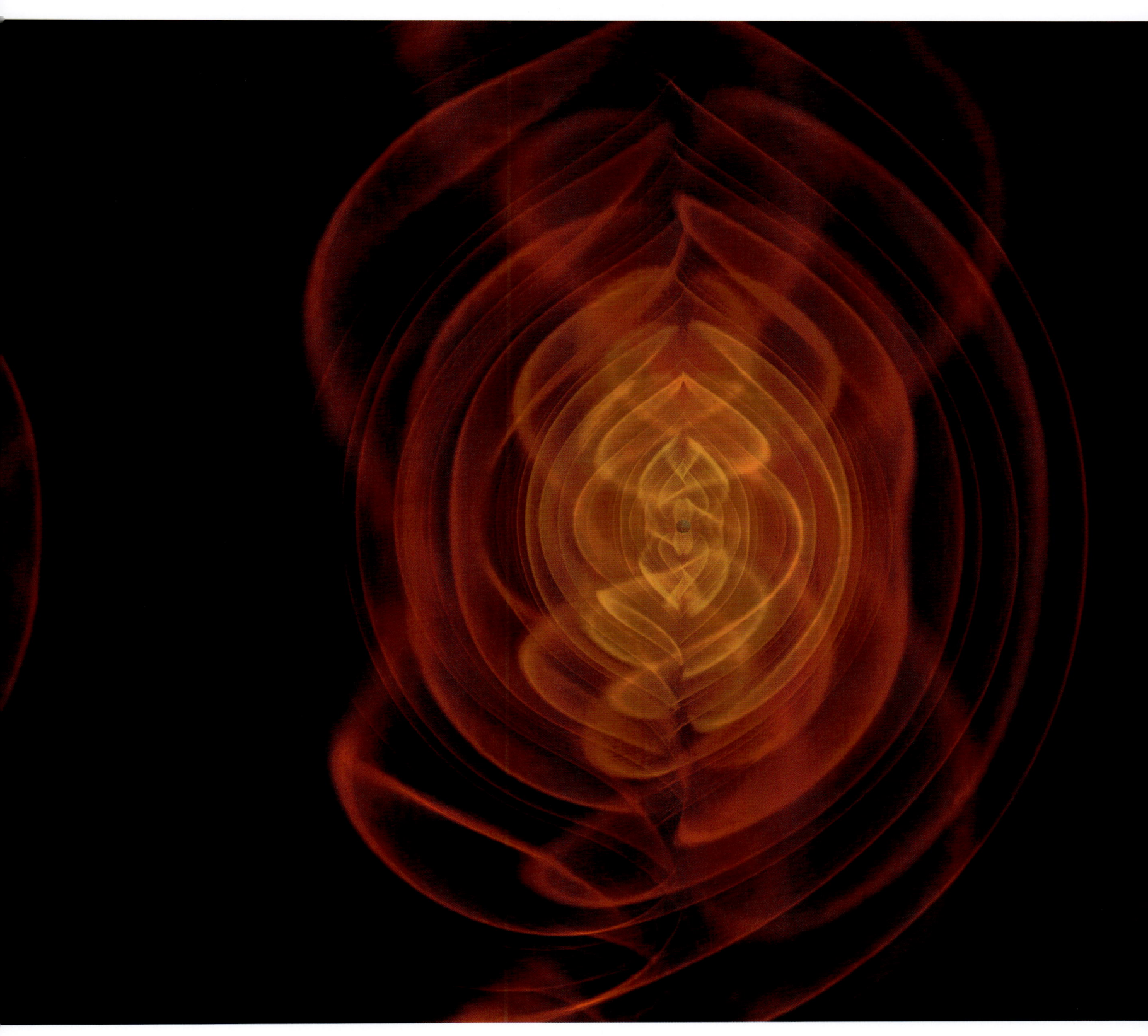

LOS GRANDES OBSERVATORIOS ESPACIALES Y LO QUE HEMOS APRENDIDO

En los albores de la era espacial, la astronomía experimentó una tremenda transformación gracias al uso de telescopios orbitales que estaban operativos en todo el espectro electromagnético. El Telescopio Espacial Hubble (HST) de la NASA, de 2000 millones de dólares, se implementó en abril de 1990. Defectuoso al principio, con posterioridad transformó la astronomía espacial. Pero fue solo la primera de las grandes observaciones.

Cuando se vio que el HST no funcionaba bien una vez puesto en órbita, los científicos y otros perdieron las esperanzas. Todos esperaban que el Hubble marcara el inicio de una época de descubrimientos astronómicos sin parangón desde que Galileo apuntara con su primer telescopio a los planetas del sistema solar, permitiendo incluso a los astrónomos ver galaxias a 15 000 millones de años luz con una resolución inaudita. Lamentablemente, el espejo principal del telescopio tenía una «aberración esférica», un defecto de solo una vigesimoquinta parte del grosor de un cabello humano, que le impedía enfocar correctamente.

Debido a las dificultades con el espejo, en diciembre de 1993, la NASA lanzó el transbordador espacial Endeavour en una misión de servicio para introducir equipo correctivo en el telescopio y revisar otros instrumentos. A lo largo de una semana, los astronautas del Endeavour batieron el récord con cinco caminatas espaciales y pudieron completar con éxito todas las reparaciones programadas. Las imágenes que devolvió el telescopio a partir de entonces fueron más de un orden de magnitud (diez veces) superiores a las anteriores. El resultado ha sido sumamente importante para la comprensión científica del cosmos. En total, cinco misiones de servicio han ampliado las prestaciones del HST hasta la década de 2020.

Entre sus muchos logros, el más significativo fue el descubrimiento de que, en realidad, la energía oscura está acelerando la expansión del universo. Con el HST, los científicos han obtenido las imágenes más nítidas hasta la fecha de las galaxias que se formaron cuando el universo tenía una mínima parte de su edad actual. Estas imágenes proporcionaron las primeras pistas de la evolución histórica de las mismas y sugirieron que las galaxias esféricas se desarrollaron con una rapidez notable hasta adoptar sus formas actuales. El HST también registró la Supernova 1987A, una de las muertes estelares más significativas observadas desde la Tierra en los últimos cuatro siglos. Finalmente, los investigadores del HST han confirmado que los agujeros negros son más habituales de lo que se creía antiguamente.

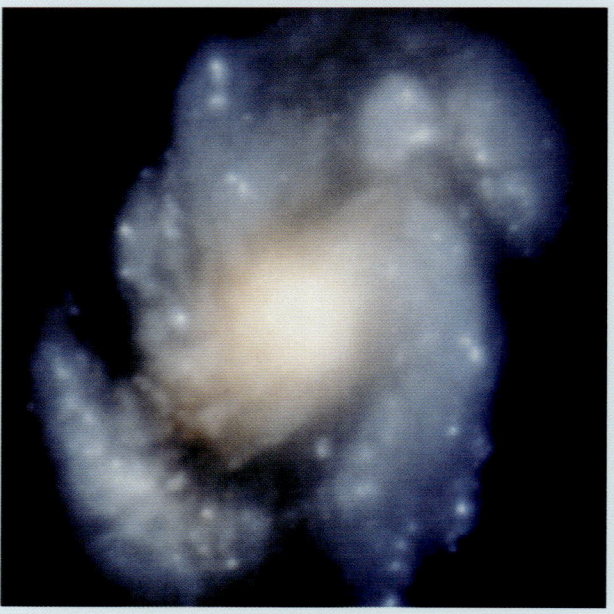

Astronautas realizando tareas de mantenimiento del telescopio durante la STS-61, la primera misión de servicio del HST de la NASA, en diciembre de 1993. El astronauta Story Musgrave se ocupa del manipulador remoto Canadarm, y Jeff Hoffman, del compartimento de carga útil.

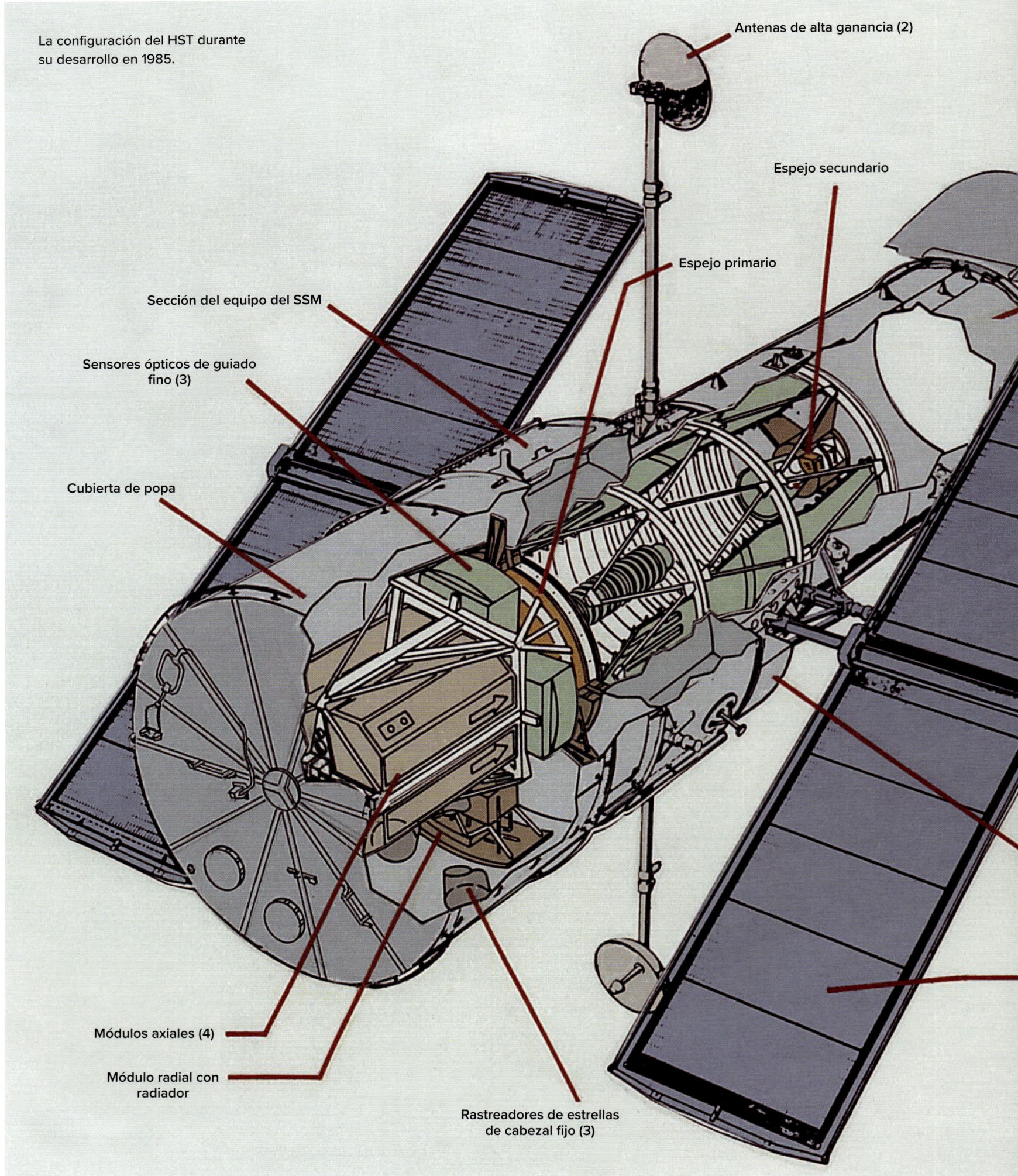

La configuración del HST durante
su desarrollo en 1985.

Antenas de alta ganancia (2)

Espejo secundario

Sección del equipo del SSM

Espejo primario

Sensores ópticos de guiado
fino (3)

Cubierta de popa

Módulos axiales (4)

Módulo radial con
radiador

Rastreadores de estrellas
de cabezal fijo (3)

Compuerta

Escudo de luz

Sección del equipo del OTA

Paneles solares

«Con el HST, los científicos han obtenido las imágenes más nítidas hasta la fecha de las galaxias que se formaron cuando el universo tenía una mínima parte de su edad actual. Estas imágenes proporcionaron las primeras pistas de la evolución histórica de las mismas y sugirieron que las galaxias esféricas se desarrollaron con una rapidez notable hasta adoptar sus formas actuales».

MISIONES DE SERVICIO DEL HUBBLE

Número de misión	Transbordador espacial	Fechas	Comentarios
SM1	Endeavour STS-61	2-13 de diciembre de 1993	Primera misión de mantenimiento del HST. Los astronautas instalaron dispositivos para corregir el defecto del espejo primario y otros instrumentos del Hubble.
SM2	Discovery STS-82	11-21 de febrero de 1997	Los astronautas instalaron nuevos instrumentos para ampliar el rango de longitudes de onda del HST al infrarrojo cercano.
SM3A	Discovery STS-103	19-27 de diciembre de 1999	Esta misión urgente sustituyó el giroscopio del HST para volver a utilizarlo.
SM3B	Columbia STS-109	1-12 de marzo de 2002	Los astronautas sustituyeron los paneles solares del HST e instalaron la Cámara Avanzada para Sondeos.
SM4	Atlantis STS-125	11-24 de mayo de 2009	En la última misión de servicio, los astronautas instalaron el Espectrógrafo de Origen Cósmico y la Cámara de Gran Angular 3.

OBSERVATORIOS ESPACIALES

Después del HST, en la década de 1990 la NASA desarrolló otros tres observatorios espaciales para llevar a cabo estudios astronómicos a distintas longitudes de onda. El Observatorio de Rayos Gamma Compton (CGRO, por sus siglas en inglés), que lleva el nombre de Arthur H. Compton, Premio Nobel de Física, llegó al espacio el 5 de abril de 1991 y estuvo operativo hasta 2000. Sus cuatro instrumentos (el Experimento de Ráfagas y Fuentes Transitorias, el Experimento del Espectrómetro de Centelleo Orientado, el Telescopio Compton de Imágenes y el Telescopio Experimental de Rayos Gamma Energéticos) exploraron la región de rayos gamma del espectro electromagnético que suelen emitir las estrellas. Entre otras cosas, el CGRO realizó el estudio más exhaustivo hasta la fecha del centro de la Vía Láctea, lo que permitió descubrir una posible «nube» de antimateria por encima del centro, además de demostrar de manera concluyente que la mayoría de las ráfagas de rayos gamma deben originarse en galaxias lejanas y no en la Vía Láctea.

Aunque el objetivo principal del telescopio espacial era que los investigadores de la radiación de alta energía (rayos gamma) obtuvieran respuestas sobre la evolución cósmica, el CGRO también resultó útil para los astrobiólogos que querían saber si había vida más allá de la Tierra. Al proporcionar información sobre la estructura básica y la distribución de la radiación de alta energía en el universo, también ofreció datos importantes relativos a la habitabilidad de los planetas. Estos datos se aplicaron a modelos de los investigadores que intentaban comprender las condicio-

ESPECIFICACIONES DEL OBSERVATORIO DE RAYOS GAMMA COMPTON

LONGITUD 9,75 metros
ANCHURA 7,3 metros
PESO 16 329 kilos
FUENTE DE ALIMENTACIÓN Solar, 2000 vatios
VEHÍCULO DE LANZAMIENTO Transbordador Espacial Atlantis, STS-37
LANZAMIENTO 5 de abril de 1999
FIN DE LA MISIÓN 4 de junio de 2020

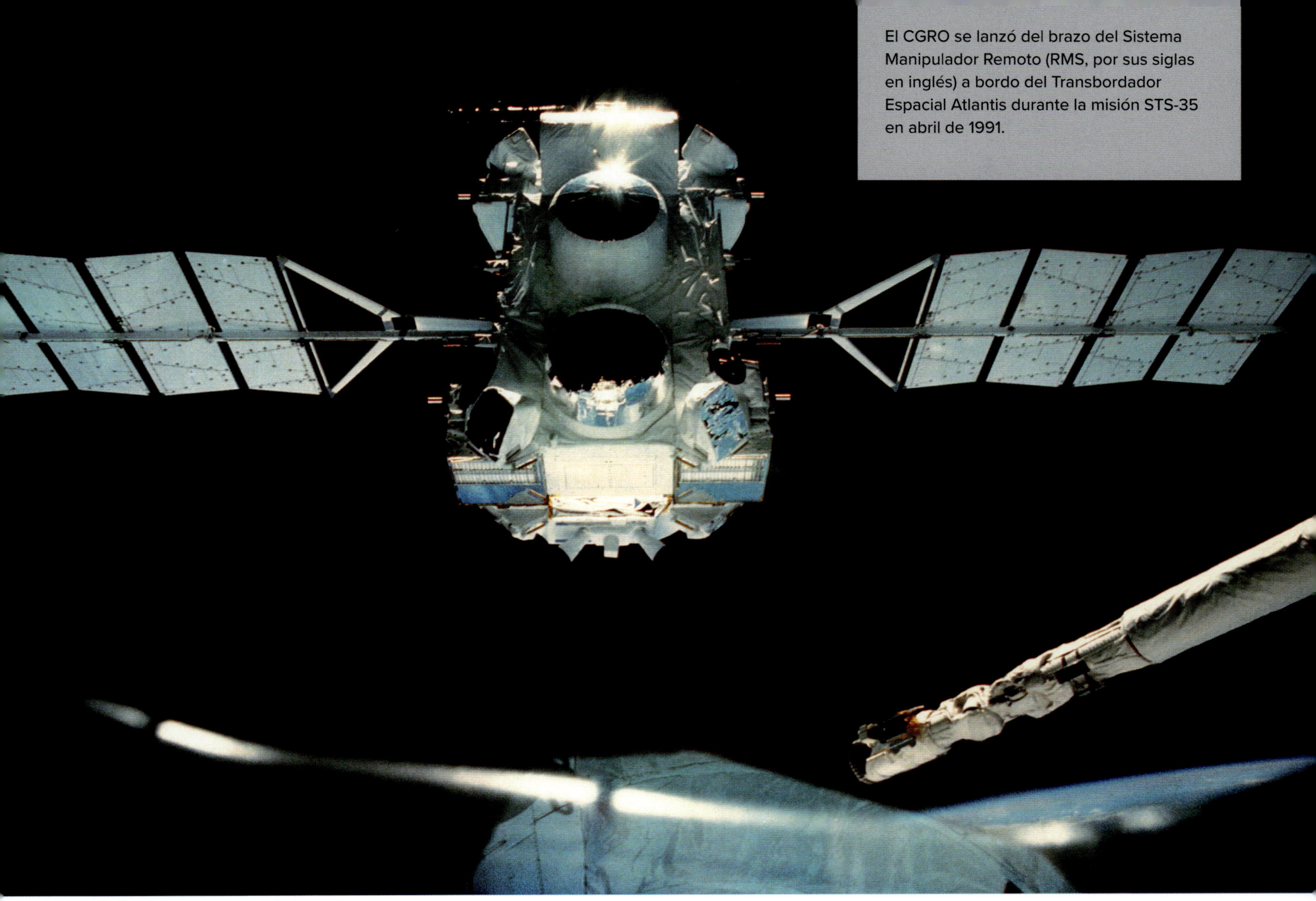

El CGRO se lanzó del brazo del Sistema Manipulador Remoto (RMS, por sus siglas en inglés) a bordo del Transbordador Espacial Atlantis durante la misión STS-35 en abril de 1991.

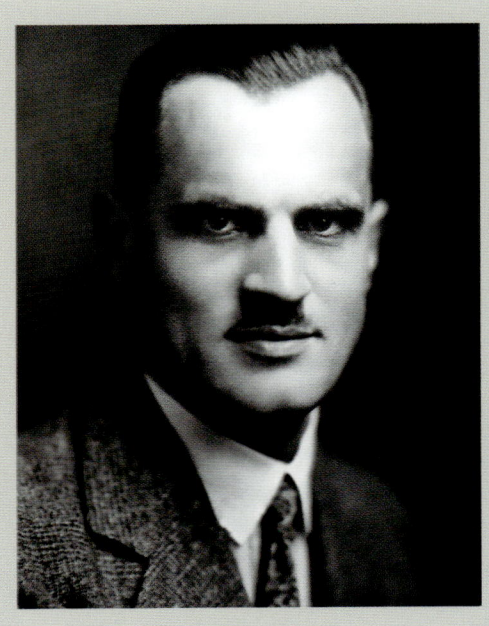

ARTHUR H. COMPTON (1892-1962)

Premio Nobel de Física, Arthur H. Compton es más conocido por sus estudios de la dispersión de los rayos X. Llamado el efecto Compton, este trabajo ilustró claramente la naturaleza de partícula de la radiación electromagnética que desde entonces fundamenta todas las investigaciones. Esto le valió el Premio Nobel en 1927, lo que, a su vez, llevó a Compton a dirigir un estudio internacional de la Universidad de Chicago para comprender las variaciones geográficas de la intensidad de los rayos cósmicos. Debido a su liderazgo en estas áreas, la decisión de la NASA de poner su nombre al observatorio de rayos gamma fue fácil.

nes en las que se forman y evolucionan los sistemas planetarios y ayudaron a los investigadores de los exoplanetas a averiguar los tipos y localizaciones de los sistemas que podían albergar planetas habitables.

El Observatorio de Rayos X Chandra, que debe su nombre al estadounidense de origen indio Subrahmanyan Chandrasekhar (1910-1995), Premio Nobel de Física, fue desplegado por el transbordador espacial Columbia (STS-93) el 23 de julio de 1999 y, después, propulsado a una órbita terrestre sumamente elevada. Se centró en la observación de objetos en la región de rayos X del espectro electromagnético. Entre otros descubrimientos, capturó el remanente de la supernova Cassiopeia A y proporcionó imágenes sin precedentes de una estrella de neutrones o un agujero negro.

Le siguió el Telescopio Espacial Spitzer, por el físico teórico estadounidense Lyman Spitzer (1914-1997), que estuvo operativo entre 2003 y 2020. Detectó energía (normalmente bloqueada por la atmósfera terrestre) irradiada por objetos del espacio entre longitudes de onda de tres y 180 micrones (un micrón es la millonésima parte de un metro). El telescopio resultó especialmente valioso para detectar la formación de guarderías de estrellas en el cosmos.

A estos primeros observatorios espaciales les han seguido varios más, incluido el Telescopio Espacial James Webb (JWST), que se lanzó en 2022 y realizó varios descubrimientos notables durante los primeros años de la misión (*véase* pág. 48).

El Chandra se diseñó especialmente para detectar emisiones de rayos X de regiones muy calientes del universo, como estrellas explotadas, cúmulos de galaxias y la materia que rodea los agujeros negros.

ESPECIFICACIONES DEL OBSERVATORIO DE RAYOS X CHANDRA

LONGITUD 19,5 metros

ANCHURA 13,8 metros

PESO 4790 kilos

FUENTE DE ALIMENTACIÓN Solar, 2350 vatios

VEHÍCULO DE LANZAMIENTO Transbordador Espacial Columbia, STS-93

LANZAMIENTO 23 de julio de 1999

FIN DE LA MISIÓN En curso

El Spitzer, un telescopio de infrarrojos que sigue a la Tierra mientras orbita el Sol, era muy apropiado para estudiar la TRAPPIST-1 (*véase* pág. 146) porque la estrella brilla más con luz infrarroja, cuyas longitudes de onda son más largas de lo que puede ver el ojo.

ESPECIFICACIONES DEL TELESCOPIO ESPACIAL SPITZER

LONGITUD 10,2 metros

ANCHURA 0,85 metros

PESO 884 kilos

FUENTE DE ALIMENTACIÓN Solar, 427 vatios

VEHÍCULO DE LANZAMIENTO Delta II 7920H

LANZAMIENTO 25 de agosto de 2003

FIN DE LA MISIÓN 30 de enero de 2020

«El Telescopio Espacial Spitzer detectó energía (normalmente bloqueada por la atmósfera terrestre) irradiada por objetos del espacio entre longitudes de onda de tres y 180 micrones (un micrón es la millonésima parte de un metro)».

PUNTOS DE LAGRANGE

Los puntos de Lagrange, unos de los lugares más útiles del espacio, son grupos de cinco posiciones que se encuentran en una región donde las fuerzas gravitatorias de dos cuerpos masivos (estrellas, planetas o grandes lunas, por ejemplo) encuentran un equilibrio. Para un sistema orbital en el que un cuerpo pequeño orbita un cuerpo más masivo, en estos cinco puntos la fuerza gravitatoria de cada uno de ellos anula la otra. Los puntos lagrangianos se llaman así por el matemático francés de origen italiano Joseph Lagrange (1736-1813), quien, a partir del trabajo del matemático suizo Leonhard Euler (1707-1783), los identificó. De los cinco puntos de Lagrange de un sistema orbital simple, tres de ellos —denominados L1, L2 y L3— se encuentran a lo largo de una línea recta que une ambos cuerpos. El resto, L4 y L5, forman el vértice de dos triángulos equiláteros, cuyas aristas son iguales a la distancia entre ambos cuerpos.

Los puntos de Lagrange son sumamente útiles para la exploración espacial porque, en ausencia de gravedad que actúe sobre ella, una nave puede mantener una posición estable consumiendo una cantidad mínima de combustible. El punto L1 que se encuentra directamente entre los dos cuerpos reviste especial importancia. El punto L1 del sistema Tierra-Sol, por ejemplo, ofrece unas vistas ininterrumpidas del Sol perfectas y, por tanto, es allí donde se encuentran varias naves de observación solar y experimentos del viento solar.

En el punto L2 del sistema Tierra-Sol estaba la nave WMAP y se encuentra ahora el JWST. Es un lugar ideal para la astronomía, lo bastante cercano a la Tierra para permitir la comunicación con las estaciones terrestres. Además, puede beneficiarse de la instalación de paneles solares y, con los tres objetos más luminosos de fondo (la Tierra, el Sol y la Luna), ofrece una visión nítida del espacio profundo.

Hasta hoy, no se han instalado satélites artificiales en las regiones L3, L4 o L5 del sistema Tierra-Sol. El punto L3 se encuentra en el lado opuesto del sistema solar respecto a la Tierra y queda completamente oculto por el Sol. Puede que los puntos L4 y L5 sean útiles algún día, pero de momento solo hay asteroides en ambas regiones. En la década de 1970, el astrofísico Gerard K. O'Neill pensó que el punto L5 era el lugar ideal para el vuelo libre de grandes colonias en el espacio. Tal vez, algún día.

PÁGINA ANTERIOR Gaia, la nave de la Agencia Espacial Europea (ESA) que crea un mapa estelar, detecta las estrellas y efectúa mediciones de sus propiedades. A partir del cálculo del movimiento de cada una de estas estrellas, los astrónomos trabajan para descifrar la evolución y el destino de estos cuerpos. Como una especie de censo de las estrellas, Gaia funciona en un modo de imagen único. Esta imagen fue el resultado de escanear una región específica del espacio el 7 de febrero de 2017 en una zona denominada la Ventana de Sagitario I (Sgr-I), situada solo dos grados por debajo del centro galáctico de la Vía Láctea. Demostró que, aquí, la densidad estelar es muy elevada, con 4,6 millones de estrellas por grado cuadrado. Esta imagen abarca solo unos 0,6 grados cuadrados, por lo que es factible que solo en esta secuencia se hayan capturado unos 2,8 millones de estrellas. Cada una de las franjas de la foto representa una imagen cartográfica del firmamento. Después, los técnicos procesaron la imagen para realzar el contraste de las estrellas luminosas y las trazas más oscuras de gas y polvo.

DERECHA Los cinco puntos de Lagrange del sistema Sol-Tierra vistos desde arriba del plano del sistema solar. La Tierra está rodeando el Sol en una órbita en la dirección de las agujas del reloj, con los puntos L a una distancia constante de ambos. Los satélites situados en los puntos de Lagrange tienen tendencia a moverse un poco, pero no pueden escapar de la región gravitatoriamente estable que rodea a cada uno de ellos.

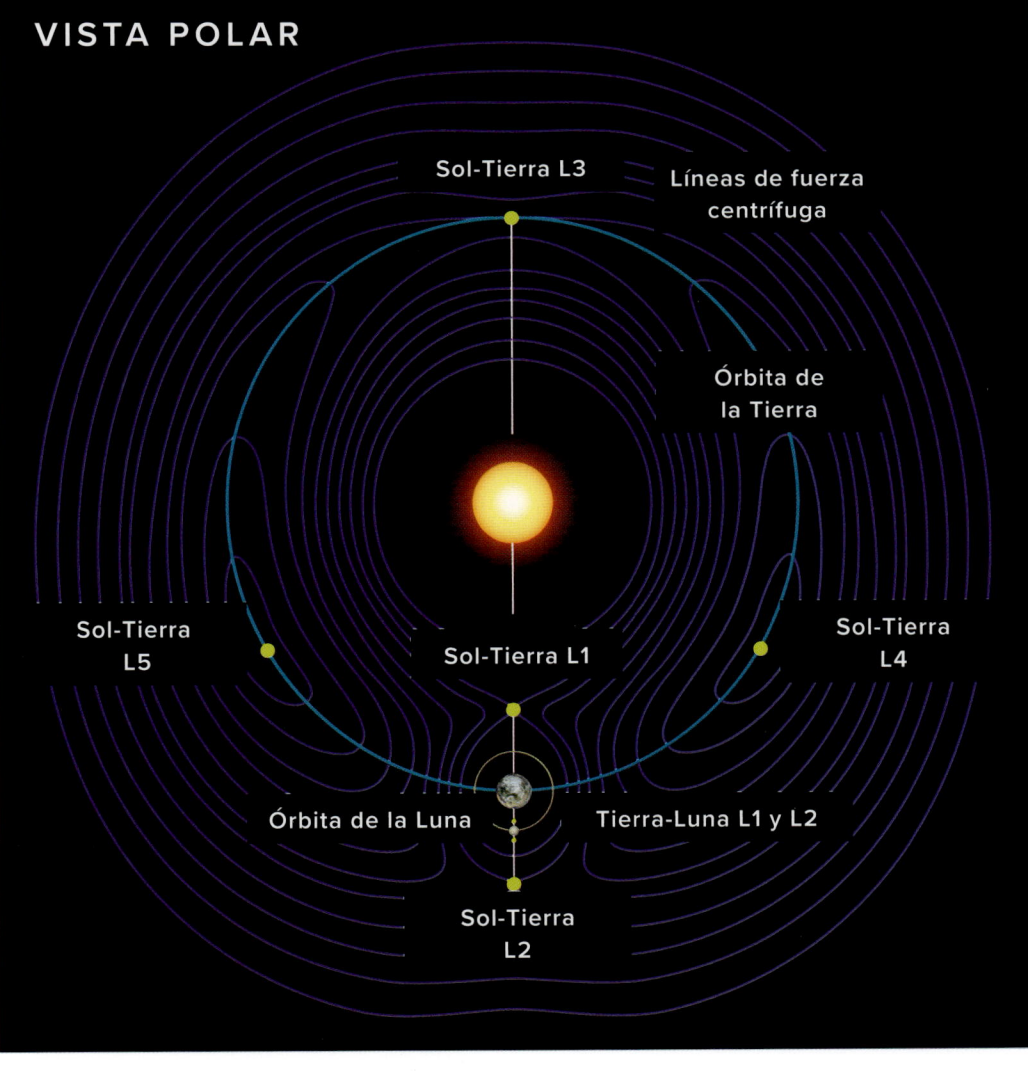

VISTA POLAR

Sol-Tierra L3

Líneas de fuerza centrífuga

Órbita de la Tierra

Sol-Tierra L5

Sol-Tierra L1

Sol-Tierra L4

Órbita de la Luna

Tierra-Luna L1 y L2

Sol-Tierra L2

SOL-TIERRA L1

1 EXPLORADOR INTERNACIONAL DE COMETAS 3 (ISEE-3) (Explorer 59)
Fecha de lanzamiento: 12 de agosto de 1978
Agencia (Nación): NASA (EE. UU.)
La ISEE-3 fue la primera nave que se colocó en el punto de Lagrange y estuvo operativa cuatro años en una órbita de halo en el punto Sol-Tierra L1, a unos 1500 millones de kilómetros de la Tierra (unas cuatro veces la distancia de la Luna) en la dirección del Sol. Al término de la misión original, la NASA ordenó a la ISEE-3 que abandonara el L1 en septiembre de 1982 para investigar cometas y el Sol. Acto seguido, entró en una órbita heliocéntrica, y luego hizo un intento fallido de volver a una órbita de halo en 2014 con un vuelo de reconocimiento del sistema Tierra-Luna.

2 WIND
Fecha de lanzamiento: 1 de noviembre de 1994
Agencia (Nación): NASA (EE. UU.)
Construida como un completo laboratorio del viento solar, la nave Wind realizó varias órbitas a través de la magnetosfera de la Tierra. La Wind entró en una órbita de Lissajous alrededor del punto de Lagrange L1 a principios de 2004 para observar el viento solar estable que está a punto de impactar en la magnetosfera de la Tierra. En 2020, entró en una órbita de halo alrededor del L1, y actualmente está operativa.

3 OBSERVATORIO SOLAR Y HELIOSFÉRICO (SOHO)
Fecha de lanzamiento: 2 de diciembre de 1995
Agencia (Nación): ESA (UE), NASA (EE. UU.)
El SOHO, que orbita cerca del L1 desde 1996, disfruta de unas vistas ininterrumpidas del Sol. Se diseñó para una misión de dos años, pero, debido a sus éxitos espectaculares, la misión se amplió en cinco ocasiones (en 1997, 2002, 2006, 2008 y 2010). Hoy día sigue comunicándose con la Tierra.

4 EXPLORADOR DE COMPOSICIÓN AVANZADA (ACE)
Fecha de lanzamiento: 25 de agosto de 1997
Agencia (Nación): NASA (EE. UU.)
Con combustible suficiente para orbitar cerca del L1 hasta 2024, el ACE ha superado con creces sus cinco años de vida útil y aún proporciona datos sobre la meteorología espacial y ofrece previsiones de las tormentas geomagnéticas.

5 OBSERVATORIO DEL CLIMA DEL ESPACIO PROFUNDO (DSCOVR)
Fecha de lanzamiento: 11 de febrero de 2015
Agencia (Nación): NASA (EE. UU.)
El sucesor planificado del satélite Explorador de Composición Avanzada (ACE) mantiene la capacidad de seguimiento del viento solar en tiempo real de la nación, que es fundamental para la precisión y el tiempo de elaboración de las alertas y predicciones meteorológicas espaciales de la Oficina Nacional de Administración Oceánica y Atmosférica (NOAA, por sus siglas en inglés) de Estados Unidos. Si no hubiera predicciones tempranas y precisas, los eventos meteorológicos espaciales (como las tormentas geomagnéticas) podrían alterar cualquier gran sistema de infraestructuras públicas de la Tierra, como las redes de suministro eléctrico, las telecomunicaciones, la aviación y el GPS.

6 LISA PATHFINDER (LPF)
Fecha de lanzamiento: 3 de diciembre de 2015
Agencia (Nación): ESA (UE), NASA (EE. UU.)
El objetivo de la LISA Pathfinder, que llegó al L1 el 22 de enero de 2016, era demostrar, en un entorno espacial, que los cuerpos en caída libre siguen líneas geodésicas de espacio-tiempo, con más de dos órdenes de magnitud mejor que cualquier misión pasada, presente o planificada en la actualidad. La LISA Pathfinder completó su misión y se desactivó el 30 de junio de 2017.

7 ADITYA-L1
Fecha de lanzamiento: 2 de septiembre de 2023
Agencia (Nación): ISRO (India)
La primera misión espacial india para estudiar el Sol llegó al L1 el 6 de enero de 2024. El orbitador incorpora siete instrumentos científicos que analizarán la corona solar, la fotosfera y la cromosfera.

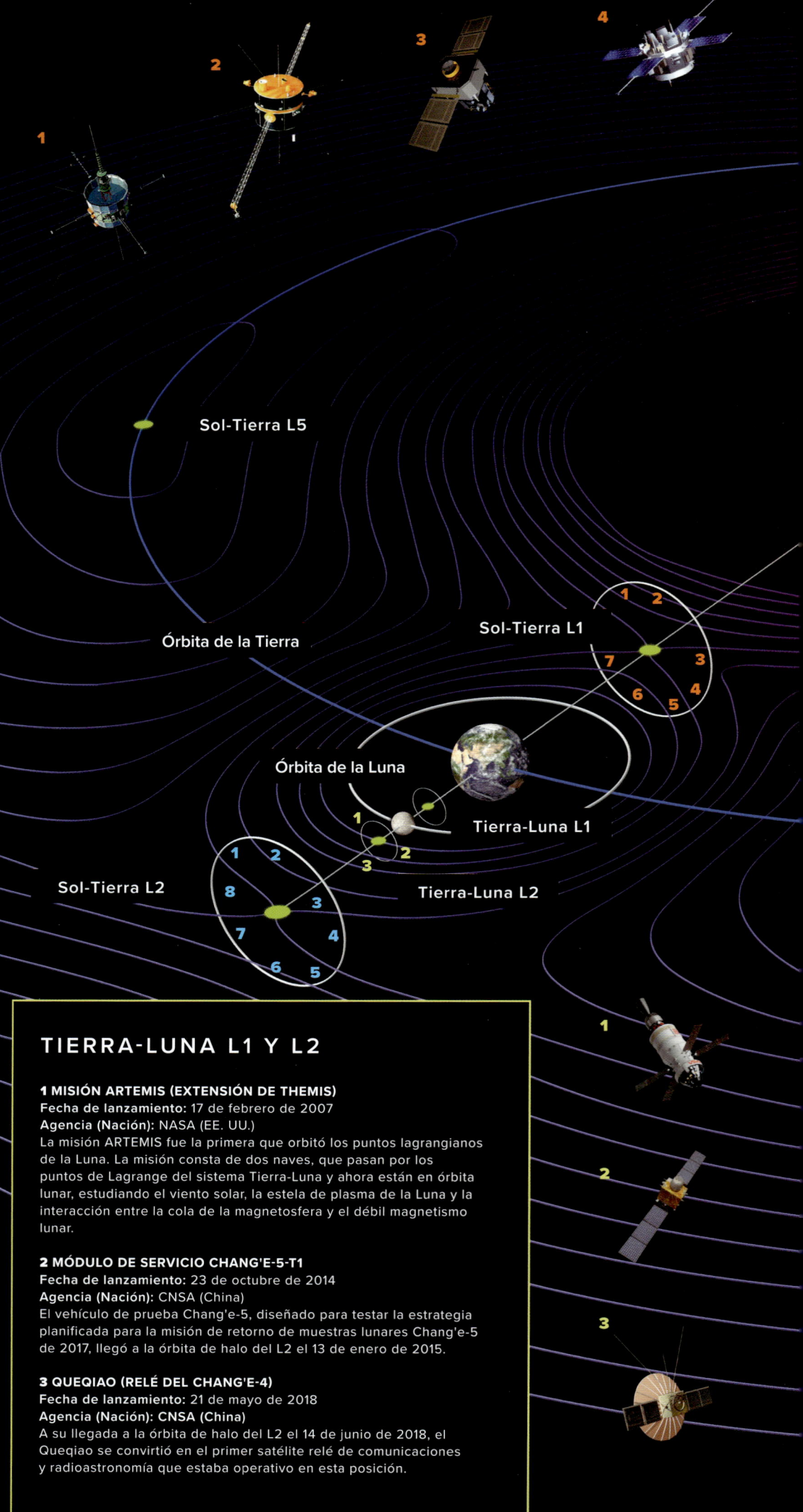

TIERRA-LUNA L1 Y L2

1 MISIÓN ARTEMIS (EXTENSIÓN DE THEMIS)
Fecha de lanzamiento: 17 de febrero de 2007
Agencia (Nación): NASA (EE. UU.)
La misión ARTEMIS fue la primera que orbitó los puntos lagrangianos de la Luna. La misión consta de dos naves, que pasan por los puntos de Lagrange del sistema Tierra-Luna y ahora están en órbita lunar, estudiando el viento solar, la estela de plasma de la Luna y la interacción entre la cola de la magnetosfera y el débil magnetismo lunar.

2 MÓDULO DE SERVICIO CHANG'E-5-T1
Fecha de lanzamiento: 23 de octubre de 2014
Agencia (Nación): CNSA (China)
El vehículo de prueba Chang'e-5, diseñado para testar la estrategia planificada para la misión de retorno de muestras lunares Chang'e-5 de 2017, llegó a la órbita de halo del L2 el 13 de enero de 2015.

3 QUEQIAO (RELÉ DEL CHANG'E-4)
Fecha de lanzamiento: 21 de mayo de 2018
Agencia (Nación): CNSA (China)
A su llegada a la órbita de halo del L2 el 14 de junio de 2018, el Queqiao se convirtió en el primer satélite relé de comunicaciones y radioastronomía que estaba operativo en esta posición.

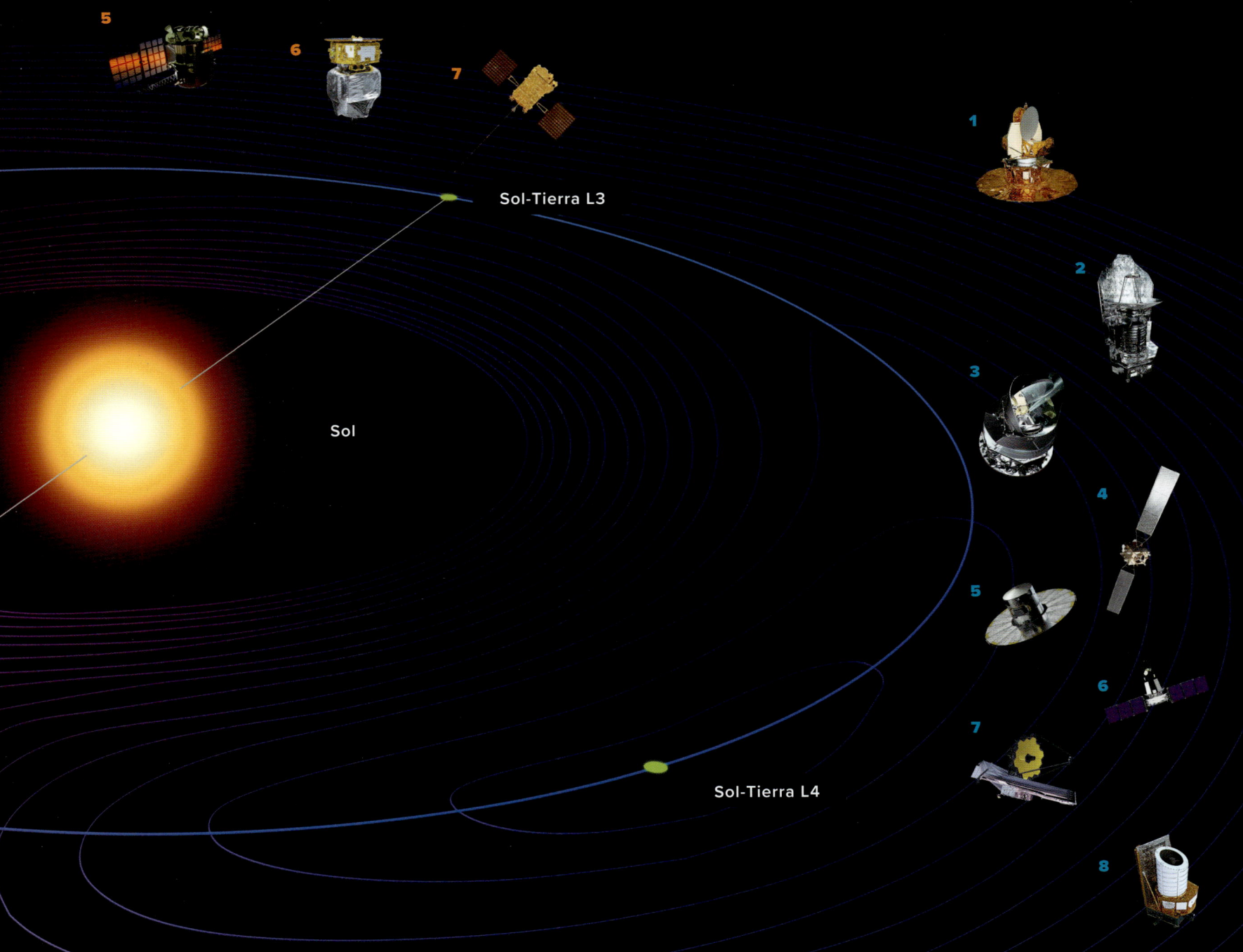

Sol-Tierra L3

Sol

Sol-Tierra L4

SOL-TIERRA L2

1 SONDA DE ANISOTROPÍA DE MICROONDAS WILKINSON (WMAP)

Fecha de lanzamiento: 30 de junio de 2001
Agencia (Nación): NASA (EE. UU.)
La WMAP se diseñó para realizar descubrimientos cosmológicos a través de la medición de la radiación de microondas liberada aproximadamente 375 000 años después del nacimiento del universo (*véase* pág. 46). La WMAP concluyó su misión en 2010 y, después, se envió a la órbita solar fuera del L2.

2 OBSERVATORIO ESPACIAL HERSCHEL

Fecha de lanzamiento: 14 de mayo de 2009
Agencia (Nación): ESA (UE)
El Observatorio Espacial Herschel llegó al L2 en julio de 2009 y dejó de estar operativo el 28 de abril de 2013, desplazándose a una órbita heliocéntrica. Los cometidos principales de la misión fueron la consolidación y el perfeccionamiento de la calibración del instrumento para mejorar la calidad y el procesamiento de datos para crear un corpus de datos validados científicamente.

3 OBSERVATORIO ESPACIAL PLANCK

Fecha de lanzamiento: 14 de mayo de 2009
Agencia (Nación): ESA (UE)
Lanzado del mismo cohete que el Herschel, el Observatorio Espacial Planck (*véase* pág. 46) llegó al L2

en julio de 2009 para probar las teorías del universo temprano y el origen de la estructura cósmica. La misión terminó el 23 de octubre de 2013 y, después, el Planck se desplazó a una órbita heliocéntrica de estacionamiento.

4 CHANG'E-2

Fecha de lanzamiento: 1 de octubre de 2010
Agencia (Nación): CNSA (China)
La sonda Chang'e-2 formaba parte de la primera fase del Programa de Exploración Lunar de China. Llevó a cabo una investigación desde una órbita lunar a 100 kilómetros de altitud como preparativo del alunizaje controlado del aterrizador y el róver de la misión Chang'e-3 en diciembre de 2013. Cuando completó su objetivo principal, la sonda abandonó la órbita lunar y se desplazó al punto de Lagrange Tierra-Sol L2 para probar la red de seguimiento y control china, adonde llegó en agosto de 2011. Tras terminar con éxito la prueba, la nave partió en abril de 2012 para sobrevolar un asteroide.

5 OBSERVATORIO ESPACIAL GAIA

Fecha de lanzamiento: 19 de diciembre de 2013
Agencia (Nación): ESA (UE)
El objetivo de la misión en activo Gaia es realizar un censo estelar con un mapa de más de mil millones de estrellas de toda nuestra Vía Láctea y más allá.

6 SPEKTR-RG

Fecha de lanzamiento: 13 de julio de 2019
Agencia (Nación): RSRI (Rusia), DLR (Alemania)
Actualmente, el observatorio espacial Spektr-RG está operativo, y se dedica a estudiar los campos magnéticos interplanetarios, las galaxias y los agujeros negros.

7 TELESCOPIO ESPACIAL JAMES WEBB (JWST)

Fecha de lanzamiento: 25 de diciembre de 2021
Agencia (Nación): ESA (UE), NASA (EE. UU.), CSA (Canadá)
El JWST, que llegó al L2 el 24 de enero de 2022 y sigue operativo, detecta longitudes de onda del infrarrojo cercano y el infrarrojo medio, lo que nos permite mirar mucho más atrás en el tiempo, a la formación de las primeras galaxias (*véanse* págs. 48 y 54).

8 EUCLID

Fecha de lanzamiento: 1 de julio de 2023
Agencia (Nación): ESA (UE), NASA (EE. UU.)
Diseñada para explorar la composición y la evolución del universo oscuro, la Euclid llegó al punto L2 el 28 de julio de 2023, y empezó su cometido el 14 de febrero de 2024. A lo largo de los próximos seis años, la Euclid tiene el objetivo de cartografiar más de un tercio del firmamento.

Los datos de dos observatorios espaciales, el Spitzer y el HST, se utilizaron para identificar una de las galaxias más distantes vistas jamás. A la izquierda, aparece la galaxia HUDFJD2 entre aproximadamente otras 1000 capturadas en el Campo Ultraprofundo del Hubble (HUDF, por sus siglas en inglés). En esta página, en el recuadro superior, una ampliación tomada con el Canal de Gran Angular (WFC) de la Cámara Avanzada para Sondeos (ACS) muestra dónde se encuentra la galaxia (dentro del círculo azul). En el recuadro central, la misma galaxia detectada con la Cámara de Infrarrojo Cercano y el Espectrómetro Multiobjeto (NICMOS) del Hubble, aunque se ve muy tenue en las longitudes de onda del infrarrojo cercano. En el recuadro inferior, la Cámara de Infrarrojos (IRAC) del Spitzer captura la misma galaxia a longitudes de onda de infrarrojos más largas. Aquí, la galaxia queda destacada, pero los detalles de los otros objetos se pierden.

1. WFC/ACS del HST, luz visible
2. NICMOS del HST, infrarroja
3. IRAC del SST, infrarroja

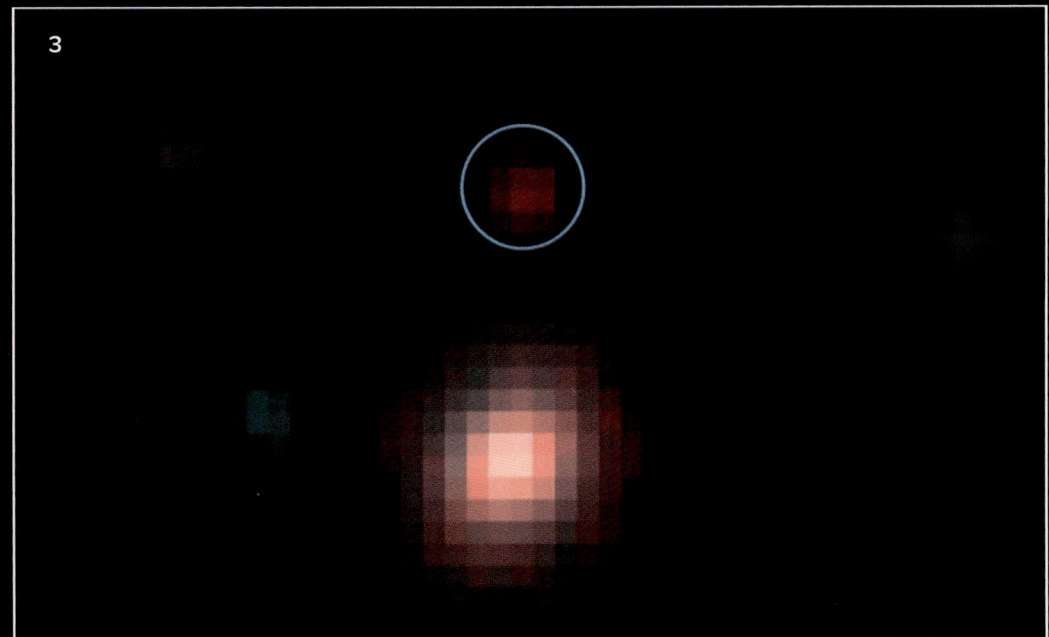

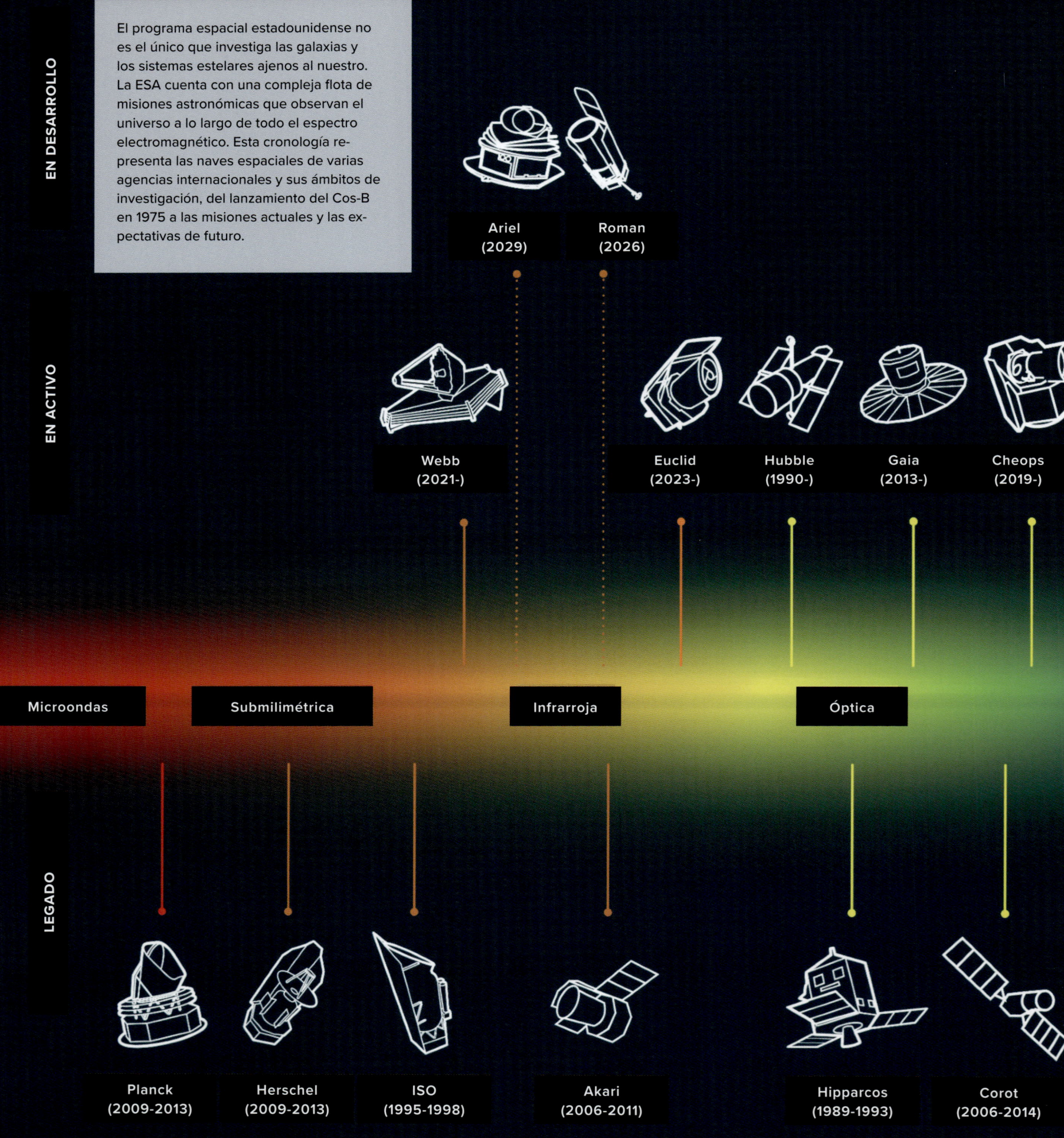

El programa espacial estadounidense no es el único que investiga las galaxias y los sistemas estelares ajenos al nuestro. La ESA cuenta con una compleja flota de misiones astronómicas que observan el universo a lo largo de todo el espectro electromagnético. Esta cronología representa las naves espaciales de varias agencias internacionales y sus ámbitos de investigación, del lanzamiento del Cos-B en 1975 a las misiones actuales y las expectativas de futuro.

Ariel
(2029)

Roman
(2026)

EN ACTIVO

Webb
(2021-)

Euclid
(2023-)

Hubble
(1990-)

Gaia
(2013-)

Cheops
(2019-)

Microondas

Submilimétrica

Infrarroja

Óptica

LEGADO

Planck
(2009-2013)

Herschel
(2009-2013)

ISO
(1995-1998)

Akari
(2006-2011)

Hipparcos
(1989-1993)

Corot
(2006-2014)

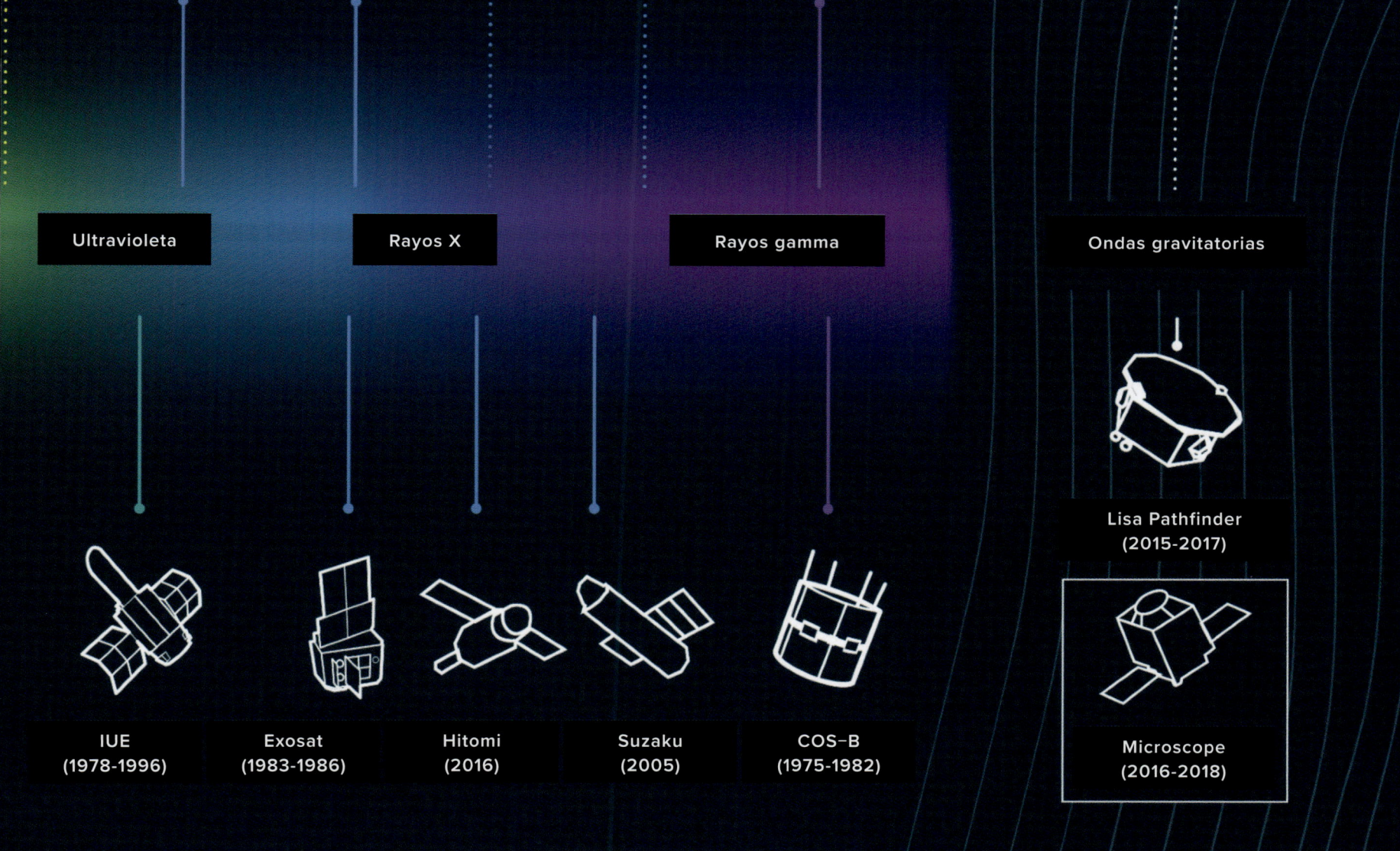

Ultravioleta

Rayos X

Rayos gamma

Ondas gravitatorias

IUE
(1978-1996)

Exosat
(1983-1986)

Hitomi
(2016)

Suzaku
(2005)

COS–B
(1975-1982)

Lisa Pathfinder
(2015-2017)

Microscope
(2016-2018)

LOS EXOPLANETAS Y LA POSIBILIDAD DE VIDA EN OTRAS GALAXIAS

Si bien actualmente no hay pruebas que demuestren la presencia de vida fuera de este planeta, desde el descubrimiento de los primeros planetas ajenos a nuestro sistema solar en 1995, la búsqueda ha avanzado de un modo antes inimaginable. Los nuevos instrumentos, tecnologías y técnicas han permitido a científicos de todo el mundo detectar y catalogar una cantidad creciente de planetas alrededor de otras estrellas.

Un exoplaneta, o planeta extrasolar, es cualquier planeta que no pertenece a nuestro sistema solar. El primero, 51 Pegasi b, rebautizado como Dimidio, lo detectaron Michel Mayor y Didier Queloz, del Observatorio de Ginebra, Suiza, el 6 de octubre de 1995. A 50 años luz de la constelación de Pegaso, este planeta tiene una masa 150 veces superior a la de la Tierra.

A 1 de marzo de 2024, dos o más grupos independientes de observaciones habían confirmado la existencia de 5640 exoplanetas. La caza de exoplanetas es una colaboración internacional de miles de científicos, y los descubrimientos no se registran oficialmente hasta que equipos de investigación independientes confirman su existencia. Actualmente hay más de 10 130 detecciones pendientes de confirmación. La mayoría son gigantes gaseosos (como Júpiter y Saturno en nuestro sistema solar), pero también hay más de un millar de planetas de tipo rocoso.

EL TELESCOPIO ESPACIAL KEPLER

Los científicos dieron un gran salto hacia el descubrimiento de un planeta similar a la Tierra con el lanzamiento en 2009 del telescopio espacial Kepler. En 2013, descubrieron Kepler-62f, un planeta solo un 40 % mayor que la Tierra, situado en la zona habitable de otra estrella en la constelación de Lyra, a unos 1200 años luz de la Tierra.

El Kepler, construido específicamente para encontrar exoplanetas con tecnología de imagen sensible y medición indirecta de curvas de luz, estuvo operativo entre 2009 y 2018 y descubrió 2600 exoplanetas. Y, lo más importante, reveló que hay más planetas que estrellas en nuestra galaxia y nos concienció de la gran diversidad de mundos ajenos a nuestro sistema solar.

Aunque hasta la fecha no se han descubierto planetas del tamaño de la Tierra, la búsqueda continúa. ¿Qué presagia esto para el futuro? Mediante la utilización de técnicas de observación avanzadas, existe la probabilidad de que, algún día, los científicos encuentren un planeta azul y blanco con agua en estado líquido y una atmósfera respirable.

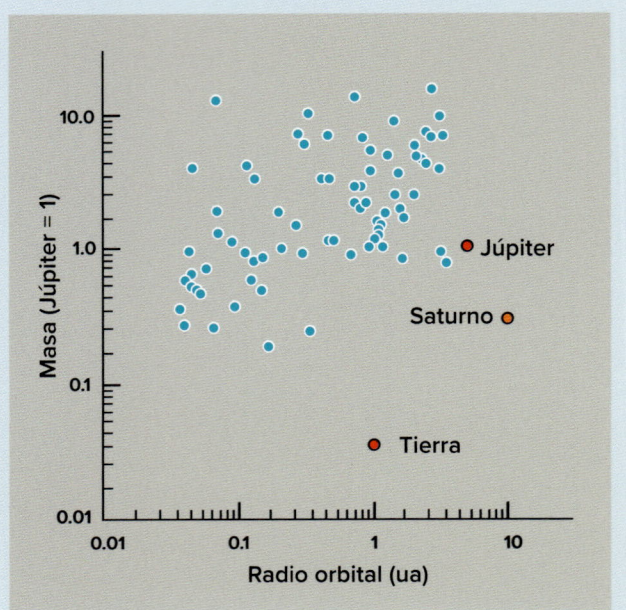

LÍMITES DE OBSERVACIÓN

Este gráfico muestra la masa y la distancia orbital de algunos de los planetas descubiertos orbitando otras estrellas. Júpiter, Saturno y la Tierra figuran a efectos comparativos. Debido a la capacidad limitada de la tecnología humana, los planetas descubiertos hasta ahora son grandes y suelen orbitar cerca de su estrella madre. Esto no significa que los planetas similares a la Tierra no existan, sino que se precisan instrumentos espaciales más complejos para encontrarlos.

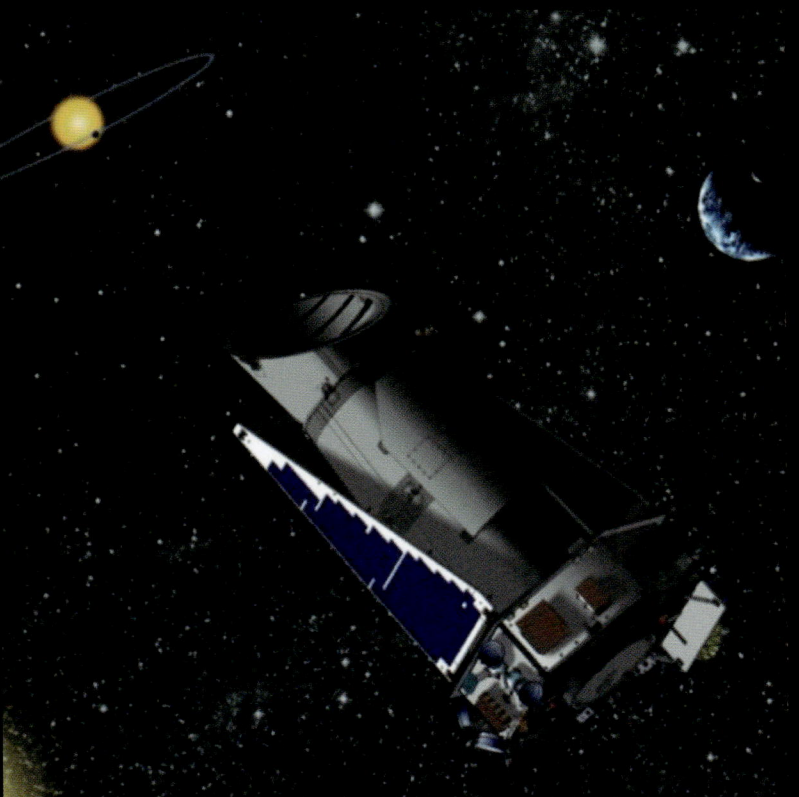

ARRIBA Descubierto en 2005 por el Telescopio Espacial Hubble (HST), este planeta del tamaño de Júpiter, designado HD 189733b, tiene compuestos orgánicos en abundancia, pero está demasiado caliente para albergar vida tal como la conocemos. Sin embargo, estas observaciones demostraron que la química básica de la vida puede medirse en planetas que orbitan otras estrellas.

IZQUIERDA La nave Kepler emprendió la primera misión de búsqueda de planetas de la NASA.

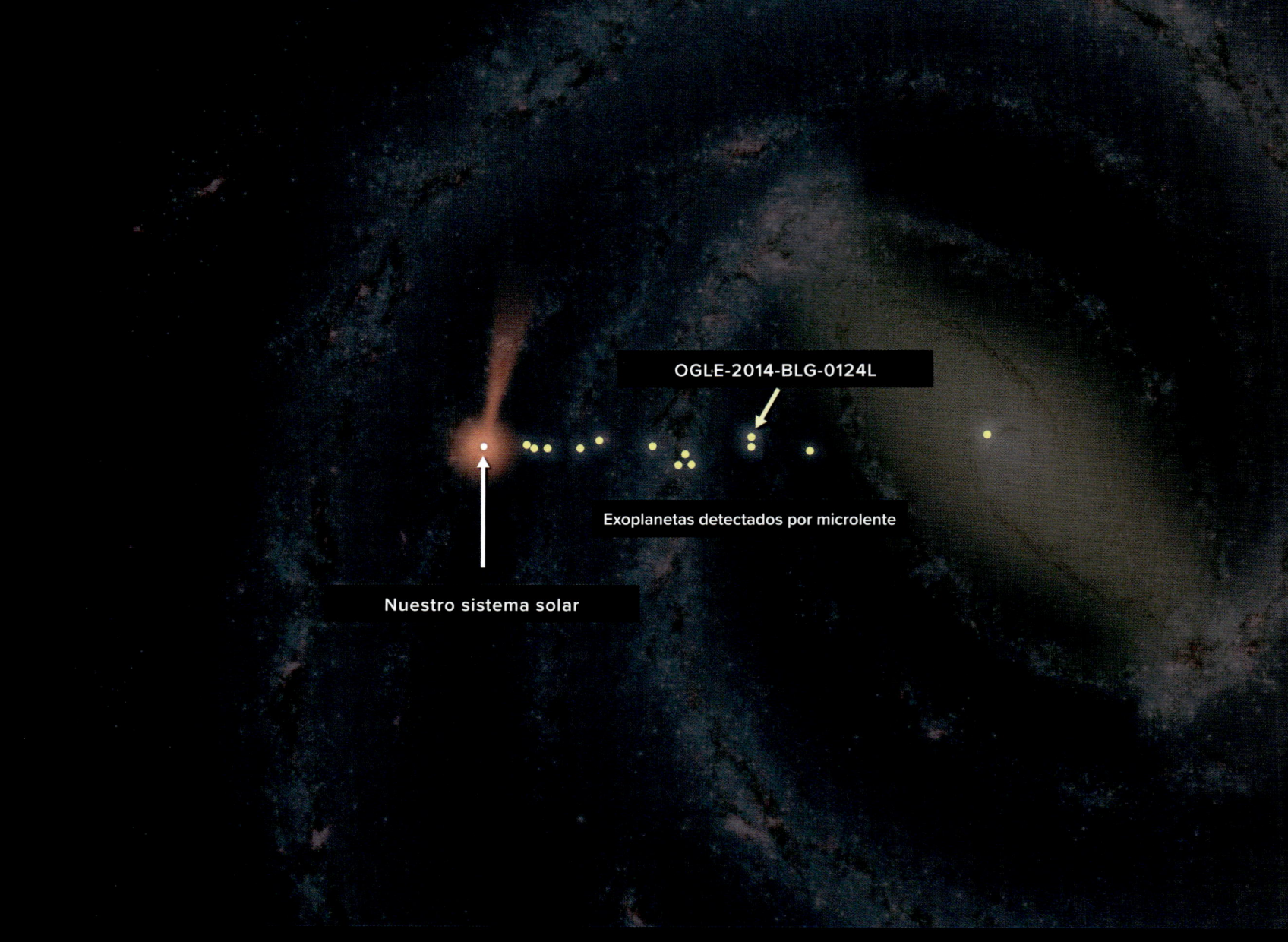

OGLE-2014-BLG-0124L

Exoplanetas detectados por microlente

Nuestro sistema solar

Uno de los planetas más lejanos conocidos es un gigante gaseoso a unos 13 000 años luz de la Tierra, OGLE-2014-BLG-0124L. Mediante la técnica de observación indirecta de la microlente gravitatoria (véanse págs. 30 y 84), los planetas detectados de este modo se muestran en amarillo. Los planetas se encuentran en un sistema estelar de la Vía Láctea a 25 000 años luz de la Tierra.

ARRIBA En un estudio de 2017 de la revista *Nature Communications*, los investigadores que estudiaban el clima de los exoplanetas determinaron que este hipotético planeta, cubierto de agua y situado alrededor del sistema estelar binario de Kepler-35A y B, podía ser habitable, en función de su distancia de las dos estrellas.

PÁGINAS SIGUIENTES Esta comparativa de nuestro sistema solar con otros tres sistemas que comprenden exoplanetas sugiere que, en los próximos años, podríamos descubrir planetas como la Tierra.

«A 1 de marzo de 2024, dos o más grupos independientes de observaciones habían confirmado la existencia de 5640 exoplanetas».

EL SOL
Masa: 1989 x 10^30 kg, unas 333 000 veces la masa de la Tierra
Radio: 696 340 km

KEPLER-22
Enana de fusión de hidrógeno de tipo espectral G5V como el Sol
Masa: 1929 × 10^30 kg
Radio: 681 090 km

KEPLER-186
Enana roja de tipo M
Masa: 1082 × 10^30 kg
Radio: 363 850 km

TRAPPIST-1
Enana roja ultrafría, también llamada enana M
Masa: 1,77 × 10^29 kg
Radio: 84 180 km

NUESTRO SISTEMA SOLAR INTERIOR

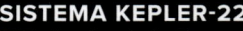

MERCURIO
Masa del planeta: 3,3 × 10^23 kg
Radio del planeta: 2439,7 km

VENUS
Masa del planeta: 0,87 × 10^24 kg
Radio del planeta: 6051,8 km

LA TIERRA
Masa del planeta: 5972 × 10^24 kg
Radio del planeta: 6371 km

MARTE
Masa del planeta: 0,42 × 10^23 kg
Radio del planeta: 3389,5 km

SISTEMA KEPLER-22
635 años luz de la Tierra

KEPLER-22 B
Supertierra
Masa del planeta: 9,1 Tierras
Radio del planeta: 2,1 × la Tierra

KEPLER-186 B
Supertierra
Masa del planeta: 1,24 Tierras
Radio del planeta: 1,07 × la Tierra

KEPLER-186 C
Supertierra
Masa del planeta: 2,1 Tierras
Radio del planeta: 1,25 × la Tierra

KEPLER-186 D
Supertierra
Masa del planeta: 2,54 Tierras
Radio del planeta: 1,4 × la Tierra

KEPLER-186 E
Supertierra
Masa del planeta: 2,15 Tierras
Radio del planeta: 1,27 × la Tierra

SISTEMA KEPLER-186
579 años luz de la Tierra, descubierto en 2014

TRAPPIST-1 B
Supertierra
Masa del planeta: 1374 Tierras
Radio del planeta: 1,116 × la Tierra

TRAPPIST-1 C
Supertierra
Masa del planeta: 1308 Tierras
Radio del planeta: 1097 × la Tierra

TRAPPIST-1 D
Terrestre
Masa del planeta: 0,388 Tierras
Radio del planeta: 0,788 × la Tierra

TRAPPIST-1 E
Terrestre
Masa del planeta: 0,692 Tierras
Radio del planeta: 0,92 × la Tierra

TRAPPIST-1 F
Supertierra
Masa del planeta: 1039 veces la Tierra
Radio del planeta: 1045 × la Tierra

SISTEMA TRAPPIST-1
41 años luz de la Tierra, descubierto en 2016-2017

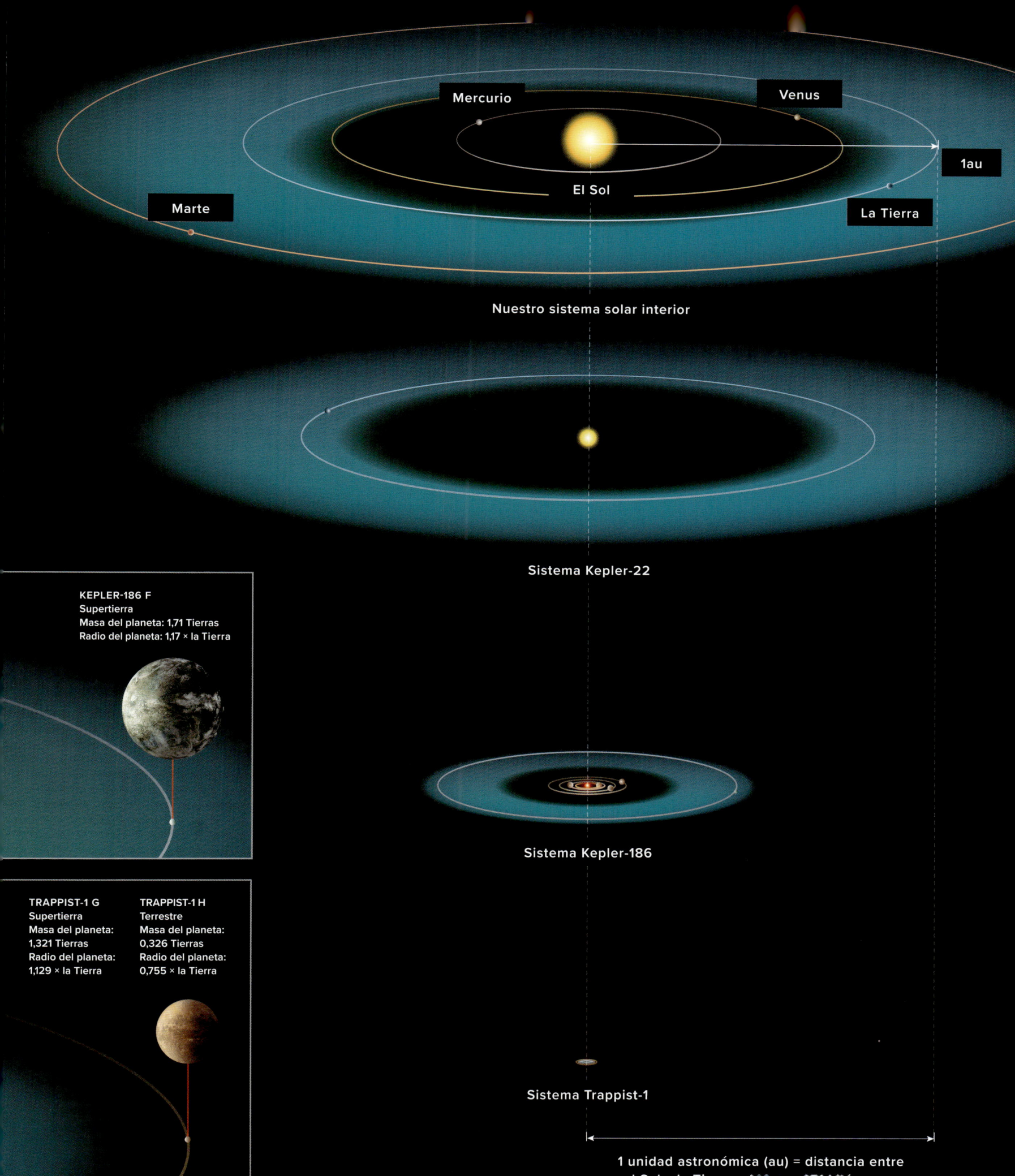

Mercurio

Venus

El Sol

1au

Marte

La Tierra

Nuestro sistema solar interior

Sistema Kepler-22

KEPLER-186 F
Supertierra
Masa del planeta: 1,71 Tierras
Radio del planeta: 1,17 × la Tierra

Sistema Kepler-186

TRAPPIST-1 G
Supertierra
Masa del planeta:
1,321 Tierras
Radio del planeta:
1,129 × la Tierra

TRAPPIST-1 H
Terrestre
Masa del planeta:
0,326 Tierras
Radio del planeta:
0,755 × la Tierra

Sistema Trappist-1

1 unidad astronómica (au) = distancia entre

ATLAS DEL ESPACIO

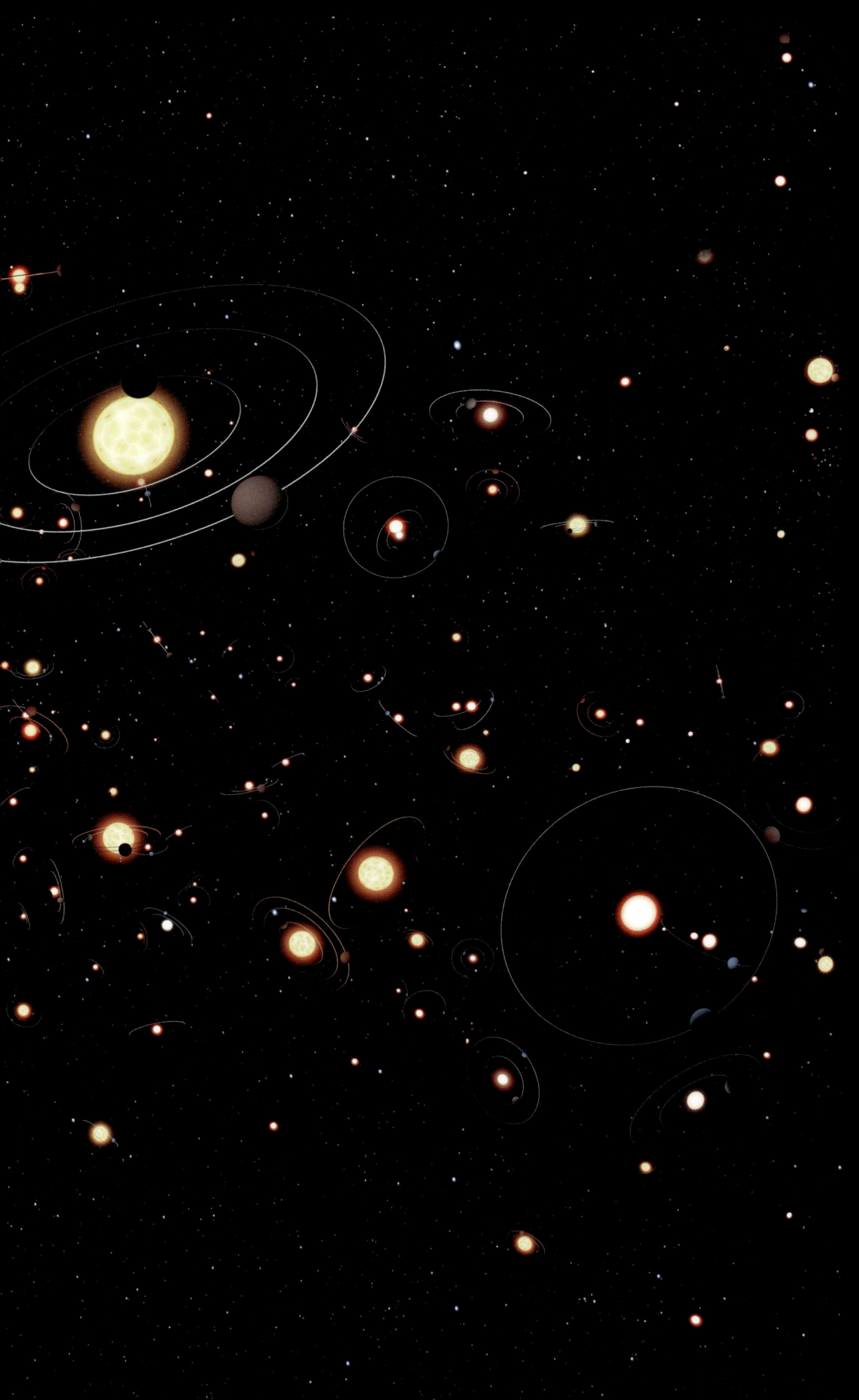

Aunque esta recreación artística de los sistemas exoplanetarios hace hincapié en lo comunes que pueden ser los planetas que rodean las estrellas de la Vía Láctea, el artista se tomó una considerable licencia en esta ilustración. Los planetas, sus órbitas y sus estrellas madre se han ampliado enormemente comparado con la realidad.

LA BÚSQUEDA DE INTELIGENCIA EXTRATERRESTRE

La estadounidense Jill Tarter, astrobióloga y exdirectora del Instituto para la Búsqueda de Inteligencia Extraterrestre (SETI) de California hizo estas célebres declaraciones: «La existencia de vida más allá de la Tierra ha inquietado siempre a la humanidad. Pero con el paso del tiempo, a menudo los intentos por comprender el lugar de la humanidad en el cosmos a través de la ciencia se han visto eclipsados por quimeras o historias inventadas». Su afirmación apunta a dos verdades de la posibilidad de vida en el cosmos: que los humanos quieren creer que existe y que nuestra imaginación a veces supera nuestros conocimientos.

Hace tiempo que los científicos tratan de averiguar si hay vida más allá de la Tierra. Nadie sabe cuántos planetas habitables existen en nuestro vecindario estelar, pero lo primero que hay que hacer es averiguarlo. Tras descubrir esos planetas, una cuestión clave es qué porcentaje de ellos podría haber desarrollado formas de vida con las que podríamos comunicarnos. Hay científicos que creen que este tipo de vida existe en todas partes, mientras que otros piensan que es sumamente raro. Nadie lo sabe a ciencia cierta.

Desde principios de la década de 1970, existe un programa de búsqueda de inteligencia extraterrestre. Cualquier tipo de vida inteligente que utilice tecnología debería hacer bastante ruido, tal vez emitiendo ondas de radio y televisión del mismo modo en que los humanos lo llevan haciendo hace más de un siglo. En 1960, el astrofísico estadounidense Frank Drake apuntó con el radiotelescopio de 24 metros de diámetro del Observatorio Nacional de Radioastronomía a Epsilon Eridani, una estrella parecida al Sol a unos diez años luz de distancia. Aunque, lamentablemente, lo único que recibió fue una transmisión terrestre, otros han seguido su ejemplo. En la década de 1970, la NASA financió parte de estas investigaciones, pero, en 1993, el Congreso de Estados Unidos dejó de proporcionar fondos financiados con impuestos al SETI, al considerar el proyecto demasiado fantástico para justificar el financiamiento con fondos procedentes de los tributos. Los defensores del SETI continuaron la búsqueda con fondos privados.

Siempre que se observa una estrella solitaria, los ordenadores de detección de señales examinan decenas de millones de canales en un ancho de banda de 10 MHz. Los ordenadores filtran

EL VERY LARGE ARRAY

El observatorio de radiotelescopios Very Large Array (VLA) de las proximidades de Socorro, en Nuevo México, EE. UU., está gestionado por el Observatorio Nacional de Radioastronomía y dirigido por Associated Universities, Inc., bajo un acuerdo de cooperación con la Fundación Nacional de Ciencias (NSF, por sus siglas en inglés). Construido en la década de 1970, y puesto al día periódicamente desde entonces, el observatorio tiene muchas aplicaciones en radioastronomía, incluida la investigación asociada a la búsqueda de inteligencia extraterrestre. El VLA también apareció en la película *Contact* (1997), donde desempeñó un papel clave al proporcionar a la protagonista, interpretada por Jodie Foster, contacto con la inteligencia alienígena.

las señales de las fuentes terrestres y los satélites que orbitan la Tierra. Comparan las señales con el ruido de fondo natural del universo, y cualquier señal extraña o desconocida activa un dispositivo de detección de seguimiento. Dos radiotelescopios independientes separados a cientos de kilómetros de distancia rastrean la señal. Hasta ahora, no se ha confirmado ninguna señal artificial. Podría suceder mañana, o puede que no suceda nunca.

La búsqueda de vida extraterrestre continúa en la actualidad.

ARRIBA Seth Shostak, científico del SETI, explica al público del Centro de Investigación Ames de la NASA en 2008 que el SETI no está buscando «hombrecitos verdes». Sin embargo, plantea la cuestión: «¿Cuándo descubriremos a los extraterrestres?».

SUPERIOR Jill Tarter, en quien está inspirado el personaje de Jodie Foster en *Contact* (1997), fotografiada en su despacho del SETI en 1988. Tarter, que se doctoró en Astrofísica por la Universidad de California en Berkeley en 1975, colaboró con el High Resolution Microwave Survey (HRMS) de la NASA y otros proyectos. Más conocida por su labor en el SETI, dirigió el Center for SETI Research, y, posteriormente,

ARRIBA Frank Drake desarrolla su ecuación de Drake, que predice la existencia de un número de posibles civilizaciones en el universo.

SUPERIOR El analizador de espectro multicanal del SETI de la Universidad de Stanford se utilizó en el primer estudio del cielo del SETI en 1984. Este instrumento mide la magnitud de una señal de entrada en función de la frecuencia, en este caso en varios canales. Para el espectador medio, se parece a un osciloscopio; muestra la frecuencia en el eje horizontal y la amplitud en el eje vertical. Es una tecnología fundamental para buscar señales de radio de fuera de los confines de la Tierra.

3 EL SISTEMA SOLAR EXTERIOR

Eris, antiguamente conocido como Xena, fue uno de los nuevos descubrimientos de cuerpos planetarios pequeños del sistema solar que llevó a crear la designación de planetas enanos.

A grandes rasgos, el sistema solar puede dividirse en tres zonas. La primera zona (el sistema solar interior, más próximo al Sol) comprende los planetas rocosos Mercurio, Venus, la Tierra y Marte. Conocidos como los planetas terrestres porque presentan superficies compactas y rocosas, ocupan una región habitable conocida como Ricitos de Oro, la zona que rodea una estrella que presenta condiciones que avalan la posibilidad de agua en estado líquido, la piedra angular de la vida tal y como la conocemos. Básicamente, esto significa que la región cuenta con al menos algunos planetas con temperaturas lo bastante elevadas para mantener el agua en este estado.

Juntas, la segunda y la tercera zona conforman lo que también se conoce como el sistema solar exterior (la región fuera de la órbita de Marte de la que se sabía muy poco hasta la era espacial), que veremos en este capítulo. En pleno siglo XXI, sigue siendo un lugar misterioso.

La segunda zona comprende el Cinturón de Asteroides entre Marte y Júpiter (formado por miles de cuerpos rocosos y metálicos) y los cuatro planetas gigantes gaseosos: Júpiter, Saturno, Urano y Neptuno. Esta zona, y, en concreto estos planetas jovianos, han fascinado a los astrónomos desde la época en que Galileo los apuntó con el primer telescopio en 1610. El término joviano viene de Júpiter, el planeta exterior más grande, y se refiere a la región donde hay agua, amoniaco y metano, por lo que sabemos, solo en estado congelado. No sorprende que, en cuanto se presentó la oportunidad, las naves espaciales empezaran a visitar estos gigantes.

La tercera zona incluye el Cinturón de Kuiper, donde Plutón es el cuerpo más conocido (pero no el más grande), y la Nube de Oort de cometas lejanos de largo periodo y otros objetos congelados en los límites exteriores del Sol. Tal vez esta sea la parte más enigmática del sistema solar, puesto que solo la ha explorado una nave, la New Horizons (*véase* pág. 166). Los planetas enanos helados representan un rompecabezas fascinante, y hace poco se ha empezado a trabajar en la exploración de la zona más alejada del sistema solar.

Si bien hemos visitado todos los planetas del sistema solar al menos una vez, la exploración de los planetas exteriores requiere tecnologías, investigaciones científicas y calendarios mucho más complejos que los que requieren los planetas terrestres más próximos y parecidos a la Tierra. Algunos de estos mundos podrían albergar algún tipo de vida; se desconoce si pudiéramos comunicarnos con ella, pero las formas de vida microbianas podrían ser abundantes. La exploración de estos cuerpos (de los gigantes gaseosos a los confines del sistema solar, pasando por los minúsculos meteoros y asteroides) ha revolucionado nuestros conocimientos de la región que habitamos. Esta búsqueda de conocimiento también ha permitido a los humanos apreciar la complejidad del universo como nunca y reflexionar sobre nuestro lugar en el cosmos.

Empezando por la Nube de Oort, la heliosfera y el Cinturón de Kuiper exterior, este capítulo desvelará algunos de los misterios más fascinantes descubiertos en los reinos más remotos de nuestro sistema planetario, pero también sacará a la luz algunas de las grandes cuestiones sin resolver que se ciernen sobre él.

Un Objeto del Cinturón de Kuiper (KBO) del sistema solar exterior, a unos 6500 millones de kilómetros del Sol. Al estar tan lejos, estos objetos reciben poco calor y luz solares, por lo que ofrecen imágenes prístinas y congeladas de la conformación del sistema solar cerca del momento de su nacimiento hace unos 4600 millones de años.

LOS CONFINES
DEL SISTEMA SOLAR

El límite exterior de nuestro sistema solar sigue siendo un lugar misterioso, aunque sabemos que está formado por tres elementos distintos. En la zona más alejada se encuentra la Nube de Oort, que comprende planetesimales helados, cometas y asteroides. Más adentro, encontramos la heliosfera, donde el sistema solar entra en contacto con el espacio interestelar, y, en último lugar, el Cinturón de Kuiper, con grandes cantidades de pequeños cuerpos encerrados en órbita fuera de los planetas del sistema solar exterior.

En la primera mitad del siglo XX, los astrónomos buscaron sin éxito lo que ellos llamaron el Planeta X. Los cálculos gravitatorios sugerían que tenía que haber una gran masa en el límite exterior del sistema solar y, en 1930, el astrónomo estadounidense Clyde Tombaugh (1906-1997) descubrió Plutón. Se bautizó inmediatamente como el noveno planeta, pero había algo que no encajaba: la masa de Plutón era insuficiente para explicar la atracción gravitatoria del sistema solar exterior. De modo que, ¿qué podía ser lo que había ahí fuera?

En 1950, el astrónomo neerlandés Jan Oort elaboró una teoría basada en la observación de los cometas y meteoros que parecían viajar hacia la Tierra desde el sistema solar exterior. La hipótesis que ahora lleva su nombre postulaba que, en lugar de un único Planeta X, una vasta nube que envuelve el sistema solar formada por cometas, asteroides y otros pequeños objetos helados ejercía conjuntamente la atracción gravitatoria observada. La teoría de Oort desató la búsqueda de explicaciones más complejas, en las que los pequeños objetos del sistema solar exterior desempeñaban un papel destacado en la evolución del sistema solar. La Nube de Oort podrían ser los restos de la nebulosa solar original que se contrajeron, se condensaron y crearon los planetas que conocemos. Las estimaciones actuales de su tamaño oscilan entre las 2000 y las 200 000 unidades astronómicas (ua: unidad de la longitud que corresponde a la distancia entre el Sol y la Tierra), lo que equivale a una décima parte de la distancia al sistema estelar más próximo, Alpha Centauri 3, que se encuentra a 4,2 años luz, o 267 000 ua. Para que esta distancia resulte algo más comprensible, si una nave espacial fuera hasta allí a una velocidad igualada por la Voyager 1 (51 ua de la Tierra durante sus primeros dieciséis años), el viaje se completaría en 83 764,7 años.

La Nube de Oort se encuentra justo fuera de la heliosfera del Sol, una vasta región espacial en forma de burbuja formada por el viento solar, un flujo constante de partículas cargadas enviadas

JAN HENDRIK OORT (1900-1992)

Durante su larga carrera, este ilustre astrónomo neerlandés realizó notables descubrimientos desde su base de operaciones en la Universidad de Leiden, en los Países Bajos. Pionero de la radioastronomía, se le recuerda por haber descubierto que la Vía Láctea, lejos de la teoría de la agrupación estática de los sistemas estelares, giraba en rotación sincrónica alrededor de un centro denso. Demostró que la Vía Láctea tenía una masa 100 000 millones superior a la de nuestro Sol y, al contrario que las teorías anteriores, también se dio cuenta de que nuestro Sol estaba muy lejos del centro y residía en un brazo unido gravitatoriamente que lo rodeaba. Asimismo, Oort estudió la materia oscura, y apuntó a que hasta el 84,5 % del universo debía estar formado por esta materia que no se podía observar por ningún medio convencional. Finalmente, en 1950 teorizó que la mayoría de los cometas procedían del sistema solar exterior, donde los cuerpos pequeños estaban unidos gravitatoriamente. Las pruebas de su teoría no han hecho más que aumentar, y los científicos han llegado a la conclusión de que los objetos de la Nube de Oort, llamada así por su descubridor, se ven influidos fácilmente por la atracción gravitatoria de las estrellas, la Vía Láctea y los cuerpos del sistema solar.

ARRIBA El telescopio espacial Near-Earth Object Wide-Field Infrared Survey Explorer (NEOWISE) está operativo desde 2009. El 25 de febrero de 2019, capturó el cometa C/2018 Y1 Iwamoto con múltiples exposiciones de luz infrarroja, a unos 90 millones de kilómetros de la Tierra. La órbita del cometa, originario de la Nube de Oort, lo puso más cerca del Sol de lo que había estado durante mil años. El C/2018 Y1 Iwamoto se ve como una serie de puntos rojos que atraviesan el campo estelar.

DERECHA A partir de los datos científicos de varias naves se creó este dibujo de la heliosfera del sistema solar cuando entra en contacto con el espacio interestelar. Un viento estelar, en azul, se desplaza fuera del Sol hasta que su movimiento se ralentiza y termina deteniéndose por acción de las fuerzas cósmicas. Esto crea una «burbuja», con el calor y la energía de varias zonas de esta burbuja representados aquí en distintos colores, siendo el rojo el más cálido. El límite entre la «burbuja» y el espacio interestelar se conoce como la heliosfera, que también se mueve e interactúa constantemente con otras partículas.

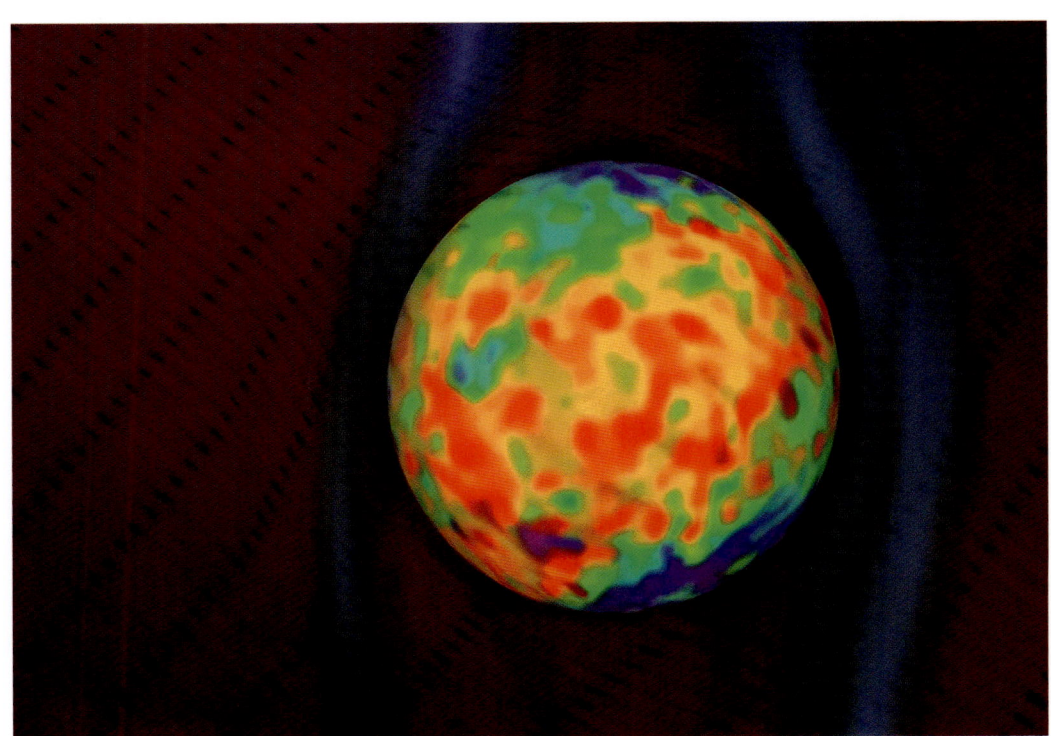

por el Sol. La heliosfera blinda el sistema solar de cantidades significativas de energía cósmica y radiación, parte de las cuales son capturadas y otras repelidas por el campo gravitatorio. En este límite teórico, la heliopausa, las partículas del sistema solar entran en contacto con el espacio interestelar. Aquí, la heliosfera halla perturbaciones cósmicas que se están estudiando en la actualidad.

Más al interior, el tercer elemento del límite de nuestro sistema solar es el Cinturón de Kuiper, una región en forma de disco de escombros helados a 4500 a 7500 millones de kilómetros, o 30 a 50 ua, del Sol. El Cinturón de Kuiper suele denominarse nuestra «última frontera» por su ubicación fuera de los ocho planetas que conforman nuestro sistema solar. Llamado así en honor del astrofísico Gerard Kuiper, que teorizó que el sistema solar exterior albergaba miles de cuerpos helados capturados, es la fuente principal de los cometas que se aproximan a la Tierra.

No fue hasta 1992 cuando las observaciones aclararon la existencia del Cinturón de Kuiper, en concreto a través de la detección de un cuerpo de 241 kilómetros de diámetro designado 1992 QB1 y, posteriormente, llamado Albion. Este, el primer objeto transneptuniano (cualquier objeto que orbita el Sol a una distancia media superior que Neptuno) descubierto después de Plutón y su luna Caronte, era pequeño (menos de 113 kilómetros de diámetro), pero relevante porque desató una carrera para descubrir otros cuerpos en esta región. A principios del siglo XXI, se han descubierto casi 2000 objetos en el Cinturón de Kuiper.

Muchos de estos objetos están fuertemente dotados de moléculas orgánicas (que contienen carbono) y agua helada. A veces, viajan al sistema solar interior, y uno de ellos, el cometa Halley, sigue un ciclo y regresa cada setenta y seis años.

GERARD P. KUIPER (1905-1973)

El astrónomo de origen neerlandés Gerard P. Kuiper se especializó en la observación del sistema solar. Además de postular la teoría del Cinturón de Kuiper que lleva su nombre, fundó una reconocida organización científica planetaria en la Universidad de Arizona. Justo cuando se estaba creando la NASA, Kuiper se adelantó para obtener una ayuda considerable para llevar a cabo estudios planetarios. Se hizo cargo del programa de exploración lunar de la década de 1960 (que muchos otros científicos espaciales juzgaban demasiado caro porque creían que la mejor ciencia espacial podía realizarse con sondas robóticas) y trabajó para plantear preguntas sobre la Luna, desarrollar instrumentos para responder dichas preguntas e identificar puntos de aterrizaje.

Existen muchos objetos transneptunianos conocidos. Los objetos del Cinturón de Kuiper se muestran en azul y, los de la región más lejana, en rojo. El tamaño relativo de los cuerpos se refleja en el tamaño de los círculos. Las líneas horizontales en color indican las distancias mínima y máxima de una órbita. Los objetos de la resonancia orbital 3:2, incluido Plutón, giran alrededor del Sol tres veces por cada dos órbitas de Neptuno. Sedna se desplaza más allá de la escala del eje horizontal, alcanzando una distancia máxima de unas 975 ua.

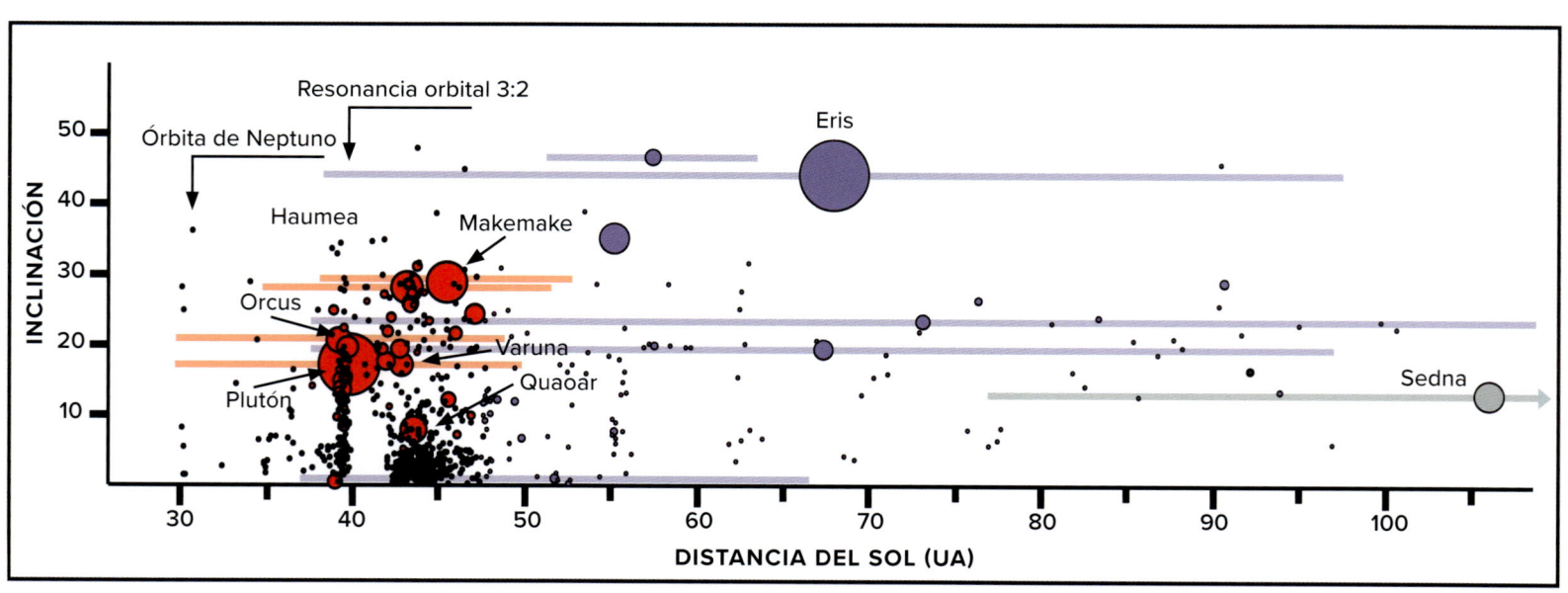

DERECHA El Cinturón de Kuiper y las órbitas individuales de los cuatro objetos más grandes más allá de Neptuno se muestran aquí. El disco disperso contiene objetos del Cinturón de Kuiper que se «dispersaron» en órbitas excéntricas e inclinadas por la interacción gravitatoria con Neptuno y el resto de los planetas exteriores, que son fundamentales para determinar la distribución de los objetos. La mayoría de los cuerpos en un radio de unas 40 ua, o cuarenta veces la distancia entre el Sol y la Tierra, están relacionados con los movimientos de Neptuno. Más allá de esta distancia, la mayoría de los objetos no interactúan con Neptuno y, por tanto, tienen órbitas más complejas.

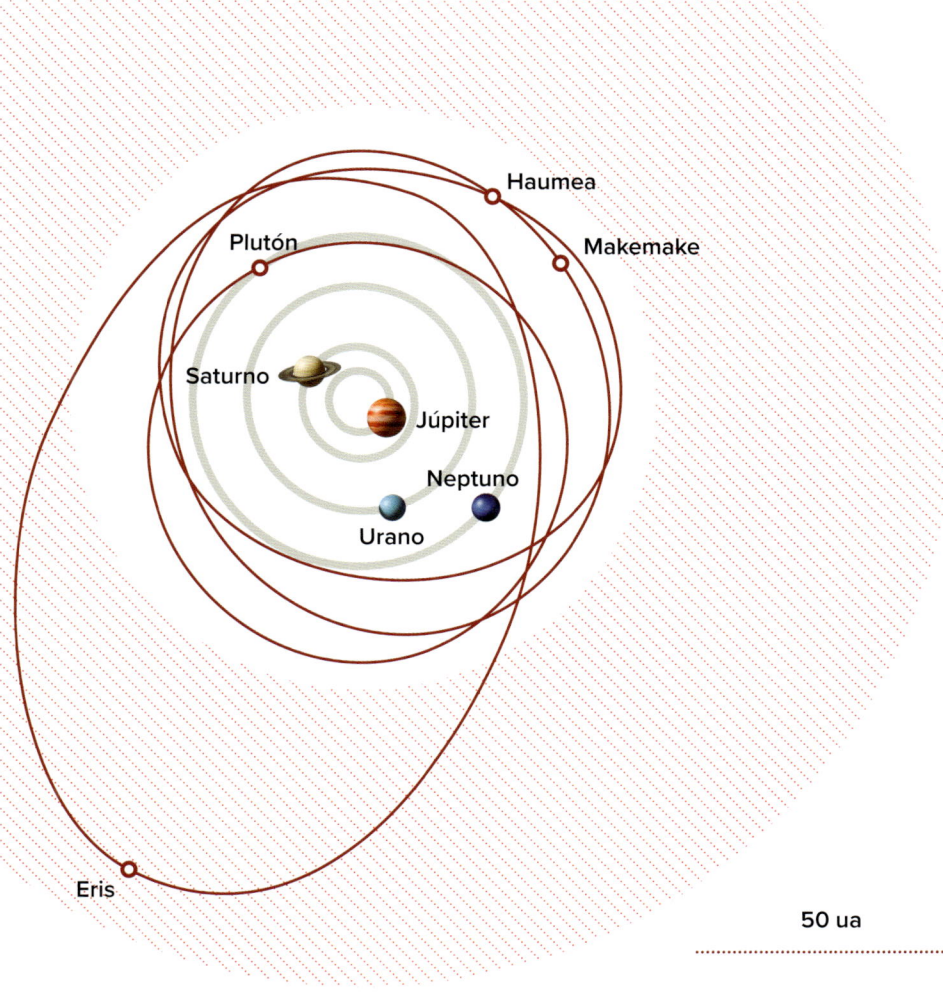

Disco disperso

Haumea

Plutón

Makemake

Saturno

Júpiter

Neptuno

Urano

Eris

50 ua

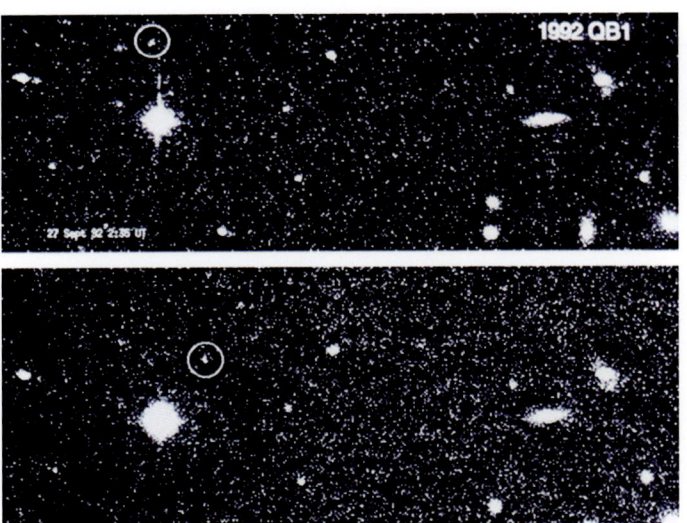

1992 QB1

27 Sept 92 2:35 UT

IZQUIERDA El primer objeto del Cinturón de Kuiper conocido, 1992 QB1 (o Albion, en un círculo), lo descubrieron los astrónomos David Jewitt y Jane Luu en 1992.

«Llamado así en honor del astrofísico Gerard Kuiper, que teorizó que el sistema solar exterior albergaba miles de cuerpos helados capturados, el Cinturón de Kuiper es la fuente principal de los cometas que se aproximan a la Tierra».

El objeto del Cinturón de Kuiper 2003 UB313 (al principio conocido como Xena y, posteriormente, como Eris) y su satélite Gabrielle se encuentran en el límite exterior del sistema solar. A principios del siglo XXI, astrónomos terrestres detectaron Eris y determinaron que era un 30 % más grande que Plutón. Después, el Telescopio Espacial Hubble (HST) lo apuntó con su Cámara Avanzada para Sondeos y tomó fotografías el 9 y el 10 de diciembre de 2005, que permitieron averiguar que tiene un diámetro de 2398 kilómetros, con una incertidumbre de 97 kilómetros. Plutón, célebre desde su descubrimiento en 1930, era en realidad más pequeño, con solo 2288 kilómetros de diámetro. En esta ilustración, Eris es el objeto grande, parte del cual está iluminado por el Sol. En la esquina superior izquierda de la imagen se encuentra Gabrielle, que orbita Eris.

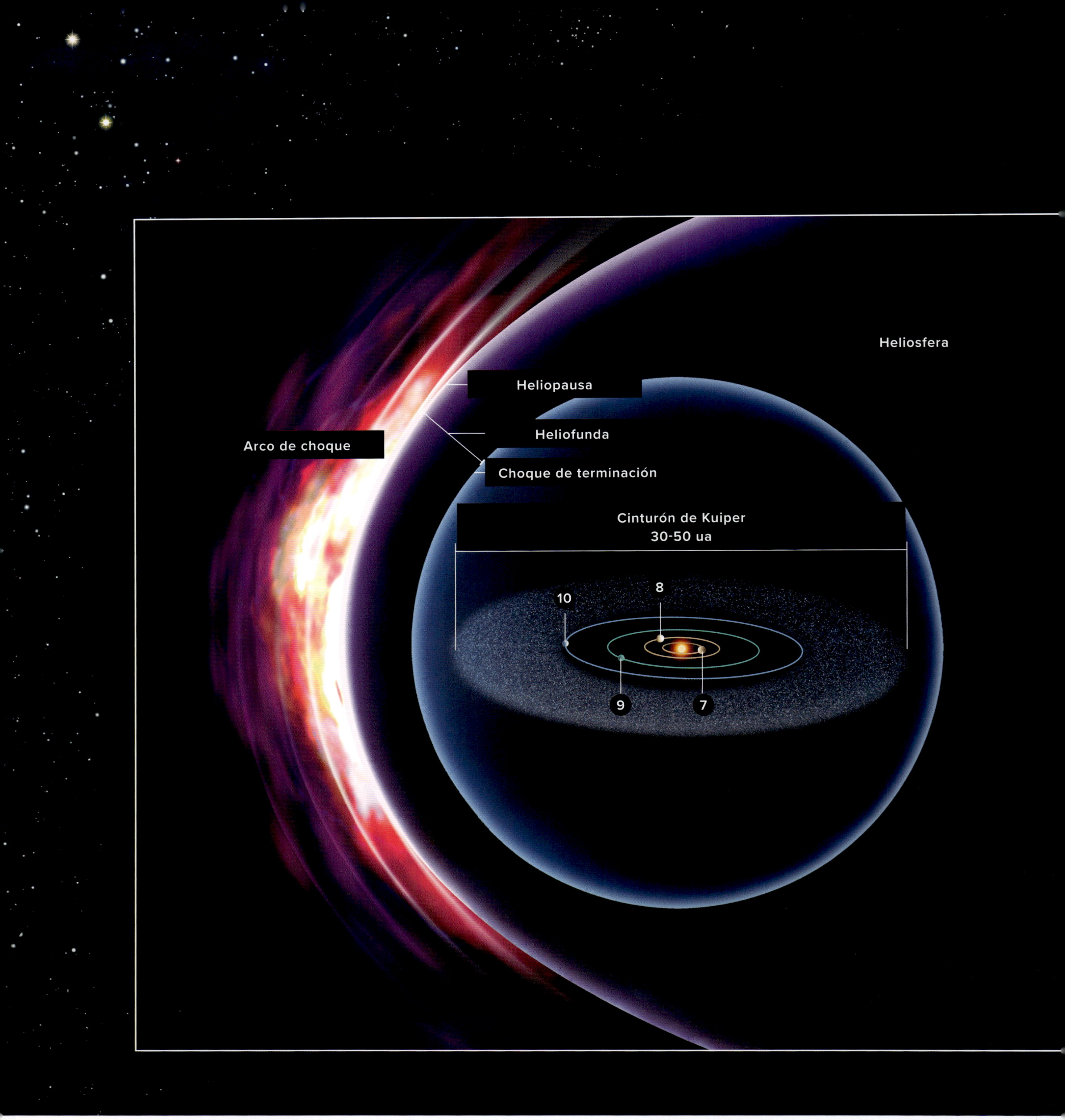

Heliosfera

Heliopausa

Heliofunda

Arco de choque

Choque de terminación

Cinturón de Kuiper
30-50 ua

10

8

9

7

1 ua

10 ua

100 ua

1   2   3   4   5   6   7   8   9   10   11   12   13

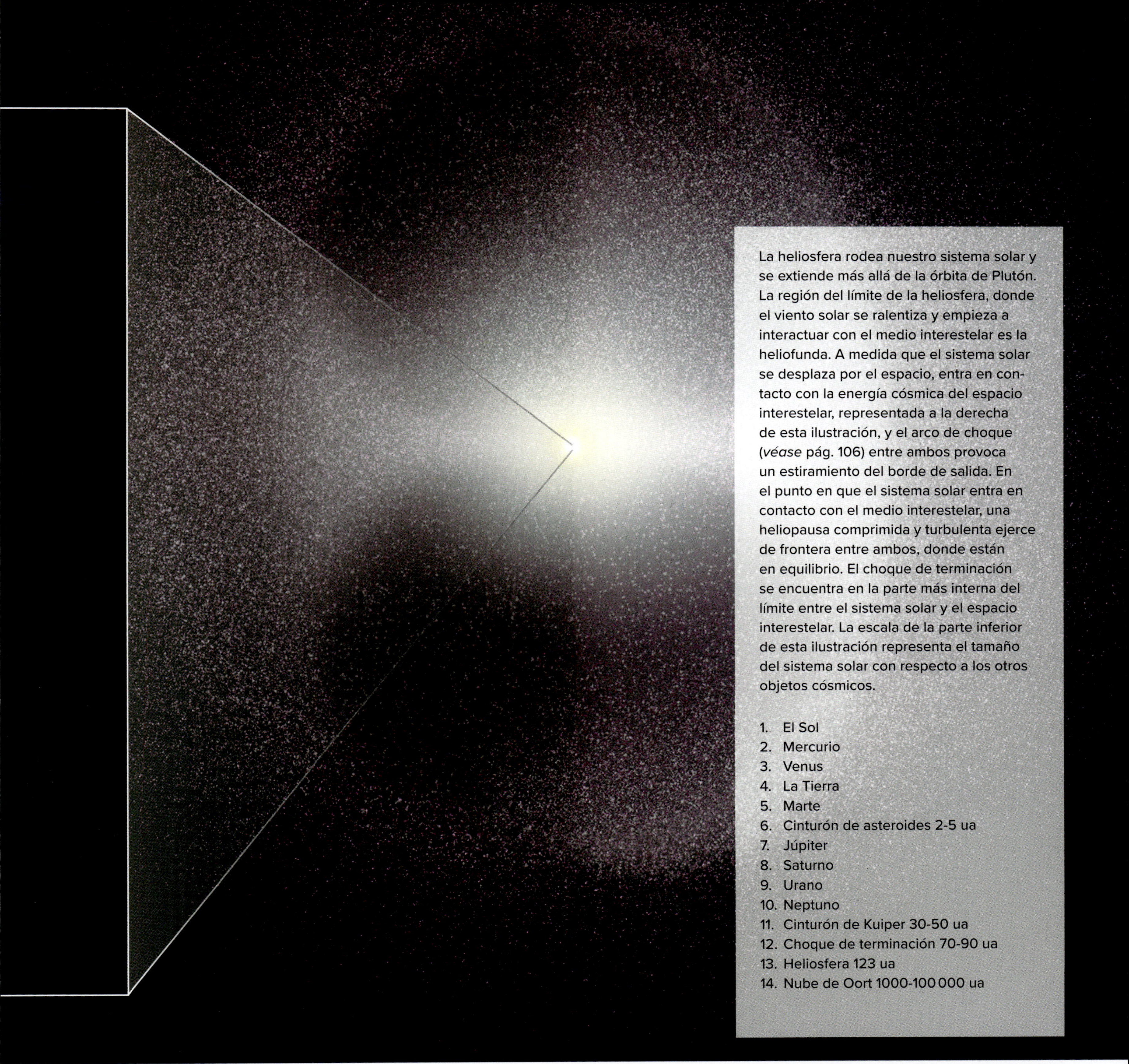

La heliosfera rodea nuestro sistema solar y se extiende más allá de la órbita de Plutón. La región del límite de la heliosfera, donde el viento solar se ralentiza y empieza a interactuar con el medio interestelar es la heliofunda. A medida que el sistema solar se desplaza por el espacio, entra en contacto con la energía cósmica del espacio interestelar, representada a la derecha de esta ilustración, y el arco de choque (*véase* pág. 106) entre ambos provoca un estiramiento del borde de salida. En el punto en que el sistema solar entra en contacto con el medio interestelar, una heliopausa comprimida y turbulenta ejerce de frontera entre ambos, donde están en equilibrio. El choque de terminación se encuentra en la parte más interna del límite entre el sistema solar y el espacio interestelar. La escala de la parte inferior de esta ilustración representa el tamaño del sistema solar con respecto a los otros objetos cósmicos.

1. El Sol
2. Mercurio
3. Venus
4. La Tierra
5. Marte
6. Cinturón de asteroides 2-5 ua
7. Júpiter
8. Saturno
9. Urano
10. Neptuno
11. Cinturón de Kuiper 30-50 ua
12. Choque de terminación 70-90 ua
13. Heliosfera 123 ua
14. Nube de Oort 1000-100 000 ua

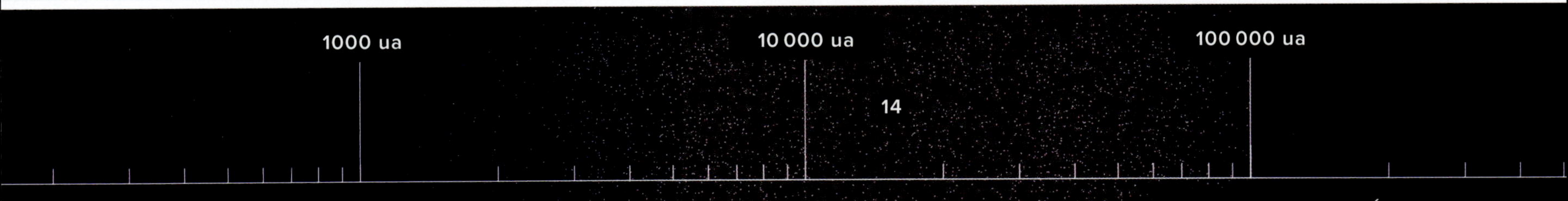

1000 ua   10 000 ua   100 000 ua

14

ESCALA LOGARÍTMICA

PLUTÓN, EL PLANETA PROBLEMÁTICO

En 1930, después de años buscando un mítico Planeta X, Clyde Tombaugh descubrió Plutón. Se aceptó como el noveno planeta de nuestro sistema solar, pero, cuando se descubrieron objetos de tamaño similar en la década de 1990, empezaron los intentos por cambiar su estatus.

Los astrónomos que debatían el estatus planetario de Plutón pronto llegaron a un punto culminante. El descubrimiento en 2003 del planeta enano 2003 UB313 (Eris), mayor que Plutón, cerró el trato. El sistema solar de los nueve planetas tal como lo conocíamos tenía que cambiar.

En la reunión de la Unión Astronómica Internacional (UAI) de 2006, los científicos redesignaron Plutón como un «planeta enano», de los cuales actualmente hay cinco oficiales: Ceres, Plutón, Haumea, Makemake y Eris. Los científicos basaron esta redesignación en tres criterios claros del estatus planetario: (a) está en órbita alrededor del Sol; (b) posee masa suficiente para que su gravedad lo haga casi redondo, y (c) ha despejado el vecindario de otros cuerpos alrededor de su órbita. En el caso de Plutón, aunque orbita el Sol y es redondo, no tiene gravedad suficiente para despejar cuerpos a su alrededor. De hecho, Plutón y sus lunas (Caronte, Estigia, Nix, Cerbero e Hidra) representan un sistema que también tiene otros cuerpos más pequeños dando vueltas cerca.

Hubo quien rechazó aceptar la degradación de Plutón al estatus de planeta enano, pero la decisión de la UAI tenía sentido. Reconocía la aplicación del método científico para llegar a un mayor entendimiento, y el modo en que los nuevos descubrimientos conducen a una modificación necesaria de lo que pensamos que sabemos acerca del universo.

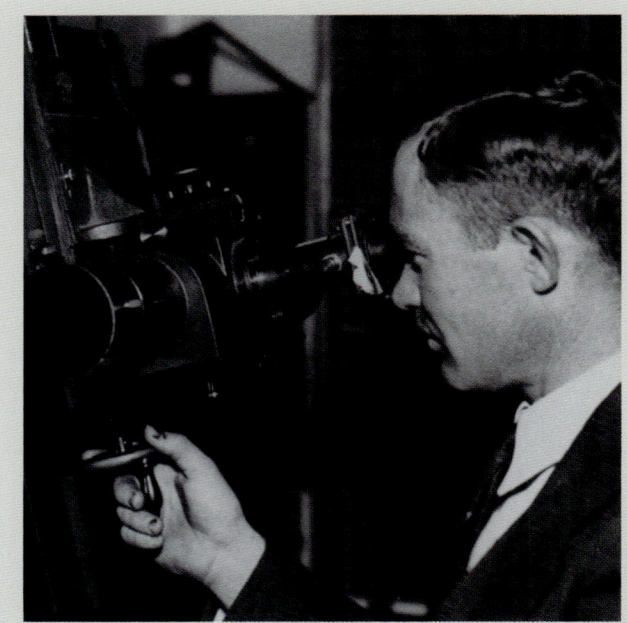

CLYDE TOMBAUGH (1906-1997)

Clyde Tombaugh trabajó de astrónomo en el Observatorio Lowell de Flagstaff, Arizona, y obtuvo fama internacional por el descubrimiento de Plutón. Siguió dedicándose a la astronomía del sistema solar exterior y también descubrió muchos asteroides.

En esta fotografía, Tombaugh posa con un microscopio de parpadeo, utilizado para comprobar imágenes del cielo nocturno tomadas a la misma hora con unas noches de diferencia. Con este proceso, un observador podría comparar dos imágenes para percibir las similitudes y diferencias.

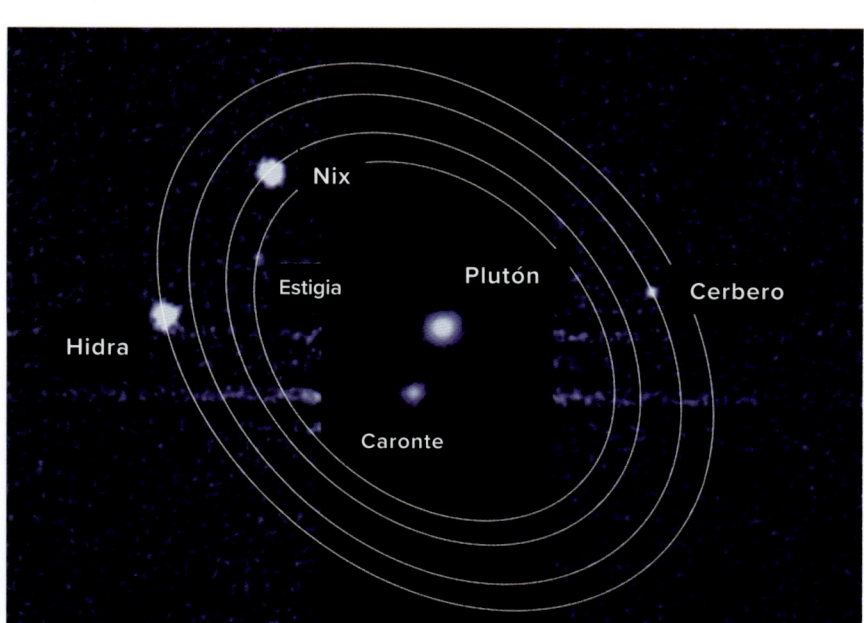

IZQUIERDA En julio de 2012, los científicos que trabajaban con las imágenes del Telescopio Espacial Hubble (HST) descubrieron las cuatro pequeñas lunas de Plutón: Nix, Hidra, Estigia y Cerbero. Esta composición está formada por dos imágenes del sistema de Plutón tomadas por el HST. Las zonas azules se generaron con una exposición larga que capturó las minúsculas lunas exteriores, pero sobresaturó enormemente Plutón y Caronte. La banda vertical central oscura es de una exposición más corta, pensada para mostrar Plutón y Caronte con más claridad.

La sonda espacial New Horizons (*véase* pág. 166) se aproximó al planeta enano Plutón a finales de 2014. Esta imagen se capturó el 14 de julio de 2015 a unos 33 900 kilómetros de Plutón. La New Horizons hizo su máxima aproximación 45 minutos después.

DATOS BÁSICOS DE PLUTÓN

DISTANCIA MEDIA DEL SOL 5 906 380 000 kilómetros o 39,48 unidades astronómicas (ua)

DIÁMETRO 2390 kilómetros

DENSIDAD 1,1 gramos/centímetro cúbico

GRAVEDAD EN SUPERFICIE 0,066 metros/segundo al cuadrado (la Tierra = 1)

PERIODO DE ROTACIÓN (DURACIÓN DEL DÍA) 6,39 días terrestres (gira hacia atrás en comparación con otros planetas)

PERIODO DE REVOLUCIÓN (DURACIÓN DEL AÑO) 248 días terrestres

TEMPERATURA MEDIA EN SUPERFICIE −215,35 grados Celsius

SATÉLITES NATURALES 5

DESCUBRIDOR El astrónomo Clyde Tombaugh, el 18 de febrero de 1930

PLUTÓN Y LA SONDA NEW HORIZONS

Aun cuando los científicos debatían el estatus de Plutón, la NASA llevó a cabo una misión allí. Tras su lanzamiento en enero de 2006, la New Horizons realizó su aproximación más cercana a Plutón el 14 de julio de 2015. La nave incorporaba instrumentos científicos para cartografiar la geología y la composición de Plutón, investigar su atmósfera, medir el viento solar y evaluar el polvo interplanetario y otras partículas. La New Horizons demostró ser de gran ayuda para la exploración planetaria exterior. Su vuelo de reconocimiento de Plutón, según Alan Stern, el investigador principal del Southwest Research Institute de Boulder, Colorado, dio como resultado estos seis grandes descubrimientos:

1. La complejidad de Plutón y sus satélites es mucho mayor de lo que se creía.
2. El grado actual de actividad y cambio de la superficie de Plutón es simplemente asombroso.
3. El enorme cinturón tectónico extensional ecuatorial de Caronte sugiere la congelación de un océano de agua y hielo en su interior en un pasado lejano. Otras pruebas halladas por la New Horizons indican que Plutón podría tener un oceáno interior de agua y hielo en la actualidad.
4. El vasto glaciar de nitrógeno en forma de corazón de 1000 kilómetros de ancho de Plutón (conocido informalmente como Sputnik Planitia), descubierto por la New Horizons, es el glaciar más grande conocido del sistema solar.
5. Plutón muestra evidencia de grandes cambios de presión atmosférica y, posiblemente, la presencia en el pasado de líquidos volátiles en movimiento o estancados en su superficie (algo solo visto en la Tierra, Marte y Titán, la luna de Saturno, en nuestro sistema solar).
6. La atmósfera de Plutón es azul.

Tras pasar por Plutón, los controladores redirigieron la New Horizons hacia otros objetos del Cinturón de Kuiper, continuando su misión.

ESPECIFICACIONES DE LA NEW HORIZONS

LONGITUD 2,7 metros
ANCHURA 2,2 metros
ALTURA 2,1 metros
PESO 478 kilos
FUENTE DE ALIMENTACIÓN Generador termoeléctrico de radioisótopos
VEHÍCULO DE LANZAMIENTO Atlas V 551
FECHA DE LANZAMIENTO 19 de enero de 2006
MÁXIMA APROXIMACIÓN A PLUTÓN 14 de julio de 2015, a una distancia de 12 500 kilómetros
FIN DE LA MISIÓN Operación extendida hasta que la nave salga del Cinturón de Kuiper, previsiblemente en 2028 o 2029.

ALAN STERN (1957-)

Tras doctorarse en Astrofísica y Ciencias Planetarias por la Universidad de Colorado, en Boulder, Alan Stern ocupó cargos destacados en la misión Rosetta para orbitar un cometa y el Lunar Reconnaissance Orbiter, que confirmó la presencia de hielo en los polos de la Luna. Y, lo más importante, dirigió el desarrollo de la misión New Horizons en la primera parte del siglo XXI. Posteriormente, ocupó el puesto de científico jefe de la misión Moon Express y fue administrador adjunto de la Dirección de Misiones Científicas de la NASA en 2007 y 2008.

IZQUIERDA La sonda espacial New Horizons en el vecindario de Plutón.

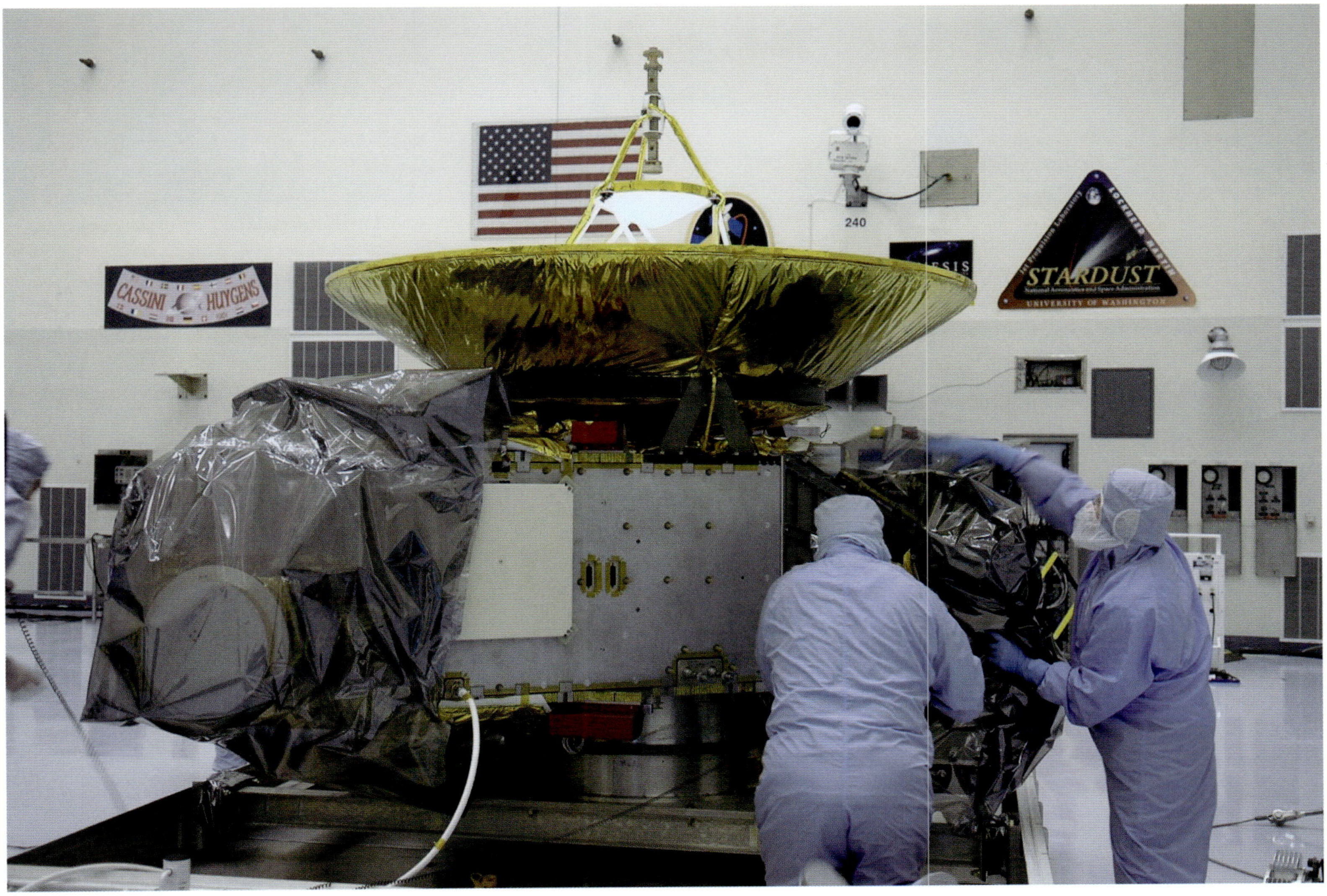

ABAJO Preparación de la New Horizons para el lanzamiento en el Centro Espacial Kennedy de Florida en 2006.

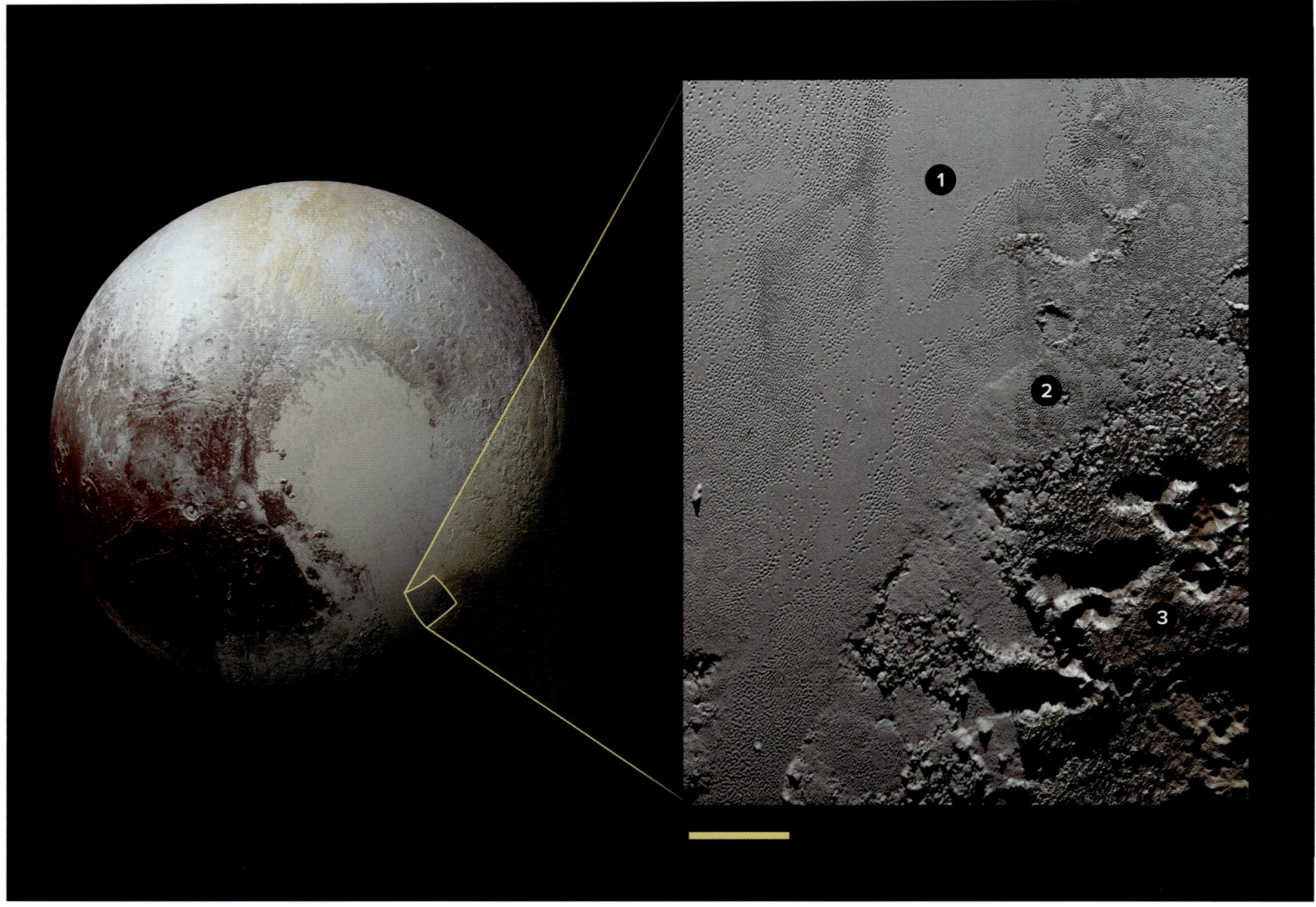

ARRIBA Una vista en color mejorada de la sonda espacial New Horizons de la NASA, tomada el 9 de junio de 2016, se acerca a la zona sudeste de las grandes llanuras heladas de Plutón. En la parte inferior derecha de la imagen, las llanuras bordean tierras altas escarpadas y oscuras conocidas popularmente como Krun Macula, una región oscura de una superficie planetaria llamada así por Krun, el señor del inframundo en la religión mandea. Esta mácula se alza 2,5 kilómetros por encima de las llanuras y revela cicatrices de hoyos circulares conectados que suelen medir entre 8 y 13 kilómetros de diámetro y hasta 2,5 kilómetros de profundidad.

1. Llanuras
2. Llanuras marginales de terreno ondulado
3. Tierras altas escarpadas

PÁGINA SIGUIENTE La New Horizons se aproximó a Plutón y su luna más grande, Caronte, en julio de 2015. Las cámaras en miniatura, el experimento de radiociencia, los espectrómetros ultravioleta e infrarrojo, y los experimentos de plasma espacial de la nave aportaron datos relevantes de lo que ya se sabía sobre este planeta enano. Cartografió la geología y la geomorfología globales de Plutón y Caronte, así como la composición y la temperatura de su superficie, y examinó la atmósfera de Plutón; en efecto, en Plutón hay atmósfera, además de agua. La característica de diseño más destacada de la sonda era su antena parabólica de casi 2,1 metros, que le permitía comunicarse con la Tierra a una distancia de hasta 7500 millones de kilómetros.

Fuera de la órbita de Neptuno se descubrieron Plutón, los objetos del Cinturón de Kuiper y los objetos de la Nube de Oort. En la imagen, dibujados en un tamaño relativo a la Tierra, aparecen: (*Fila superior, de izquierda a derecha*): Eris (antes Xena) y su luna Disnomia (antes Gabrielle); Plutón, Caronte y dos de las cuatro lunas mucho más pequeñas de Plutón, y Makemake (antes 2005 FY9). (*Fila inferior, de izquierda a derecha*): Haumea (antes 2003 EL61) y sus lunas, Sedna y Quaoar.

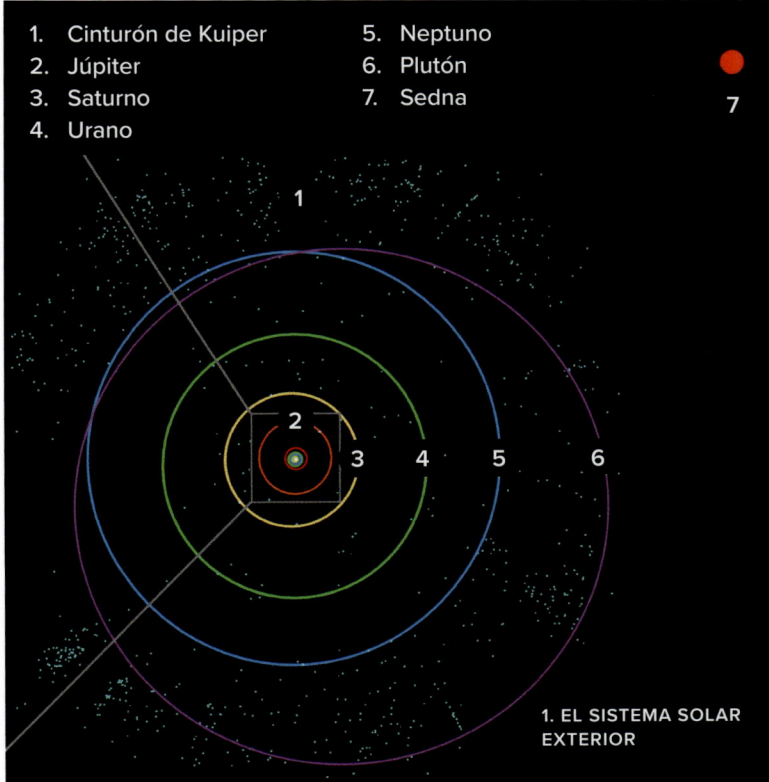

1. Cinturón de Kuiper
2. Júpiter
3. Saturno
4. Urano
5. Neptuno
6. Plutón
7. Sedna

1. EL SISTEMA SOLAR EXTERIOR

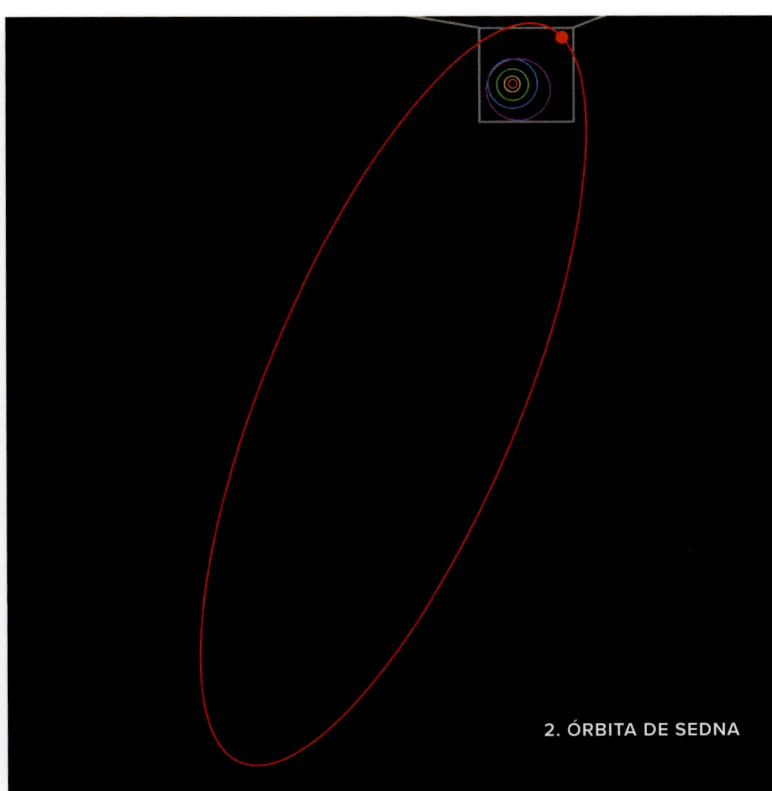

2. ÓRBITA DE SEDNA

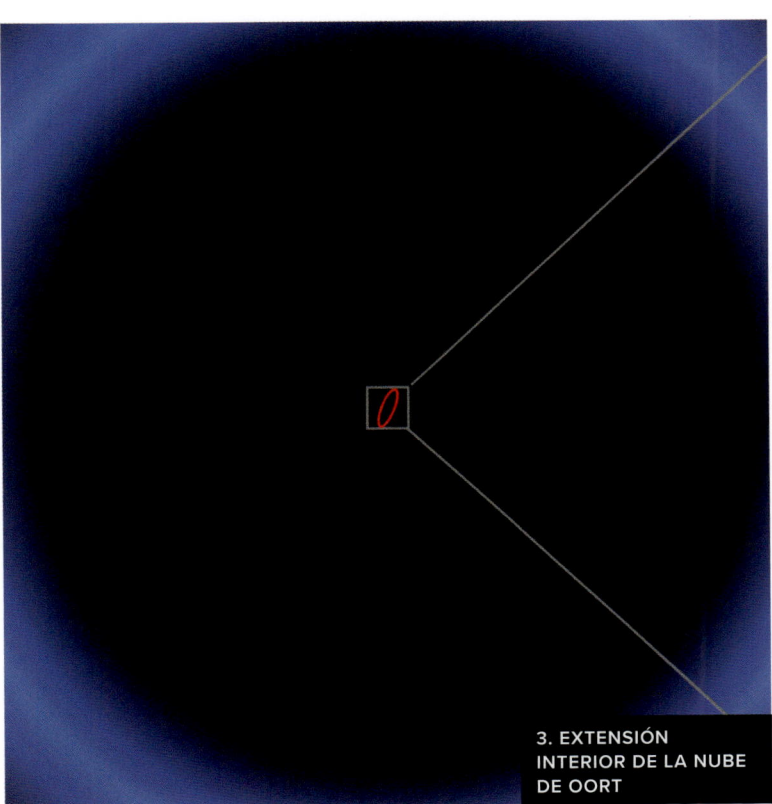

3. EXTENSIÓN INTERIOR DE LA NUBE DE OORT

El objeto transneptuniano 90377 Sedna se encuentra en los confines del sistema solar. Aquí, cada panel se aleja cada vez más para poner Sedna en contexto:

1. La órbita de Sedna con relación a las órbitas de Neptuno y otros objetos del Cinturón de Kuiper.
2. La órbita completa de Sedna, ilustrada con la ubicación del objeto en 2004, cerca de su máxima aproximación al Sol. Nótese la órbita marcadamente elíptica.
3. Pese a su gran tamaño, la órbita queda dentro de la Nube de Oort esférica.

EL GRAND TOUR ESPACIAL

Cinco naves espaciales están a punto de abandonar el sistema solar. La Pioneer 10, la Pioneer 11, la Voyager 1, la Voyager 2 y la New Horizons se diseñaron para misiones planetarias exteriores. Las cinco naves se aceleraron hasta lograr una velocidad de escape solar y, tras haber recopilado datos e imágenes de los gigantes gaseosos, se están desplazando hacia el exterior, fuera de la heliosfera y en medio del cosmos.

En la década de 1960, los científicos de la NASA se dieron cuenta de que era posible enviar naves espaciales a todos los planetas jovianos (Júpiter, Saturno, Urano y Neptuno) cuando, una vez cada 176 años, los planetas se agrupan a un lado del Sol durante aproximadamente una década antes de que sus órbitas los separen. En lo que se conoce como el Grand Tour, a partir de la década de 1970 han llegado al espacio interestelar cinco naves, algunas de las cuales siguen comunicándose con los controladores humanos de la Tierra.

En 1964, la NASA concibió las Pioneer 10 y 11 como sondas del sistema solar exterior. Aunque las estrictas limitaciones presupuestarias obligaron a rebajar la ambición inicial del proyecto, la NASA lanzó la Pioneer 10 el 3 de marzo de 1972. Pasó por Júpiter y Saturno, y siguió su camino fuera del sistema solar. La NASA recibió su última señal, muy débil, el 22 de enero de 2003. En 1973, la NASA lanzó la Pioneer 11, que también pasó por Júpiter y Saturno antes de abandonar oficialmente el sistema solar. La Pioneer 11 concluyó su misión el 30 de septiembre de 1995, cuando llegó su última transmisión a la Tierra. Las Pioneer 10 y 11 fueron sondas espaciales excepcionales que empezaron con un ciclo de vida de treinta meses y terminaron siendo una misión de más de veinte años.

Mientras tanto, los técnicos de la NASA se preparaban para lanzar unas sondas gemelas que se conocerían como las Voyager 1 y 2. Más ambiciosas que las Pioneer, se concibieron para explorar los cuatro planetas jovianos. Aunque la NASA nunca recibió la financiación que sus líderes consideraban necesaria para completar esta misión, los ingenieros diseñaron máquinas de exploración magníficas lo bastante longevas para pasar por todos los gigantes gaseosos y seguir su camino por el espacio interestelar. La NASA lanzó las sondas desde el Centro Espacial Kennedy de Florida: la Voyager 2 despegó el 20 de agosto de 1977, mientras que la Voyager 1 entró en el espacio en una trayectoria más corta y rápida y se lanzó el 5 de septiembre de 1977.

Conforme avanzaba la misión y las Voyager estudiaban Júpiter y Saturno con resultados admirables, la NASA envió la Voyager 1 al espacio interestelar. En 2004, se convirtió en la primera sonda

LA PLACA DE LAS PIONEER 10 Y 11

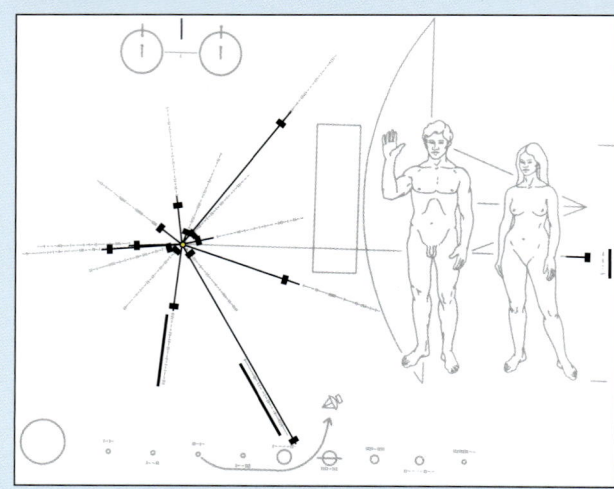

Esta placa, concebida para comunicarse con una civilización alienígena, viajaba a bordo de las sondas Pioneer 10 y 11 cuando abandonaron el sistema solar. En ella aparecían un hombre y una mujer, con la nave a escala detrás. El sistema solar (no a escala, lógicamente) se muestra en el borde inferior, y cada planeta (además de Plutón) se enumera con su distancia relativa media del Sol. Las distancias aparecen en números binarios en unidades de una décima parte de la distancia de Mercurio al Sol. El diagrama emplea datos numéricos para explicar ubicaciones y otros datos. En la parte superior izquierda aparece un átomo de hidrógeno, el elemento más abundante del universo con diferencia, experimentando un cambio en su nivel de energía de electrones. Las líneas convergentes de la izquierda muestran la posición del Sol con relación a catorce púlsares de la Vía Láctea y el centro de la galaxia. La frecuencia de cada pulsar se indica en el sistema binario en relación con la frecuencia de la emisión de hidrógeno.

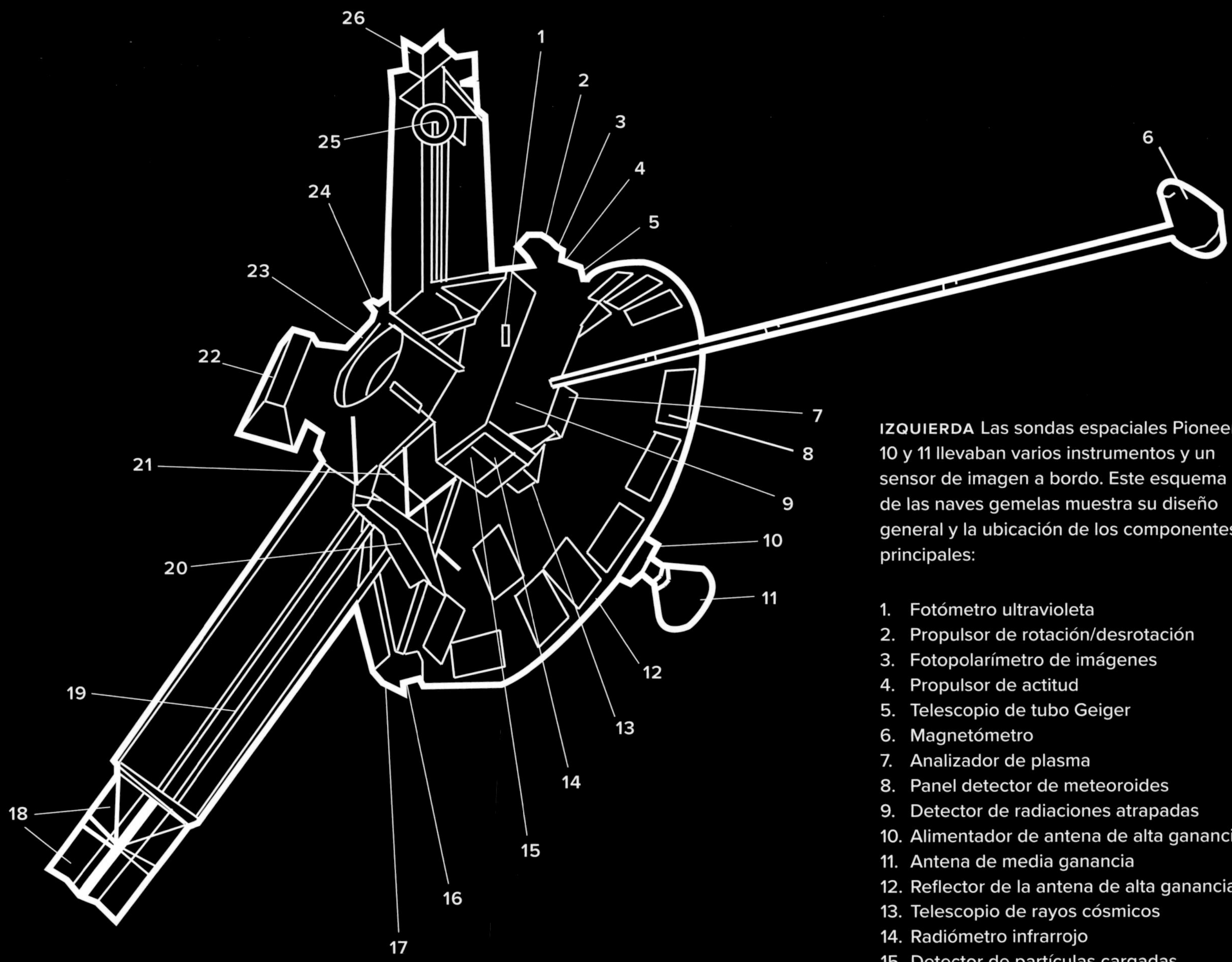

26
1
2
25
3
24
4
23
5
22
6
21
7
8
20
9
10
19
11
12
18
13
14
15
16
17

Las sondas espaciales Pioneer 10 y 11 llevaban varios instrumentos y un sensor de imagen a bordo. Este esquema de las naves gemelas muestra su diseño general y la ubicación de los componentes principales:

1. Fotómetro ultravioleta
2. Propulsor de rotación/desrotación
3. Fotopolarímetro de imágenes
4. Propulsor de actitud
5. Telescopio de tubo Geiger
6. Magnetómetro
7. Analizador de plasma
8. Panel detector de meteoroides
9. Detector de radiaciones atrapadas
10. Alimentador de antena de alta ganancia
11. Antena de media ganancia
12. Reflector de la antena de alta ganancia
13. Telescopio de rayos cósmicos
14. Radiómetro infrarrojo
15. Detector de partículas cargadas
16. Propulsores de actitud
17. Sensor solar
18. Generadores termoeléctricos de radioisótopos (RTG)
19. Cable de alimentación del RTG
20. Protector solar de la unidad de referencia estelar
21. Persianas de control térmico
22. Sensor detector de asteroides y meteoroides
23. Anillo de separación
24. Antena de baja ganancia
25. Cable de amortiguación del despliegue del RTG
26. RTG

IZQUIERDA La sonda espacial Pioneer 10 pasó junto al gigante gaseoso Júpiter. Esta ilustración de 1973 fue una de las representaciones gráficas de la NASA de cómo podría ser la misión una vez puesta en marcha.

que alcanzó el choque de terminación. En junio de 2012, la Voyager 1 detectó un aumento de los rayos cósmicos a 119 ua, lo que indicaba que había llegado al medio interestelar y había abandonado las regiones donde reinaban los efectos del Sol. Finalmente, salió de la heliosfera el 25 de agosto de 2012, cuando se convirtió en el primer, pero ni mucho menos el último, objeto artificial en llegar al espacio interestelar. Por entonces, la Voyager 1 se encontraba a unas 122 ua, o 18 000 millones de kilómetros, del Sol.

Mientras tanto, la NASA proporcionó nuevos vectores a la sonda Voyager 2 para que realizara vuelos de reconocimiento de Urano y Neptuno a menor distancia. A continuación, la sonda siguió su viaje fuera de la heliosfera, que traspasó el 5 de noviembre de 2018. Las sondas Voyager siguen proporcionando datos científicos importantes sobre la heliosfera y la heliopausa (el límite entre la influencia del Sol y el espacio interestelar), donde el flujo del viento solar termina por detenerse al chocar con las partículas y los átomos que están integrados en el campo magnético de nuestra galaxia.

Conjuntamente, ambas sondas proporcionaron información que revolucionó la ciencia planetaria, lo que ayudó a resolver cuestiones clave y planteó otras nuevas e intrigantes sobre el origen y la evolución de los planetas del sistema solar. Las Voyager capturaron más de 100 000 imágenes de los planetas, anillos y lunas exteriores, así como millones de espectros químicos y magnéticos, y mediciones de radiación que distinguían la naturaleza del sistema solar exterior. La última secuencia de imágenes fue el retrato de buena parte del sistema solar de la Voyager 1, en el que la Tierra y los otros seis planetas se ven como chispas en un cielo oscuro iluminado por una sola estrella luminosa, el Sol.

Una estimación de la NASA de 2023 anunció que las sondas Voyager tienen electricidad y combustible de propulsión suficientes para devolver datos científicos a la Tierra (aunque no imágenes) hasta 2025 como mínimo. La NASA calcula que, para entonces, la Voyager 1 estará a unos 22 200 millones de kilómetros del Sol y, la Voyager 2, a 18 300 millones de kilómetros. Después, irán a la deriva por el cosmos sin energía y, dentro de unos 40 000 años, la Voyager 1 pasará a unos 1,6 años luz de la constelación de Camelopardalis. También a 40 000 años vista, la Voyager 2 pasará a 1,7 años luz de la estrella Ross 248, y, dentro de unos 296 000 años, a 4,3 años luz de Sirio, la estrella más luminosa del cielo nocturno terrestre.

VIAJES AL ESPACIO INTERESTELAR

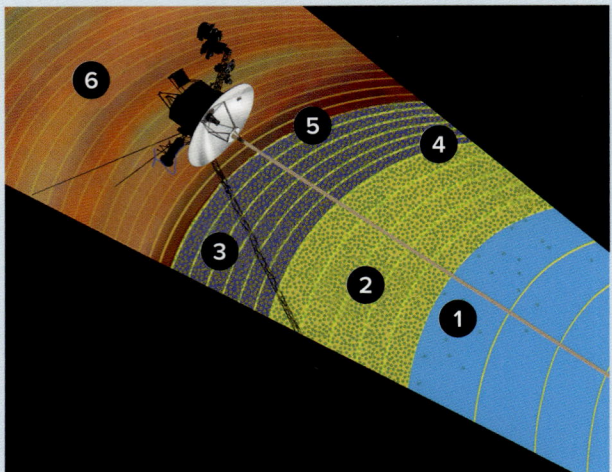

La Voyager 1, que actualmente se encuentra en el espacio interestelar, era el motivo de esta ilustración de la NASA que muestra la trayectoria fuera del sistema solar. Las líneas del campo magnético (arcos amarillos) parecen quedar en la misma dirección global que las líneas del campo magnético que emanan del Sol. En la región exterior de la heliopausa, identificada aquí como la «región de desaceleración», las líneas del campo magnético generado por el Sol se amontonan e intensifican.

1. Choque de terminación
2. Región de desaceleración
3. Región de estancamiento
4. Heliofunda
5. Heliopausa
6. Espacio interestelar

«Ambas sondas proporcionaron información que revolucionó la ciencia planetaria, lo que ayudó a resolver cuestiones clave y planteó otras nuevas e intrigantes sobre el origen y la evolución de los planetas del sistema solar».

PÁGINA SIGUIENTE La Voyager 1 de la NASA viajó al espacio interestelar lejos del campo gravitatorio del Sol. El espacio interestelar está dominado por el plasma, o gas ionizado, que se expulsó a raíz de la muerte de estrellas gigantes próximas hace millones de años. El ambiente en el interior de nuestra burbuja solar está dominado por el plasma liberado por nuestro Sol, conocido como el viento solar.

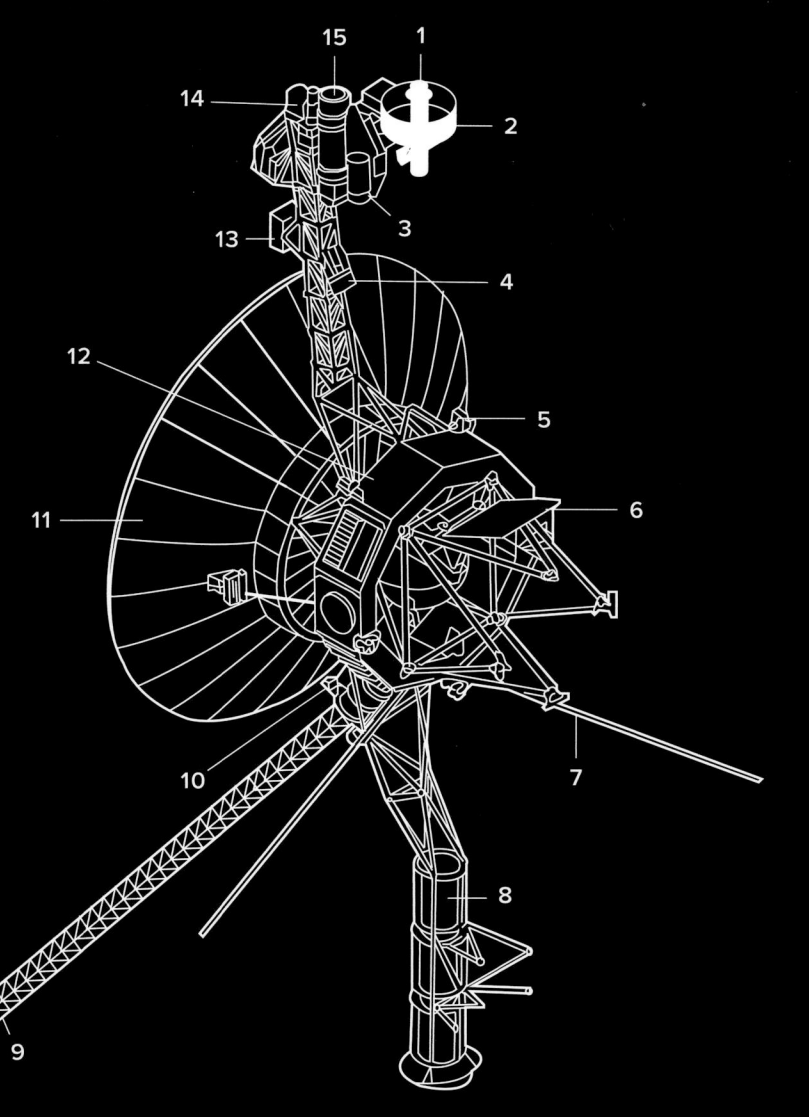

Las dos sondas espaciales Voyager siguen enviando datos sobre campos magnéticos y partículas energéticas al entrar en el espacio interestelar, aunque los instrumentos de imagen de la plataforma de escaneo, situada en la parte superior de este diagrama, ya no funcionan.

1. Espectrómetro ultravioleta
2. Espectrómetro y radiómetro infrarrojos
3. Fotopolarímetro
4. Detector de partículas cargadas de baja energía
5. Propulsores de hidracina (16 unidades)
6. Objetivo de calibración óptica y radiador
7. Antena de ondas de plasma y radioastronomía planetaria (2 unidades)
8. Generador termoeléctrico de radioisótopos (3 unidades)
9. Magnetómetro de baja frecuencia (2 unidades)
10. Magnetómetro de alta frecuencia (2 unidades)
11. Antena de alta ganancia (3,7 metros de diámetro)
12. Carcasa del sistema electrónico
13. Rayo cósmico
14. Cámara de gran angular
15. Cámara de pequeño angular

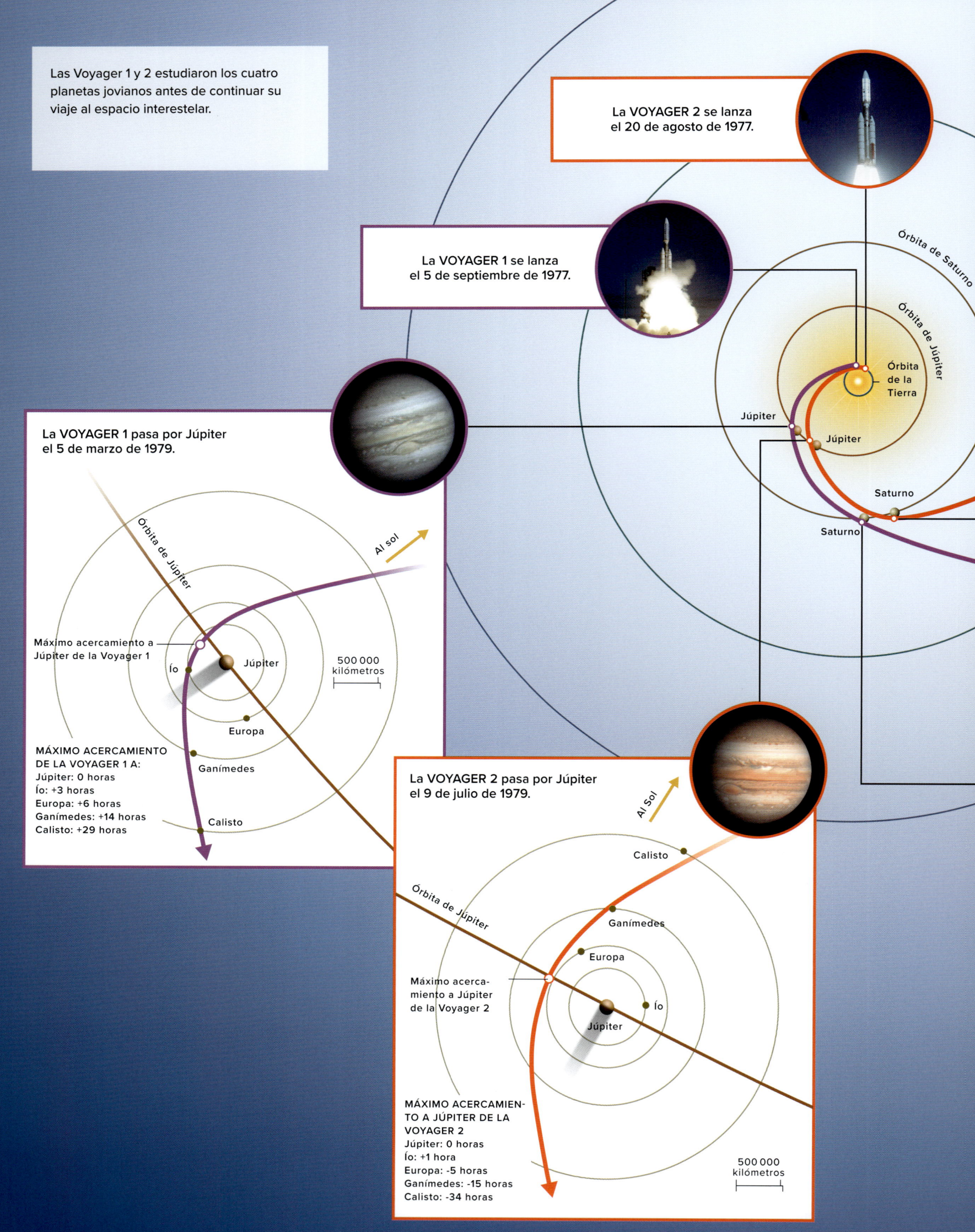

Las Voyager 1 y 2 estudiaron los cuatro planetas jovianos antes de continuar su viaje al espacio interestelar.

La VOYAGER 2 se lanza el 20 de agosto de 1977.

La VOYAGER 1 se lanza el 5 de septiembre de 1977.

Órbita de Saturno

Órbita de Júpiter

Órbita de la Tierra

Júpiter

Júpiter

Saturno

Saturno

La VOYAGER 1 pasa por Júpiter el 5 de marzo de 1979.

Órbita de Júpiter

Al sol

Máximo acercamiento a Júpiter de la Voyager 1

Ío

Júpiter

500 000 kilómetros

Europa

Ganímedes

Calisto

MÁXIMO ACERCAMIENTO DE LA VOYAGER 1 A:
Júpiter: 0 horas
Ío: +3 horas
Europa: +6 horas
Ganímedes: +14 horas
Calisto: +29 horas

La VOYAGER 2 pasa por Júpiter el 9 de julio de 1979.

Al Sol

Calisto

Órbita de Júpiter

Ganímedes

Europa

Máximo acercamiento a Júpiter de la Voyager 2

Ío

Júpiter

MÁXIMO ACERCAMIENTO A JÚPITER DE LA VOYAGER 2
Júpiter: 0 horas
Ío: +1 hora
Europa: -5 horas
Ganímedes: -15 horas
Calisto: -34 horas

500 000 kilómetros

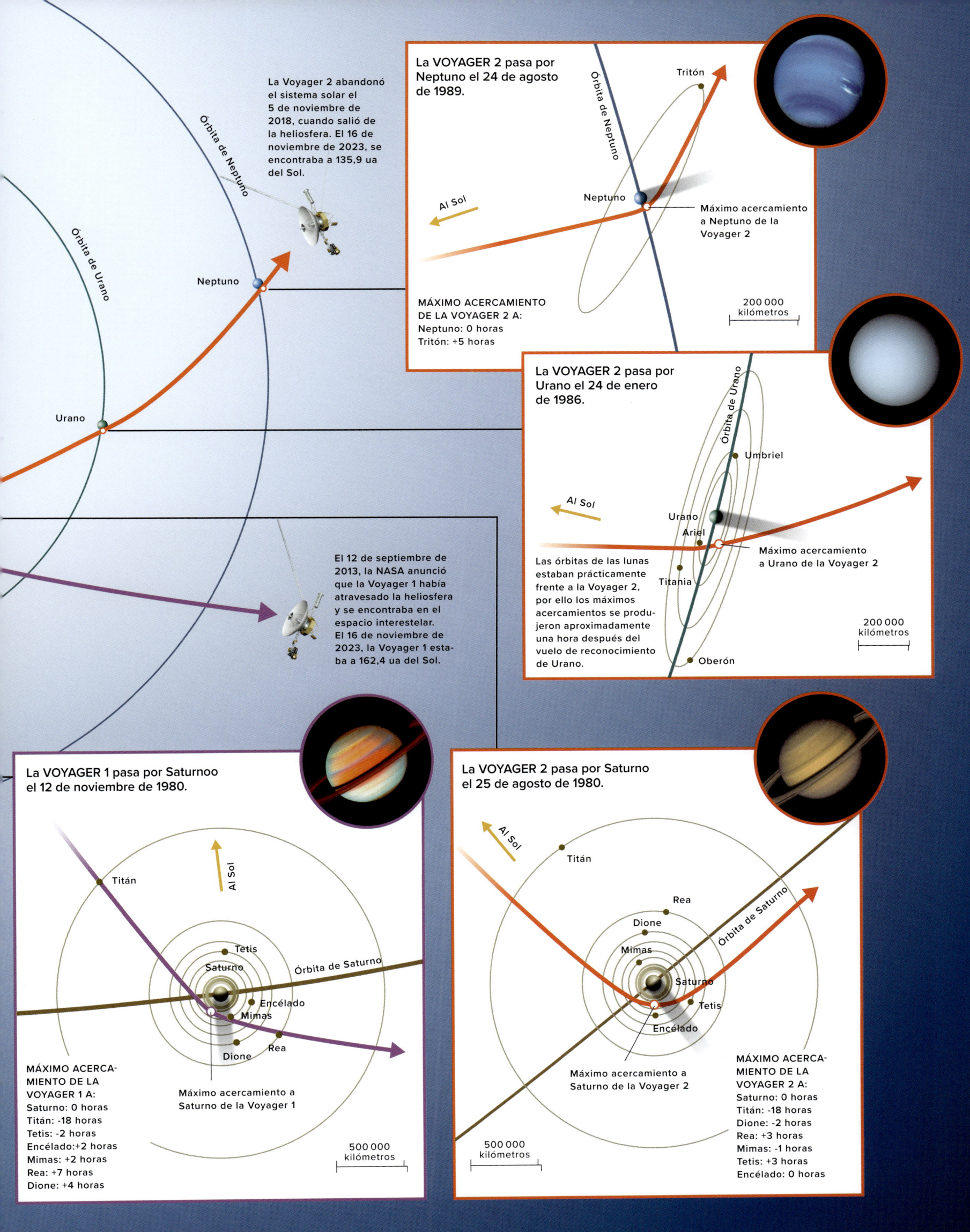

La Voyager 2 abandonó el sistema solar el 5 de noviembre de 2018, cuando salió de la heliosfera. El 16 de noviembre de 2023, se encontraba a 135,9 ua del Sol.

Órbita de Neptuno

Órbita de Urano

Neptuno

Urano

La VOYAGER 2 pasa por Neptuno el 24 de agosto de 1989.

Órbita de Neptuno

Tritón

Al Sol

Neptuno

Máximo acercamiento a Neptuno de la Voyager 2

MÁXIMO ACERCAMIENTO DE LA VOYAGER 2 A:
Neptuno: 0 horas
Tritón: +5 horas

200 000 kilómetros

La VOYAGER 2 pasa por Urano el 24 de enero de 1986.

Órbita de Urano

Umbriel

Al Sol

Urano

Ariel

Máximo acercamiento a Urano de la Voyager 2

Titania

Las órbitas de las lunas estaban prácticamente frente a la Voyager 2, por ello los máximos acercamientos se produjeron aproximadamente una hora después del vuelo de reconocimiento de Urano.

Oberón

200 000 kilómetros

El 12 de septiembre de 2013, la NASA anunció que la Voyager 1 había atravesado la heliosfera y se encontraba en el espacio interestelar. El 16 de noviembre de 2023, la Voyager 1 estaba a 162,4 ua del Sol.

La VOYAGER 1 pasa por Saturnoo el 12 de noviembre de 1980.

Al Sol

Titán

Tetis

Saturno

Órbita de Saturno

Encélado

Mimas

Rea

Dione

Máximo acercamiento a Saturno de la Voyager 1

MÁXIMO ACERCA-MIENTO DE LA VOYAGER 1 A:
Saturno: 0 horas
Titán: -18 horas
Tetis: -2 horas
Encélado: +2 horas
Mimas: +2 horas
Rea: +7 horas
Dione: +4 horas

500 000 kilómetros

La VOYAGER 2 pasa por Saturno el 25 de agosto de 1980.

Al Sol

Titán

Rea

Dione

Órbita de Saturno

Mimas

Saturno

Tetis

Encélado

Máximo acercamiento a Saturno de la Voyager 2

MÁXIMO ACERCA-MIENTO DE LA VOYAGER 2 A:
Saturno: 0 horas
Titán: -18 horas
Dione: -2 horas
Rea: +3 horas
Mimas: -1 horas
Tetis: +3 horas
Encélado: 0 horas

500 000 kilómetros

ABAJO El 14 de febrero de 1990, la Voyager 1 capturó todos los planetas del sistema solar. Por entonces, la nave se encontraba a unos 6500 millones de kilómetros del Sol. La Voyager 1 abandonó el sistema solar a unos 32 grados sobre el plano eclíptico, por lo que pudo observar todos los planetas desde este punto de vista. El mosaico está formado por más de sesenta imágenes distintas. En los recuadros aparecen ampliados varios planetas: estas imágenes en pequeño angular se obtuvieron cuando la nave construía el mosaico en gran angular. Venus y la Tierra eran más pequeños que un píxel de la imagen, pero, gracias a su brillo relativo, eran visibles. Urano y Neptuno se ven «manchados» porque la Voyager se movió durante esos quince segundos de exposición, mientras que Marte y Mercurio eran demasiado pequeños para poder verse.

1. Júpiter
2. La Tierra
3. Venus
4. Saturno
5. Urano
6. Neptuno

PÁGINA SIGUIENTE Este montaje de imágenes tomadas por las dos Voyager muestra los planetas jovianos (de izquierda a derecha, Neptuno, Urano, Saturno y Júpiter) visitados por la Voyager 2.

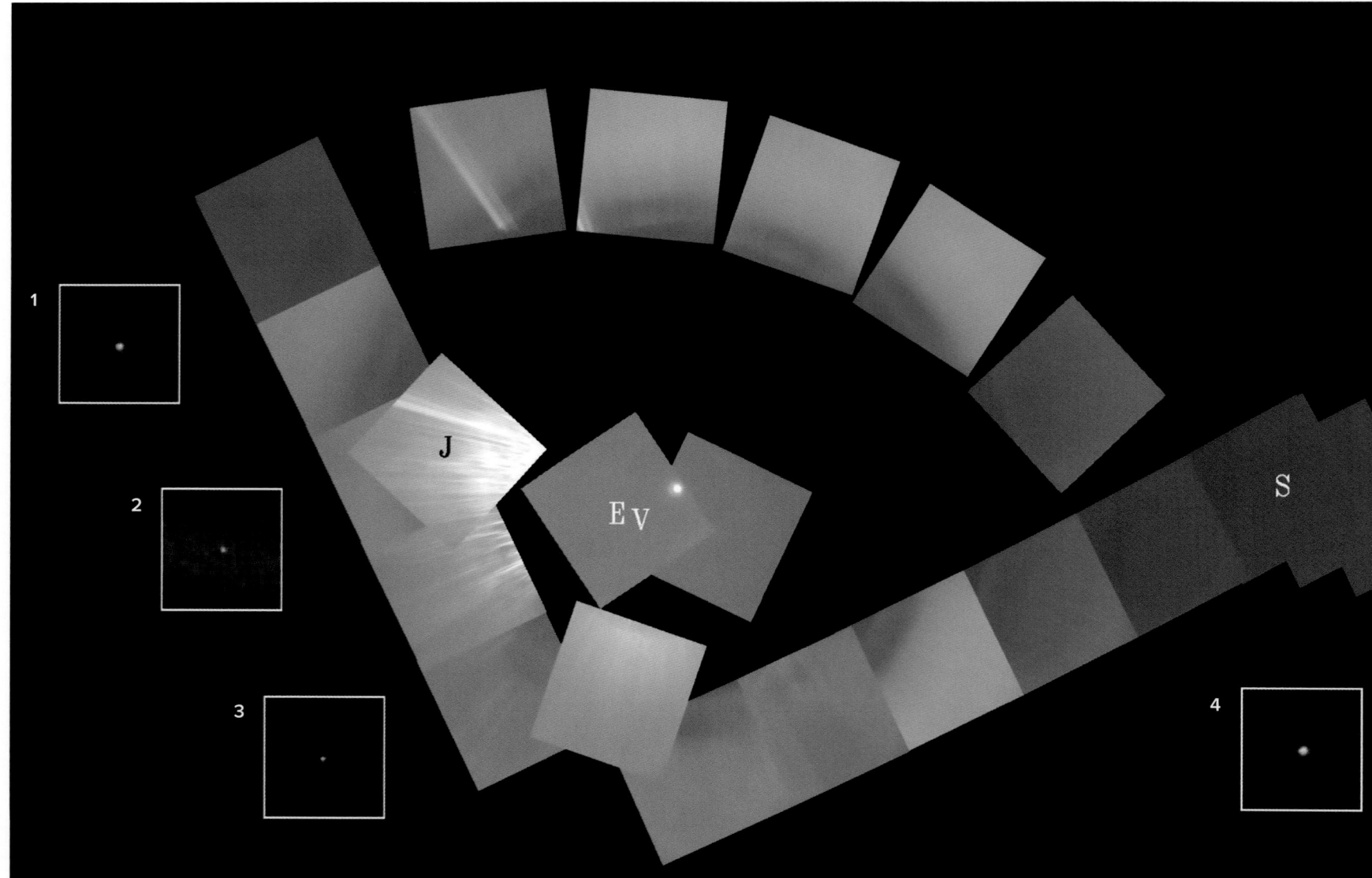

5

N

U

6

LOS PLANETAS JOVIANOS MÁS LEJANOS: NEPTUNO Y URANO

No es fácil llegar a los mundos de Neptuno y Urano, y solo la Voyager 2 logró aproximarse a ambos a finales de la década de 1980.

La Voyager 2 realizó su máxima aproximación a Neptuno, el planeta más alejado del Sol, el 25 de agosto de 1989. Si bien Galileo había visto Neptuno en 1612, no fue consciente de que se trataba de un planeta. No fue hasta que el matemático francés Urbain Joseph le Verrier (1811-1877) calculó la trayectoria orbital de Urano —confirmada por el astrónomo alemán Johann Gottfried Galle (1812-1910) y su estudiante Heinrich Louis d'Arrest (1822-1875), así como otros en 1846— cuando Neptuno entró en el panteón de los planetas. Durante su vuelo de reconocimiento, la Voyager 2 sobrevoló el polo norte de Neptuno a solo 4800 kilómetros y determinó las características básicas del planeta y su luna más grande, Tritón. Contra todo pronóstico, los científicos descubrieron géiseres de nitrógeno gaseoso en Tritón. Esta presencia sugería que en Tritón existía actividad geológica, probablemente con un núcleo derretido que se agitaba por la atracción gravitatoria del Sol, Neptuno y otros cuerpos del sistema solar exterior. Esta situación planteaba la posibilidad de que allí existiera alguna forma de vida con relación a esta energía de la luna. La Voyager 2 también descubrió seis nuevas lunas neptunianas y tres nuevos anillos. La trayectoria de la Voyager 2 a su paso por Neptuno mandó la sonda a la deriva por debajo del plano eclíptico horizontal con relación al Sol, donde salió a gran velocidad de la heliopausa sin encontrar otros cuerpos en el sistema solar.

Urano, el séptimo planeta en distancia al Sol y el tercero más grande del sistema solar, lo descubrió a través de un telescopio el astrónomo y compositor británico de origen alemán sir William Herschel (1738-1822) el 13 de marzo de 1781. Más de 200 años después, la Voyager 2 realizó su máxima aproximación el 24 de enero de 1986, a 81 500 kilómetros de las capas de nubes de Urano. Esta misión lo cambió todo. Antes, Urano era una bola de gas vista a través de un telescopio de la que no se distinguía ningún rasgo ni se comprendían sus características. Ahora, podíamos ver que el gigante gaseoso tenía veintisiete lunas, un sistema de anillos como el de Saturno que era tenue pero omnipresente y una compleja magnetosfera no muy distinta de la que protege a la Tierra de la radiación cósmica. Y, lo más importante, al contrario que otros planetas del sistema solar, Urano tenía una inclinación casi horizontal de su eje planetario de 97,77 grados, lo cual significa que rotaba de norte a sur y no de oeste a este como la Tierra. Esta rotación única le proporcionó una magnetocola en sacacorchos: los campos magnéticos suelen estar alineados con la rotación del planeta, pero el campo magnético de Urano está inclinado y descentrado un tercio de su radio.

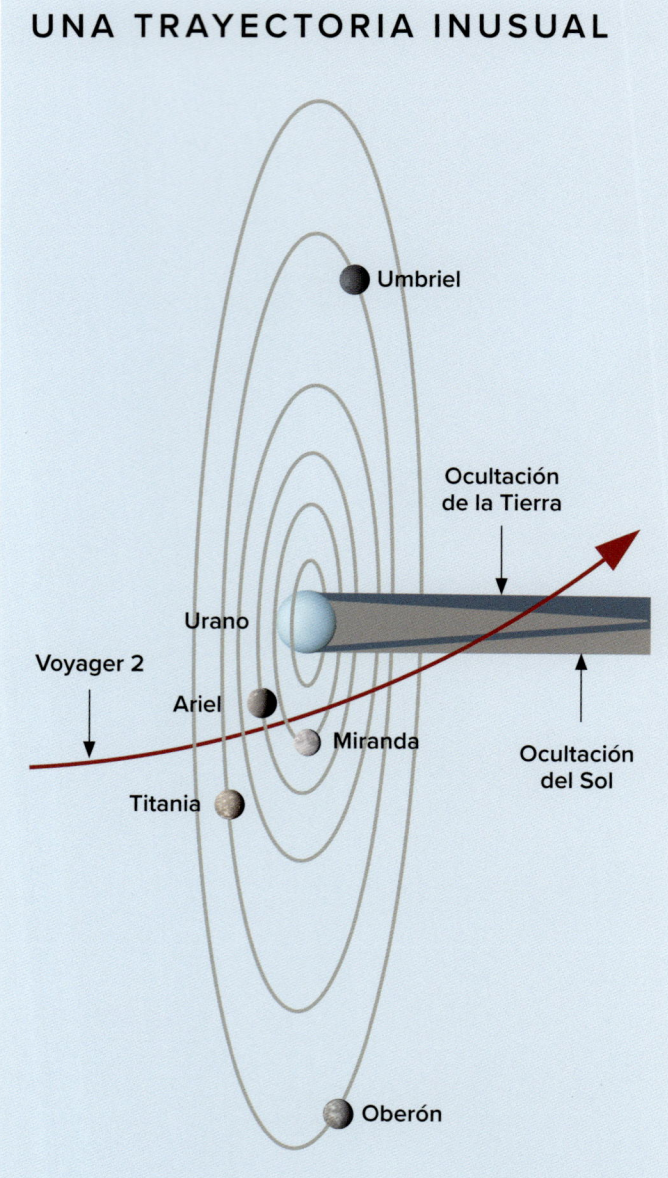

UNA TRAYECTORIA INUSUAL

La misión Voyager 2, que visitó Neptuno y Urano, requería una trayectoria inusual. Urano y sus satélites tienen una configuración única dentro del sistema solar. El eje de rotación de Urano está inclinado más de 90 grados con respecto a la eclíptica, lo que significa que los polos del planeta y sus satélites están orientados al Sol. El objetivo de la nave era realizar un vuelo de reconocimiento cerca del satélite interior Miranda. El resto de los satélites se veían, pero a mayor distancia.

DATOS BÁSICOS DE NEPTUNO

DISTANCIA MEDIA DEL SOL 4500 millones de kilómetros o 30,1 ua

DIÁMETRO 49,5 kilómetros

DENSIDAD 1638 gramos/centímetro cúbico

GRAVEDAD EN SUPERFICIE 11,27 metros/segundo al cuadrado (la velocidad a la que los objetos que caen hacia Neptuno se acelerarán en dirección al planeta; cualquier cosa en Neptuno pesaría 1,14 veces más que en la Tierra)

PERIODO DE ROTACIÓN (DURACIÓN DEL DÍA) 16 horas

PERIODO DE REVOLUCIÓN (DURACIÓN DEL AÑO) 165 años terrestres

TEMPERATURA MEDIA EN SUPERFICIE -110 grados Celsius

SATÉLITES NATURALES 16

DESCUBRIDOR Johann Gottfried Galle y Heinrich Louis d'Arrest, 23-24 de septiembre de 1846

Las últimas imágenes de todo el planeta Neptuno de la Voyager 2 se tomaron a través de los filtros verde y naranja de la cámara de pequeño angular de la nave en 1989. Se capturaron a 7 millones de kilómetros del planeta, cuatro días y veinte horas antes de su máximo acercamiento. La Gran Mancha Oscura y la mancha brillante que la acompaña, la característica más perceptible de la atmósfera de Neptuno, son visibles.

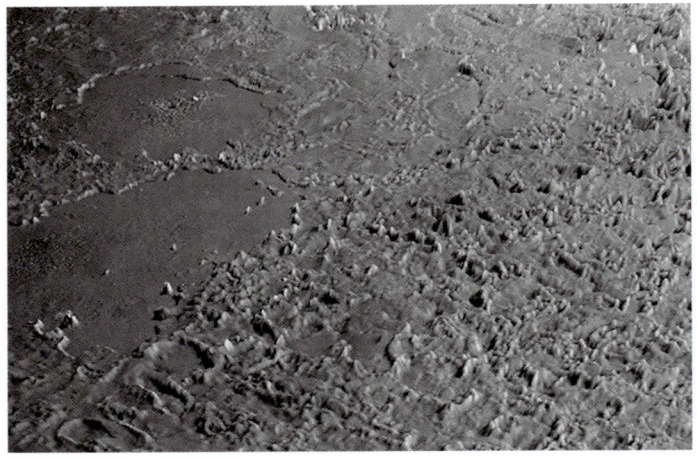

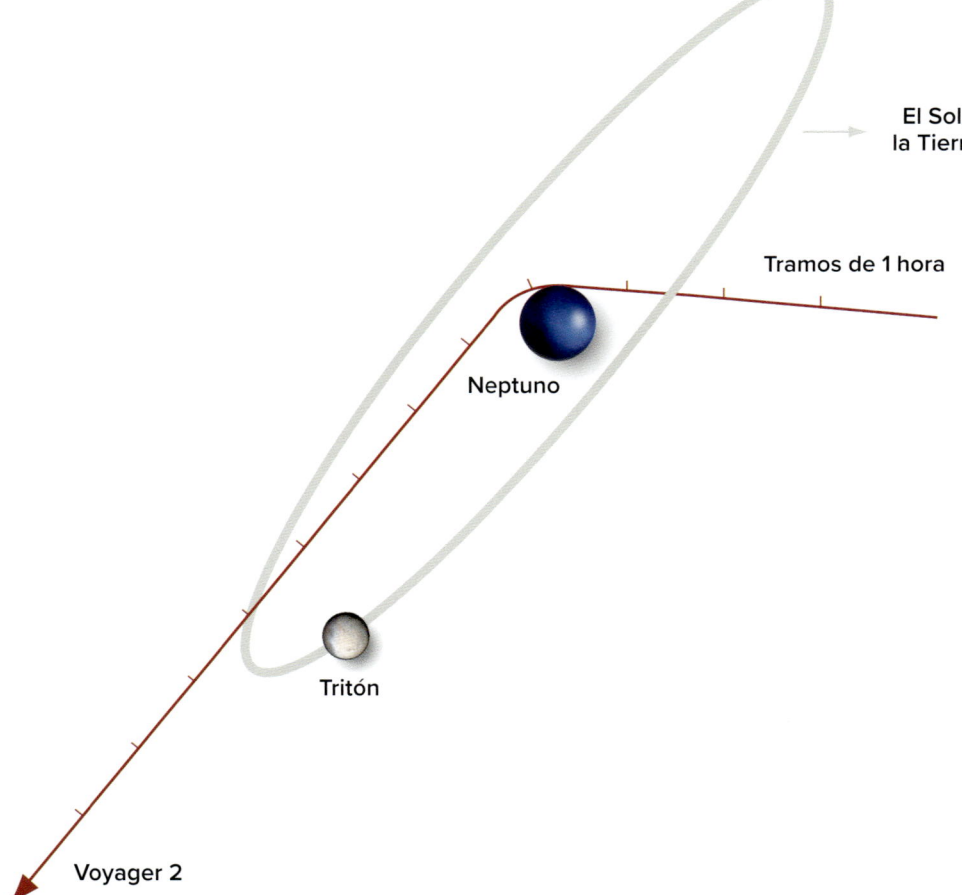

El Sol/
la Tierra

Tramos de 1 hora

Neptuno

Tritón

Voyager 2

ARRIBA Una vista de Neptuno desde su luna más grande, Tritón, enfatiza la realidad de los géiseres de metano líquido que emanan de la superficie, como descubrió la misión Voyager 2.

SUPERIOR IZQUIERDA Las llanuras volcánicas de Tritón, una de las lunas de Neptuno, obtenidas con mapas topográficos derivados de imágenes obtenidas por la Voyager 2.

CENTRO IZQUIERDA El encuentro de la Voyager 2 con Neptuno en agosto de 1989 dio como resultado esta imagen del anillo más exterior del planeta, a 63 000 kilómetros de distancia, que se agrupa en dos arcos.

IZQUIERDA El vuelo de reconocimiento de Neptuno de la Voyager 2 en 1989 se planificó para favorecer un encuentro de cerca con Tritón tras su aproximación máxima a Neptuno, a 5000 kilómetros del polo norte del planeta. La trayectoria de la Voyager 2 se ilustra aquí en el momento en el que se encontró con Neptuno, aprovechó la asistencia gravitatoria del planeta para cambiar de trayectoria y pasó por Tritón. La Voyager 2 fue el vuelo de reconocimiento que más se había aproximado a un planeta hasta entonces.

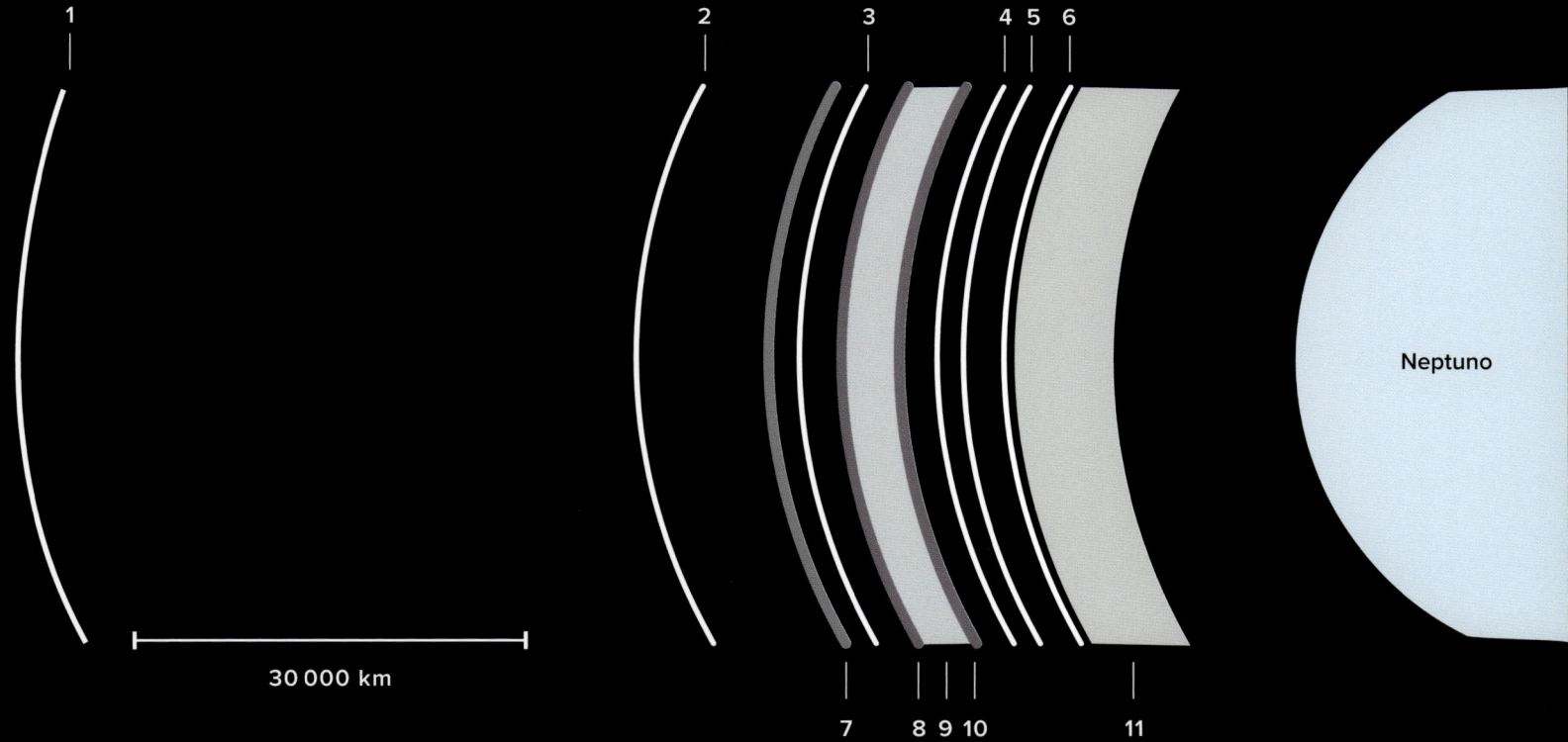

1

2   3   4 5 6

Neptuno

30 000 km

7   8 9 10   11

«Las Voyager capturaron más de
100 000 imágenes de los planetas, anillos
y lunas exteriores, así como millones
de espectros químicos y magnéticos, y
mediciones de radiación que distinguían
la naturaleza del sistema solar exterior».

Los anillos de Neptuno rodean el planeta
(*derecha*) dentro de las órbitas de los
pequeños satélites interiores. Como los anillos
de Urano, el material es más oscuro que en
Saturno. Destacan el anillo Lassell, que se
extiende entre los de Arago y Le Verrier, y el
anillo Adams, que está compuesto por cinco
arcos en lugar de formar un disco completo.

Órbitas de los satélites:
1. Proteo
2. Larisa
3. Galatea
4. Despina
5. Talasa
6. Náyade

Anillos:
7. Adams
8. Arago
9. Lassell
10. Le Verrier
11. Galle

El 3 de julio de 1989, Neptuno y su satélite más grande, Tritón, fueron capturados por el campo visual de la cámara de pequeño angular que llevaba la Voyager 2 a través de filtros violetas, transparentes y naranjas. La Voyager 2 estaba a 76 millones de kilómetros de Neptuno cuando se tomó la fotografía. Tritón aparece en la esquina inferior derecha.

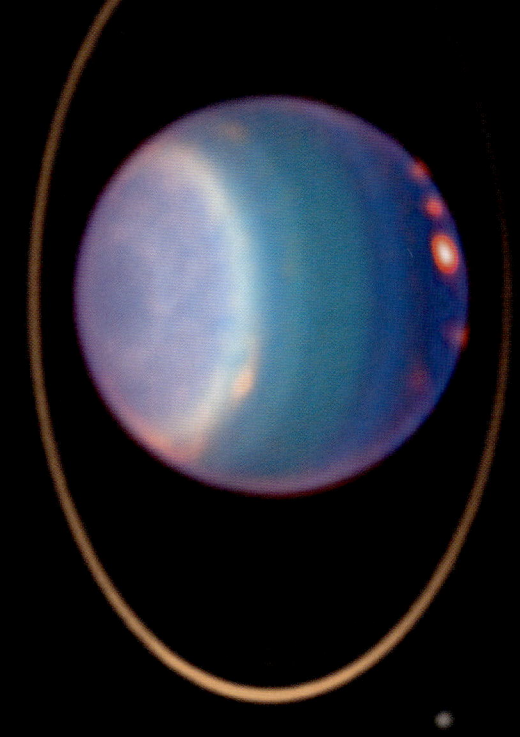

DATOS BÁSICOS DE URANO

DISTANCIA MEDIA DEL SOL 2900 millones de kilómetros o 19,8 ua

DIÁMETRO 50 723,9 kilómetros

DENSIDAD 1,27 gramos/centímetro cúbico

GRAVEDAD EN SUPERFICIE 8,69 metros/segundo al cuadrado (la velocidad a la que los objetos que caen hacia Urano se acelerarán en dirección al planeta; cualquier cosa en Urano pesaría 0,89 veces más que en la Tierra)

PERIODO DE ROTACIÓN (DURACIÓN DEL DÍA) 17 horas y 14 minutos

PERIODO DE REVOLUCIÓN (DURACIÓN DEL AÑO) 84 años terrestres

TEMPERATURA MEDIA EN SUPERFICIE -195 grados Celsius

SATÉLITES NATURALES 28

DESCUBRIDOR *Sir* William Herschel, 13 de marzo de 1781

Profundizando en los descubrimientos de la Voyager 2, el Telescopio Espacial Hubble (HST) capturó Urano rodeado de sus cuatro anillos principales y diez de sus veintisiete satélites conocidos. Erich Karkoschka, científico planetario de la Universidad de Arizona, creó esta imagen en falso color con datos obtenidos el 8 de agosto de 1998 con la Cámara de Infrarrojo Cercano y el Espectrómetro Multiobjetivo. El HST también descubrió unas veinte nubes (las manchas de la imagen), una cantidad nunca vista en Urano.

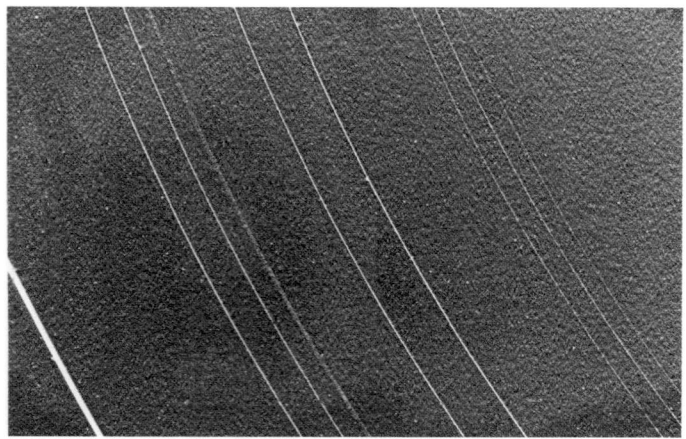

IZQUIERDA Cuando la Voyager 2 sobrevoló Urano, el planeta tenía nueve anillos conocidos, fotografiados aquí por la nave. Desde entonces, se han descubierto otros cuatro.

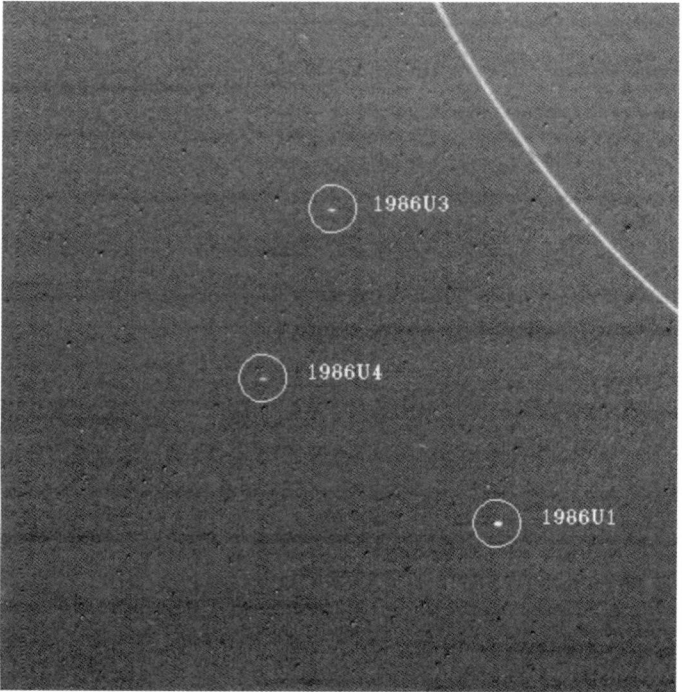

IZQUIERDA La Voyager 2 proporcionó una prueba visual de tres satélites recién descubiertos de Urano, que aparecen en esta imagen tomada el 8 de enero de 1986, cuando la nave estaba a 7,7 millones de kilómetros del planeta. Los tres satélites se descubrieron fuera de las órbitas de los nueve anillos conocidos de Urano, el más exterior de los cuales, el épsilon, aparece en la parte superior derecha. La más grande de estas tres lunas, 1986U1, se descubrió el 3 de enero de 1986. Se calcula que mide 90 kilómetros de diámetro y orbita Urano una vez cada 12 horas y 19 minutos a una distancia de 66 090 kilómetros del centro del planeta. Las otras dos lunas, 1986U3 y 1986U4, son algo más pequeñas. La 1986U3 orbita una vez cada 11 horas y 6 minutos a 61 750 kilómetros, y la 1986U4, cada 13 horas y 24 minutos a 69 920 kilómetros.

IZQUIERDA La Voyager 2 capturó los anillos de Urano a la sombra del planeta unas 3,5 horas después de la máxima aproximación de la nave del 24 de enero de 1986. La exposición en gran angular tardó 96 segundos, lo que causó las rayas cortas, que son estrellas de fondo. Los anillos están formados por partículas micrométricas y son muy oscuros.

DERECHA A partir de las imágenes de la Voyager 2, los científicos pudieron cartografiar una cuadrícula geográfica de Urano. La cuadrícula de latitud y longitud superpuesta en esta imagen en falso color de la Voyager 2 demuestra el patrón de movimiento de la atmósfera de Urano, que avanza en la misma dirección a medida que gira el planeta.

ABAJO Esta imagen de la Voyager 2, mejorada por ordenador para realzar los detalles de la atmósfera, enfatiza la neblina de alto nivel de la atmósfera superior de Urano.

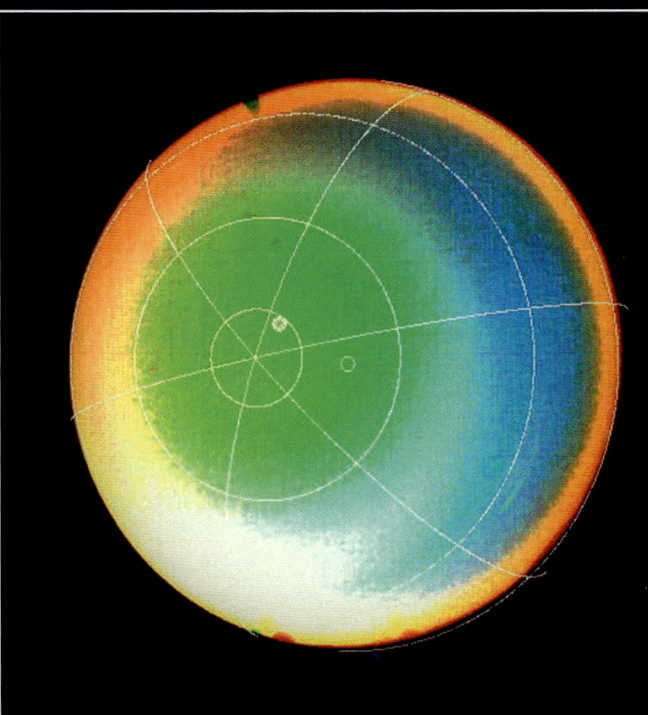

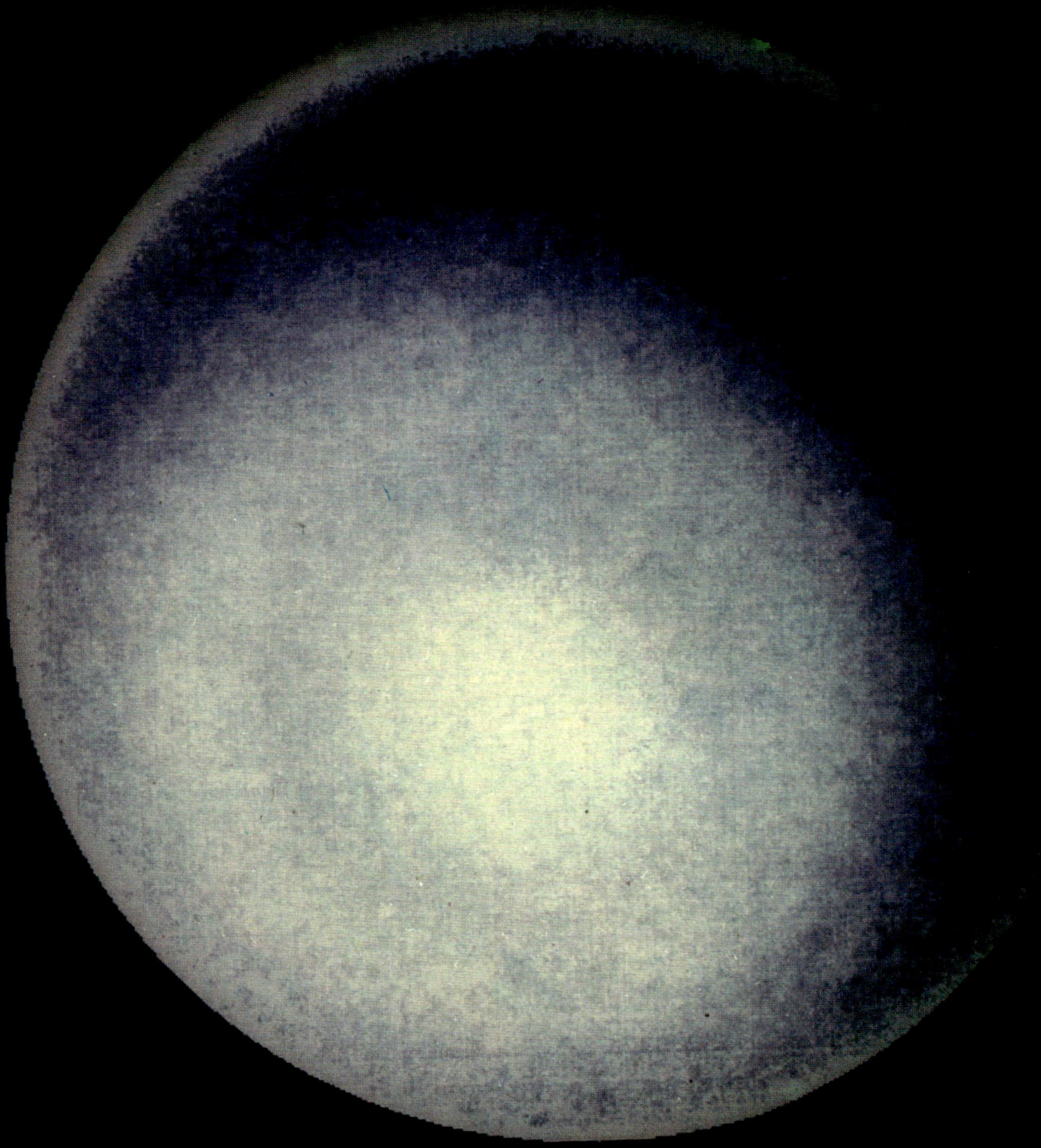

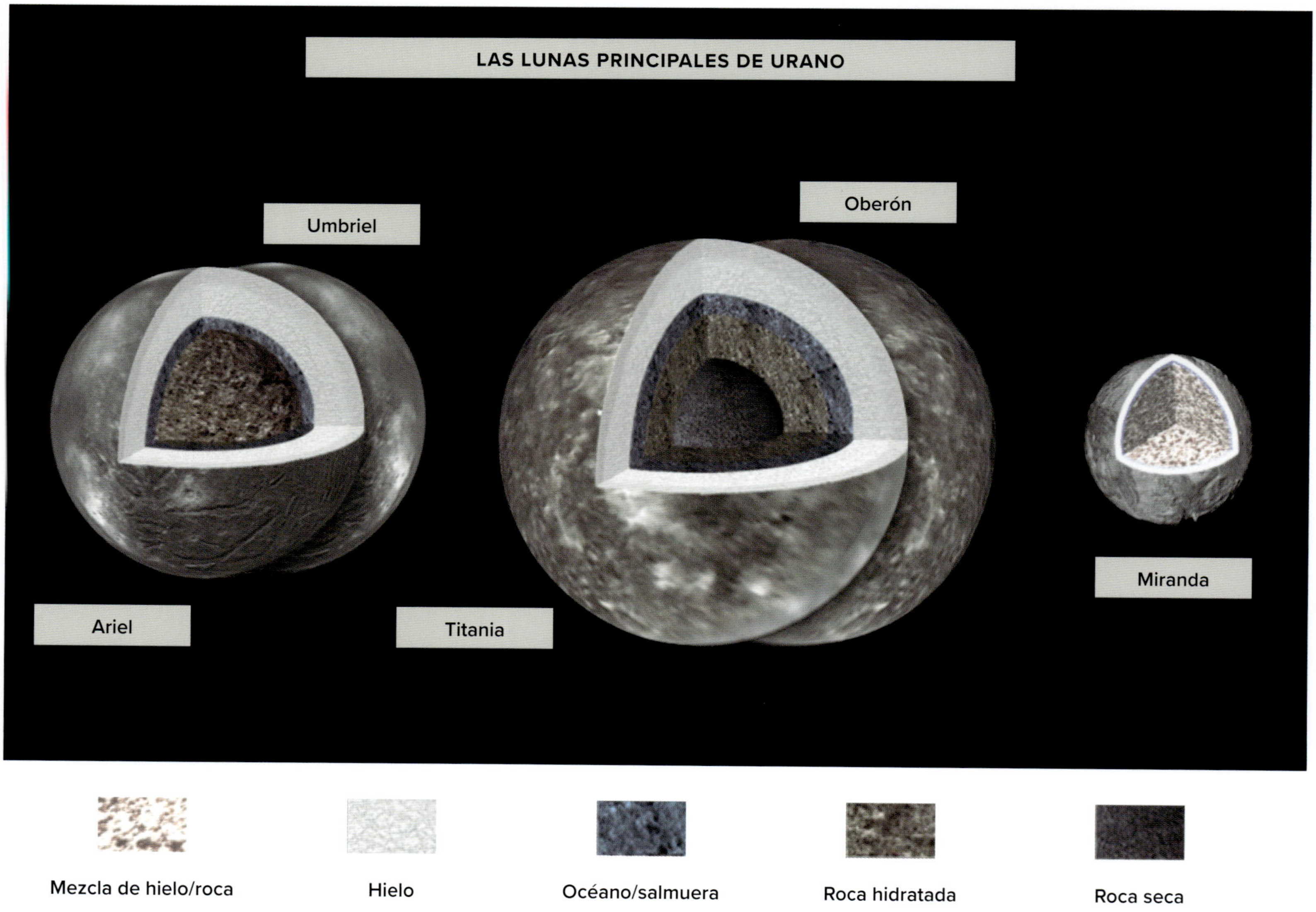

LAS LUNAS PRINCIPALES DE URANO

Umbriel

Oberón

Ariel

Titania

Miranda

Mezcla de hielo/roca

Hielo

Océano/salmuera

Roca hidratada

Roca seca

PÁGINA ANTERIOR ARRIBA Cuando la Voyager 2 pasó por Urano, reveló un mundo sorprendentemente distinto al que los astrónomos habían observado desde la Tierra. La imagen de la izquierda es una exposición en color real de la Voyager 2. Mientras que la resolución es mejor de la que se ve desde la Tierra, le faltan muchos detalles. Sin embargo, cuando se procesa en falso color, con distintos tonos para mostrar los cambios de la atmósfera del planeta, ofrece una versión muy distinta y fascinante. Devuelta el 17 de enero de 1986, utilizando la cámara de pequeño angular de la nave a 9,1 millones de kilómetros de la superficie del planeta, la imagen de la izquierda muestra Urano tal como lo percibiría el ojo humano. Revela un casquete polar oscuro rodeado de bandas concéntricas cada vez más claras. Según los astrónomos, esto es debido a la neblina pardusca concentrada sobre el polo.

DERECHA Las partículas anulares en órbita alrededor de Urano son hielo y polvo, pero, al contrario que los anillos de Saturno (*véase* pág. 194), son mucho más oscuras y no visibles con el reflejo de la luz solar. Los primeros nueve anillos se detectaron midiendo la luz de una estrella que pasaba por detrás de ellos, mientras que la Voyager 2 detectó otros dos. Más adelante, con datos recabados por el HST, se descubrieron dos anillos exteriores que correspondían a las órbitas de los satélites Porcia y Mab.

PÁGINA ANTERIOR ABAJO Los científicos creen que podría haber un océano bajo el hielo en cuatro de las cinco lunas principales de Urano: Ariel, Umbriel, Titania y Oberón. Esta modelación a partir de un nuevo análisis de los datos de la sonda Voyager de la NASA sugiere que Titania es la luna con más probabilidades de conservar el calor interno y un océano de agua en estado líquido bajo los casquetes polares.

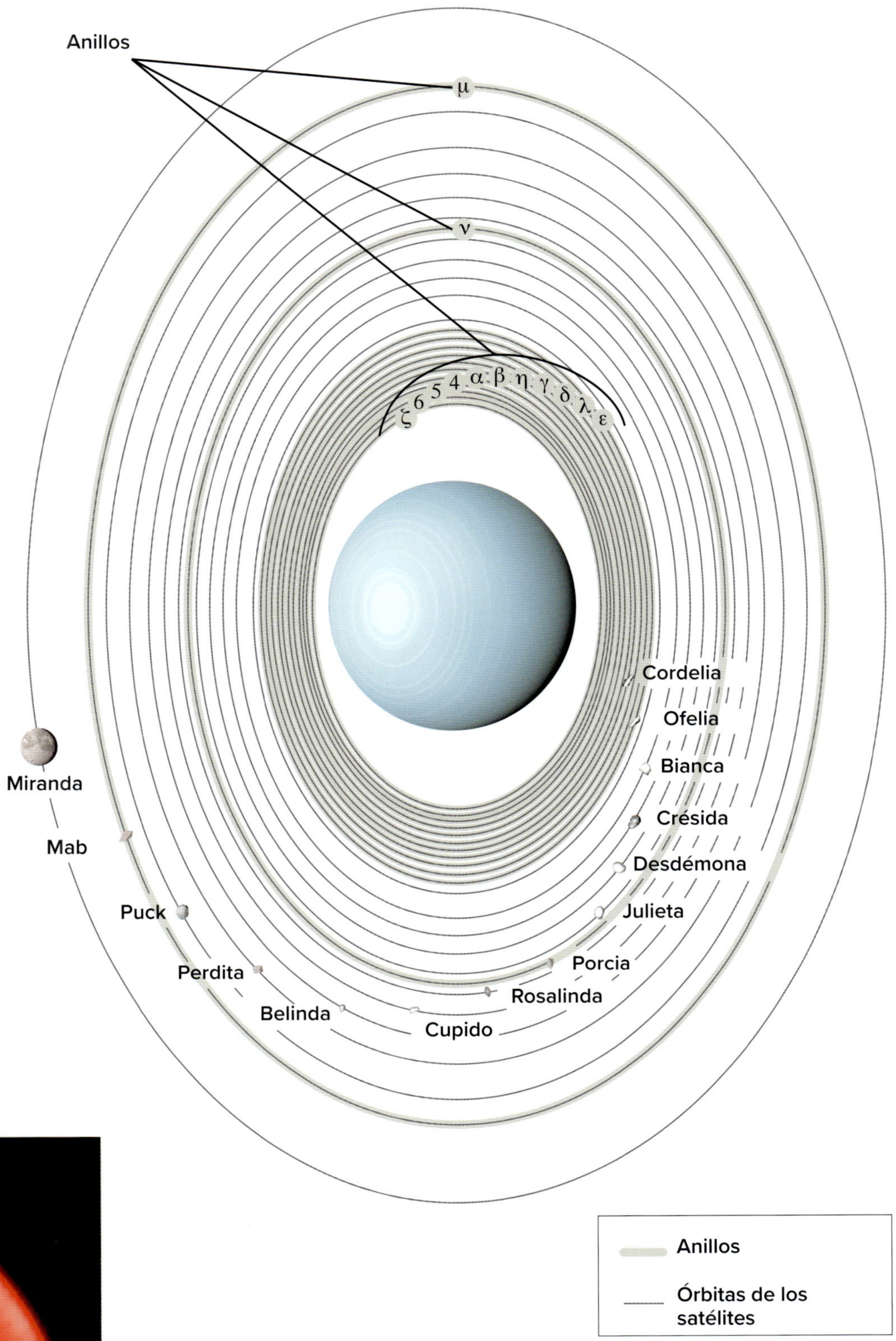

Anillos

μ

ν

ζ 6 5 4 α β η γ δ λ ε

Cordelia

Ofelia

Bianca

Crésida

Desdémona

Julieta

Porcia

Rosalinda

Cupido

Belinda

Perdita

Puck

Mab

Miranda

	Anillos
	Órbitas de los satélites

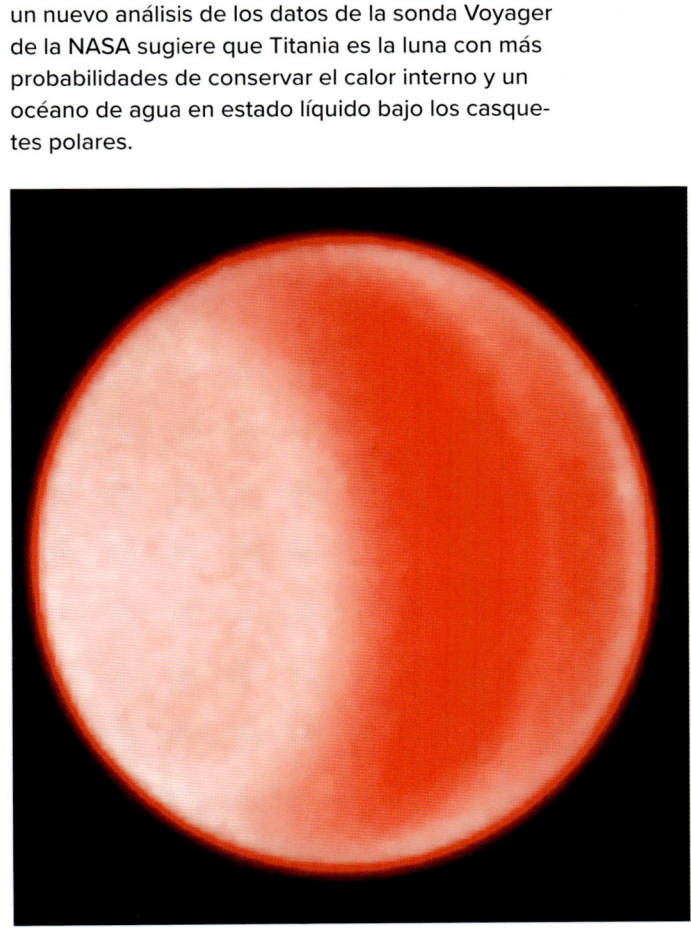

IZQUIERDA Otra imagen de Urano, en esta ocasión tomada en 1997 por el HST, muestra detalles de la capa de nubes de Urano que recuerda a las imágenes capturadas por la Voyager 2. El HST utilizó luz visible para mostrar las nubes concéntricas que emanaban del hemisferio norte del planeta.

EXPLORACIÓN DE SATURNO Y JÚPITER

Desde la década de 1970, el segundo planeta más grande del sistema solar, Saturno, con sus llamativos anillos, ha recibido cinco visitas: las de las Pioneer 10 y 11, las Voyager 1 y 2, y una misión extendida de la Cassini. El gigante gaseoso Júpiter, situado más allá de Marte y del Cinturón de Asteroides, lo han visitado: las Pioneer 10 y 11, las Voyager 1 y 2, una misión orbital extendida de la Galileo, un vuelo de reconocimiento de la New Horizons, y otro orbitador, Juno.

La exploración de ambos gigantes gaseosos empezó cuando la Pioneer 10 pasó por Júpiter el 4 de diciembre de 1973, seguida de la Pioneer 11 en noviembre y diciembre de 1974, que estuvo a 42 800 kilómetros de él. Después, la Pioneer 11 se acercó a 21 000 kilómetros de Saturno, donde descubrió dos lunas y un anillo nuevos, además de cartografiar el campo magnético, el clima, las temperaturas y la estructura general del interior del planeta.

Las Voyager 1 y 2 realizaron vuelos de reconocimiento de Júpiter y, después, aprovechando el planeta gigante para la asistencia gravitatoria, emprendieron largos viajes a Saturno. Entre ambas, las Voyager capturaron más de 100 000 imágenes de los planetas, anillos y lunas exteriores, además de realizar millones de mediciones de espectros químicos y magnéticos y de la radiación.

LAS VOYAGER 1 Y 2: SATURNO

La Voyager 1 llegó a Saturno en noviembre de 1980, y la Voyager 2, en agosto de 1981. En los anillos del planeta descubrieron satélites pastores (lunas que orbitan cerca del borde de un anillo planetario y estabilizan las partículas de su anillo mediante la atracción gravitatoria). Un objetivo especial de las misiones era una de las muchas lunas de Saturno, Titán, que parecía tener características compatibles con alguna forma de vida. El encuentro de la Voyager 1 con esta tentadora luna reveló una atmósfera espesa, nubes densas y agua helada. La nave también descubrió que la atmósfera de Titán estaba compuesta por un 90 % de nitrógeno, y que la presión y la temperatura en superficie eran de 1,6 atmósferas y -180 grados Celsius, respectivamente. Esto la convertía en un lugar del que los científicos querían averiguar más cosas, alimentando el deseo de volver para ampliar la exploración, lo cual se produjo a principios del siglo XXI.

En Saturno, las Voyager descubrieron que la atmósfera del gigante gaseoso está compuesta de hidrógeno prácticamente en su totalidad, lo que llevó a los científicos a concluir que es

SATURNO, UN PLANETA FASCINANTE

Durante el encuentro con Saturno en 1981, la Voyager 2 estuvo a 101 000 kilómetros del gigante gaseoso. La nave percibió cambios en la atmósfera de Saturno desde la visita de la Voyager 1 y tomó imágenes más detalladas de los anillos. Las Voyager revelaron un mundo sorprendente con mucho más que un sistema de anillos. La nave proporcionó imágenes más detalladas de los «radios» de los anillos, y determinó que el anillo A posiblemente midiera solo unos 300 metros de grosor. Durante este vuelo de reconocimiento, la Voyager 2 fue golpeada por miles de partículas de polvo micrométricas que crearon «nubes» de plasma cuando se vaporizaron. Durante este encuentro, la Voyager 2 fotografió las lunas Hiperión, Encélado, Tetis y Febe, así como Helena, Telesto y Calipso, que se habían descubierto en fechas más recientes.

La Voyager 2 capturó el anillo C de Saturno (y, en
menor medida, el anillo B arriba y a la izquierda)
el 23 de agosto de 1981. Los colores únicos emer-
gieron al compilar las tres imágenes tomadas con
filtros ultravioletas, transparentes y verdes. En la

el único planeta menos denso que el agua. Cerca del ecuador, registraron velocidades del viento de hasta 1800 kilómetros por hora, principalmente en dirección este. Ambas sondas estipularon la rotación de Saturno (la duración del día) en 10 horas, 39 minutos y 24 segundos.

LA CASSINI-HUYGENS: SATURNO

Prueba de la naturaleza internacional de muchas misiones planetarias, la sonda Cassini-Huygens que viajó a Saturno fue una colaboración de la NASA, la Agencia Espacial Europea (ESA) y la Agencia Espacial Italiana. Lanzada en 1997, la nave contaba con un orbitador construido por la NASA (Cassini) y un lánder (Huygens) construido por las entidades europeas. Volaron juntos y se separaron al llegar a Saturno, donde empezaron a orbitar el planeta el 1 de julio de 2004. La sonda (Huygens) se envió a la superficie de Titán, la luna de Saturno, el 14 de enero de 2005. La Huygens fue la primera misión exterior de la ESA.

En Saturno, la Cassini descubrió tres nuevas lunas (Metone, Palene y Pollux). Observó géiseres de agua helada que manaban del polo sur de la luna Encélado, obtuvo imágenes que parecían revelar lagos de hidrocarburo líquido (como metano y etano) en las latitudes septentrionales de Titán y descubrió una tormenta en el polo sur de Saturno con una peculiar pared del ojo (ciclos concéntricos de turbulencias como los de los ciclones más fuertes de la Tierra). La Cassini, como la Galileo en Júpiter (*véase* pág. 198), ha demostrado que las lunas heladas que orbitan gigantes gaseosos son potenciales refugios de vida y destinos atractivos para una nueva era de la exploración planetaria robótica. Asimismo, el 3 de abril de 2014, la NASA informó que la Cassini había descubierto pruebas de un gran océano de agua subterránea en Encélado. Era un ejemplo más de una morada de vida en el sistema solar.

«Prueba de la naturaleza internacional de muchas misiones planetarias, la sonda Cassini-Huygens que viajó a Saturno fue una colaboración de la NASA, la Agencia Espacial Europea (ESA) y la Agencia Espacial Italiana».

DATOS BÁSICOS DE SATURNO

DISTANCIA MEDIA DEL SOL 1400 millones de kilómetros o 9,5 ua

DIÁMETRO 120 000 kilómetros

DENSIDAD 1,326 gramos/centímetro cúbico

GRAVEDAD EN SUPERFICIE 1,07 metros/segundo al cuadrado (la velocidad a la que los objetos que caen hacia Saturno se acelerarán en dirección al planeta; cualquier cosa en Saturno pesaría un 107 % más que en la Tierra)

PERIODO DE ROTACIÓN (DURACIÓN DEL DÍA) 10,7 horas

PERIODO DE REVOLUCIÓN (DURACIÓN DEL AÑO) 29 años terrestres

TEMPERATURA MEDIA EN SUPERFICIE -15 grados Celsius

SATÉLITES NATURALES 145

DESCUBRIDOR Christiaan Huygens, 1645

PÁGINA SIGUIENTE ARRIBA La órbita inicial de la Cassini alrededor de Saturno era muy elíptica. Los vuelos de reconocimiento de los satélites se realizaban bajando la órbita hasta la distancia de Jápeto. Para mayor claridad, este diagrama muestra solo la mitad de las órbitas alrededor de Saturno (rosa) durante la fase inicial de la misión. Las cuatro órbitas marcadas son las más importantes para poner la Cassini en una órbita constante alrededor de Saturno y, así, prolongar el encuentro. El resto de las trayectorias son más rutinarias.

1. Trayectoria de llegada
2. Órbita inicial
3. Órbita de Jápeto
4. Órbita de Titán

PÁGINA SIGUIENTE ABAJO La Cassini realizó dos vuelos de reconocimiento de Venus y uno de la Tierra para obtener la velocidad necesaria para abandonar el sistema solar interior. A continuación, pasó por Júpiter antes de llegar a Saturno en julio de 2004, más de seis años después del lanzamiento. La ruta de la Cassini aparece en rojo, y las órbitas planetarias, en marrón.

1. Lanzamiento desde la Tierra, 15 de octubre de 1997
2. Sobrevuelo de Venus, 26 de abril de 1998
3. Maniobra en el espacio profundo, 3 de diciembre de 1998
4. Sobrevuelo de Venus, 24 de junio de 1998
5. Sobrevuelo de la Tierra, 18 de agosto de 1999
6. Sobrevuelo de Júpiter, 30 de diciembre de 2000
7. Llegada a Saturno, 1 de julio de 2004

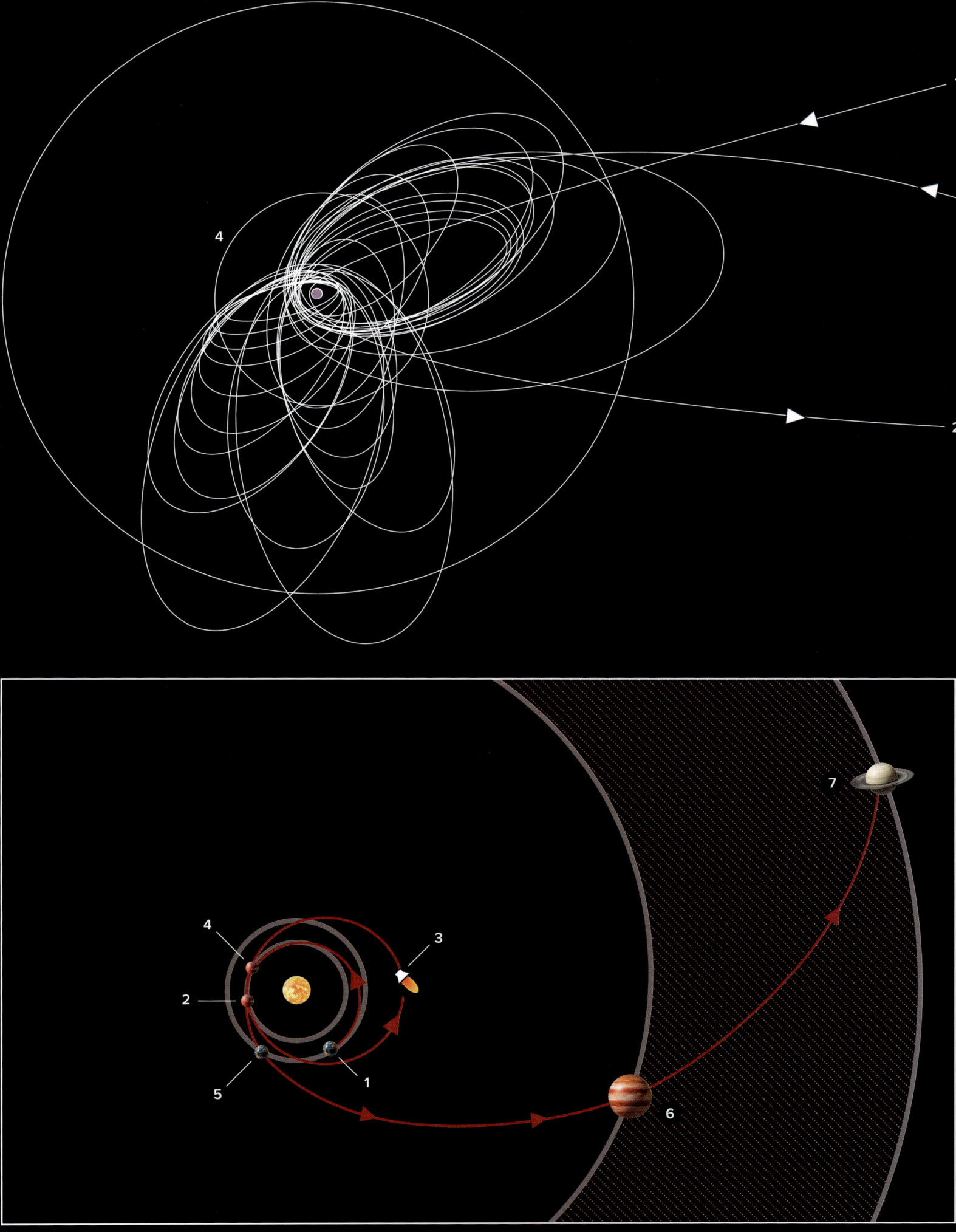

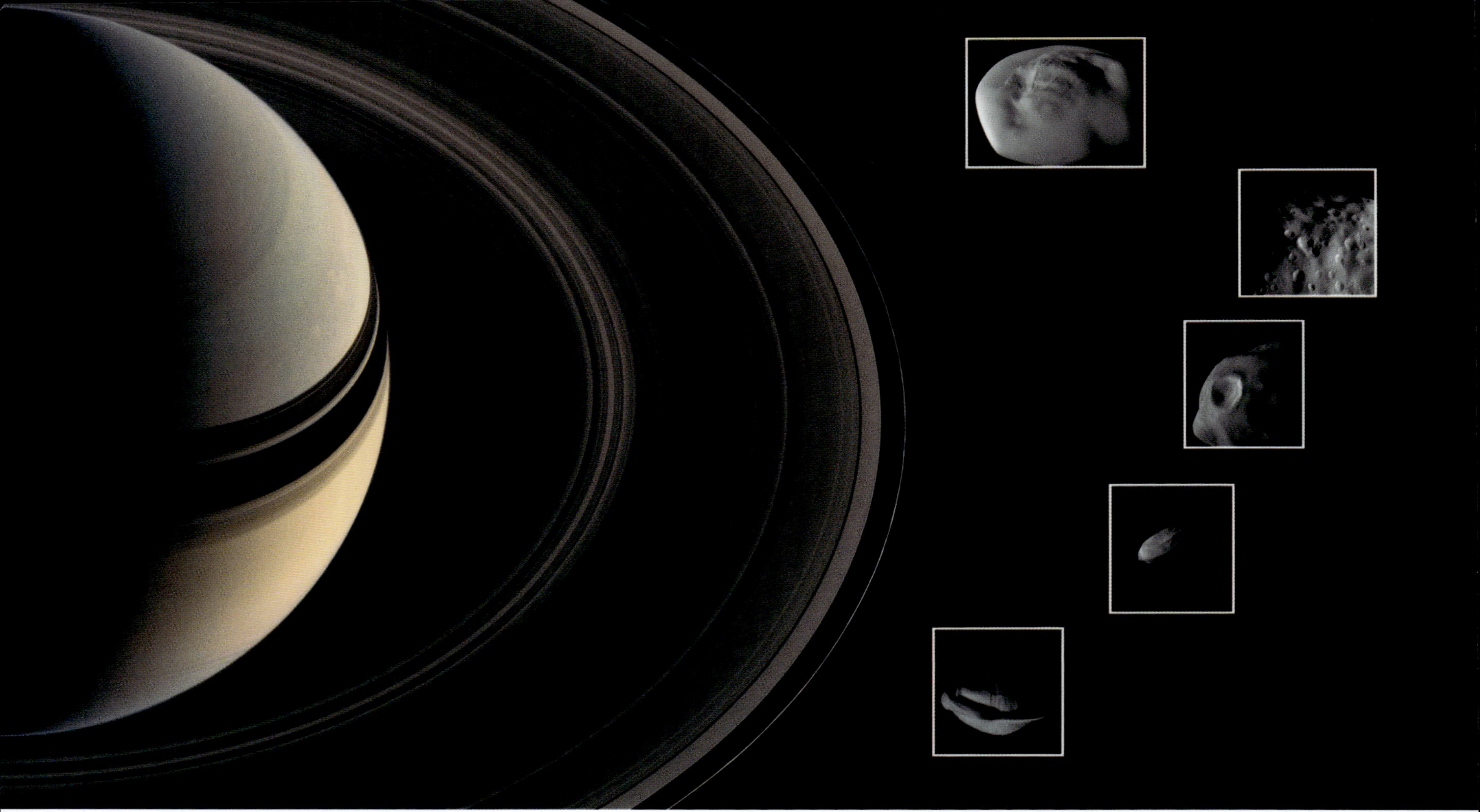

ARRIBA A lo largo de la misión Cassini, la sonda realizó vuelos de reconocimiento cerca de los anillos de Saturno e investigó las lunas (de arriba abajo en la imagen) Pan y Dafne en el anillo A; Atlas en el borde del anillo A; Pandora en el borde del anillo F, y Epimeteo. El diámetro de las lunas oscila entre los 8 kilómetros de Dafne y los 116 kilómetros de Epimeteo. Esta composición ilustra los anillos y las lunas (que no están a escala) de Saturno.

IZQUIERDA Titán (5150 kilómetros de diámetro) se ve en el lado izquierdo de esta imagen, por encima de los característicos anillos de Saturno. La imagen la capturó la cámara de gran angular de la Cassini el 26 de octubre de 2007, a unos 1,5 millones de kilómetros de Saturno.

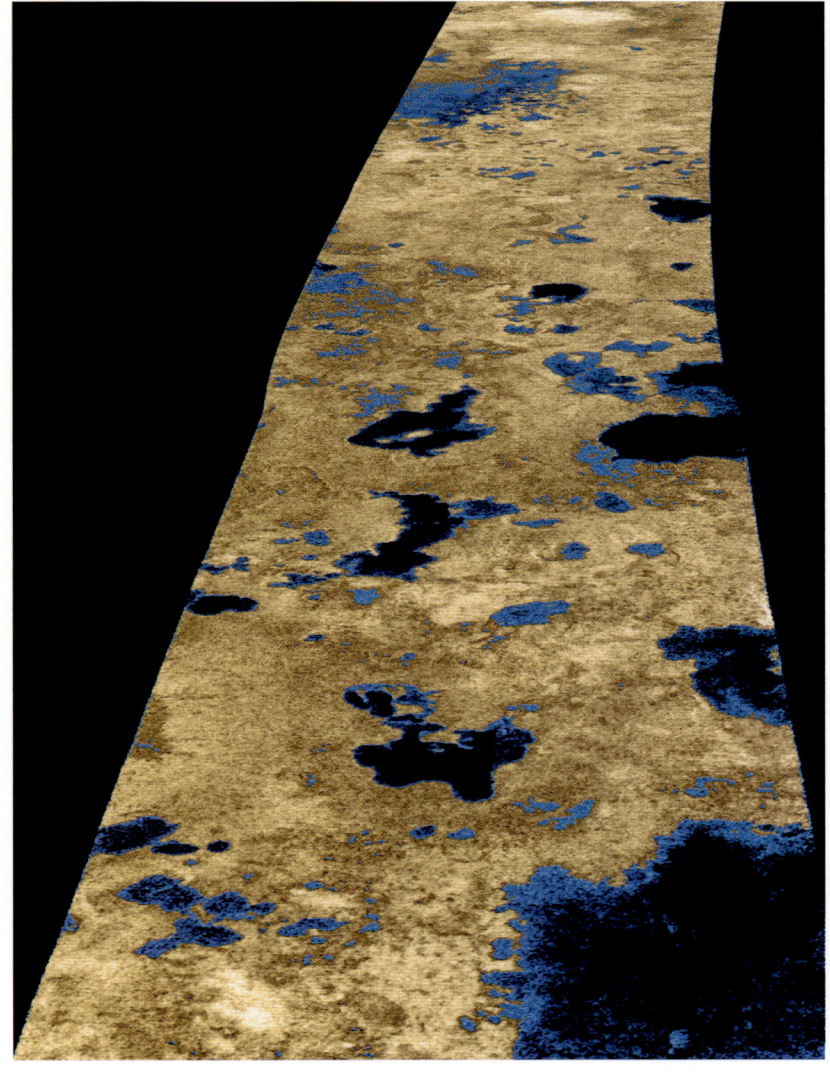

ARRIBA En Saturno, la nave Cassini capturó la luna helada Encélado rociando una «pluma gigantesca» de vapor de agua al espacio en octubre de 2015.

DERECHA La sonda Huygens que voló con la Cassini a Saturno investigó específicamente la luna Titán, teorizada desde las misiones Voyager como un mundo rico en compuestos orgánicos. La Cassini-Huygens confirmó la existencia de océanos o lagos de metano líquido en Titán, capturada en esta imagen del vuelo de reconocimiento de la Cassini del 22 de julio de 2006.

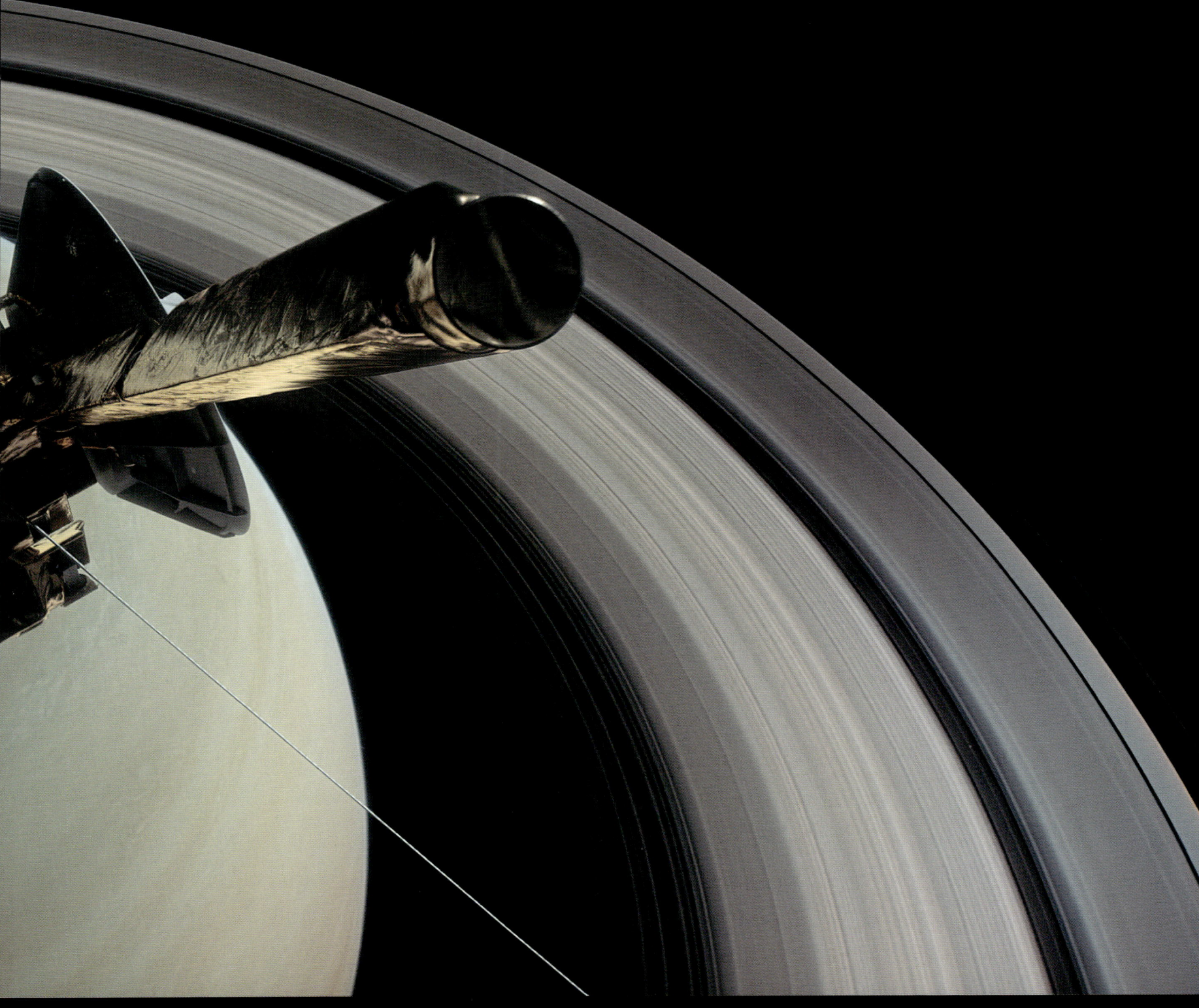

ARRIBA El 11 de junio de 1974, la Pioneer 10 se aproximó al gigante gaseoso Júpiter, proporcionando a la humanidad un primer plano del planeta más grande del sistema solar.

ARRIBA Al sur de la Gran Mancha Roja de Júpiter se encuentra un óvalo blanco, distinto del que se había observado en una posición similar en la época del encuentro de la Voyager 1. La Voyager 2 tomó esta fotografía de la región que se extiende entre el ecuador y las latitudes polares meridionales en el vecindario de la Gran Mancha Roja el 3 de julio de 1981, a 5,99 millones de kilómetros de distancia.

LAS VOYAGER 1 Y 2: JÚPITER

La máxima aproximación de la Voyager 1 a Júpiter se produjo el 5 de marzo de 1979, cuando descubrió un tenue anillo alrededor del planeta joviano y dos lunas nuevas, Tebas y Metis. Los anillos sugerían que Júpiter tenía más en común con Saturno de lo que se creía. La Voyager 2 continuó su trayecto y voló a 560 000 kilómetros de la capa de nubes de Júpiter el 9 de julio de 1979. A lo largo de los cuatro meses siguientes, devolvió 17 000 fotografías y un tesoro escondido de datos científicos sobre Júpiter y muchas de sus lunas, incluida la presencia de volcanes en Ío (la luna rocosa de Júpiter).

LA GALILEO A JÚPITER

Tras las misiones Voyager, la exploración continuada de Júpiter comenzó el 18 de octubre de 1989, cuando la NASA desplegó la sonda Galileo del transbordador espacial Atlantis (STS-34) y la envió en un viaje asistido por la gravedad a Júpiter, donde llegó en diciembre de 1995. Fue la primera nave que orbitó el planeta gigante, y realizó un reconocimiento que duró varios años, en los cuales envió datos científicos sobre la densidad y la composición química de la nube del planeta gigante a la Tierra.

La Galileo capturó imágenes de la colisión del cometa Shoemaker-Levy 9 con Júpiter en julio de 1994, descubrió una turbulenta atmósfera joviana (incluidos rayos y tormentas eléctricas mil veces superiores que los de la Tierra) y llevó a cabo minuciosas

PÁGINA SIGUIENTE Conocida por su Gran Mancha Roja, la atmósfera de Júpiter también captura partículas cargadas como las auroras de la Tierra. Gracias a la tecnología de imagen ultravioleta del Telescopio Espacial Hubble (HST), esta imagen de 2016 captura el resplandor de las partículas de alta energía entrando en la atmósfera de Júpiter cerca de sus polos magnéticos y, después, chocando con átomos de gas.

DATOS BÁSICOS DE JÚPITER

DISTANCIA MEDIA DEL SOL
778 millones de kilómetros o 5,2 ua
DIÁMETRO 69 911 kilómetros
DENSIDAD 1270 gramos/centímetro
cúbico
GRAVEDAD EN SUPERFICIE
24,79 metros/segundo al cuadrado (la
velocidad a la que los objetos que caen
hacia Júpiter se acelerarán en dirección
al planeta; cualquier cosa en Júpiter
pesaría un 240 % más que en la Tierra)

**PERIODO DE ROTACIÓN (DURACIÓN
DEL DÍA)** 9,8 horas
**PERIODO DE REVOLUCIÓN
(DURACIÓN DEL AÑO)** 11,9 años
terrestres
TEMPERATURA MEDIA EN SUPERFICIE
-145 grados Celsius
SATÉLITES NATURALES 95
DESCUBRIDOR Galileo Galilei, 1610

inspecciones de las lunas jovianas Ganímedes, Calisto e Ío. Mientras pasaba por la última, la Galileo observó erupciones de su volcán Loki, el más grande y poderoso del sistema solar. Asimismo, envió una sonda a la atmósfera de Júpiter el 7 de diciembre de 1995, cuyos instrumentos transmitieron datos antes de que la presión del planeta la destruyera cuarenta y cinco minutos después.

En 1996, los datos de la Galileo revelaron que Europa, una de las lunas de Júpiter, podía albergar «hielo caliente» o incluso agua en estado líquido, un entorno en el que podría existir vida tal y como la conocemos. Se trató de uno de los descubrimientos más sorprendentes de la década de 1990, y llevó a los científicos a recomendar el envío de un lánder para explorar Europa.

El equipo de vuelo de la Galileo cesó las operaciones y precipitó la nave en la atmósfera de Júpiter el 21 de septiembre de 2003, poniendo fin a una misión excepcional.

La nave Galileo de la NASA realizó numerosas aproximaciones de cerca a la luna volcánicamente activa de Júpiter, incluido un primer pase en diciembre de 1995, durante su llegada al sistema jupiterino.

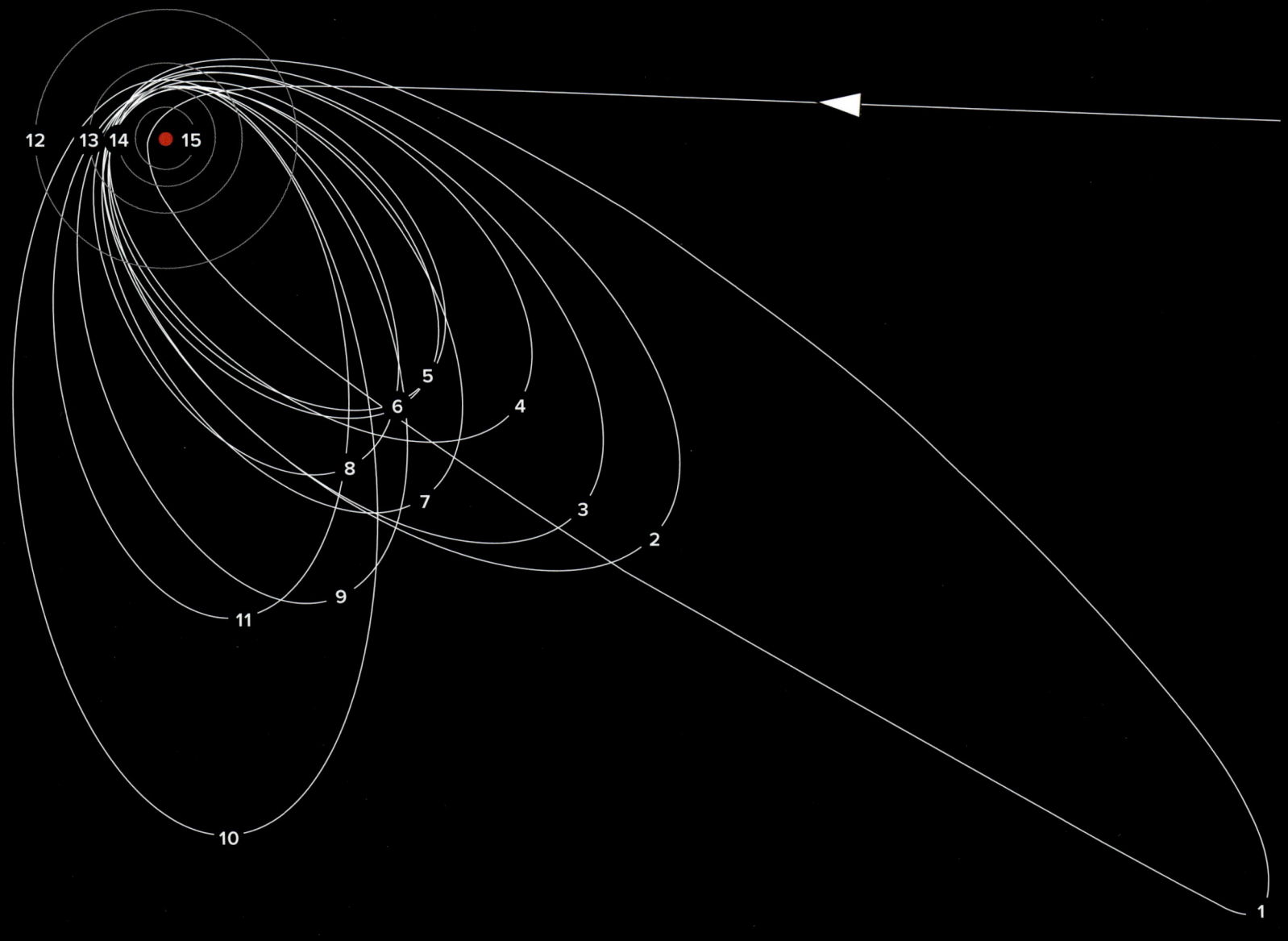

Tras ser capturada por la gravedad de Júpiter en 1995, la Galileo dio vueltas al planeta, realizó una maniobra con el propulsor y entró en órbita. En cada órbita subsiguiente, se planificó un vuelo de reconocimiento de un satélite distinto. Este diagrama muestra las once órbitas iniciales tras la llegada a Júpiter (rojo). Finalmente, la Galileo completó treinta y dos órbitas antes de ser dirigida deliberadamente a la atmósfera jupiterina.

Órbitas:
Números 1-11

Satélites:
12. Calisto
13. Ganímedes
14. Europa
15. Ío

«En 1996, los datos de la Galileo revelaron que Europa, una de las lunas de Júpiter, podía albergar "hielo caliente" o incluso agua en estado líquido, un entorno en el que podría existir vida tal y como la conocemos».

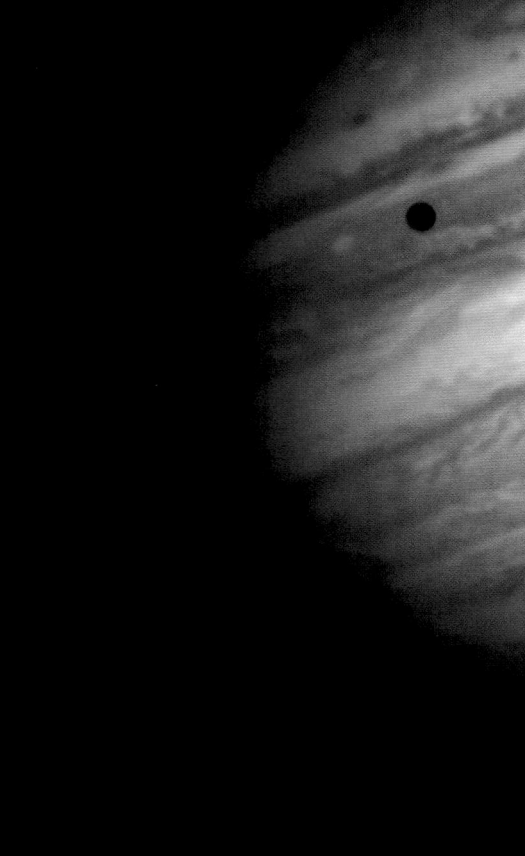

Descubierto por los astrónomos Carolyn
y Eugene M. Shoemaker y David Levy el
24 de marzo de 1993, el cometa Shoemaker-Levy 9 fue el primer cometa que se
vio chocando con un planeta, alcanzando
a Júpiter entre el 16 y el 22 de julio de
1994. La imagen del cometa, que muestra
veintiún fragmentos, la tomó el HST el 17
de mayo de 1994. La fotografía de Júpiter
es del 18 de mayo de 1994. La mancha
negra del planeta corresponde a la sombra
de la luna interior Ío.

DERECHA Uno de los descubrimientos a raíz de la visita a Júpiter fue que el planeta gaseoso tenía un complejo sistema de anillos. Aunque no son tan peculiares como los de Saturno, los anillos de Júpiter no resultan menos fascinantes. Este mapa ilustra su ubicación en el campo gravitatorio alrededor del planeta.

Halo

Anillos principales

Anillos de gasa

Amaltea

Adrastea

Metis

Tebas

ABAJO La nave Juno, lanzada en 2011, es la visitante más reciente de Júpiter, y lleva explorando el planeta más grande del sistema solar desde 2016. Esta imagen muestra las capas de nubes del instrumento JunoCam durante una aproximación muy estrecha a Júpiter de marzo de 2022. El científico ciudadano Thomas Thomopoulos creó esta imagen en color mejorado con datos sin procesar de la JunoCam. Cuando se tomó la imagen original, la nave Juno se encontraba unos 71000 kilómetros por encima de la capa de nubes de Júpiter, a una latitud de unos 55 grados sur, y quince veces más cerca que Ganímedes, que orbita a unos 1,1 millones de kilómetros de Júpiter.

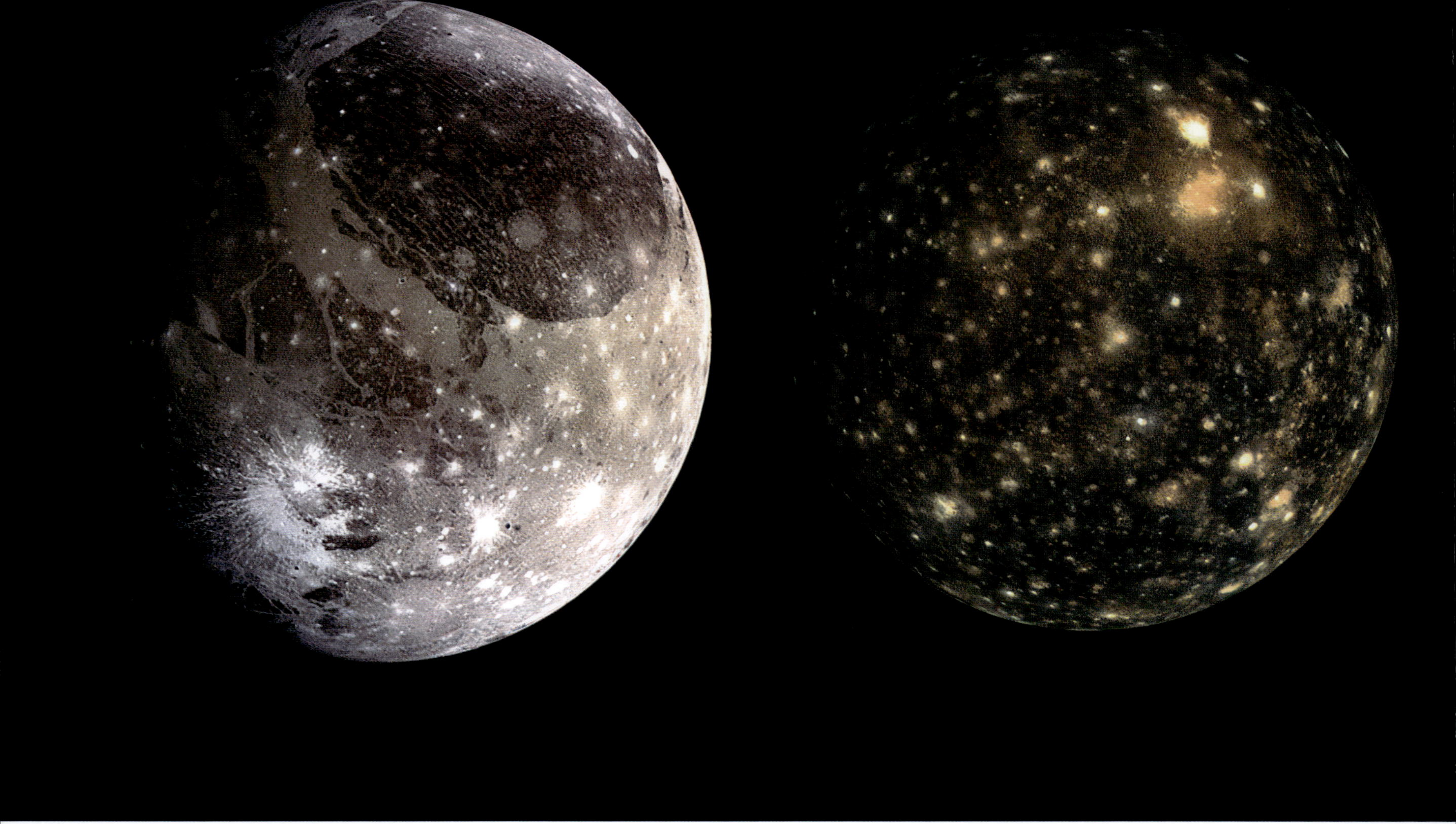

EDWARD C. STONE (1936-2024)

Nombrado científico jefe de la misión Voyager por la NASA en 1972, Edward C. Stone dirigió la actividad científica del programa a lo largo de más de veinte años. Su labor ayudó a marcar el inicio de la era de la exploración planetaria exterior en la década de 1970. Entre 1991 y 2001, fue el director del Laboratorio de Propulsión a Reacción, lo que no impidió que siguiera colaborando en el programa Voyager. Supervisó la misión interestelar Voyager en la primera parte de este siglo y fue un prestigioso científico planetario hasta su muerte.

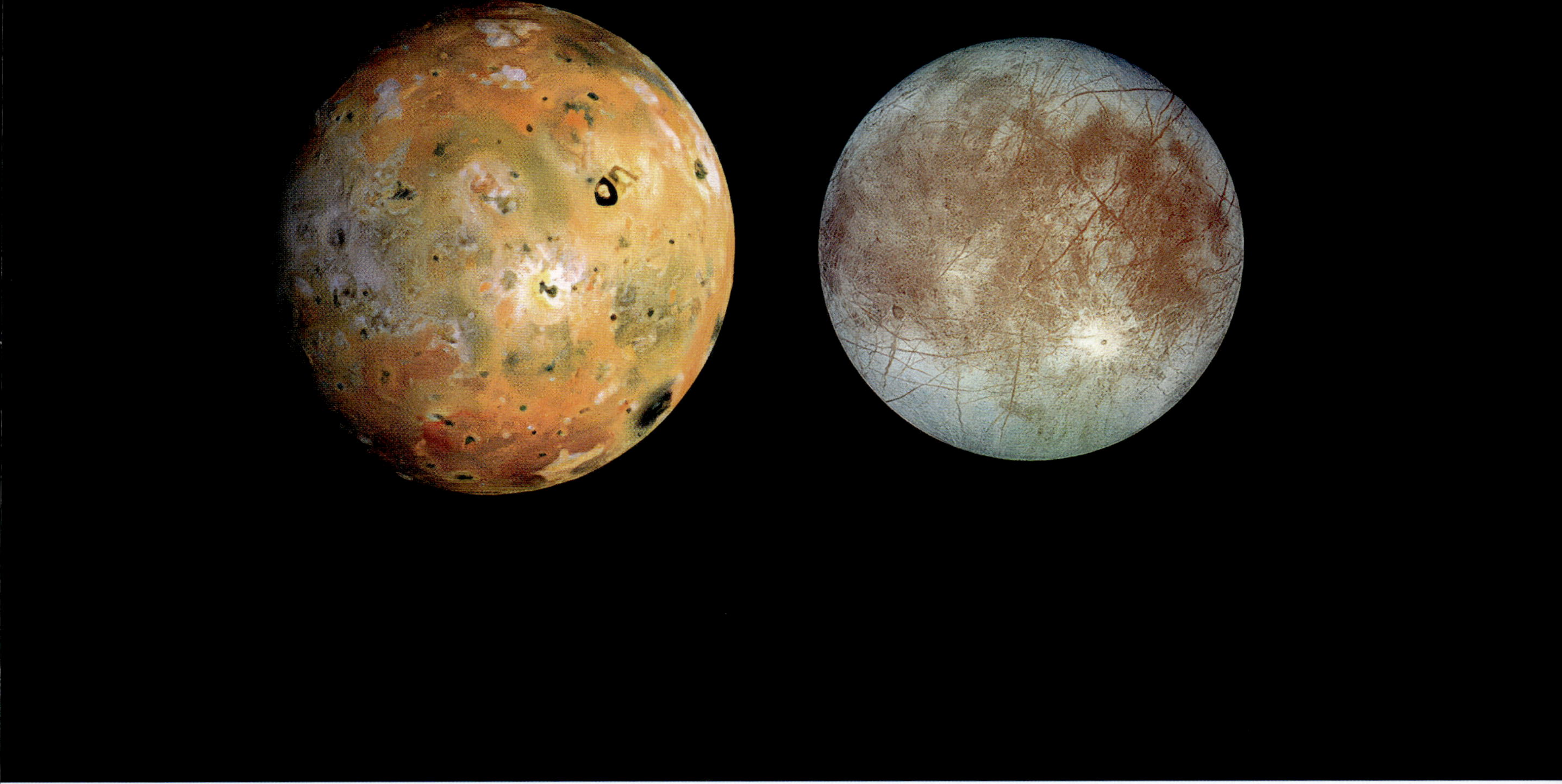

ARRIBA Las cuatro lunas más grandes de Júpiter en sus tamaños relativos. De izquierda a derecha: Calisto, Ganímedes, Ío y Europa.

DERECHA Esta composición infrarroja en falso color revela partículas de neblina a distintas altitudes como se ven con la luz sola reflejada. Se tomó con la cámara de infrarrojo cercano del Telescopio Gemini el 18 de mayo de 2017, en colaboración con la investigación de Júpiter de la misión Juno de la NASA.

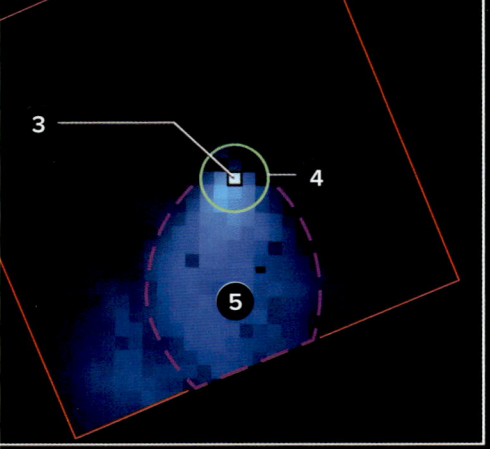

Desde las misiones Galileo y Cassini a Júpiter y Saturno, los científicos han seguido aprendiendo mucho de ambos planetas. El Telescopio Espacial James Webb (JWST) ha revelado detalles sobre cómo la luna Encélado alimenta con agua todo el sistema de Saturno y sus anillos a través de movimientos gravitatorios de partículas de cuerpo a cuerpo en el sistema planetario. Encélado, en la imagen junto a Saturno, aparece destacada en el recuadro de la izquierda junto con indicaciones del agua. Lo más sorprendente es la pluma de vapor de agua azul claro que se ve debajo de Encélado. La presencia de anillos de agua (un círculo giratorio

de material alrededor de un eje, similar al agua dando vueltas por el desagüe) es notable, lo que podría ser un indicador de la posible presencia de vida en el sistema de Saturno.

1. Anillo de agua de Encélado
2. Encélado
3. Encélado
4. Campo gravitatorio de Encélado
5. Vapor de agua

El análisis espectral inferior incluye datos recopilados en la longitud de onda, ilustrando el vapor de agua registrado por los instrumentos del JWST.

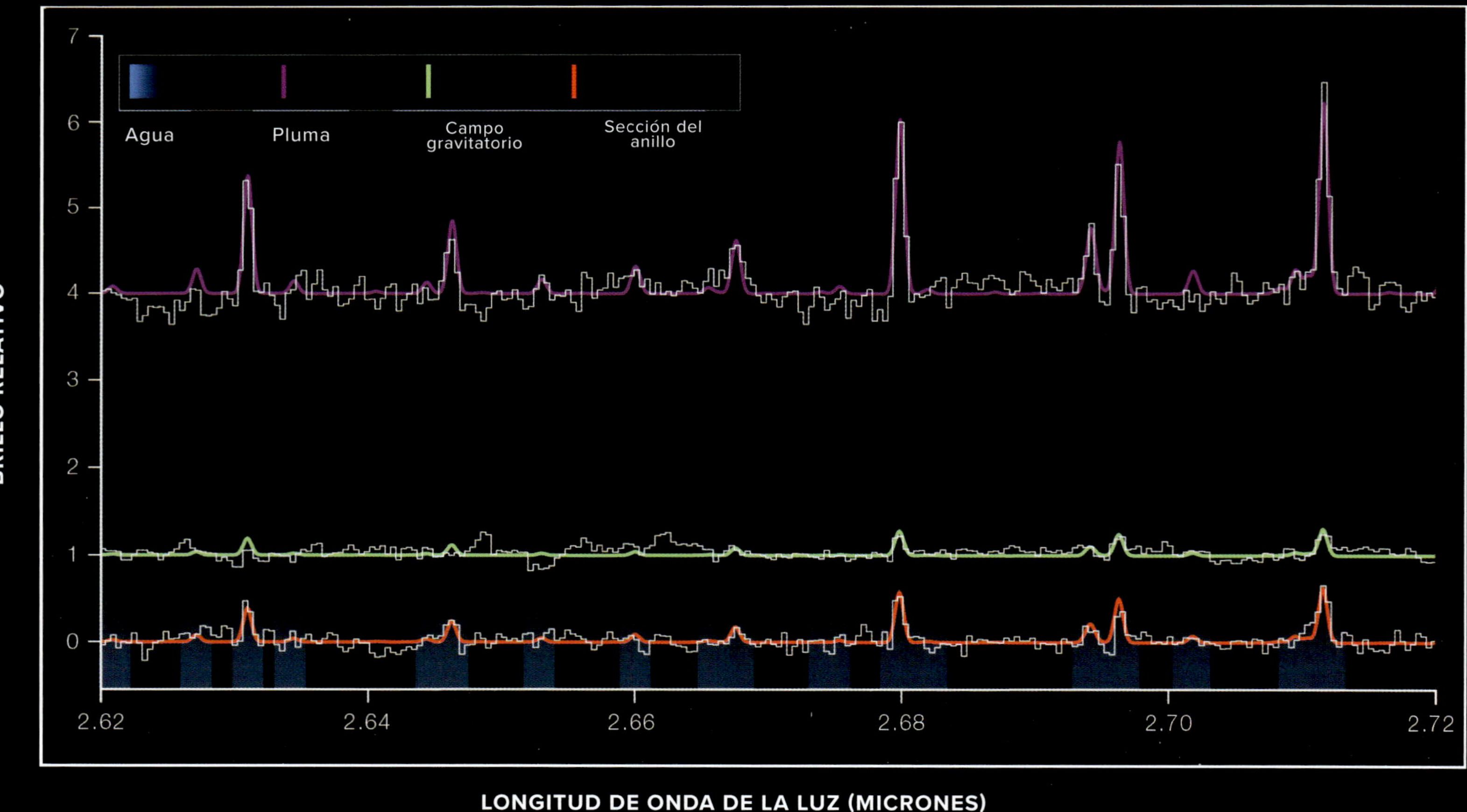

Agua Pluma Campo gravitatorio Sección del anillo

LONGITUD DE ONDA DE LA LUZ (MICRONES)

Esta sorprendente imagen combinada del JWST, tomada en 2022, se obtuvo con la Cámara de Infrarrojo Cercano (NIRCam) del JWST con dos filtros, el F212N (naranja) y el F335M (cian), y muestra el sistema de Júpiter con sus anillos y lunas.

1. Pico de difracción de Ío
2. Amaltea (luna)
3. Adrastea (luna)
4. Anillos
5. Aurora boreal
6. Difracción de la aurora
7. Aurora austral
8. Difracción de la aurora

«Desde la década de 1970, el gigante gaseoso Júpiter, situado más allá de Marte y del Cinturón de Asteroides, ha recibido siete visitas: las de las Pioneer 10 y 11, las Voyager 1 y 2, una misión orbital extendida de la Galileo, un vuelo de reconocimiento de la New Horizons, y otro orbitador, Juno».

COMETAS, ASTEROIDES Y CUERPOS HELADOS

Los cometas, los asteroides y los cuerpos helados son algunos de los objetos más fascinantes del sistema solar. El Cinturón de Asteroides se encuentra entre los planetas terrestres del sistema solar interior y los gigantes gaseosos del exterior, pero también hay muchos asteroides en el Cinturón de Kuiper, en las inmediaciones de la atracción gravitatoria del Sol.

Los científicos han descubierto más de 5000 cometas, pero esta cifra no deja de aumentar. Existen varios cometas conocidos que suelen volar cerca de la Tierra, como la lluvia de meteoros de las Perseidas que tiene lugar cada año, cuando la Tierra atraviesa la órbita del Swift-Tuttle. El cometa Halley, por ejemplo, se aproxima a la Tierra cada setenta y seis años. Desde los albores de la era espacial, la humanidad ha querido visitar varios cometas, y, en 1986, la visita periódica del cometa Halley permitió que un ejército de naves tomaran sus medidas.

MISIONES A COMETAS

Halley Armada Varias naves se encontraron con el cometa Halley en 1986, incluidas la Giotto (ESA), la Vega 1 y la Vega 2 (URSS/Francia), y la Suisei y la Sakigake (Japón).

International Cometary Explorer/International Sun-Earth Explorer 3 Lanzada el 12 de agosto de 1978, esta nave de la NASA voló a través de la cola del cometa Giacobini-Zinner, demostrando que los cometas son «bolas de nieve sucias» de hielo y roca.

Galileo Aunque no se había concebido como un explorador de cometas, esta sonda de Júpiter lanzada en 1989 proporcionó las únicas observaciones directas del espectacular impacto del cometa Shoemaker-Levy 9 con Júpiter entre el 16 y el 22 de julio de 1994, así como del asteroide Gaspra en 1991.

Ulysses Tampoco diseñada específicamente como un explorador de cometas, la Ulysses estudió los cometas Hale-Bopp y Hyakutake en mayo de 1996, cuando se encontró inesperadamente con la cola del Hyakutake cuando su núcleo se aproximaba al Sol.

Deep Space 1 Lanzada por la NASA en 1998, esta nave voló a 16 kilómetros del asteroide 1992 KD Braille al año siguiente y, posteriormente, se encontró con los cometas Wilson-Harrington y Borrelly.

CERES Y VESTA

CERES – 24 DE ENERO DE 2004

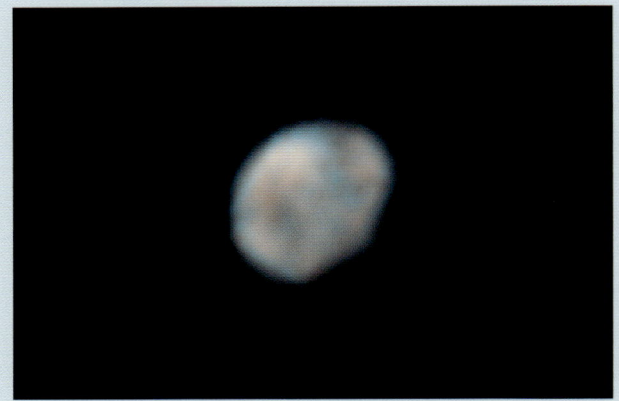

VESTA – 14 DE MAYO DE 2007

En 2007, el Telescopio Espacial Hubble (HST) de la NASA enfocó con sus cámaras dos de los cuerpos más grandes del sistema solar, Ceres y Vesta, ambos situados en el Cinturón de Asteroides, entre Marte y Júpiter. La imagen de Ceres revela regiones luminosas y oscuras de la superficie del asteroide que podrían ser rasgos topográficos, como cráteres, o zonas con materiales de superficie distintos. Ceres es un asteroide del tamaño de Texas que conforma un 40 % de la masa del Cinturón de Asteroides. A través del HST, los astrónomos cartografiaron el hemisferio sur de Vesta, una región dominada por un cráter de impacto gigantesco formado hace miles de millones de años por una colisión.

ARRIBA En 1986, la nave espacial Giotto de la ESA fue una de las primeras que sobrevoló y capturó el núcleo de un cometa al pasar junto al núcleo del Halley y fotografiarlo mientras se alejaba del Sol. A partir de los datos de la cámara de la Giotto, se generó esta imagen tan singular y mejorada del núcleo en forma de patata del cometa Halley, de 15 kilómetros de diámetro.

DERECHA Este mapa representa la trayectoria de la armada del Halley cuando sobrevoló el cometa del mismo nombre en 1986. El regreso del cometa Halley entre 1986 y 1987 generó tanto interés que se crearon varias misiones para visitar el célebre objeto. Al mismo tiempo, la nave ISEE-3 se rebautizó como ICE y se dirigió hacia otro cometa, el Giacobini-Zinner. La Unión Soviética también envió las sondas Vega 1 y 2 para interceptar al Halley. Ambas se lanzaron en diciembre de 1984 y realizaron vuelos de reconocimiento de Venus antes de llegar al cometa. La Vega 1 lo hizo el 6 de marzo de 1986, y la Vega 2, tres días después. En 1985, la nave europea Giotto se lanzó a la órbita solar para interceptar al Halley. Devolvió imágenes y otros datos durante una aproximación el 13 de marzo de 1986, aunque el impacto con partículas de polvo dañó algunos instrumentos, incluida la cámara. Tras el encuentro con el cometa Halley, la Giotto fue la primera nave del espacio profundo que voló cerca de la Tierra, recibiendo un impulso gravitatorio. Esto alteró su órbita para poder realizar un vuelo de reconocimiento del cometa Grigg-Skjellerup el 10 de julio de 1992.

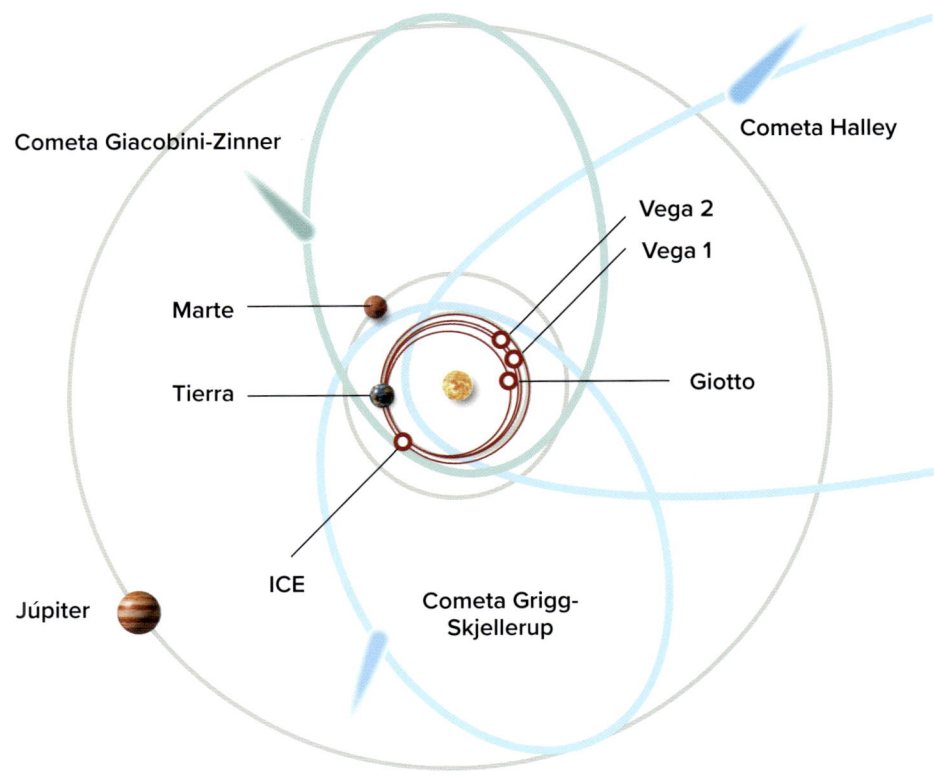

La nave Stardust, lanzada el 7 de febrero de 1999, sobrevoló el cometa Wild 2 y devolvió muestras a la Tierra en enero de 2006.

RECOGIDA DE POLVO COMETARIO

Este colector de polvo cometario, conocido como la «raqueta de tenis», se desplegó de la Stardust cuando volaba a través de la cola del cometa Wild 2. Después, el colector, que atrapó las partículas del cometa con aerogel, regresó a la Tierra en una cápsula para que las muestras pudieran analizarse científicamente. Los científicos hallaron tanto inclusiones de calcio y aluminio como cóndrulos en las muestras. Los cóndrulos son comunes en los meteoritos, hechos de gotas redondas de rocas que se fundieron y, después, se enfriaron rápidamente. Las inclusiones de calcio y aluminio son mucho más raras y poseen una inusual composición química e isotópica. El descubrimiento de ambos materiales demostró que la materia formada en el sistema solar interior había llegado al borde del sistema solar temprano, donde se formaron los cometas.

Stardust Esta nave, lanzada en 1999, pasó por el cometa Wild 2 y capturó partículas de polvo expulsadas de su supeficie, que devolvió a la Tierra en enero de 2006.

Rosetta Lanzada por la ESA el 2 de marzo de 2004, la Rosetta emprendió una misión de diez años para explorar el cometa 67P/ Churyumov-Gerasimenko, al que orbitó y observó durante dos años mientras se aproximaba al Sol. También pasó junto a dos asteroides: 2867 Steins en 2008 y 21 Lutecia en 2010.

Deep Impact-EPOXI Lanzada por la NASA en 2005, la Deep Impact liberó un pequeño impactador que se estrelló intencionadamente contra la superficie del cometa Tempel 1 y tomó medidas geofísicas. Después, pasó por el cometa Hartley 2 el 4 de noviembre de 2010, antes de llevar a cabo un estudio ampliado del cometa Garradd en 2012 y observar el cometa ISON en 2013.

New Horizons Lanzada por la NASA en 2006, esta nave exploró numerosos objetos del Cinturón de Kuiper, incluidos Plutón y sus lunas, antes de desplazarse a otros objetos, en especial Arrokoth (2014 MU69).

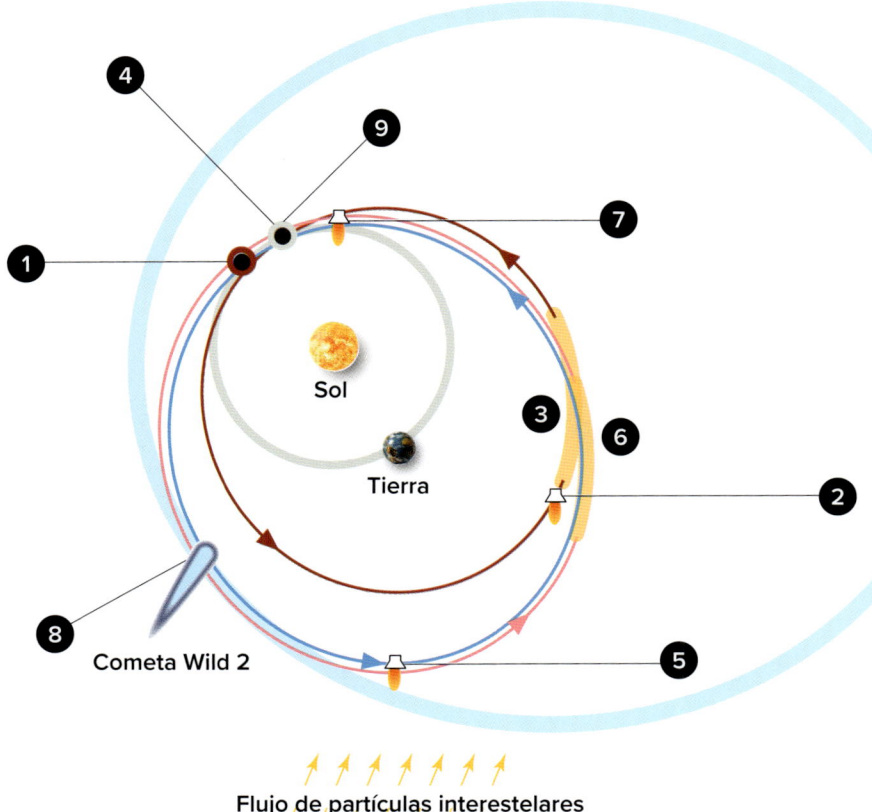

4
9
1
7
3
6
2
8
5

Sol

Tierra

Cometa Wild 2

↑ ↑ ↑ ↑ ↑ ↑ ↑
Flujo de partículas interestelares

La misión Stardust fue una de las más relevantes de la primera parte de este siglo. La sonda voló a través de la cola del cometa Wild 2 y devolvió muestras a la Tierra para analizarlas. La cápsula de retorno se expone actualmente en el Museo Nacional del Aire y el Espacio del Smithsonian Institute de Estados Unidos. Este mapa representa la trayectoria de la Stardust cuando viajó al exterior para encontrarse con el cometa. La órbita de la Tierra se muestra en gris, y la órbita del cometa Wild 2, en azul.

1. Lanzamiento desde la Tierra, 6 de febrero de 1999
2. Maniobra en el espacio profundo, marzo de 2000
3. Recolección de partículas interestelares, marzo-mayo de 2000
4. Asistencia gravitatoria de la Tierra, 15 de enero de 2001
5. Maniobra en el espacio profundo, noviembre de 2001
6. Recolección de partículas interestelares, julio-diciembre de 2002
7. Maniobra en el espacio profundo, julio de 2003
8. Encuentro con el cometa Wild-2, 2 de enero de 2004
9. Regreso a la Tierra, 15 de enero de 2006

— Trayectoria heliocéntrica 1
— Trayectoria heliocéntrica 2
— Trayectoria heliocéntrica 3

 Maniobras en el espacio profundo

 Recolección de partículas interestelares

DESCUBRIMIENTO DE ASTEROIDES

El objeto más grande del sistema solar identificado como un asteroide es Ceres. Con un diámetro aproximado de 945 kilómetros, se considera actualmente un planeta enano. Por tamaño, le siguen Vesta, Pallas e Higía, que oscilan entre los 400 y los 525 kilómetros de diámetro. El resto de los asteroides conocidos miden menos de 340 km de ancho. En cualquier caso, se han descubierto miles de estos objetos, y hay millones más. Estos cuerpos helados del sistema solar son más abundantes en el Cinturón de Asteroides y el Cinturón de Kuiper. Una pequeña parte termina chocando con la Tierra, pero la mayoría se incendia en la atmósfera terrestre.

Se han identificado unos ochenta asteroides con un diámetro superior a los 162 kilómetros, la mayoría en el Cinturón de Asteroides. Aunque la mayoría no supone ningún peligro para la Tierra, hay que rastrearlos, y se está trabajando a nivel internacional para ello.

Recientemente, la NASA realizó una insólita prueba tecnológica para desviar posibles asteroides y cometas asesinos que se dirijan a la Tierra. Su Double Asteroid Redirection Test (DART, por sus siglas en inglés) se enfrentó al asteroide Dimorphos el 26 de septiembre de 2022, impactando con él y cambiando modestamente su trayectoria. Si bien Dimorphos no se dirigía a la Tierra en ese momento, este vuelo demostró que era posible un desvío de este tipo. Dimorphos no era grande, solo medía 160 metros de diámetro. Orbita un cuerpo más grande de 780 metros llamado Dídimo, que, a su vez, orbita el Sol a una distancia de 1,0 a 2,3 ua una vez cada 770 días.

MISIONES A LOS ASTEROIDES

Galileo Esta nave se encontró con dos asteriodes cuando iba camino de Júpiter: 951 Gaspra, a 1600 kilómetros de distancia en 1991; y 243 Ida, al que identificó como el primer ejemplo conocido de asteroide con una luna propia. Posteriormente llamado Dáctilo, mide aproximadamente 1,5 kilómetros de diámetro y orbitaba a unos 100 kilómetros del centro de Ida.

Near-Earth Asteroid Rendezvous Shoemaker (también conocida como NEAR Shoemaker) Lanzada por la NASA en 1996, esta nave voló a 1212 kilómetros del asteroide Mathilde en junio de 1997. Se encontró con el asteroide Eros y aterrizó en él el 12 de febrero de 2001.

Deep Space 1 Lanzada en 1998, la Deep Space 1 pasó por el asteroide 9969 Braille in Julio de 1999. Durante un vuelo de reconocimiento a solo 26 kilómetros de distancia, sus instrumentos detectaron intrigantes similitudes en las características geológicas y superficiales de Braille y el asteroide Vesta, uno de los más grandes del sistema solar.

Stardust Construida para encontrarse con un cometa y retornar muestras, la Stardust también pasó a unos 3300 kilómetros del asteroide Annefrank en 2002, del que detectó que era irregular, tenía cráteres y medía unos 8 kilómetros de diámetro. Después, se encontró con el cometa Comet Wild 2, capturó partículas cometarias y regresó con ellas a la Tierra.

Hayabusa Lanzada el 9 de mayo de 2003 por la Agencia Japonesa de Exploración Aeroespacial (JAXA, por sus siglas en inglés), la Hayabusa era una sonda de retorno de muestras enviada al asteroide Itokawa. El 25 de noviembre de 2005, aterrizó con éxito en Itokawa. En abril de 2007, la Hayabusa emprendió su viaje de regreso a la Tierra, donde llegó el 13 de junio de 2010. Los controladores de la misión intentaron un aterrizaje con paracaídas en el interior de Australia Meridional, pero la nave se desintegró durante el reingreso y se incendió antes de llegar al suelo.

Rosetta La sonda de la ESA se lanzó en 2004, y pasó por 2867 Šteins en 2008 y por 21 Lutecia en 2010.

Dawn Lanzada en 2007, la Dawn emprendió una misión de 4900 millones de kilómetros y ocho años de duración. En agosto de 2011, se encontró con el asteroide Vesta y, en 2015, con el planeta enano Ceres, dos de los objetos más grandes del Cinturón de Asteroides.

Chang'e Lanzada por la Administración Espacial Nacional China el 13 de diciembre de 2012, esta sonda pasó a 3,2 kilómetros del asteroide 4179 Toutatis en una misión ampliada.

Hayabusa 2 La JAXA lanzó esta sonda en diciembre de 2014, y devolvió muestras del asteroide 162173 Ryugu el 5 de diciembre de 2020, antes de continuar su misión hasta 2032.

DESCUBRIMIENTOS DE LA STARDUST

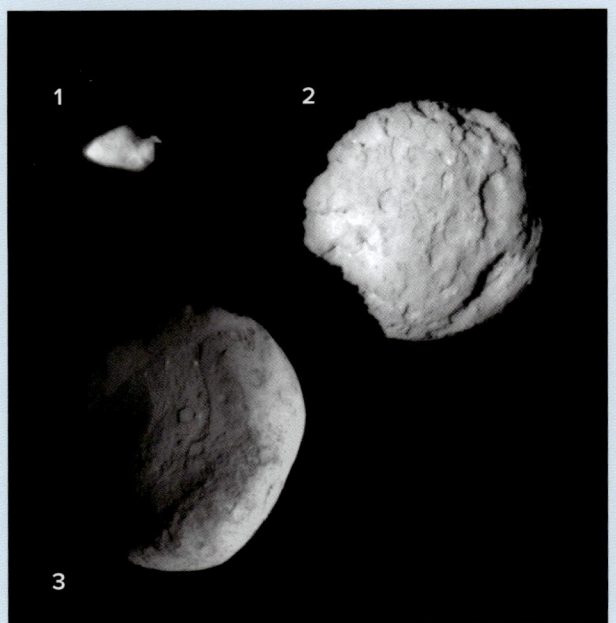

1   Annefrank
2   Wild 2
3   Tempel 1

El asteroide Annefrank es uno de los varios objetos visitados por la misión Stardust. De tamaño modesto, se ve como un cuerpo de forma irregular con cráteres en esta fotografía que tomó la nave Stardust de la NASA durante el vuelo de reconocimiento del asteroide del 2 de noviembre de 2003. La Stardust voló a unos 3300 kilómetros del asteroide a modo de ensayo del encuentro de la nave con su objetivo principal, el cometa Wild 2, en enero de 2004 y, después, con el Tempel 1. La resolución de la cámara fue suficiente para revelar que Annefrank mide 8 kilómetros de largo, el doble de lo que habían predicho las observaciones terrestres. La superficie refleja entre un 0,1 y un 0,2 % de luz solar, algo menos de lo que se creía. Pueden verse algunos cráteres de centenares de metros de diámetro, mientras que el borde recto del lado derecho de la imagen podría ser un artefacto del procesamiento de la imagen.

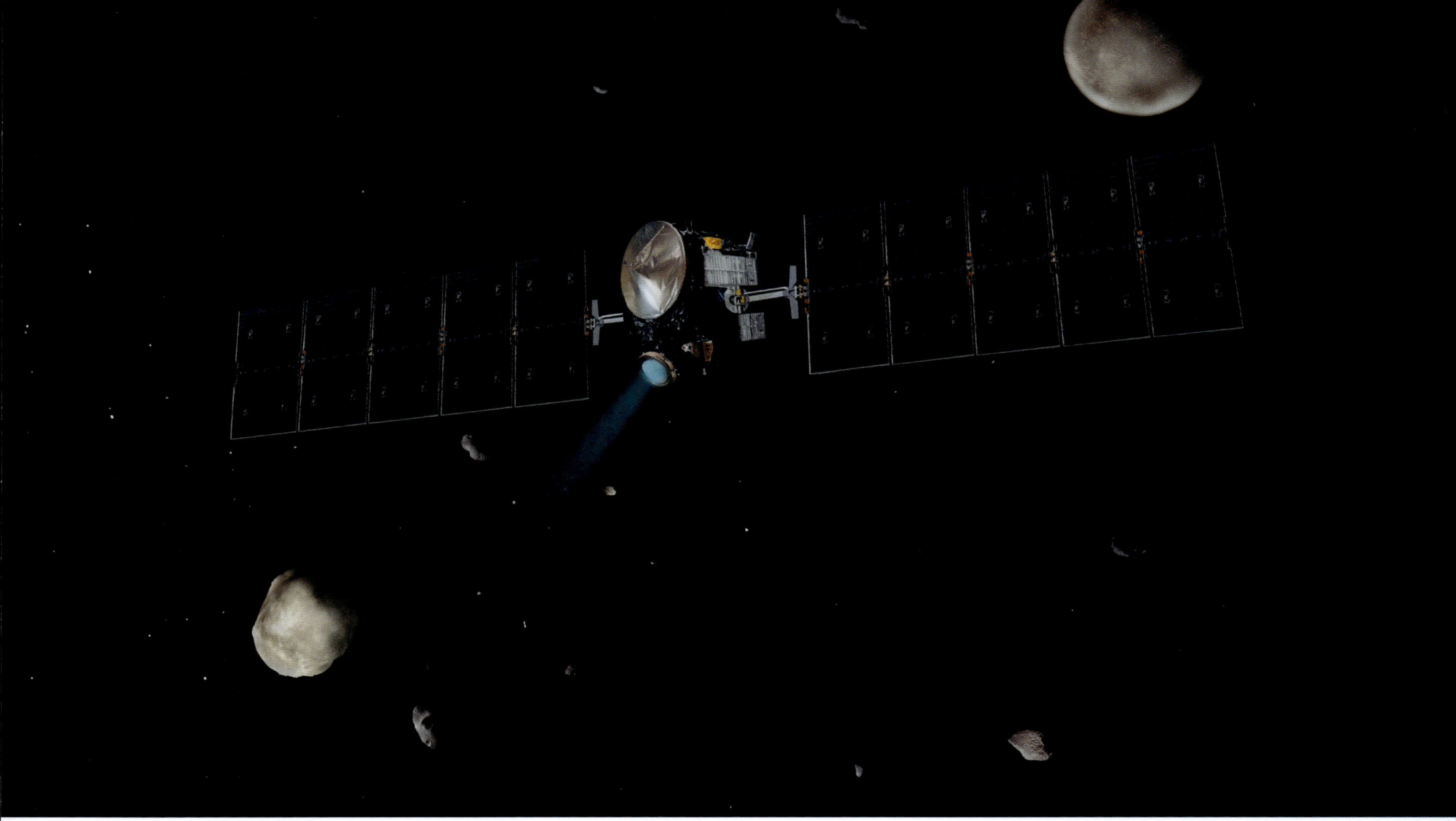

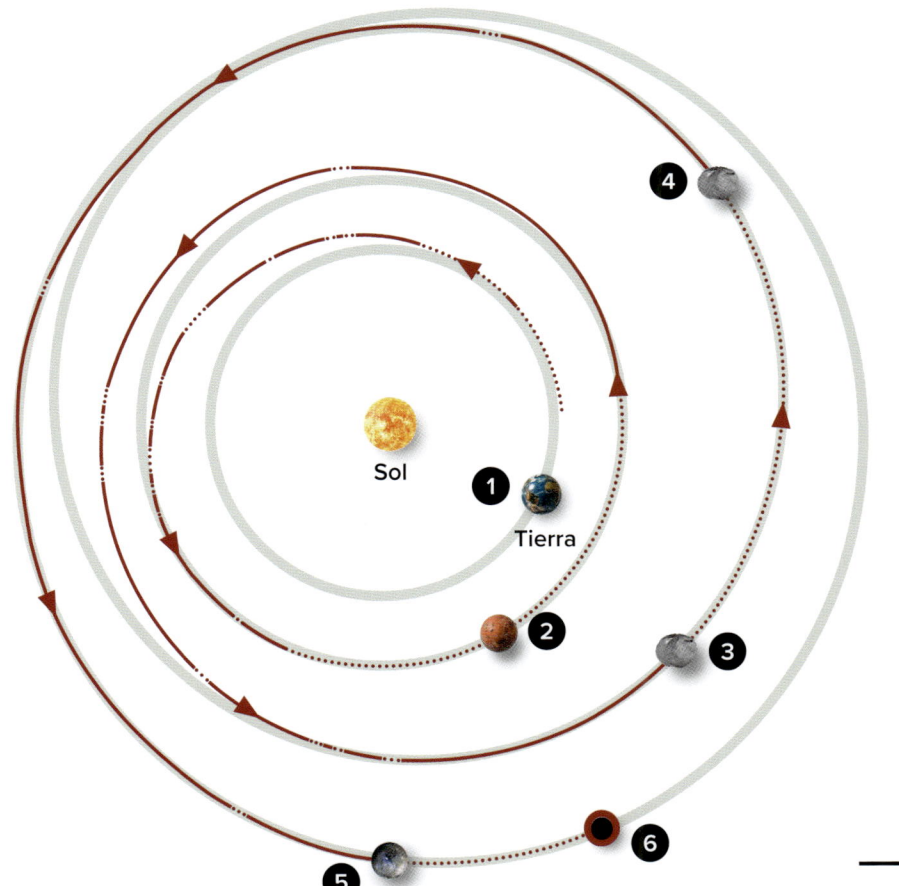

ARRIBA La nave espacial Dawn de la NASA orbitó Vesta durante catorce meses entre 2011 y 2012, antes de desplazarse a Ceres. La misión Dawn fue dinámica por el hecho de que fue la primera nave que entró en órbita alrededor de dos destinos de nuestro sistema solar más allá de la Tierra.

IZQUIERDA La sonda Dawn utilizó pequeños propulsores para alcanzar la trayectoria precisa para visitar los dos objetos, Ceres y Vesta, del Cinturón de Asteroides entre Marte y Júpiter. Este mapa ilustra su trayectoria mientras se desplazaba al exterior para llevar a cabo su cometido. El uso de los propulsores también está indicado, y las órbitas se muestran en gris.

1. Lanzamiento, 27 de septiembre de 2007
2. Asistencia gravitatoria de Marte, febrero de 2009
3. Llegada a Vesta, agosto de 2011
4. Salida de Vesta, mayo de 2012
5. Llegada a Ceres, febrero de 2015
6. Fin de la misión, julio de 2015

Propulsores
encendidos

Propulsores
····· apagados

Sol

Tierra

OSIRIS-REx Lanzada por la NASA el 8 de septiembre de 2016, la sonda forma parte de una misión de retorno de muestras del asteroide 101955 Bennu. El 20 de octubre de 2020, descendió al asteroide y entró en contacto con él al tiempo que recogía muestras, que devolvió a la Tierra el 24 de septiembre de 2023.

Double Asteroid Redirect Test (DART) and LICIACube Lanzada en 2021, la DART evaluó el impacto cinético en el asteroide Dídimo. Además, llevaba a bordo un 6U CubeSat proporcionado por la Agencia Espacial Italiana para Dídimo, que se lanzó el 11 de septiembre de 2022, antes de que la DART chocara con el asteroide.

Lucy Lanzada en 2021, Lucy se diseñó para realizar vuelos de reconocimiento de ocho asteroides troyanos (un cinturón de asteroides principal y siete asteroides) que orbitaban por delante o por detrás de Júpiter a partir de finales de 2023.

Near-Earth Asteroid Scout (NEA Scout) Esta misión, lanzada en noviembre de 2022, empleó un 6U CubeSat y una vela solar para sobrevolar y devolver imágenes del asteroide próximo a la Tierra 2020 GE, que se calcula que mide entre 4 y 18 metros de ancho. Los controladores nunca obtuvieron contacto con la nave tras el lanzamiento.

Psyche (Discovery 14) Lanzada el 13 de octubre de 2023, esta misión de la NASA se dirige al asteroide 16 Psyche, donde lo orbitará y explorará el origen de los núcleos planetarios a partir de 2029.

PÁGINA SIGUIENTE El complejo viaje de la NEAR Shoemaker desde la Tierra hasta Eros se representa en este mapa de su trayectoria (rojo).

1   Lanzamiento, 17 de febrero de 1999
2. Vuelo de reconocimiento del asteroide Mathilde, 27 de junio de 1997
3. Maniobra en el espacio profundo, 3 de julio de 1997
4. Asistencia gravitatoria de la Tierra, 23 de enero de 1998
5. Vuelo de reconocimiento del asteroide Eros, 23 de diciembre de 1998
6. Maniobra en el espacio profundo, 3 de enero de 1999
7. Llegada a Eros, 12 de febrero de 2001
8. Órbita de la Tierra
9. Órbita de Eros

ABAJO IZQUIERDA La misión de retorno de muestras OSIRIS-REx al asteroide Bennu transmitió estas tres imágenes del hemisferio norte del objeto. La fotografía en gran angular (*izquierda*) muestra una zona de 180 metros de diámetro llena de rocas y un área relativamente plana en la parte superior derecha. Las zonas enmarcadas también se fotografiaron con una cámara distinta de la OSIRIS-REx. El resultado fueron dos imágenes (*derecha*) que muestran una zona de 15 metros de rocas (*arriba*) y una zona relativamente plana cerca (*abajo*).

ABAJO El 24 de septiembre de 2023, la cápsula de retorno de muestras de la OSIRIS-REx aterrizó en paracaídas en el Utah Test and Training Range gestionado por el Departamento de Defensa de Estados Unidos. Contenía muestras del asteroide Bennu, tomadas en octubre de 2020.

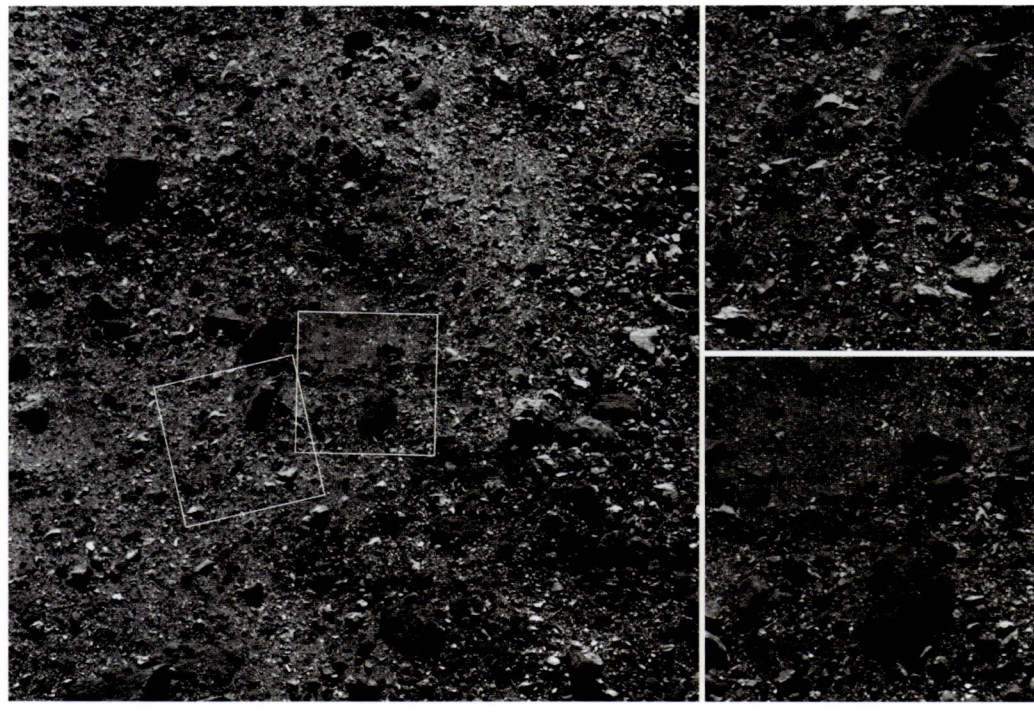

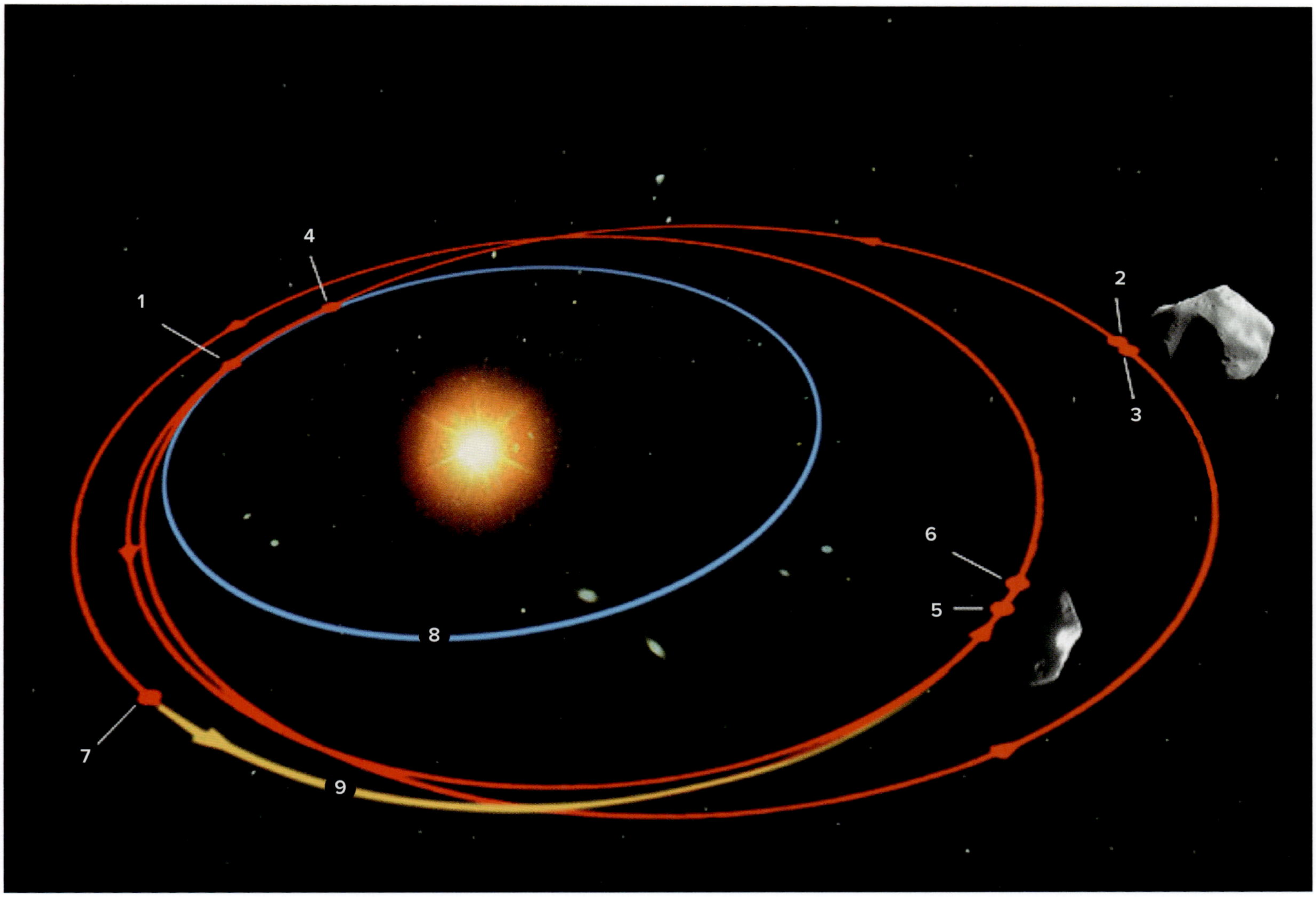

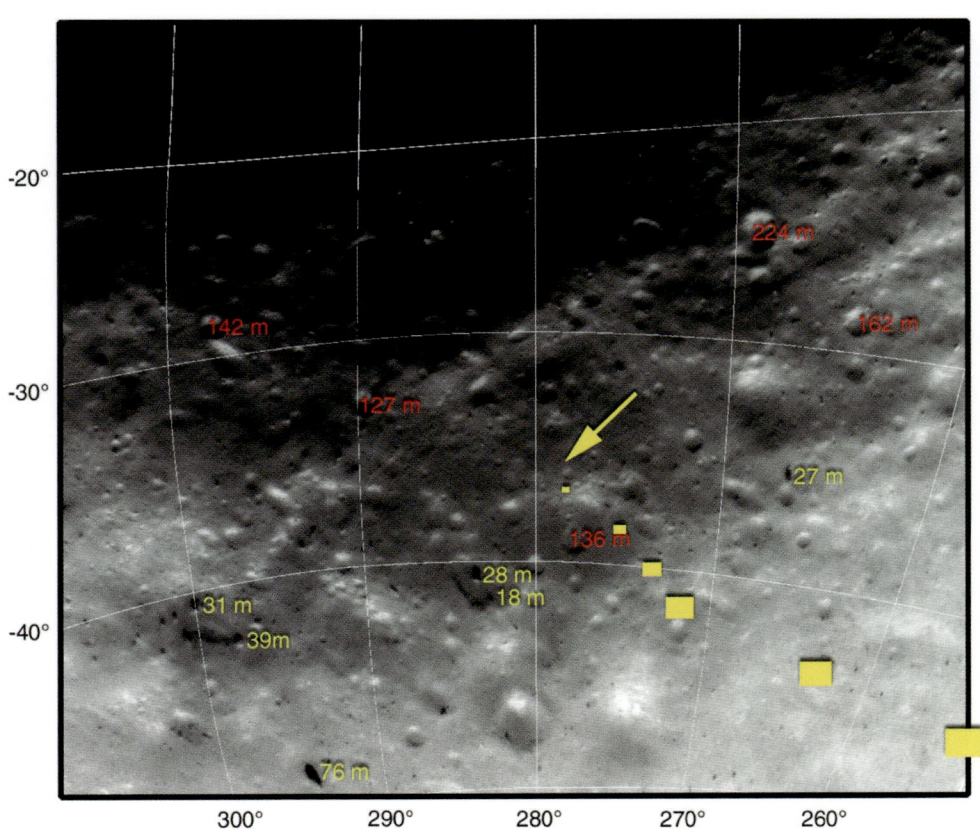

DERECHA La misión NEAR Shoemaker fue un éxito rotundo. Este mapa de la NEAR Shoemaker en Eros representa el lugar de aterrizaje previsto. El diámetro de los cráteres se indica en rojo, y el diámetro de las rocas, en amarillo. Los seis cuadros de «huellas» amarillos muestran el descenso de la NEAR Shoemaker a medida que se acerca a la superficie a 3000, 2500, 2000, 1500, 1000 y 500 metros, y la flecha amarilla marca el lugar de aterrizaje estimado. Las coordenadas del lado izquierdo del mapa son grados de latitud sur, y las de la parte inferior, grados de longitud oeste.

La nave Double Asteroid Redirection Test (DART) de la NASA antes de chocar con el asteroide Dídimo. La DART se diseñó para probar el posible impacto de hacer chocar deliberadamente una nave espacial con un asteroide para cambiar su trayectoria.

«Se han identificado unos ochenta asteroides con un diámetro superior a los 162 kilómetros, la mayoría en el Cinturón de Asteroides. Aunque la mayoría no supone ningún peligro para la Tierra, hay que rastrearlos, y se está trabajando a nivel internacional para ello».

ARRIBA Lanzada en 2014, la Hayabusa 2 es una misión de retorno de muestras de la JAXA que se encontró con el asteroide próximo a la Tierra 1999 JU3, también llamado Ryugu, en 2018. La Hayabusa 2 desembarcó en la superficie una sonda que llevaba tres róveres diminutos y devolvió muestras a la Tierra en diciembre de 2020.

ABAJO Observadas desde la antena de 70 metros del Goldstone Deep Space Communications Complex de la NASA en California y el Telescopio Green Bank de 100 metros de la Fundación Nacional de Ciencias (NSF) en Virginia Occidental, estas tres imágenes de radar del asteroide próximo a la Tierra 2003 SD220 se obtuvieron entre el 15 y el 17 de diciembre de 2018. De izquierda a derecha:

(1) 15 de diciembre, con el asteroide 2003 SD220 a 4,5 millones de kilómetros de la Tierra; (2) 16 de diciembre, el asteroide se acerca más, a 4,0 millones de kilómetros, y (3) el asteroide a 3,5 millones de kilómetros de la Tierra el 17 de diciembre. El asteroide pasó sin incidencias a unos 2,9 millones de kilómetros de la Tierra el sábado 22 de diciembre de 2018. Fue su máxima aproximación en más de cuatrocientos años.

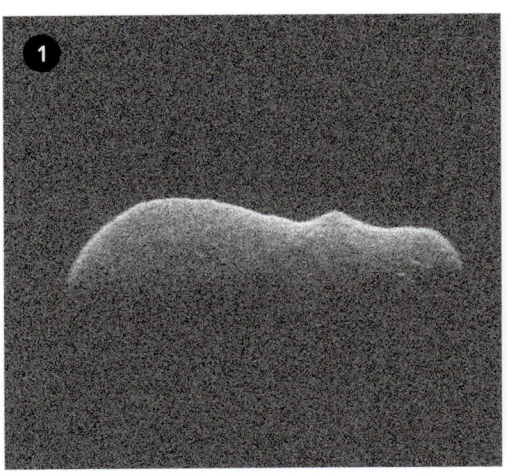
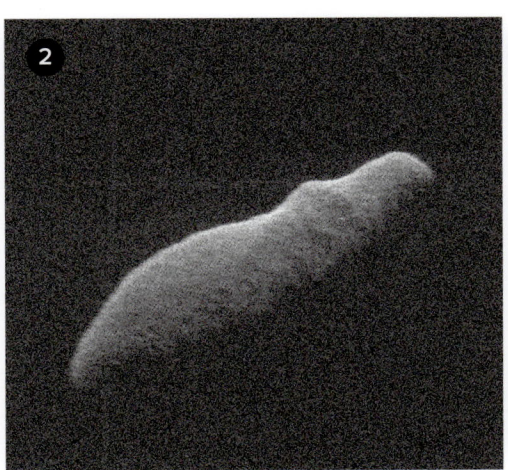
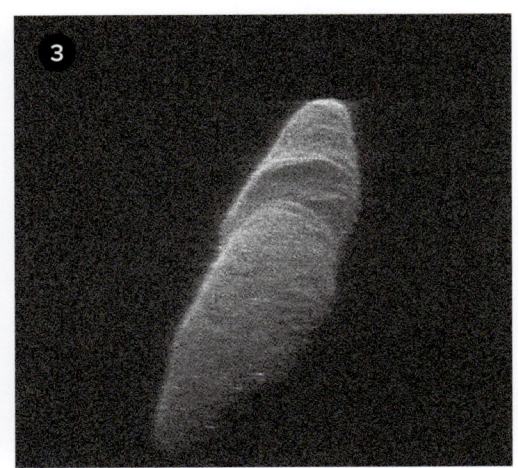

Inaugurada por la NASA como una misión científica a pequeña escala el 4 de enero de 2017, actualmente la sonda Psyche se encuentra de camino al asteroide metálico 16 Psyche, donde acumulará datos de su composición mediante un multiespectrómetro, un magnetómetro y un espectrómetro de rayos gamma. Lanzada en un cohete SpaceX Falcon Heavy el 13 de octubre de 2023, tiene que recorrer un largo camino (incluida una asistencia gravitatoria de Marte) para llegar al 16 Psyche en 2029. Una vez allí, tratará de ofrecer información sobre la geología, la forma, la composición, el campo magnético y la masa del asteroide, lo que dará claves sobre la formación planetaria. Compuesto principalmente de metales, el 16 Psyche ofrece nuevas oportunidades para comprender la formación de los planetas terrestres, incluida la Tierra.

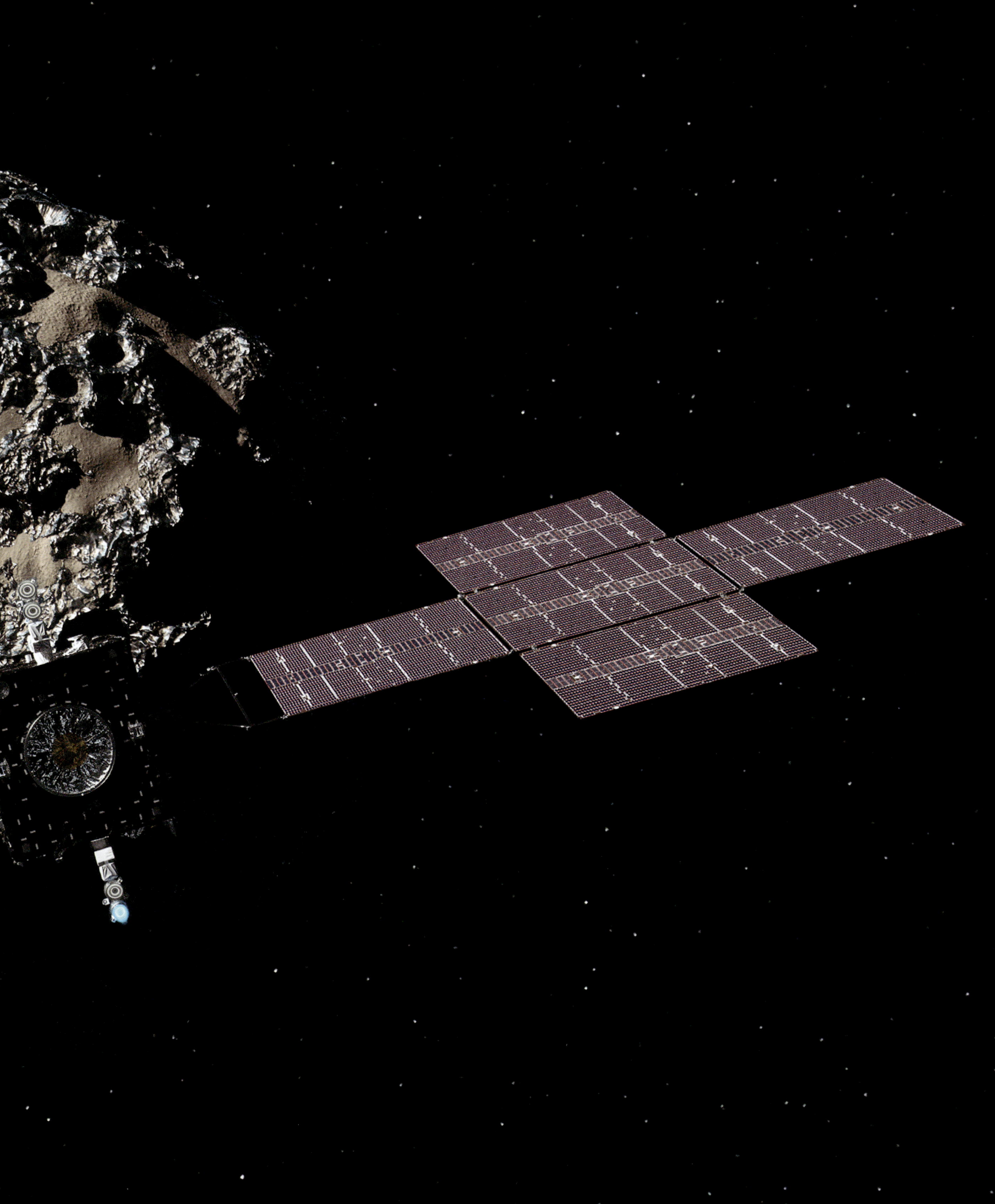

4 NUESTROS MUNDOS CERCANOS

Los astronautas a bordo de la Estación Espacial Internacional contemplan los mares, las nubes y la curvatura de la Tierra en esta imagen impresionante de nuestro planeta natal.

Hace mucho que los humanos observan de lejos los planetas Marte, Venus y Mercurio, y, a lo largo de los siglos, las mitologías, los ideales y las explicaciones de las características de los planetas han evolucionado. Cada uno de estos planetas se parecía lo bastante a la Tierra para generar expectativas de la posibilidad de que la vida, tal como la entendían los humanos, se desarrollara en ellos. Y, desde los orígenes de la era espacial en la década de 1950, todos han recibido la visita de varias sondas espaciales enviadas desde la Tierra. Lo que hemos aprendido a través de este proceso ha sido tanto asombroso como frustrante, sobre todo porque todavía tenemos que descubrir vida más allá de nuestro planeta.

La región del sistema solar entre Marte y Mercurio, que comprende los planetas terrestres de nuestro sistema, está dominada por pequeños planetas rocosos, algunos de los cuales se encuentran en una zona aparentemente habitable. La Tierra, naturalmente, rebosa vida, pero muchos han creído durante mucho tiempo que, antiguamente, Marte era un planeta acuático que podría haber albergado vida al menos durante parte de su existencia. Antes de mediados del siglo XX, la cultura popular apuntaba a la posibilidad de vida también en Venus, normalmente concebida como un entorno de estilo precámbrico en el que podía haber dinosaurios. Incluso Mercurio, más próximo al Sol, que durante mucho tiempo se creyó demasiado caliente y extremo para albergar en su superficie vida tal y como la conocemos, podría albergar formas de vida subterráneas.

De hecho, la búsqueda de vida más allá de la Tierra ha ensombrecido todos los aspectos de la exploración planetaria terrestre. Si bien la geología, el clima, las atmósferas y otras ciencias dominan todos los aspectos de la exploración espacial, la biología y la promesa de vida han sido un ingrediente persistente en la exploración de Marte y Venus y, hasta cierto punto, incluso de Mercurio.

Antes del siglo XX, la posibilidad de visitar estos planetas terrestres rocosos de la parte interior del sistema solar era remota. La llegada del telescopio en el siglo XVII permitió observar Marte, Venus, Mercurio y otros cuerpos cercanos con más claridad que hasta entonces, pero el conocimiento que se tenía de ellos seguía siendo muy rudimentario. La era espacial ofreció por primera vez en la historia de la humanidad la oportunidad de viajar a los planetas terrestres del sistema solar y explorarlos en profundidad. Las creencias arraigadas sobre los vecinos más próximos de la Tierra han cambiado y, en algunos casos, se han frustrado por la investigación continuada que se ha llevado a cabo desde los orígenes de esta notable era de la exploración.

En este capítulo narraremos la historia de la exploración de los planetas terrestres, empezando por Marte. A continuación, veremos la Tierra y su Luna, otro tema de estudio importante, y concluiremos el debate con Venus y Mercurio. La investigación sigue su curso, y depara sorpresas a cada paso.

FOTOGRAFÍA DE MARTE

Fabulado como el planeta rojo por su marcado tono rojizo, Marte fascina a la humanidad desde hace siglos. En 2016, los controladores terrestres enfocaron el planeta con la magnífica cámara del Telescopio Espacial Hubble (HST) en el momento de su oposición (máxima aproximación a la Tierra), a 80 millones de kilómetros de distancia. Es la mejor fotografía de Marte tomada desde un telescopio situado cerca de la Tierra, consiguiendo una escala espacial de 8 kilómetros por píxel. Para las generaciones anteriores, la coloración más clara y oscura de las formaciones del suelo (en realidad tierras altas y bajas de la superficie del planeta) demostraba que habían sido construidas por la vida inteligente que lo habitaba.

Los tamaños relativos *(de arriba izquierda, en la dirección de las agujas del reloj)* de Venus, Marte, la Tierra y la Luna. Aunque Venus está cubierto de nubes, que se han eliminado en esta imagen por radar de la sonda Magallanes de principios de la década de 1990, es casi del mismo tamaño que la Tierra. Marte es mucho más pequeño.

MARTE, UN PLANETA FASCINANTE

A lo largo de los siglos, Marte ha fascinado a los humanos por la posibilidad de que albergara vida tal y como la conocemos. En la era espacial, Marte es una de las grandes maravillas de un sistema solar lleno de atractivos.

Durante mucho tiempo, los deseos han dominado las ideas sobre Marte. En la antigüedad, el planeta se personificaba: los babilonios lo llamaban Nergal (el gran héroe, el rey de los conflictos), mientras que los egipcios se referían a él como Har Decher (el «Rojo»). Era sinónimo de combate y guerra. Lo mismo sucedía con los antiguos griegos y romanos, que lo llamaron como a su dios de la guerra.

En el siglo XX, muchos se aferraron al convencimiento de que en Marte había vida, puesto que el planeta orbita en la zona habitable del sistema solar, un lugar donde podría haber agua en estado líquido. Esta idea ha dominado el género de ciencia ficción sobre Marte, como la *Serie Marciana* (1911-1943) en once volúmenes de Edgar Rice Burroughs y las *Crónicas marcianas* (1950) de Ray Bradbury. La popularidad de estos folletines ha hecho que se lleven al cine y la televisión, como la miniserie *Crónicas marcianas* (1980) y la epopeya para la gran pantalla *John Carter* (2012) de Disney.

Cuando la primera nave espacial llegó a Marte en la década de 1960, la idea de hallar vida empezó a cambiar en la cultura popular. El descubrimiento de un paisaje similar a un cráter cuestionó las ideas preconcebidas de que Marte era un planeta parecido a la Tierra. Sin embargo, el deseo de hallar pruebas de la presencia de vida ha dominado muchas investigaciones científicas del planeta rojo, llamado así porque se ve de un tono rojizo a través de las observaciones telescópicas de la Tierra.

IZQUIERDA El carguero-planeador diseñado por el ingeniero aeroespacial estadounidense de origen alemán Wernher von Braun (1912-1977), parte de su propuesta de una misión tripulada por humanos a Marte.

PÁGINA SIGUIENTE Esta imagen en color, creada juntando más de mil imágenes de Marte tomadas por la nave espacial Viking, que visitó el planeta rojo en 1976, tiene una resolución de 1 kilómetro por píxel. La característica más destacada es el casquete polar y la larga línea situada justo debajo del ecuador del planeta. Llamada formalmente Valles Marineris, esta línea es un sistema de cañones que se extiende más de 4000 kilómetros a lo largo del plano ecuatorial marciano. Mide unos 200 kilómetros de ancho y hasta 7 kilómetros de profundidad. Valles Marineris es el cañón más largo conocido del sistema solar.

¿CANALES MARCIANOS?

Ciencia ficción aparte, muchos observadores dieron por buenos los informes de astrónomos como Giovanni Schiaparelli (1835-1910) sobre los canales de Marte, lo que suscitó todo tipo de especulaciones sobre las civilizaciones tecnológicamente complejas del planeta rojo. Esto llevó al escritor francés Camille Flammarion a especular en *Urania* (1889) cómo sería la vida allí: «Los habitantes aprovechan las inundaciones para regar vastas campiñas. Al efecto han rectificado, ensanchado y canalizado las aguas corrientes, habiendo en los continentes una red de canales inmensos».

El astrónomo estadounidense Percival Lowell (1855-1916) alimentó la idea de que en Marte había canales construidos por una compleja civilización en peligro de extinción. Autofinanció el Observatorio Lowell cerca de Flagstaff, Arizona, para facilitar el estudio del planeta y defendió hasta sus últimos días que en Marte había vida.

Las ilustraciones de las revistas solían representar el planeta como una red de canales. En 1944, los editores de la revista *Life* informaron a los lectores que estos servían para regar parcelas de vegetación «que cambian del verde al marrón en ciclos estacionales». Por su parte, el escritor científico estadounidense de origen alemán Willy Ley aseguró a los lectores en un artículo de 1952 de la revista *Collier's* que con toda seguridad existían «líquenes y algas» en Marte. La idea de una forma de vida compleja permaneció indeleble en la imaginación popular, y aún queremos seguir creyendo que en algún momento el planeta albergó alguna forma de vida.

DERECHA Este mapa de 1967, que incluye seis proyecciones ortográficas de Marte, muestra la información más detallada de la superficie del planeta que existía en la época. Incluso entonces, las formaciones podían interpretarse como canales. Las zonas indicadas aquí representan regiones geográficas que los astrónomos empezaron a utilizar para identificar ubicaciones del planeta. Muchas eran versiones de antiguos nombres clásicos. La nomenclatura geográfica más extensa de Marte es el resultado del trabajo del astrónomo italiano Giovanni Schiaparelli.

ABAJO DERECHA Creado entre 1877 y 1888, el dibujo de los dos hemisferios de Marte de Schiaparelli dio pie a la creencia de que unos seres inteligentes habían construido canales para llevar el agua de los polos a una región ecuatorial árida. El astrónomo asumió erróneamente que esto se debía a los cambios estacionales de la vegetación, pero, de hecho, los acantilados son fruto de intensas tormentas de polvo.

MAPAS DEL SIGLO XIX DE MARTE Y SUS CANALES

Giovanni Schiaparelli y Percival Lowell prepararon mapas de la superficie de Marte que alimentaron la especulación sobre la vida en el planeta rojo. Schiaparelli trazó el primer mapa detallado, en el que dio nombre a sus «mares» y «continentes». Mostraba claramente lo que algunos pensaban que eran canales y dio credibilidad a la idea equivocada de que el planeta era más parecido a la Tierra de lo que era en realidad.

Lowell escribió tres libros sobre el tema: *Mars* (1895), *Mars and its Canals* (1906) y *Mars as the Abode of Life* (1908). En ellos, insistió en que Marte era un planeta moribundo cuyos habitantes habían construido un extenso sistema de canales para distribuir el agua de las regiones polares a los núcleos de población. Este mapa corresponde a *Mars as the Abode of Life*, y muestra los canales que Lowell creyó que existían en la superficie marciana.

Pese a su popularidad, pocos astrónomos dieron credibilidad a los argumentos de Lowell. El astrónomo italiano Vincenzo Cerulli (1859-1927) llegó a la conclusión de que dichos canales no eran más que ilusiones ópticas. Sin embargo, nadie logró convencer a Lowell de que lo que veía en Marte no era fruto de una compleja civilización, unos malentendidos que no terminaron hasta la llegada de la primera nave espacial al planeta en la década de 1960.

PROPONTIS
ARCADIA
TEMPE
MARE ACIDALIUM
CYDONIA
DIOSCURIA
UTOPIA
PANCHAIA
CEBRENIA
NIX OLYMPICA
AMAZONIS
CANDOR
XANTHE
CHRYSE
MOAB
ARABIA
AERIA
ELYSIUM
AETHIOPIS
MEMNONIA
MARE SIRENUM
MARE CIMMERIUM
THAUMASIA
MARE ERYTHRAEUM
NOACHIS
AONIUS SINUS
PHAETHONTIS
ARGYRE
OGYGIS REGIO
HELLAS
AUSONIA
ERIDANIA
ELECTRIS
MARE AUSTRALE
MARE CHRONIUM

Süd
Nix 1877
MARE AUSTRALE
Argyre
Noachis
Hellas
MARE ERYTHRAEUM
Ogygis Regio
Ausonia
Japygia
SYRTIS MAJOR
Libya
Sabaeus Sinus
Aurorae Sinus
Solis Lacus
Lacus Niliacus
Tempe
MARE ACIDALIUM
Lacus Hyperboreus
Nix 1888
Nord
Süd
MARE AUSTRALE
Thyle I
Thyle II
MARE CHRONIUM
MARE SIRENUM
MARE CIMMERIUM
MARE TYRRHENUM
Hesperia
Ausonia
Nodus Gordii
Trivium Charontis
Elysium
Propontis
Nix 1888
Nord

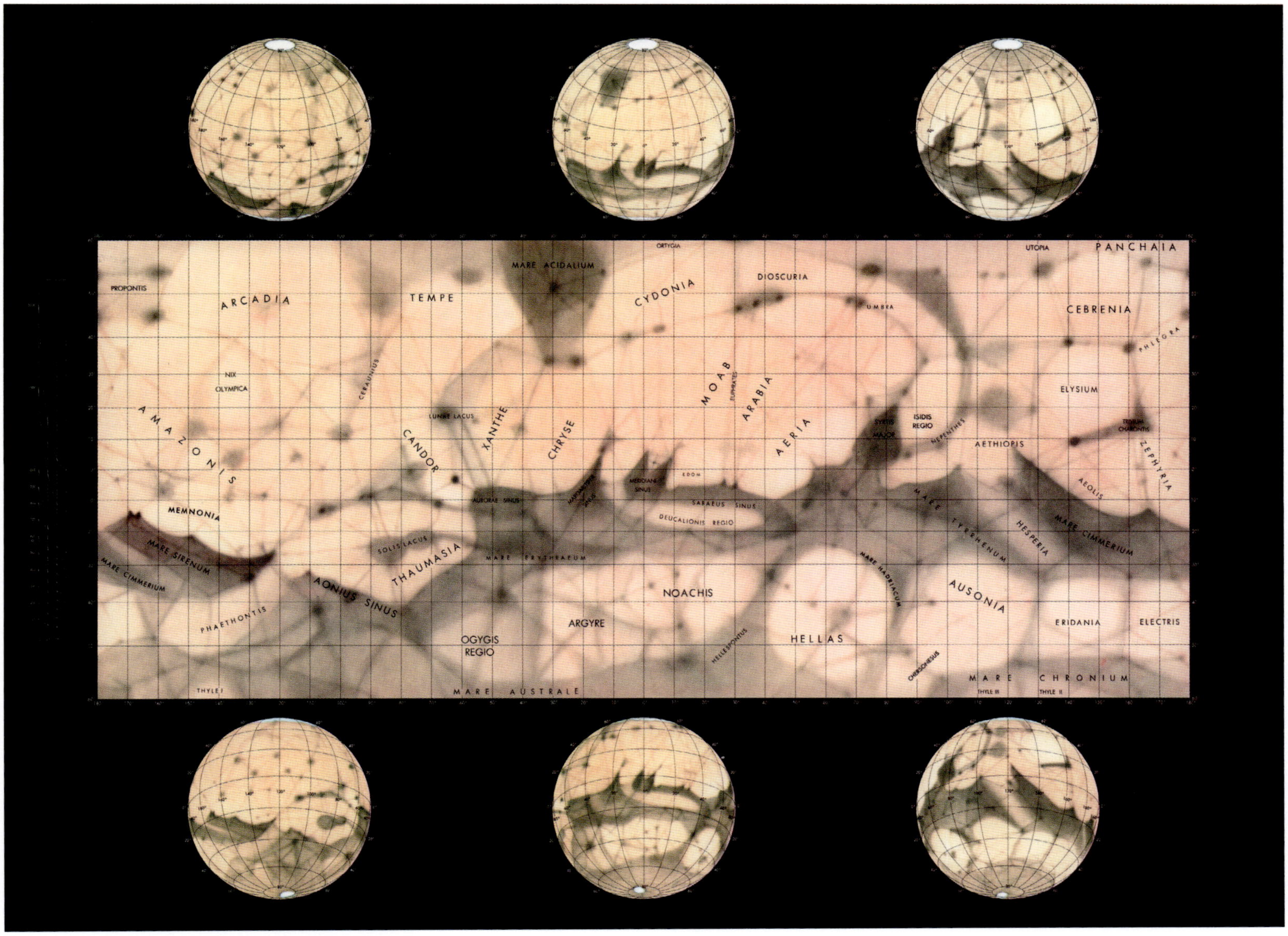

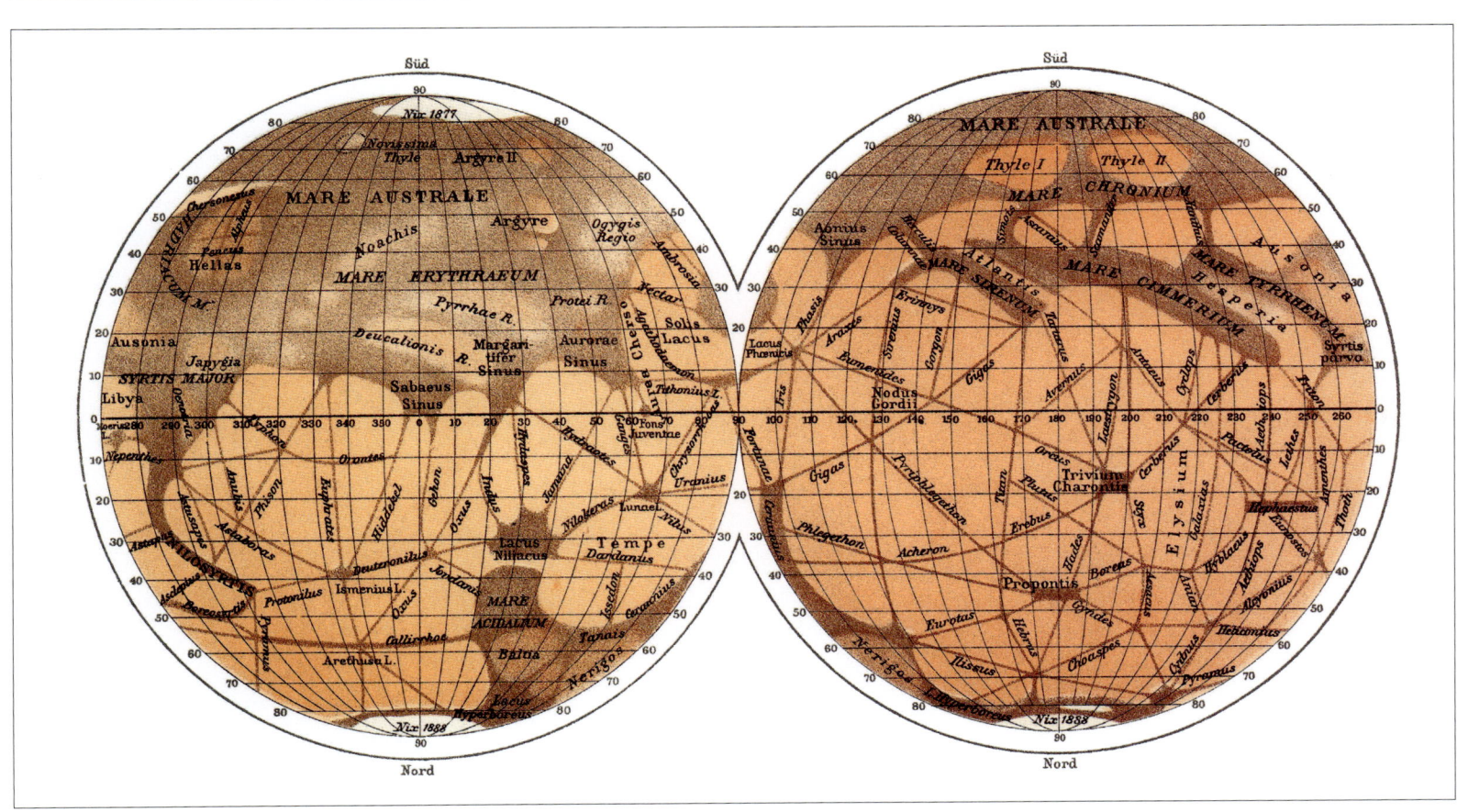

PRIMERAS MISIONES A MARTE

En plena Guerra Fría, uno de los primeros objetivos de los programas espaciales de estadounidenses y soviéticos fue Marte, adonde enviaron varias sondas a lo largo de la década de 1960. Puesto que ambos países tuvieron muchos fracasos, aprendieron que para llevar a cabo con éxito esas misiones deberían afrontar muchas dificultades.

La Unión Soviética envió la primera nave espacial a Marte en la década de 1960. Entre octubre de 1960 y noviembre de 1964, se lanzaron seis misiones (cuatro vuelos de reconocimiento, un lánder y un impactador), pero ninguna de ellas salió bien. Finalmente, en 1971, la Unión Soviética llegó a Marte con sus orbitadores Mars 2 y Mars 3. Aunque no puede decirse que la misión fuera todo un éxito, puesto que los lánderes no llegaron al planeta rojo, las naves mandaron sesenta imágenes de Marte.

A lo largo de la primera década de la era espacial, Estados Unidos tampoco registró muchos logros o éxitos con las misiones robóticas a Marte, y perdió dos de sus seis sondas antes de que llegaran al planeta. Finalmente, el 15 de julio de 1965, la Mariner 4 sobrevoló Marte a 9846 kilómetros de distancia y capturó veintiún primeros planos. En esas fotografías se apreciaba un planeta sin estructuras ni canales, nada que recordara ni siquiera remotamente a un diseño creado por vida inteligente.

En base a esta información, el semanario estadounidense *US News & World Report* anunció en su número del 9 de agosto de 1965 que «Marte está muerto». Incluso el presidente Lyndon B. Johnson declaró que «la vida tal y como la conocemos con su humanidad es más única de lo que muchos creían».

Las Mariner 6 y 7, lanzadas en 1969, también fotografiaron el planeta rojo, pero fue la Mariner 9 la que entró en la órbita marciana y proporcionó datos relevantes en 1971 y 1972. Los científicos del Laboratorio de Propulsión a Reacción (JPL, por sus siglas en inglés) de la NASA en Pasadena, California, procesaron las imágenes de la Mariner 9 en unos globos que mostraban los sutiles detalles revelados por la nave, como los vestigios de antiguos lechos fluviales y barrancos en medio del desolado paisaje (*véase* pág. 230). Terminados en septiembre de 1973, los globos ilustraban mejor que cualquier otra cosa las características geológicas del planeta y ayudaron a planificar las misiones a Marte a partir de entonces.

La nave espacial Mariner 4 de la NASA se superpuso en una ilustración de Marte para anunciar la misión de 1965.

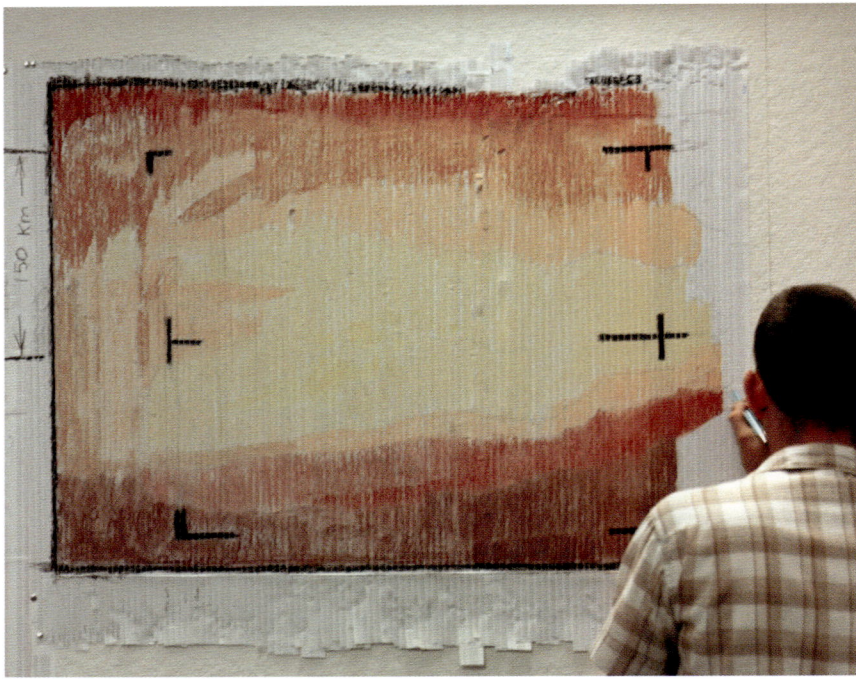

ARRIBA Una máquina de traducción de datos en tiempo real convirtió los datos de las imágenes digitales de la Mariner 4 en números impresos en tiras de papel. Después, los ingenieros del JPL de la NASA colocaron las tiras una al lado de la otra en un panel y colorearon a mano los números como en una pintura por números, con lo que obtuvieron tanto una obra de arte como la primera imagen digital del espacio. Los técnicos del JPL enmarcaron la imagen obtenida y la presentaron al director, William Pickering.

ARRIBA Un sencillo dispositivo de almacenamiento en cinta como este se utilizó en la Mariner 4 para grabar imágenes del planeta rojo, que luego se retransmitían a la Tierra a través del sistema de comunicaciones.

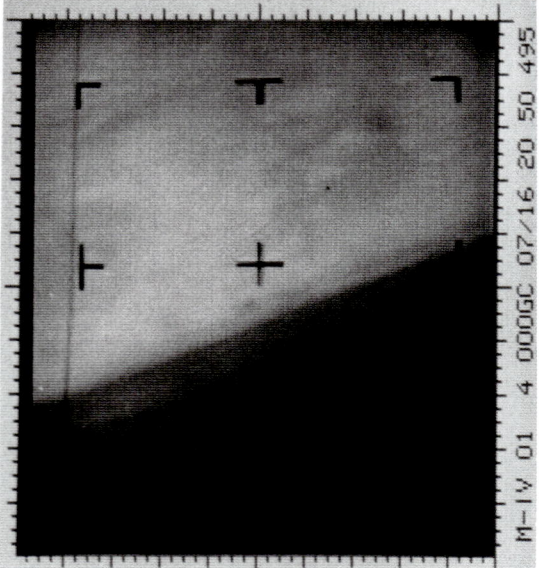

ARRIBA Versión en contraste mejorada de la primera fotografía de Marte difundida por la Mariner 4 el 15 de julio de 1965. Esta primera imagen en primer plano de otro planeta se transmitió digitalmente desde la nave espacial a la Tierra con datos almacenados en una grabadora de a bordo para su posterior transmisión.

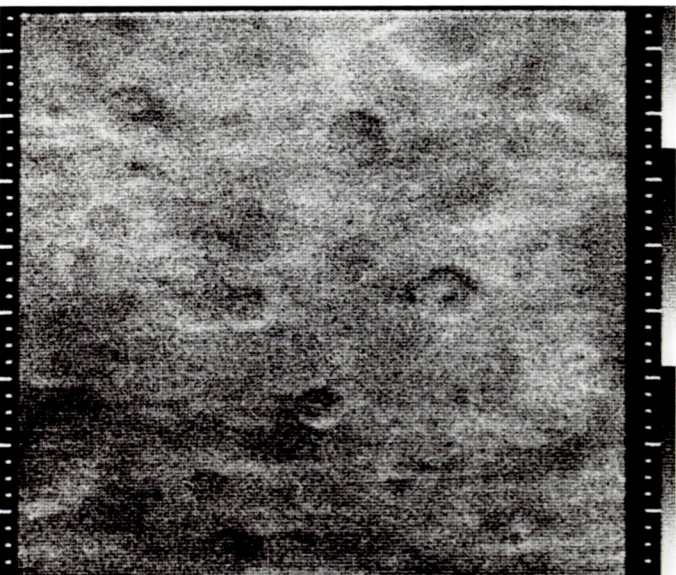

ARRIBA En esta fotografía de la Mariner 4 se aprecian claramente los cráteres de Marte, que recuerdan más a un paisaje lunar que a otra cosa. Fue la imagen que más influyó a la hora de invalidar la idea de que el planeta podía ser habitable.

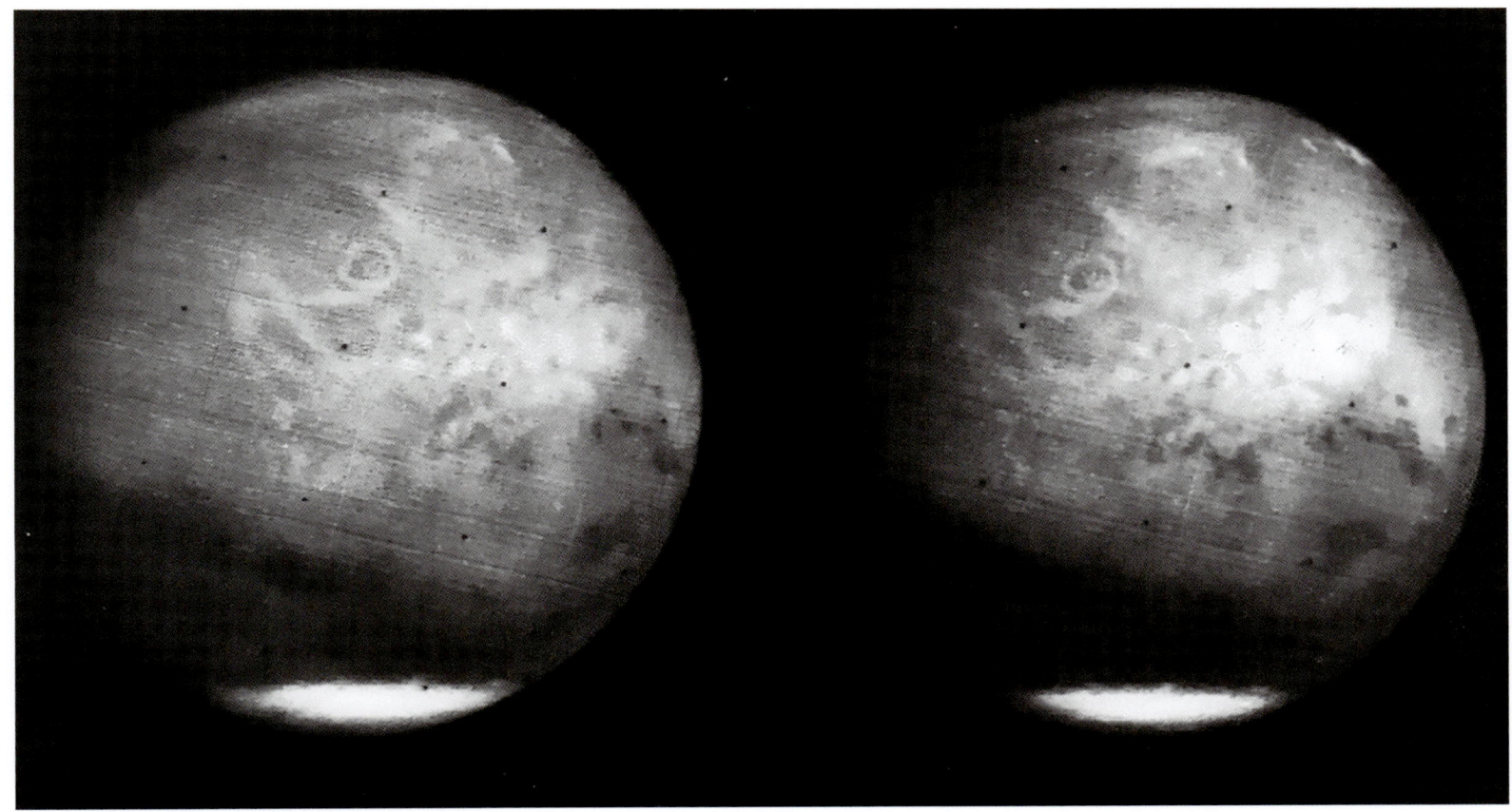

ARRIBA Vista del planeta Marte en su totalidad, fotografiada por la Mariner 7 a 300 000 kilómetros de distancia en 1969. En ella aparecen NIX Olympia (la parte circular del cuadrante superior central de la imagen), más tarde identificado como el gigantesco volcán en escudo Olympus Mons, y los casquetes polares.

DERECHA Globo de 1 metro formado por un mosaico de fotografías de Marte —realizadas por la Mariner 9—, expuesto en el Museo Nacional del Aire y el Espacio del Smithsonian Institute de Estados Unidos, en Washington, D. C. Representa no solo el primer globo de estas características de Marte, sino también de cualquier otro cuerpo planetario. El ejemplar original se creó con más de 1500 fotos. Cada imagen se procesó por ordenador para unificar el color y obtener la geometría adecuada para su ubicación, y, después, se recortó a mano para formar el mosaico con las otras imágenes solapadas sin interferir en los rasgos importantes de la superficie. Se puede apreciar la superposición de varias imágenes a medida que se iban juntando en este magnífico globo.

LÁNDERES, RÓVERES Y HELICÓPTEROS

El éxito de los vuelos de reconocimiento y los orbitadores de la misión Mariner infundió confianza a la NASA para proponerse amartizar. Empezado por los lánderes Viking de 1976, varias misiones han llegado a la superficie de Marte. Algunas lo han recorrido y han tomado muestras, e incluso un helicóptero ha volado por la tenue atmósfera marciana.

Algunos observadores han definido la década de 1970 como la era dorada de la exploración planetaria por las sondas enviadas a los planetas exteriores, en especial los lánderes Viking Mars. Aunque hablar de era dorada puede resultar exagerado, lo cierto es que los orbitadores y lánderes gemelos Viking 1 y 2 tuvieron un éxito rotundo. Lanzados por la NASA en 1975, ambos amartizaron durante la celebración del bicentenario de Estados Unidos en el verano de 1976, y rápidamente fascinaron a todo el mundo. Los lánderes, róveres y helicópteros enviados a Marte demostraron a la humanidad que el planeta era tentador y distinto de la Tierra.

Las dos naves idénticas del proyecto Viking, cada una consistente en un lánder y un orbitador, enviaron transmisiones a la Tierra hasta el 11 de noviembre de 1982. Una de las principales actividades científicas de la misión era tratar de averiguar si había vida en Marte. Si bien las primeras lecturas revelaron pruebas de material biológico, los biólogos estaban convencidos de que eran un «falso positivo» debido a la mala calibración de los instrumentos. A su pesar, al final anunciaron que la posibilidad de encontrar vida en Marte se había sobredimensionado.

Pese a ser un éxito en general, la misión Viking supuso una decepción en este sentido. No halló pruebas de vida en la superficie de Marte, ni siquiera en las profundidades que el lánder logró excavar. Sin embargo, esto no debería haber sido ninguna sorpresa. Los habitantes de superficie son raros; en la Tierra, la mayoría de la biomasa vive bajo la superficie planetaria del suelo o los mares.

Después de la Viking, la NASA no volvió a enviar ninguna nave a Marte durante al menos veinte años. Cuando lo hizo, su Mars Observer falló en ruta en 1993. Destinada a proporcionar los datos más detallados de Marte disponibles hasta entonces, la misión fue bien hasta que los controladores perdieron el contacto con ella el 21 de agosto de 1993, tres días antes de que la nave entrara en la órbita del planeta. La pérdida de la Mars Observer se debió a una explosión de las líneas de combustible de la nave. Alguien muy ocurrente ofreció una explicación alternativa al sugerir que, tras el amartizaje de las Viking en 1976, los marcianos habían desarrollado un sistema de defensa planetaria que ahora estaba acabando con todo lo que se enviaba al planeta rojo.

Durante la planificación de la misión, y mientras los lánderes trabajaban en la superficie de Marte, los científicos e ingenieros utilizaron este artículo de prueba de los lánderes de la Viking para demostrar cómo responderían a varias órdenes por radio.

ARRIBA Primera panorámica de la superficie de Marte tomada por la Viking 1. El componente desenfocado de la nave de la parte central izquierda (sombreada) es la carcasa del brazo de muestreo de la Viking, que aún no se ha desplegado. En el horizonte, a la izquierda, se ve una protuberancia parecida a una llanura mucho más clara que el material entre las rocas en primer plano. Los elementos del horizonte se encuentran a 3 kilómetros de distancia. A la izquierda hay un grupo de material de grano fino que recuerda a dunas de arena.

IZQUIERDA Big Joe, una gran roca de 2 metros de largo con limo rojizo de grano fino que se derrama por los lados, se encuentra a unos 8 metros del róver de la Viking 1. A la izquierda se distinguen otras piedras, que se extienden hacia el horizonte.

ABAJO IZQUIERDA Este campo lleno de rocas rojas se extiende hacia el horizonte, a 3 kilómetros de la posición de la Viking 2 en la llanura Utopia de Marte.

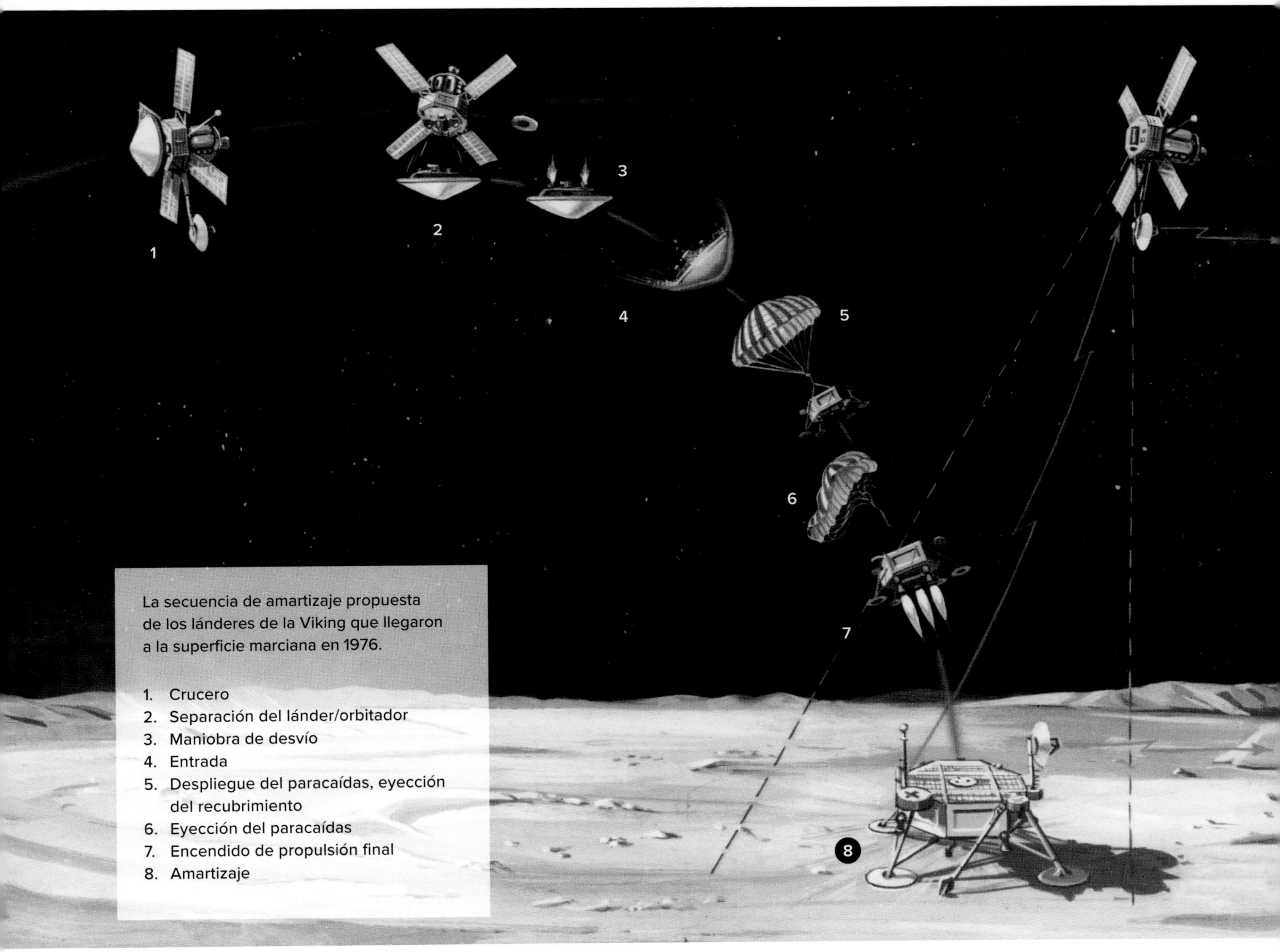

La secuencia de amartizaje propuesta de los lánderes de la Viking que llegaron a la superficie marciana en 1976.

1. Crucero
2. Separación del lánder/orbitador
3. Maniobra de desvío
4. Entrada
5. Despliegue del paracaídas, eyección del recubrimiento
6. Eyección del paracaídas
7. Encendido de propulsión final
8. Amartizaje

EL ÉXITO DEL PEQUEÑO RÓVER

La exploración de Marte recibió otro impulso el 4 de julio de 1997, cuando la Mars Pathfinder amartizó con éxito, lo que supuso el primer regreso al planeta rojo desde 1976. Al amartizar, el Sojourner, su pequeño róver robótico de 10,4 kilos, salió del lánder principal y se puso a registrar los patrones meteorológicos, la opacidad atmosférica y la composición química de las rocas arrastradas a la llanura aluvial de Ares Vallis, un antiguo canal de desagüe del hemisferio norte de Marte. Este vehículo completó su histórica misión planificada de treinta días el 3 de agosto de 1997, en los que registró muchos más datos de la atmósfera, la meteorología y la geología de Marte de los que los científicos esperaban. En total, la misión Pathfinder devolvió más de 1200 millones de bits de datos y más de 10 000 imágenes fascinantes del paisaje marciano.

Los resultados de la Pathfinder fueron excepcionales. Demostró que el entorno marciano había cambiado a lo largo de los eones y que, antiguamente, había sido un planeta acuático. Las rocas y el suelo del lugar de amartizaje mostraban signos inequívocos de que el flujo del agua había erosionado la superficie y había desplazado materiales geológicos, lo mismo que sucede en la Tierra cuando hay inundaciones. Estos resultados dieron un nuevo empuje a la exploración de Marte a principios del siglo XXI.

ARRIBA La Pathfinder aterrizó en Ares Vallis, una llanura aluvial cubierta de rocas, piedras y cantos rodados arrastrados y depositados por las inundaciones producidas en los orígenes de la historia marciana. Poco después del amartizaje de la Pathfinder en 1997, que aparece aquí con los airbags desinflados, el lugar recibió el nombre oficial de Carl Sagan Memorial Station en honor del pionero científico planetario. El róver, aún en su soporte antes de desplegarse en la superficie de Marte, se bautizó como la defensora de derechos civiles estadounidense Sojourner Truth. La emoción que suscitó la revelación de que Marte podía haber sido un planeta acuático dio impulso a futuros proyectos para llegar a conocerlo.

PÁGINA SIGUIENTE Esta imagen única de la Mars Pathfinder desde arriba es el resultado de tres grupos de datos: 1) una imagen del mosaico en color de la panorámica; 2) una imagen que indica la distancia del objeto más próximo en cada píxel, denominada rango de imagen, y 3) una imagen digital de una maqueta de museo a escala real del lánder de la Mars Pathfinder. Da la impresión de ver el lánder en la superficie marciana desde arriba. El róver de la Pathfinder, el Sojourner, se encuentra cerca de una roca llamada Moe.

UNA ESCUADRA DE RÓVERES

En 2004, los róveres gemelos de la misión Mars Exploration, el Spirit y el Opportunity, llamaron la atención del público de todo el mundo. Con un peso de 180 kilos cada uno, incorporaban un juego de instrumentos científicos, así como una herramienta de abrasión de roca para pulir las superficies rocosas erosionadas y un hábil brazo robótico para manipular muestras de rocas. Amartizaron separados el uno del otro en la superficie: el Spirit lo hizo en el cráter Gusev el 4 de enero de 2004 y, el Opportunity, al otro lado del planeta, en el Meridiani Planum, tres semanas después.

Diseñados para durar solo noventa días en la superficie marciana, los dos róveres superaron con creces su vida útil. A lo largo de las operaciones, condujeron más de siete veces más lejos de lo que se había planificado originalmente. El Spirit había cubierto 7,7 kilómetros cuando dejó de comunicarse con la Tierra el 22 de marzo de 2010, y los controladores dieron por terminada la misión el 8 de junio de 2011. El Opportunity duró mucho más, y dejó de estar operativo el 13 de febrero de 2019, después de haber recorrido 45,16 kilómetros. Durant este tiempo, ambos se enfrentaron a colinas y cráteres, bancos de arena y problemas técnicos.

El Curiosity, otro róver que fue un éxito, aterrizó en la superficie de Marte el 6 de agosto de 2012. En la Tierra, un encuentro improvisado en la neoyorquina Times Square fue testigo del amartizaje en una gran pantalla mientras el público coreaba «¡Cien-cia, cien-cia, cien-cia!». Debido a su tamaño, los ingenieros de la NASA utilizaron un innovador sistema de «grúa espacial» para bajar el Curiosity a la superficie. Unos tres minutos antes de amartizar, desplegó un paracaídas, pero cambió a los retrocohetes en la última fase de descenso, antes de bajar el róver a la superficie en el cráter Gale desde la plataforma de descenso con unos cables.

En 2021, el róver Perseverance de la NASA, basado en el diseño del Curiosity, también llegó al planeta rojo. Llevaba a bordo el Ingenuity Mars Helicopter. Desde su primer vuelo del 19 de abril de 2021 hasta el 18 de enero del 2024, el Ingenuity realizó setenta y dos vuelos de 128,8 minutos en total, en los que cubrió 17 kilómetros y alcanzó alturas de 24 metros.

El róver chino Zhurong también amartizó el 14 de mayo de 2021, en concreto en la región meridional de Utopia Planitia. Después, recorrió 1921 metros de la superficie marciana hasta el 20 de mayo de 2022. Juntos, los lánderes, róveres y helicópteros han realizado descubrimientos sorprendentes. Marte, por ejemplo, ha resultado ser menos inhóspito de lo que se creía tras la visita de las Mariner en la década de 1960. La medición de los niveles de radiación de la superficie del planeta sugirió que no eran muy superiores a los que los astronautas tenían a bordo de la Estación Espacial Internacional. Esto aumenta la posibilidad de que las misiones humanas a Marte sean factibles. Además, estas sondas hallaron pruebas de cauces en los que antiguamente fluía el agua y, cuando el Curiosity perforó el suelo, descubrió algunos de los ingredientes químicos clave de la vida, especialmente carbono.

LA SOCIEDAD PLANETARIA

Con el objetivo de fomentar la ciencia rigurosa relacionada con Marte y otros planetas, ejercer presión para recibir más financiación y combatir la desinformación, las personas de la fotografía ayudaron a fundar la Sociedad Planetaria en la década de 1970. Sentados ante un globo de Marte y las maquetas del orbitador y el lánder de la misión Viking, en primer plano aparecen Bruce Murray *(izquierda)*, director del Laboratorio de Propulsión a Reacción, y Carl Sagan *(derecha)*, astrofísico de la Universidad de Cornell. De pie, Louis Friedman *(izquierda)*, que dirigió la Sociedad Planetaria durante varios años a principios de la década de 2000, y Harry Ashmore *(derecha)*, asesor, periodista ganador del premio Pulitzer y líder del movimiento de los derechos civiles en la década de 1960.

DERECHA Los paneles solares del Spirit habían acumulado tanto polvo que el róver casi se confunde con el fondo en esta imagen creada a partir de fotografías tomadas con la Cámara Panorámica entre el 26 y el 29 de octubre de 2007. El polvo de los paneles solares redujo la cantidad de energía eléctrica que el róver podía generar cada día a partir de la luz del Sol.

ABAJO Este mapa muestra el recorrido del róver Spirit de la NASA durante los últimos dos años que estuvo operativo en Marte (entre el 4 de febrero de 2009 y el 15 de diciembre de 2010). Las distancias están marcadas en soles, el equivalente de un día marciano, con una duración de 24 horas, 39 minutos y 35,244 segundos.

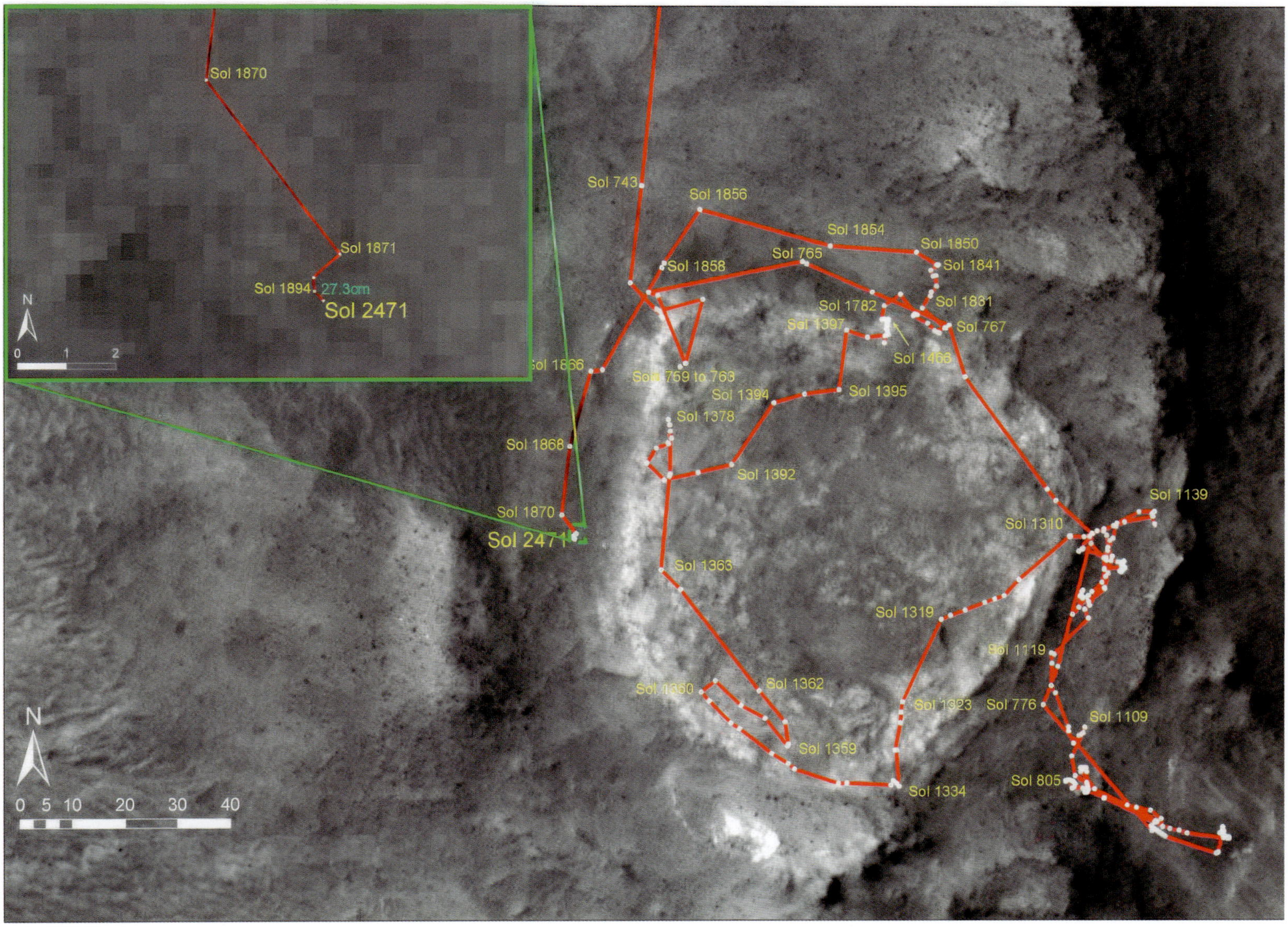

ARRIBA Algunos de los componentes principales de los róveres Spirit y Opportunity de la misión Mars Exploration Rover (MER) son los siguientes:

1. Cámaras
2. Antena de alta ganancia
3. Cámaras de emergencia delanteras
4. Instrumentos
5. Brazo (plegado)
6. Ruedas
7. Placas solares
8. Antena de baja ganancia

ARRIBA DERECHA La Opportunity realizó este sinuoso recorrido de 15,8 metros durante su 1160 día marciano, o sol. Estaba probando una funcionalidad de navegación llamada Field D-star que le permitía planificar trayectos de larga distancia alrededor de obstáculos y, por consiguiente, recorrer la ruta segura más directa hasta el destino designado. Esta funcionalidad y otras mejoras formaban parte de la nueva actualización de software de a bordo enviada a los róveres desde la Tierra en 2006.

ABAJO DERECHA Esta sorprendente imagen de la silueta del róver Opportunity de la NASA la capturó su cámara de emergencia trasera la noche marciana del 20 de marzo de 2014, más de una década después del comienzo de la misión del róver.

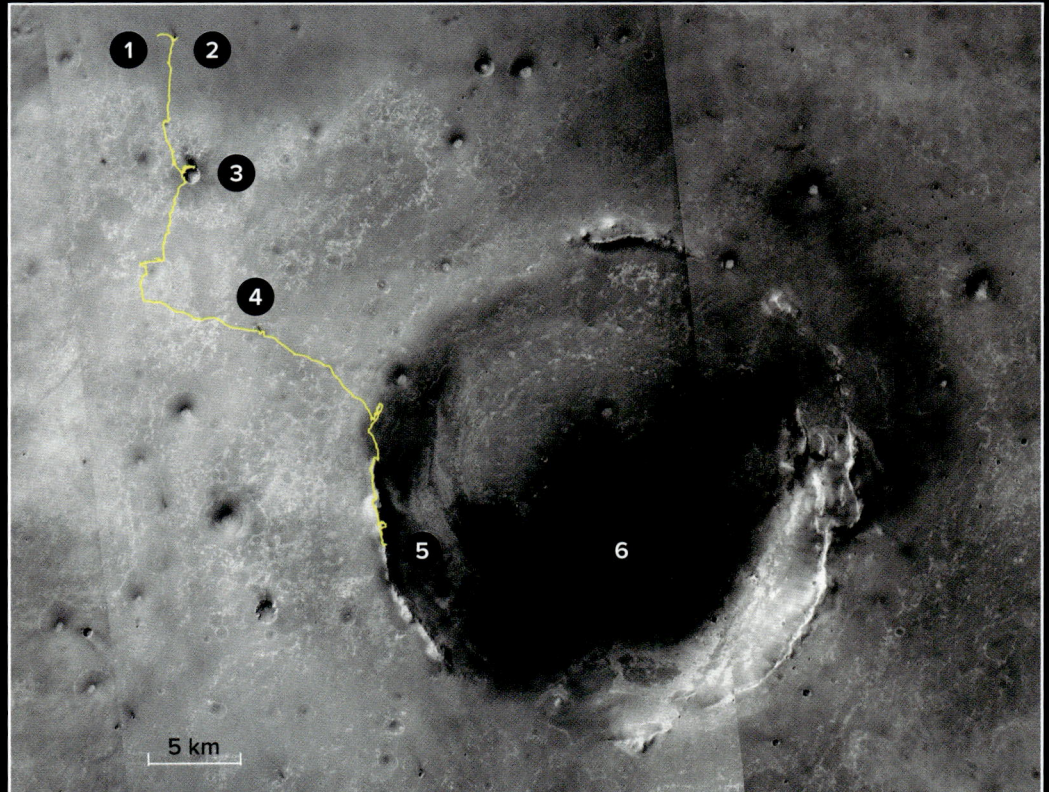

IZQUIERDA Este mapa muestra la trayectoria que sigió el róver Opportunity de la NASA durante su misión en Marte. Empezando por el lugar de amartizaje del Opportunity, el cráter Águila, recorrió 45,16 kilómetros hasta su destino final al borde del cráter Endeavour. El róver estaba bajando al cráter del valle de la Perseverancia cuando una tormenta de polvo puso fin a la misión.

1. Cráter Águila
2. Cráter Endurance
3. Cráter Victoria
4. Cráter Santa María
5. Valle de la Perseverancia (último destino)
6. Cráter Endeavour

SuperCam
(microcámara láser)

Mastcam-Z
(cámaras panorámicas
con zoom)

RIMFAX
(radar de subsuelo)

MOXIE
(genera oxígeno a partir
del CO_2 marciano)

Los róveres Curiosity y Perseverance están basados en el mismo diseño. Ambos tienen el tamaño de un coche: unos 3 metros de largo (sin incluir el brazo), 2,7 metros de ancho y 2,2 metros de alto. Este es el Perseverance, con las indicaciones de sus instrumentos.

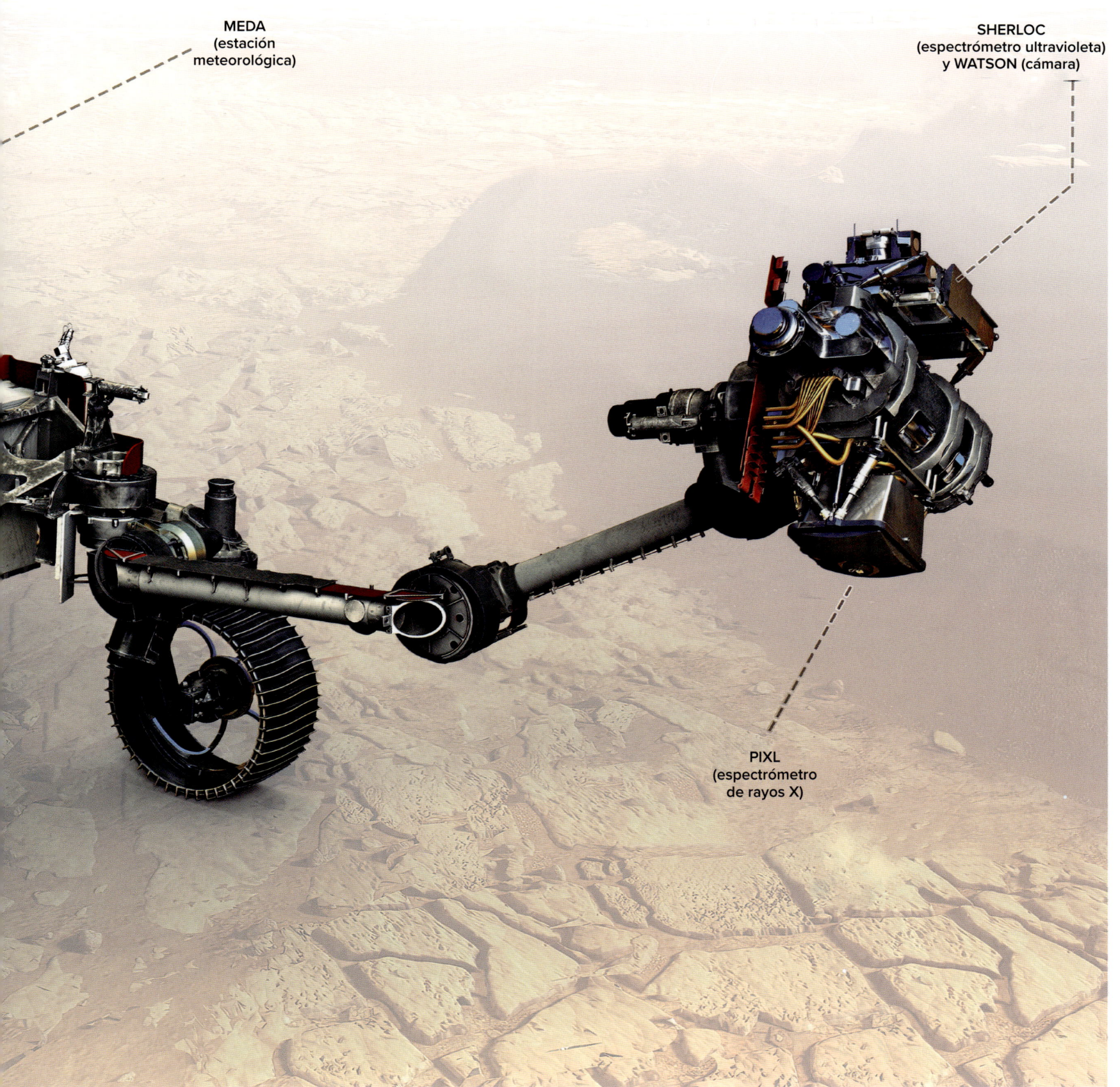

MEDA
(estación
meteorológica)

SHERLOC
(espectrómetro ultravioleta)
y WATSON (cámara)

PIXL
(espectrómetro
de rayos X)

ARRIBA Mapa que muestra el recorrido del róver Perseverance y el helicóptero Ingenuity de la NASA en Marte. En la parte inferior derecha se encuentra el punto de amartizaje del Perseverance, con el movimiento del vehículo indicado con una línea blanca. Las señalizaciones en rojo del recorrido muestran los puntos en los que el róver recabó datos de la composición del suelo y las rocas. La línea amarilla corresponde a los vuelos del helicóptero Ingenuity, con los lugares de amartizaje indicados con puntos. Los últimos destinos del Perseverance y el Ingenuity están señalizados con los puntos finales de su recorrido, en la parte superior izquierda del mapa.

PÁGINA SIGUIENTE ARRIBA El 23 de septiembre de 2019, el Mars Reconnaissance Orbiter (MRO) tomó una preciosa fotografía de la zona de amartizaje Elysium Planitia del lánder InSight y su róver Curiosity. Operativo a 272 kilómetros de la superficie del planeta, el MRO capturó las mejores vistas que se tienen hasta hoy del InSight, que se ve como un punto negro en el centro de la imagen principal. Ampliada en el recuadro de la parte inferior derecha, la imagen del MRO muestra los dos paneles solares circulares desplegados del lánder, que confieren a la nave 6 metros de envergadura.

DERECHA Este mapa de toda la superficie de Marte indica los lugares en los que las sondas pudieron amartizar satisfactoriamente. La mayoría de estos amartizajes estaban repartidos por la región ecuatorial de Marte y, aunque algunos parecen estar relativamente cerca, en realidad están separados por miles de kilómetros.

1. Phoenix
2. Viking 1
3. Pathfinder
4. Opportunity
5. Perseverance
6. Viking 2
7. InSight
8. Curiosity
9. Spirit

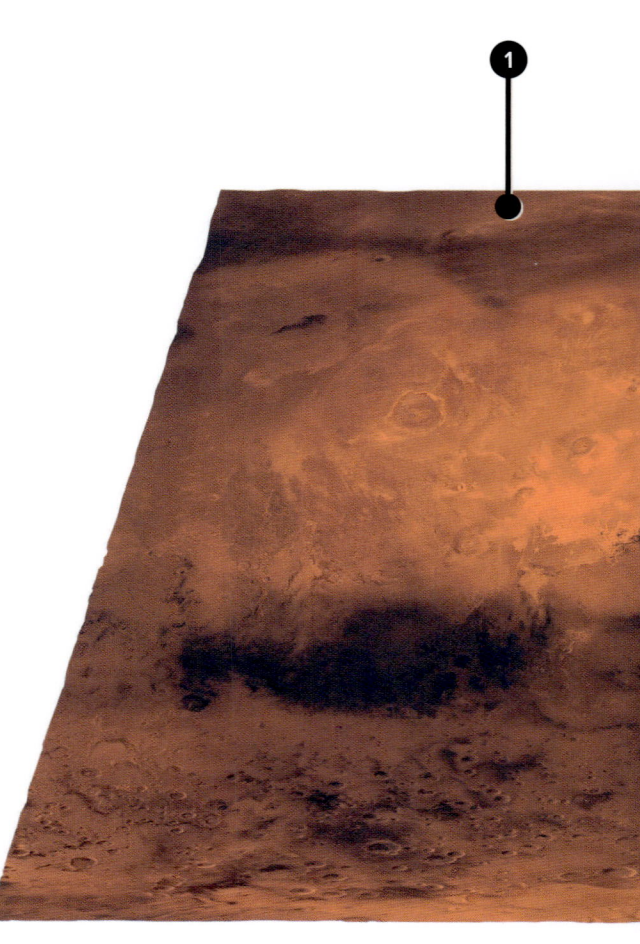

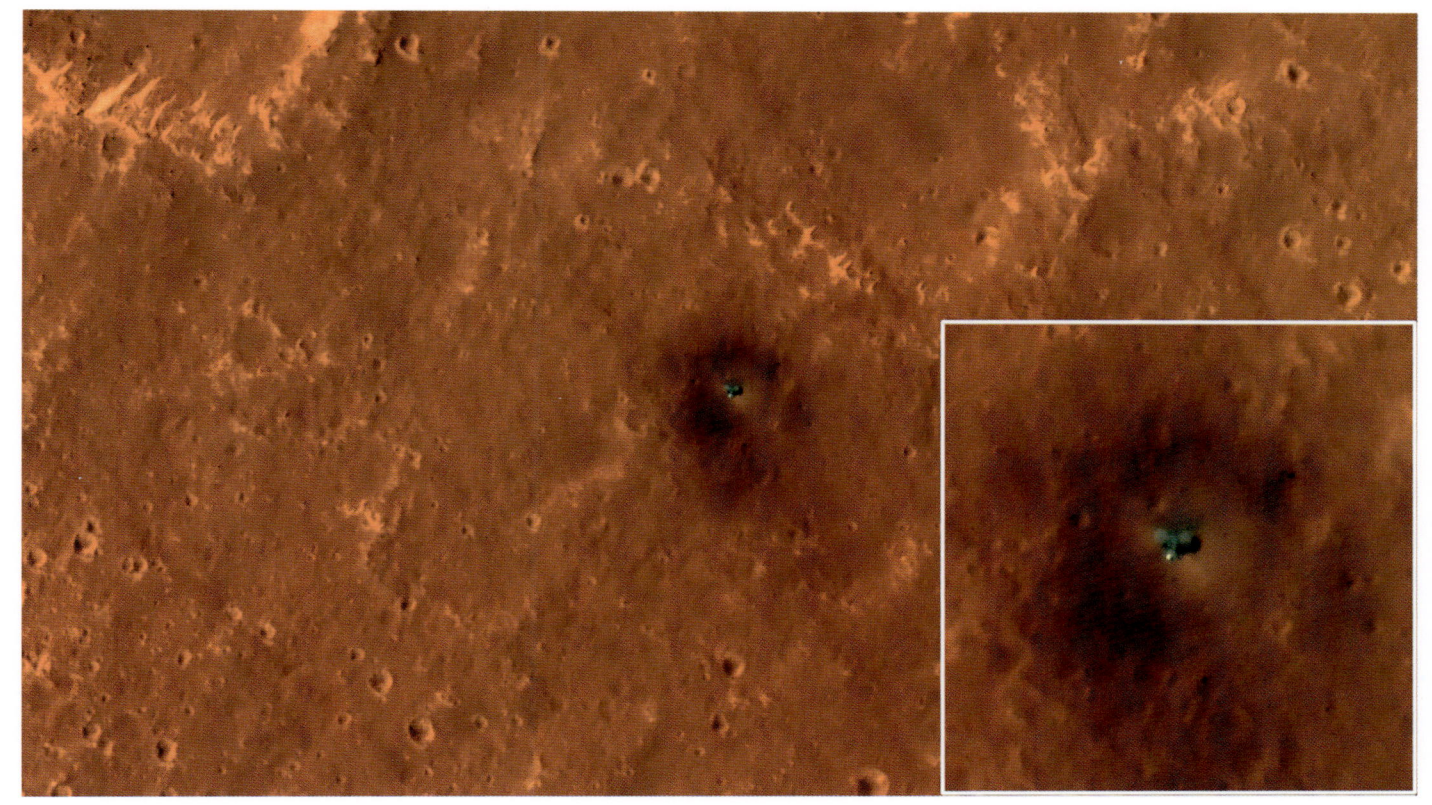

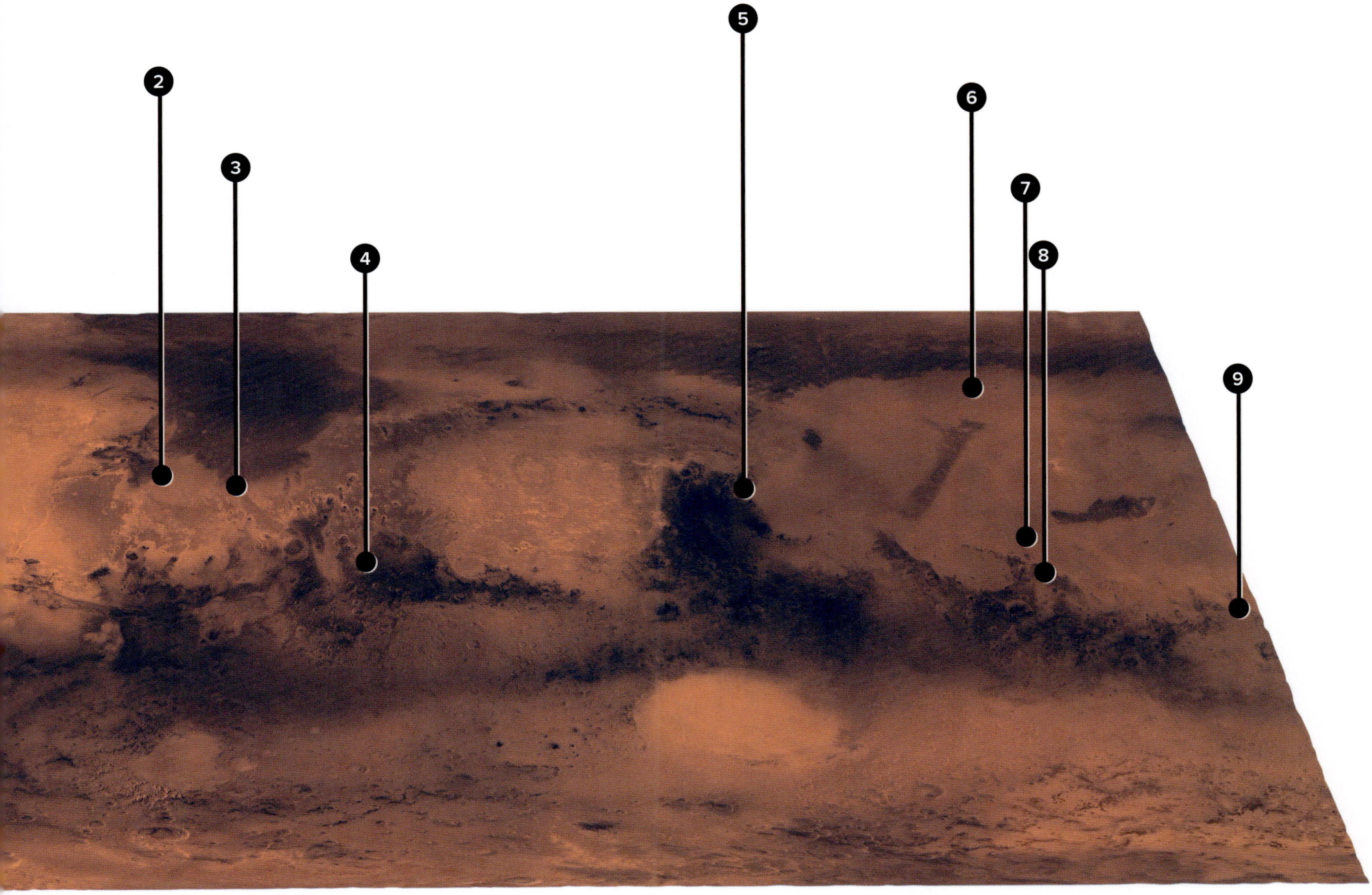

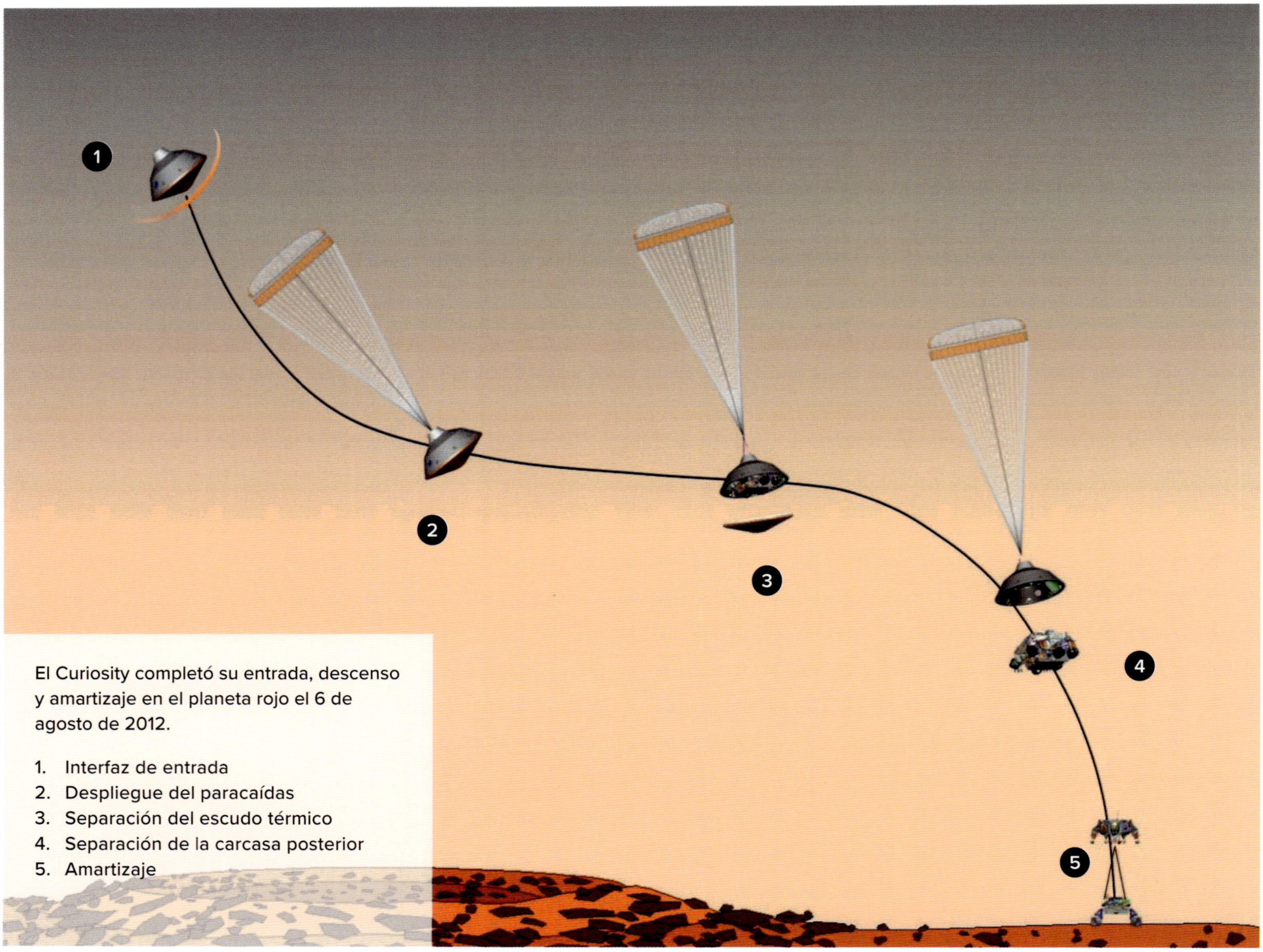

El Curiosity completó su entrada, descenso y amartizaje en el planeta rojo el 6 de agosto de 2012.

1. Interfaz de entrada
2. Despliegue del paracaídas
3. Separación del escudo térmico
4. Separación de la carcasa posterior
5. Amartizaje

DERECHA Este autorretrato del Curiosity se tomó en el punto de perforación Big Sky del cráter Gale de Marte el 6 de octubre de 2015. En primer plano se distingue claramente el soporte de la cámara que se extiende por encima de la parte anterior del róver. En la parte posterior hay un componente cilíndrico blanco rodeado de una especie de ruedas de paletas. Se trata del generador termoeléctrico de radioisótopos, que alimenta el róver utilizando como fuente de calor el material nuclear acoplado a un termopar para generar energía eléctrica.

ABAJO Vistas del Curiosity de una fascinante panorámica marciana en dirección sur, hacia el monte Sharp (*centro izquierda*).

EN BUSCA DEL AGUA: EXPECTATIVAS DE VIDA EN MARTE

Cuando, en la década de 1990, se descubrió que Marte había sido un oasis acuático de la zona habitable del sistema solar, la NASA ideó una estrategia para buscar pruebas de H_2O. A partir de entonces, «en busca del agua» se convirtió en la consigna de todas las misiones a Marte.

Las esperanzas de hallar vida en Marte dieron un nuevo giro en 1996. En agosto, un equipo de científicos de la NASA y la Universidad de Stanford anunciaron que, en un meteorito de Marte descubierto en las colinas de Allan de la Antártida, habían hallado indicios de la antigua presencia de vida en el planeta rojo. Los científicos postularon la hipótesis de que la roca del tamaño de una patata de 1,9 kilos, a la que pusieron el nombre de ALH84001, se había formado como una roca ígnea hacía unos 4500 millones de años, cuando Marte era un lugar mucho más caliente. Después, hacía unos 15 millones de años, un gran asteroide chocó con el planeta rojo y lanzó la roca al espacio, donde permaneció hasta que chocó con la Antártida hacia el año 11000 a. e. c. Según algunos expertos, el ALH84001 contenía restos similares a fósiles de microorganismos marcianos de 3600 millones de años de antigüedad.

En el verano de 1996, los científicos anunciaron evidencias de moléculas orgánicas en este meteorito marciano que sugerían la existencia de vida primitiva en los orígenes de Marte. Este descubrimiento estimuló el entusiasmo por una nueva misión de exploración. Antes del estudio del meteorito, la NASA ya había iniciado un programa en el que planeaba enviar dos naves espaciales, un orbitador y un lánder a Marte aproximadamente cada dos años a lo largo de una década. La NASA, que convirtió la búsqueda de vida en el objetivo principal de las futuras exploraciones a Marte, creó un grupo multidisciplinar para desarrollar estrategias que llevaran al descubrimiento de indicios de vida.

Sin embargo, cuando otros científicos examinaron los hallazgos del equipo de la NASA, la mayoría rechazó la conclusión de que el ALH84001 demostrara la presencia de vida en el pasado. Aun sin el consenso científico del significado de estos hallazgos, el interés renovado por la exploración del planeta rojo se mantuvo.

LA MARS GLOBAL SURVEYOR Y EL MARS RECONNAISSANCE ORBITER DE LA NASA

Después de la misión Mars Pathfinder de 1997, la NASA centró sus labores de exploración de Marte en la búsqueda de evidencias de la presencia de agua. En 1998, la Mars Global Surveyor (MGS) entró en la órbita marciana con el objetivo principal de cartografiar la superficie del planeta. Completó la tarea en enero de 2001, con más del 98% de la superficie cartografiada, por lo que posteriormente se unió a la labor de búsqueda de agua con la captura de

EL METEORITO DE LAS COLINAS DE ALLAN (ALH84001)

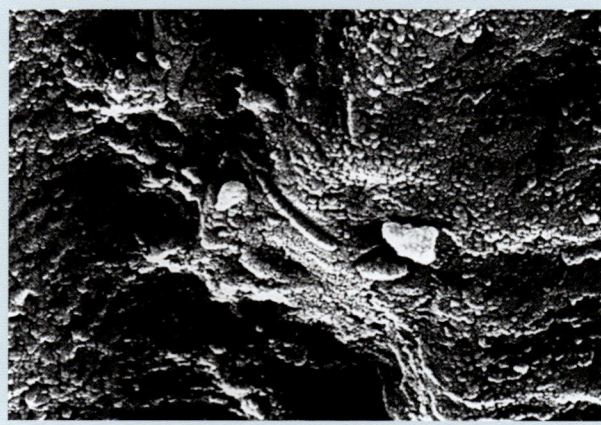

Puede que no impresione mucho, pero esta roca de 4500 millones de años de antigüedad, denominada meteorito ALH84001, asombró tanto a la comunidad científica como al gran público en 1996. Es uno de los diez meteoritos de Marte en los que los investigadores hallaron compuestos orgánicos de carbono de origen marciano.

Esta imagen en alta resolución de un microscopio de electrones puede que resulte más sorprendente aún que el meteorito en sí. Muestra una insólita estructura tubular de carbonita —de un tamaño inferior a una centésima parte de la anchura de un cabello humano— descubierta en el ALH84001. La imagen de esta estructura conocida como gusano dio a entender al gran público que en Marte había habido vida. Los científicos son más escépticos, pero muchos esperan descubrir algún día la presencia indiscutible de vida.

Los descubrimientos de la Mars Pathfinder dieron pie al convencimiento de que, antiguamente, Marte era un planeta acuático parecido a la Tierra. Se cree que los océanos existen desde hace al menos 3000 millones de años. El entorno de la superficie del antiguo Marte era distinto del actual, y con agua abundante podría haber permitido el desarrollo de formas de vida.

DERECHA Tomada el 15 de junio de 1998 por la MGS, esta imagen de la superficie de Marte muestra una extensión de 25,1 x 31,3 kilómetros. La fotografía entusiasmó a los científicos y el gran público por igual, ya que permite apreciar la presencia de filtración de aguas subterráneas y escorrentía. Fue una de las primeras fotografías, y una de las más impresionantes, que apuntaban a que la estrategia «en busca del agua» representaba una manera gratificante de proseguir con la exploración de Marte.

MARGEN DERECHO Parte de la pared y el fondo de un antiguo cráter de impacto en Noachis Terra, la masa de tierra craterizada del hemisferio sur de Marte, capturada por la MGS en 2000. Muchos creen que la superficie lisa y oscura de la superficie del fondo del cráter podrían ser los vestigios de un estanque o un lago.

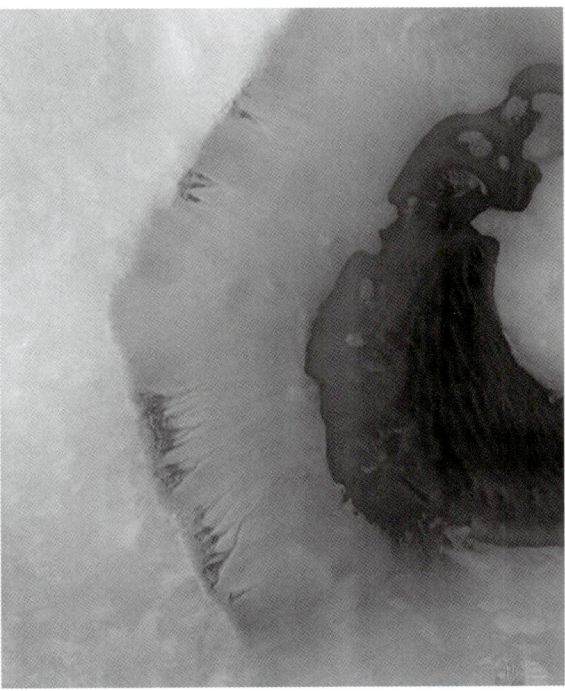

más detalles de las zonas que mostraban indicios de antiguas inundaciones. A partir de estas imágenes, los científicos planetarios identificaron más de 150 características geográficas creadas por rápidas corrientes de agua.

Lanzado en agosto de 2005, con instrumentos más sofisticados que su predecesora, el Mars Reconnaissance Orbiter (MRO) comenzó las operaciones en Marte el 10 de marzo de 2006. Se unió a otras sondas que exploraban el planeta, ya fuera en órbita o en superficie. Entre ellas había la MGS, la Mars Express de la Agencia Espacial Europea, la 2001 Mars Odyssey y dos róveres de la misión Mars Exploration, el Spirit y el Opportunity. Por entonces, se batió el récord de más naves operativas en Marte. Las imágenes del MRO, junto con las de la MGS, aportaron más pruebas de la presencia de lechos fluviales, llanuras aluviales y barrancos áridos en los acantilados y paredes de cráteres marcianos que sugerían la presencia de agua fluyendo por la superficie en algún momento de la historia de Marte. El MRO sigue operativo, siguiendo la consigna «en busca del agua».

Sin embargo, la posibilidad más intrigante llegó cuando se supo que en Marte podía seguir habiendo formas de vida, ya fuera debajo de los casquetes polares o en fuentes termales subterráneas calentadas por respiraderos del núcleo. Los descubrimientos de muchas naves espaciales y los indicios de que antiguamente el agua discurría libremente apuntaron a que equivalentes marcianos de microbios unicelulares que habitan en el lecho de roca de la Tierra podrían encontrarse en cavernas subterráneas. Aun así, los científicos se apresuraron a añadir que estas teorías no se habían demostrado.

PÁGINA SIGUIENTE La MGS de la NASA en órbita.

ABAJO Los instrumentos científicos controlan el ciclo del agua en la atmósfera de Marte y la deposición y la sublimación asociadas del hielo en la superficie, además de rastrear el subsuelo para ver a qué profundidad se encuentra el depósito de hielo. En el margen izquierdo, la antena del radar del MRO irradia hacia abajo y «ve» el interior del primer kilómetro aproximadamente de la corteza de Marte. Justo a su derecha, el rayo que le sigue pone de relieve los datos recibidos del espectrómetro de imágenes, que identifica minerales en la superficie. El siguiente rayo representa la cámara de alta resolución, que puede acercarse a objetivos locales, proporcionando las imágenes orbitales de mayor resolución que existen hasta ahora de formaciones como cráteres, barrancos y rocas. El rayo que irradia en horizontal corresponde al instrumento Mars Climate Sounder. El espectro electromagnético está representado en la parte superior derecha, y los distintos instrumentos están ubicados en función de sus prestaciones. Las flechas azules proporcionan una estimación del ciclo del agua descubierto en Marte.

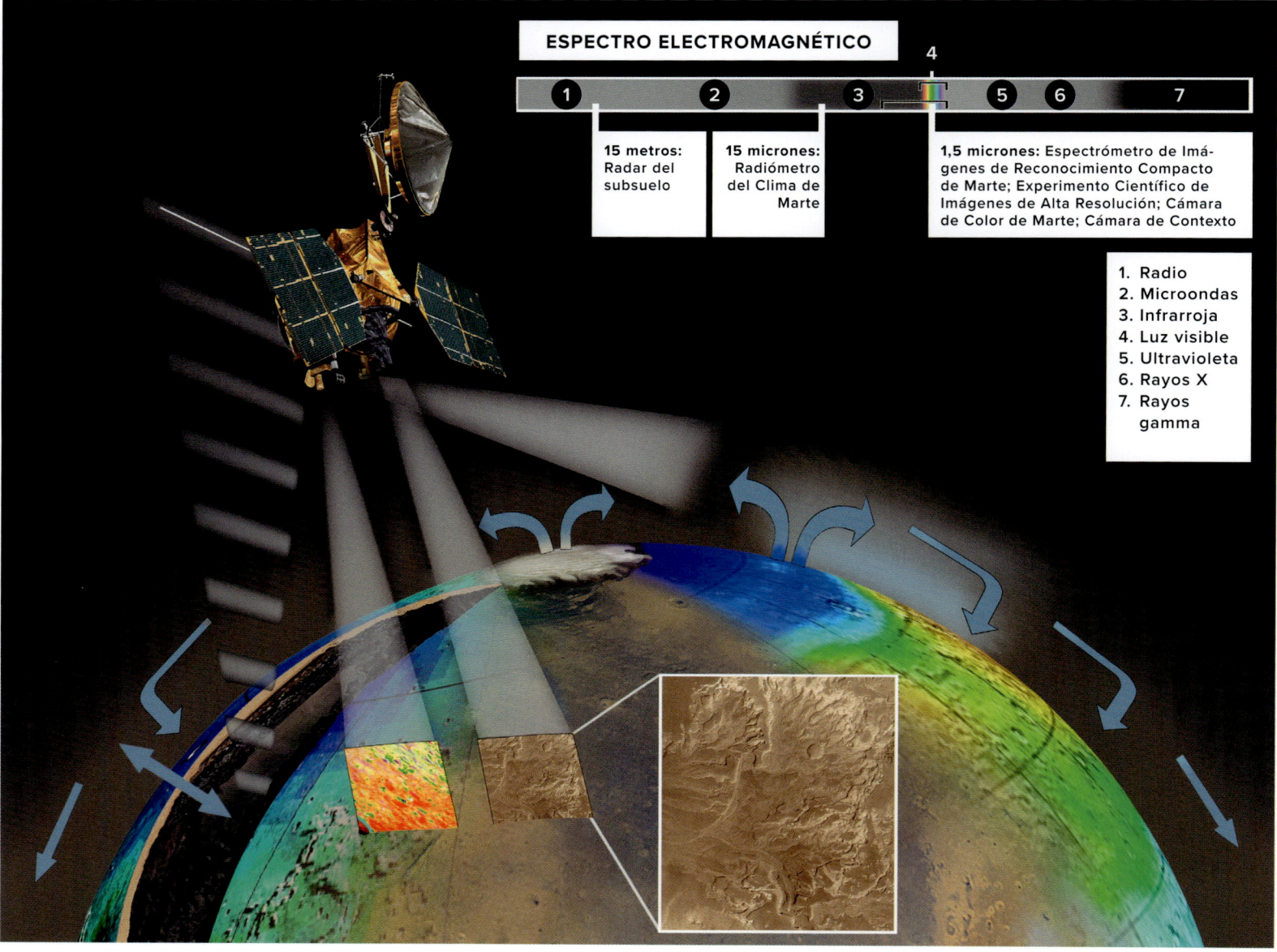

ESPECTRO ELECTROMAGNÉTICO

1 2 3 4 5 6 7

15 metros: Radar del subsuelo

15 micrones: Radiómetro del Clima de Marte

1,5 micrones: Espectrómetro de Imágenes de Reconocimiento Compacto de Marte; Experimento Científico de Imágenes de Alta Resolución; Cámara de Color de Marte; Cámara de Contexto

1. Radio
2. Microondas
3. Infrarroja
4. Luz visible
5. Ultravioleta
6. Rayos X
7. Rayos gamma

ESPECIFICACIONES DE LA MGS

FECHA DE LANZAMIENTO 7 de noviembre de 1996

LLEGADA A MARTE 12 de septiembre de 1997

MASA DE LANZAMIENTO 1060 kilos

MASA SECA 1031 kilos

MASA DE CARGA ÚTIL 78 kilos

POTENCIA 980 vatios

ESTATUS Dejó de estar operativa el 2 de noviembre de 2006

ESPECIFICACIONES DEL MRO

FECHA DE LANZAMIENTO 12 de agosto de 2005

LLEGADA A MARTE 10 de marzo de 2006

MASA DE LANZAMIENTO 2182 kilos

MASA SECA 1031 kilos

MASA DE CARGA ÚTIL 139 kilos

POTENCIA 2000 vatios

ESTATUS Operativo

ARRIBA Esta historia hipotética de la pérdida de agua en Marte la creó Chris McKay, científico del Centro de Investigación Ames, a partir de las observaciones del planeta. Representa la pérdida de agua desde hace 4000 millones de años hasta la actualidad.

1. Hace 4000 millones de años
2. Hace 3800 millones de años
3. Hace 3500 millones de años
4. Hace 2000 millones de años
5. Hace 1000 millones de años
6. Actualmente

PÁGINA ANTERIOR El MRO examinando la superficie del planeta.

DERECHA Siguiendo la consigna «en busca del agua», puede que algún día la humanidad descubra chorros de arena saliendo disparados al cielo polar.

EL HOMBRE DE MARTE

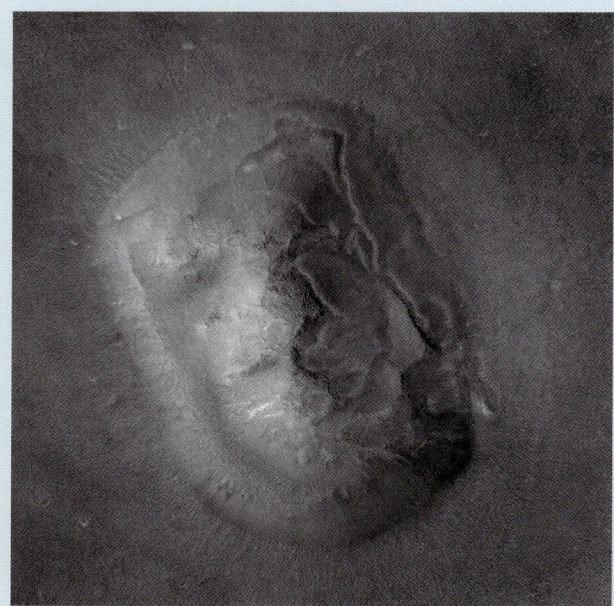

El orbitador Viking 1 de la NASA fotografió una serie de montañas en las latitudes septentrionales de Marte el 25 de julio de 1976 (*arriba*). La montaña de la parte superior central parece un rostro humano con un casco, lo que desató una polémica que continúa hasta hoy. ¿Es artificial?

Una nave posterior, la MGS, en órbita alrededor de Marte a finales del siglo XX, tomó esta fotografía (*abajo*) de la misma formación, conocida como la «cara de Marte», el 8 de abril de 2001, la primera ocasión desde la llegada de la MGS en abril de 1998 en que se fotografió el lugar. La resolución de esta imagen era mucho mayor que la del Viking, de unos 2 metros por píxel. Como se demuestra aquí, la «cara» era una ilusión óptica de luces y sombras.

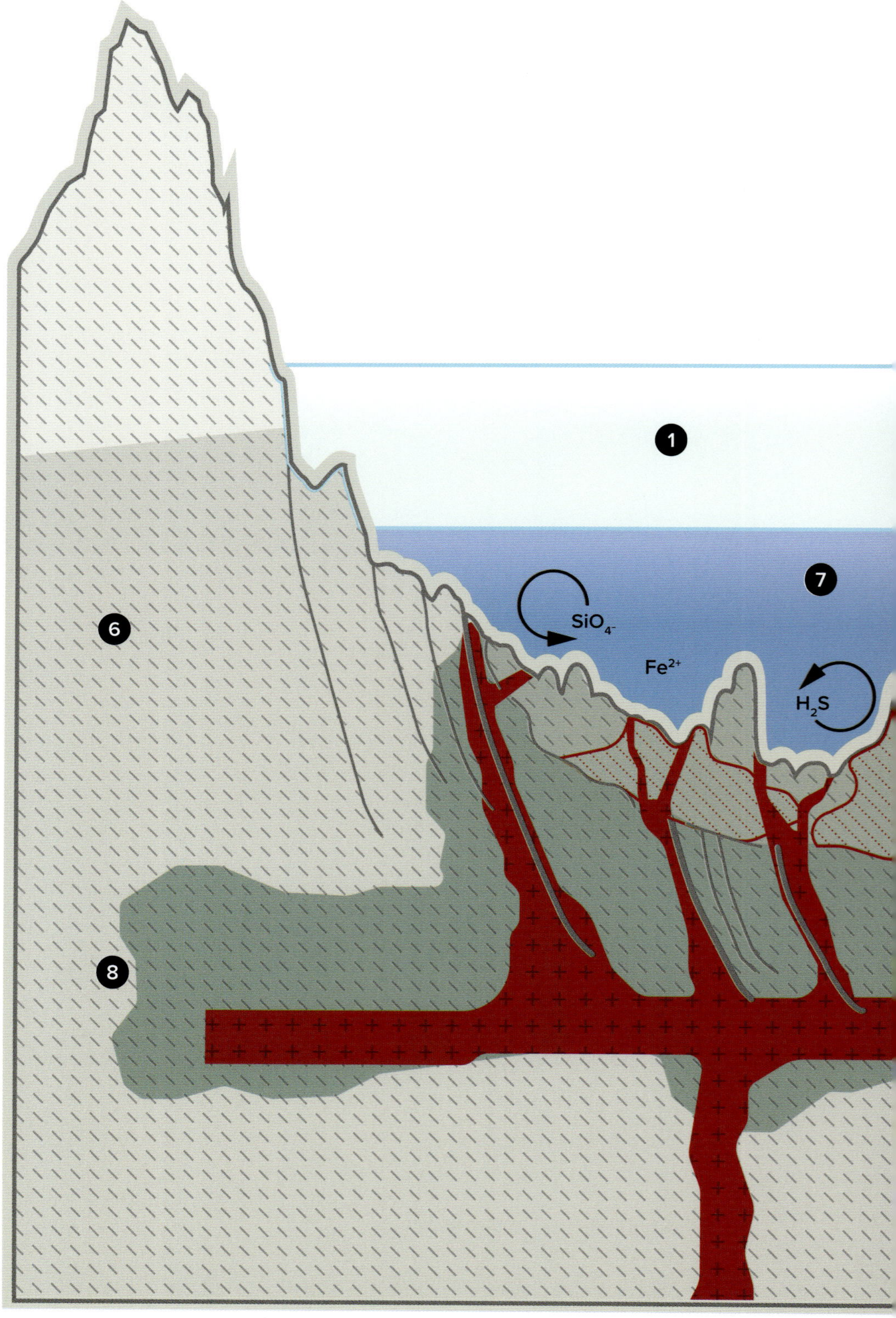

ABAJO En una interpretación del origen de algunos depósitos de la cuenca de Eridania del sur de Marte se acredita la actividad hidrotermal del lecho marino hace más de 3000 millones de años.

1. Cubierta de hielo
2. Nivel máximo del mar (1100 metros)
3. Nivel mínimo del mar (700 metros)
4. Evaporación
5. Deposición de cloruro
6. Agua subterránea
7. Actividad hidrotermal y volcánica
8. Alteración del subsuelo
9. Magmatismo

DOBLE PÁGINA SIGUIENTE Cuatro fotografías de Marte tomadas en órbita revelan las notables diferencias vistas en el planeta rojo. (*Superior izquierda*) Aram Chaos, un cráter de 280 kilómetros de diámetro, presenta formaciones de roca volcánica erosionadas por los intensos flujos de agua del pasado lejano del planeta. (*Superior derecha*) Esta imagen del cráter Savich, una depresión de 188 kilómetros de diámetro próxima al borde nordeste de la cuenca de impacto Hellas, mucho más grande, revela todos los signos que vemos tanto en Marte como en la Tierra de un flujo concentrado de agua que erosiona las paredes del cráter. (*Inferior izquierda*) En otro ejemplo que evidencia el antiguo flujo de agua en Marte, esta imagen muestra Harmakhis Vallis, un canal de salida de 800 kilómetros de longitud situado al este de Hellas. (*Inferior derecha*) En las llanuras septentrionales de Arabia Terra se encuentran formaciones curiosas, posiblemente resultado de flujos de hielo.

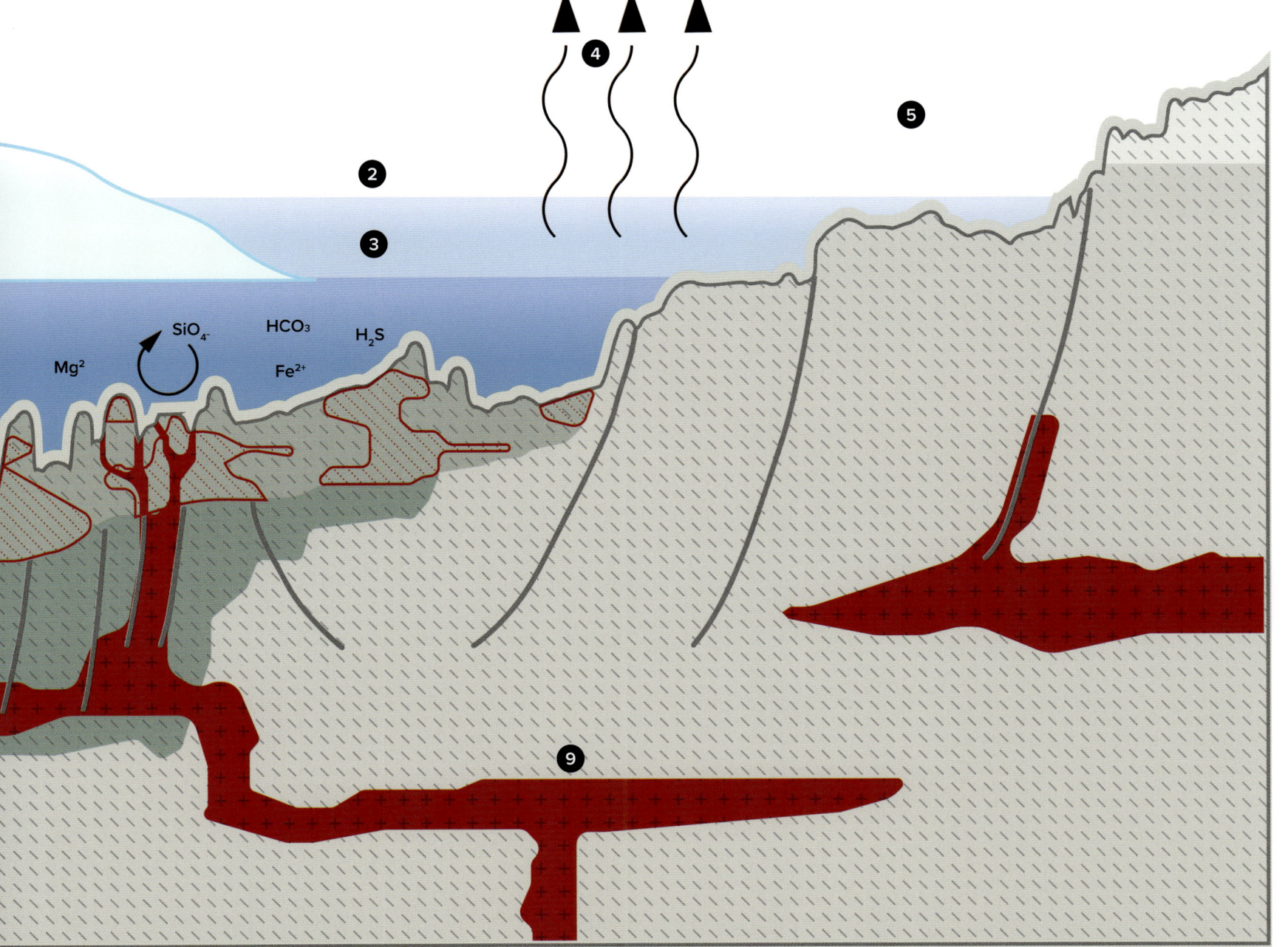

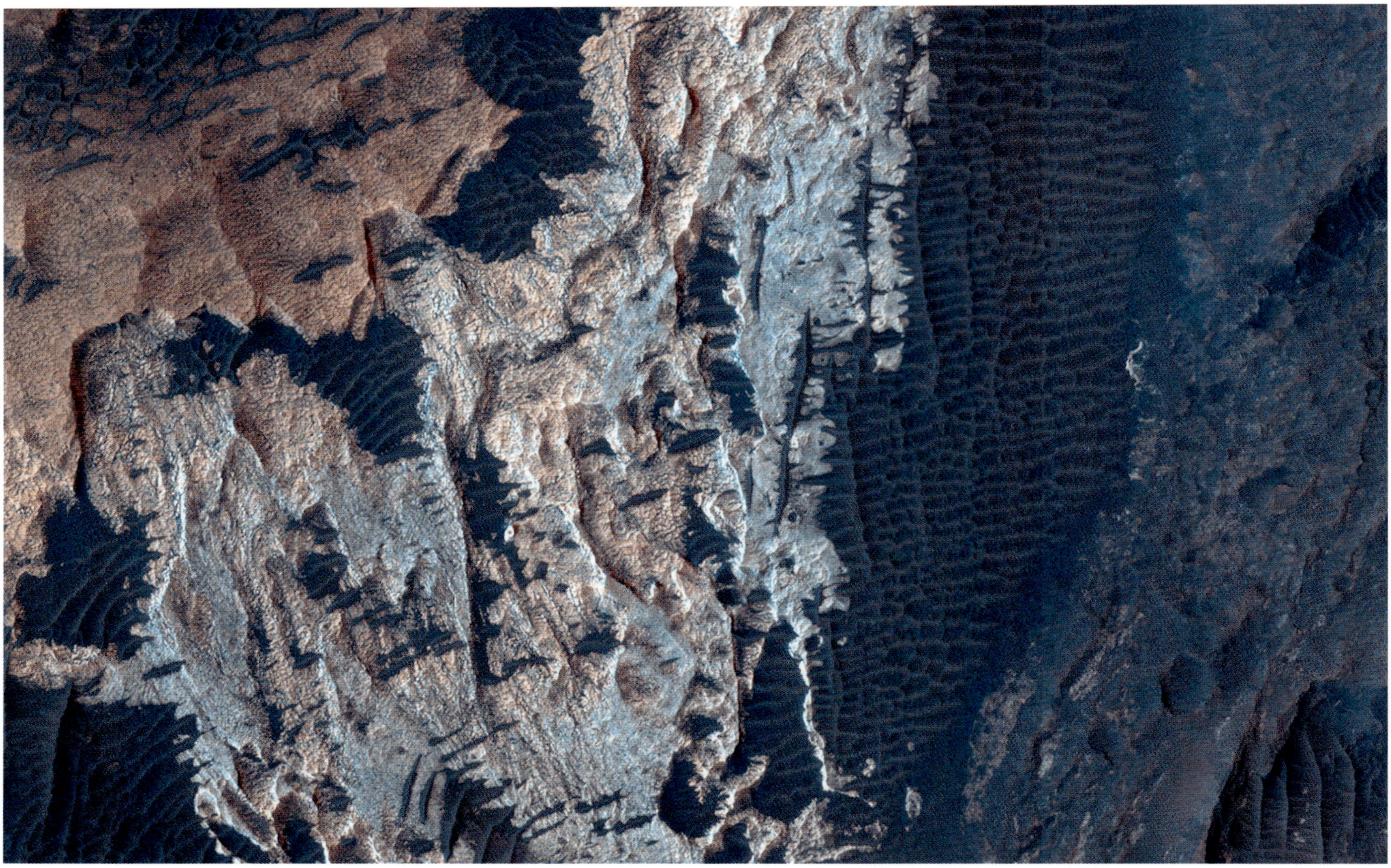

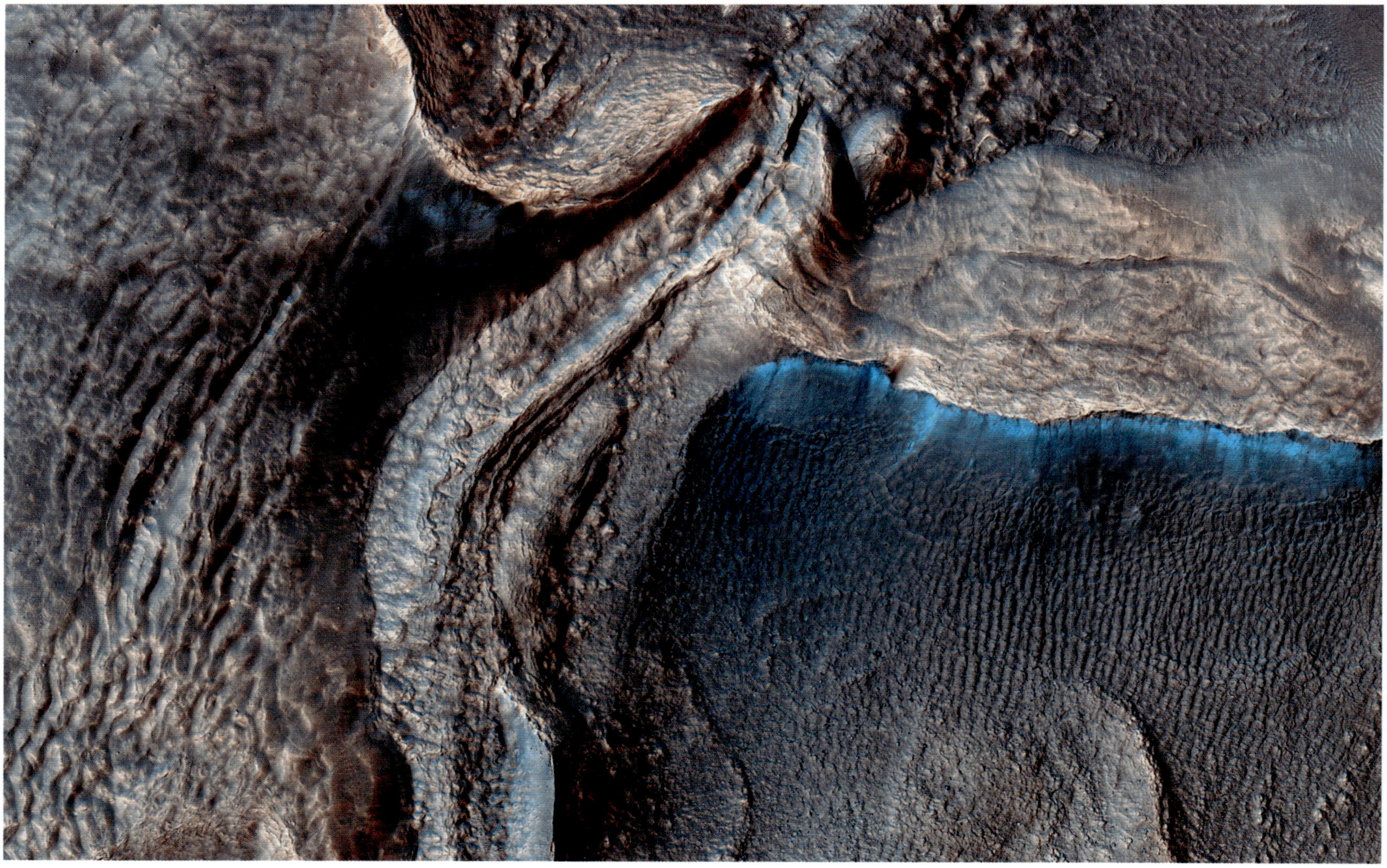

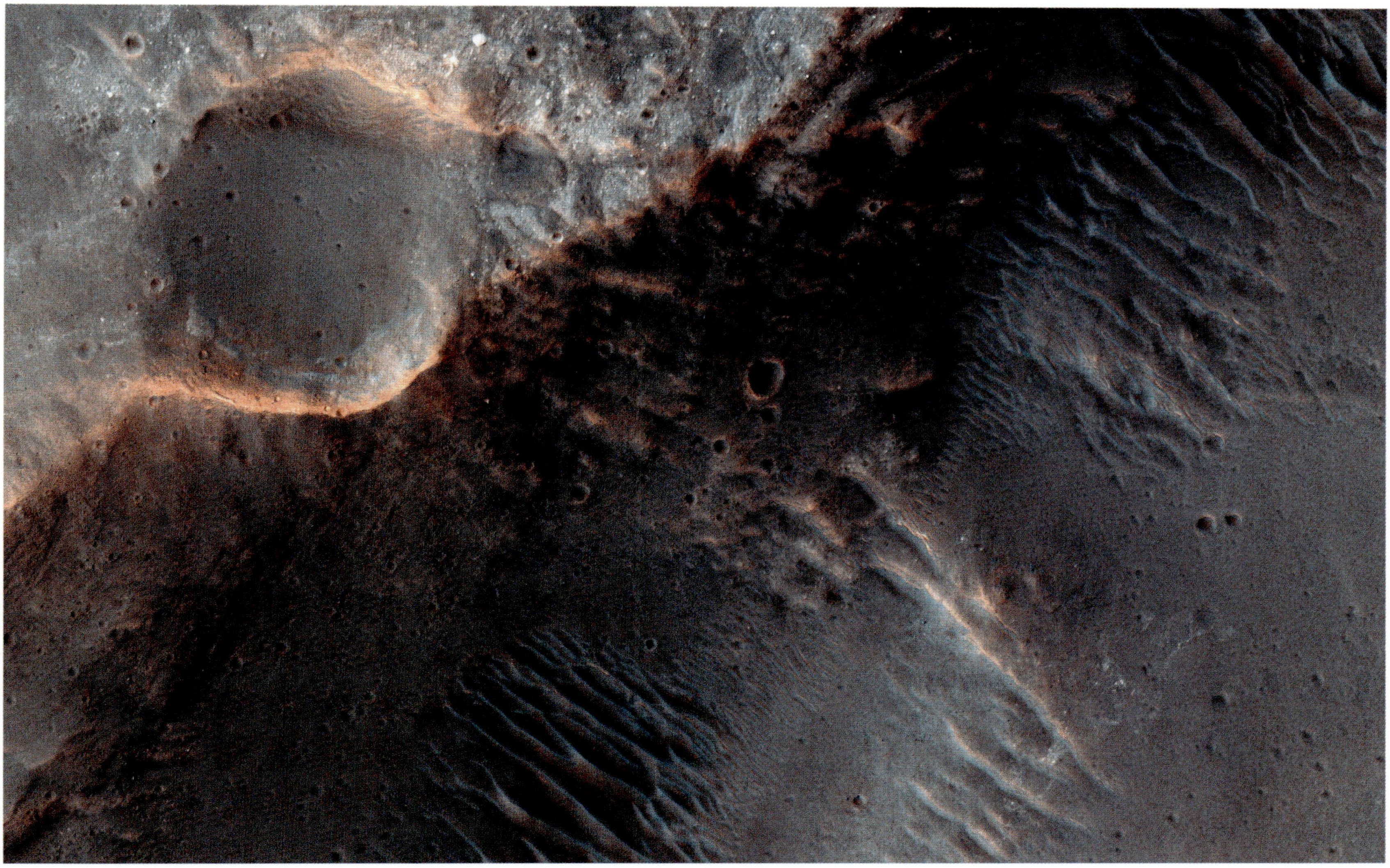

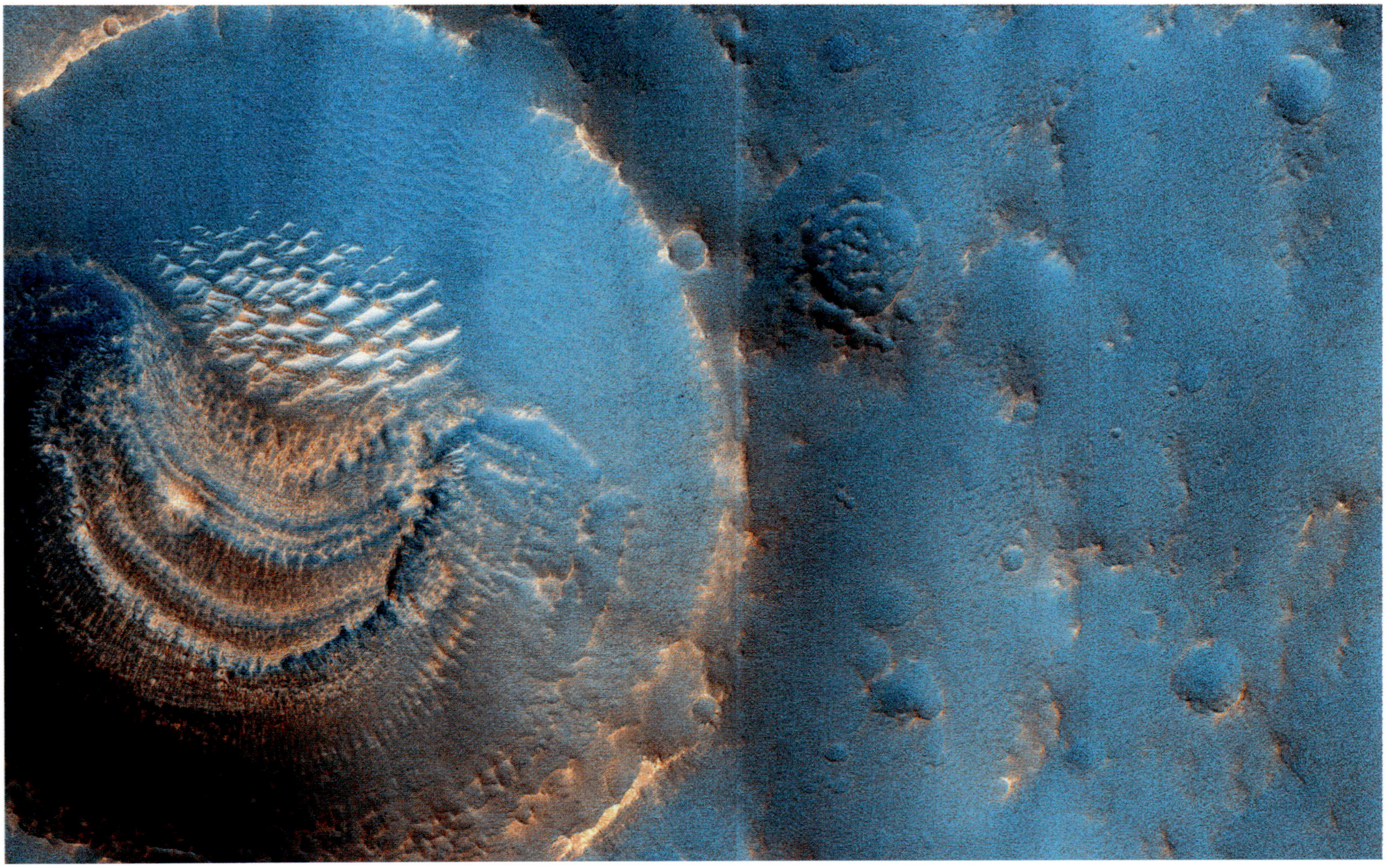

¿POR QUÉ MARTE SE RESISTE TANTO?

Como ilustran los tres mapas de las páginas siguientes, de las 51 misiones a Marte de la era espacial, solo algo más de la mitad (veintiséis en total) pueden considerarse un éxito rotundo. Aunque esta estadística ha mejorado con el tiempo (las misiones a Marte han corrido mejor suerte que este 50 % de éxitos desde la década de 1990), incluso en los años transcurridos desde 1992, ocho de las veintiséis misiones han fracasado en parte o completamente.

Pero ¿por qué cuesta tanto explorar Marte? Es una pregunta compleja, pero la distancia que lo separa de la Tierra y el estadio de la tecnología humana tienen que ver mucho con ello. Sigue siendo complicado llegar a Marte, igual que es difícil recorrerlo e investigarlo cuando se llega a él.

La historia de las misiones a Marte ofrece un baño de realidad a quienes creen que será fácil enviar humanos al planeta rojo a corto plazo. Hasta ahora, solo los actores de los Estados-nación han llevado a cabo misiones a Marte. Esto podría cambiar en el futuro si hubiera suficientes motivos de lucro para acometerlas. A lo largo de buena parte de la era espacial, los únicos que han llevado misiones a Marte han sido Estados Unidos y la Unión Soviética. Esto ha cambiado en las últimas décadas. Seis de las veintiséis misiones desde el final de la Guerra Fría pertenecen a entidades ajenas a EE. UU. o Rusia. La ampliación de los actores continuará en el futuro.

Los distintos tipos de misiones robóticas a Marte llevadas a cabo hasta ahora van de los vuelos de reconocimiento a los orbitadores, lánderes y róveres, y, en fechas más recientes, los helicópteros (*véase* pág. 238). En el futuro veremos cada vez más lánderes, róveres y helicópteros.

MUESTRAS DE MARTE

El retorno de muestras a la Tierra es, desde hace tiempo, un objetivo de la exploración de Marte. La lógica de una misión como esta es obvia: permitiría a los científicos, desde la Tierra, estudiar muestras marcianas con los recursos de los mejores laboratorios del planeta. La NASA ha valorado varias opciones de retorno de muestras, pero hasta ahora no se ha formalizado ninguna de ellas.

Se requieren nuevas tecnologías para aterrizar en el planeta, recorrerlo, recoger muestras y, por último, devolverlas a la Tierra. Nueve lánderes han conseguido llegar a Marte, aunque no se ha producido ningún vuelo de regreso con muestras. Esto podría cambiar en 2035, puesto que la NASA, la ESA y las agencias espaciales nacionales de China, Rusia y Japón tienen propuestas para ello.

La ambiciosa propuesta de una misión de retorno de muestras de la NASA consistiría en amartizar cerca del cráter Jezero, donde se encuentra el Perseverance (*a la izquierda*). Después, se haría aterrizar un lánder de recogida de muestras (*a la derecha*) que llevaría a bordo un vehículo de ascenso a Marte, que en la ilustración lanza una cápsula de retorno de muestras a la órbita de Marte, donde se encontraría con un vehículo para regresar a la Tierra.

IZQUIERDA Lanzado el 5 de mayo de 2018, el Mars InSight Lander es una de las sondas más sofisticadas que han llegado al planeta rojo. Su misión era medir el interior, la formación y la actividad sísmica como los impactos de meteoritos. El InSight desplegó una estación de control sísmico (el objeto circular que está conectado por un cable al lánder), el primer instrumento de este tipo enviado al espacio exterior, que registró varios «martemotos». Esta es una de las últimas imágenes tomadas por el InSight Mars Lander de la NASA, solo unos días antes de que finalizara la misión el 11 de diciembre de 2022.

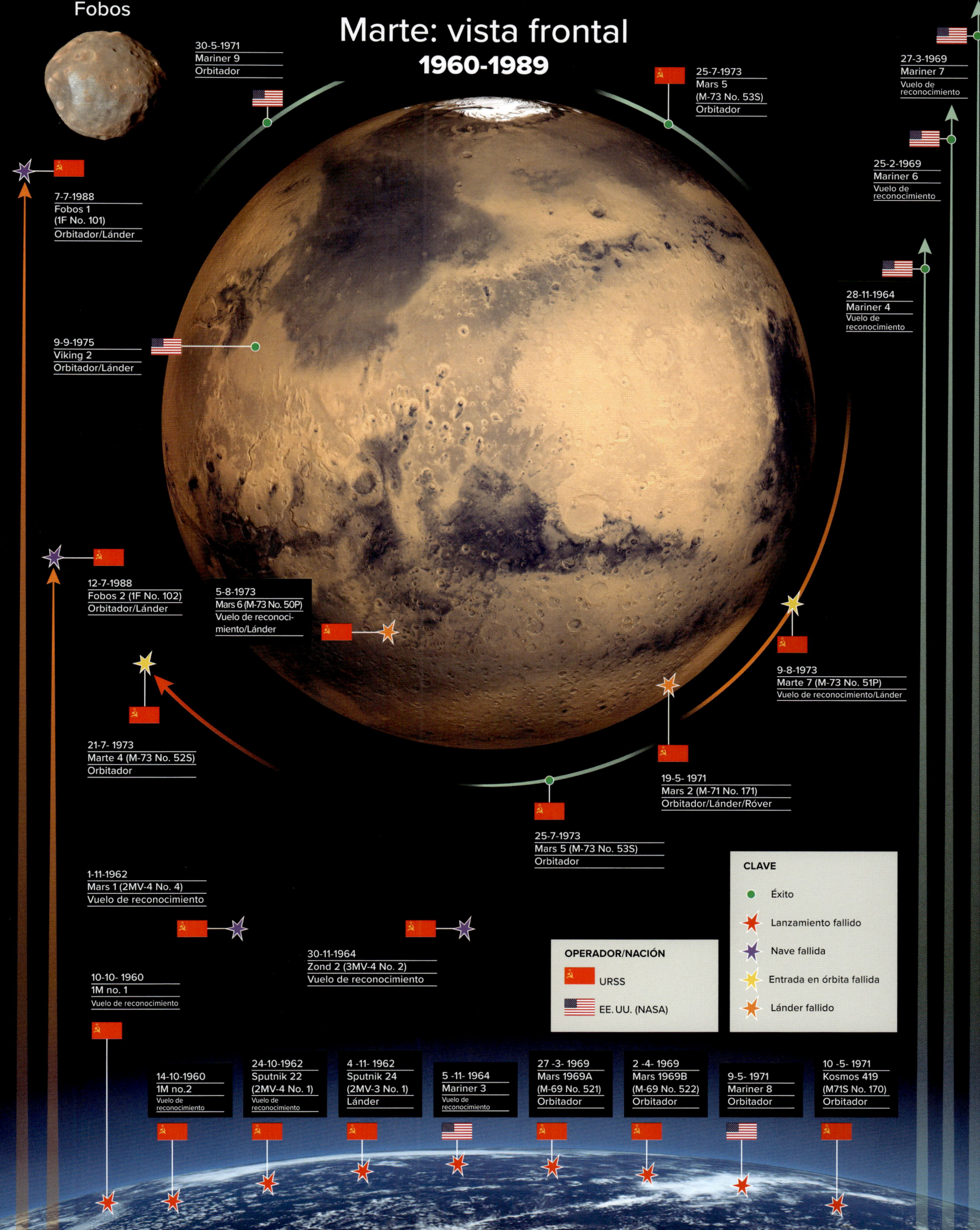

Marte: vista frontal
1960-1989

Fobos

30-5-1971
Mariner 9
Orbitador

25-7-1973
Mars 5
(M-73 No. 53S)
Orbitador

27-3-1969
Mariner 7
Vuelo de reconocimiento

25-2-1969
Mariner 6
Vuelo de reconocimiento

7-7-1988
Fobos 1
(1F No. 101)
Orbitador/Lánder

28-11-1964
Mariner 4
Vuelo de reconocimiento

9-9-1975
Viking 2
Orbitador/Lánder

12-7-1988
Fobos 2 (1F No. 102)
Orbitador/Lánder

5-8-1973
Mars 6 (M-73 No. 50P)
Vuelo de reconocimiento/Lánder

9-8-1973
Marte 7 (M-73 No. 51P)
Vuelo de reconocimiento/Lánder

21-7- 1973
Marte 4 (M-73 No. 52S)
Orbitador

19-5- 1971
Mars 2 (M-71 No. 171)
Orbitador/Lánder/Róver

25-7-1973
Mars 5 (M-73 No. 53S)
Orbitador

1-11-1962
Mars 1 (2MV-4 No. 4)
Vuelo de reconocimiento

CLAVE

● Éxito

★ Lanzamiento fallido

★ Nave fallida

★ Entrada en órbita fallida

★ Lánder fallido

30-11-1964
Zond 2 (3MV-4 No. 2)
Vuelo de reconocimiento

OPERADOR/NACIÓN

URSS

EE. UU. (NASA)

10-10- 1960
1M no. 1
Vuelo de reconocimiento

14-10-1960
1M no.2
Vuelo de reconocimiento

24-10-1962
Sputnik 22
(2MV-4 No. 1)
Vuelo de reconocimiento

4 -11- 1962
Sputnik 24
(2MV-3 No. 1)
Lánder

5 -11- 1964
Mariner 3
Vuelo de reconocimiento

27 -3- 1969
Mars 1969A
(M-69 No. 521)
Orbitador

2 -4- 1969
Mars 1969B
(M-69 No. 522)
Orbitador

9-5- 1971
Mariner 8
Orbitador

10 -5- 1971
Kosmos 419
(M71S No. 170)
Orbitador

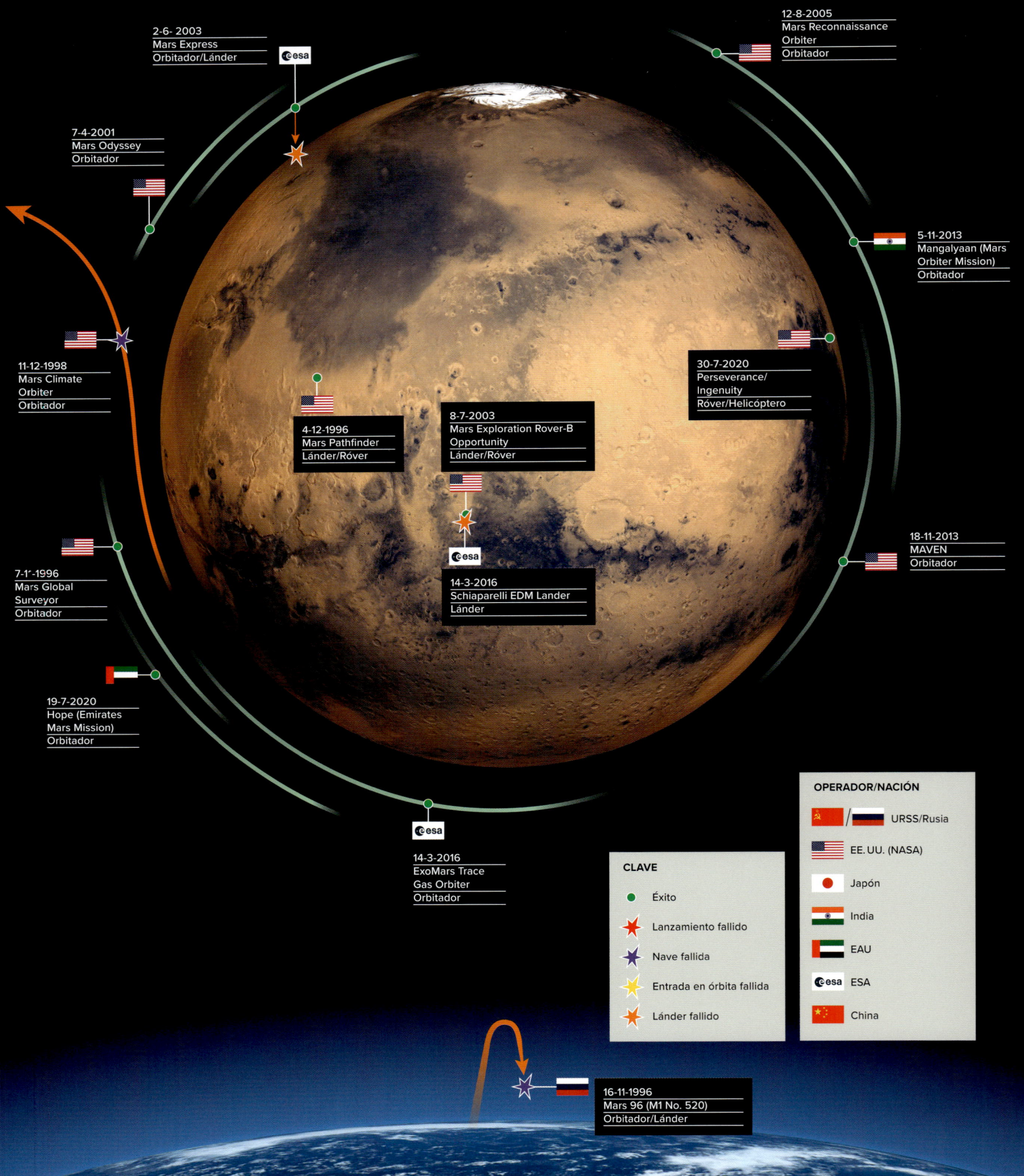

Marte: vista frontal
De 1990 en adelante

2-6-2003
Mars Express
Orbitador/Lánder

7-4-2001
Mars Odyssey
Orbitador

11-12-1998
Mars Climate
Orbiter
Orbitador

7-1-1996
Mars Global
Surveyor
Orbitador

19-7-2020
Hope (Emirates
Mars Mission)
Orbitador

4-12-1996
Mars Pathfinder
Lánder/Róver

8-7-2003
Mars Exploration Rover-B
Opportunity
Lánder/Róver

14-3-2016
Schiaparelli EDM Lander
Lánder

14-3-2016
ExoMars Trace
Gas Orbiter
Orbitador

12-8-2005
Mars Reconnaissance
Orbiter
Orbitador

5-11-2013
Mangalyaan (Mars
Orbiter Mission)
Orbitador

30-7-2020
Perseverance/
Ingenuity
Róver/Helicóptero

18-11-2013
MAVEN
Orbitador

16-11-1996
Mars 96 (M1 No. 520)
Orbitador/Lánder

CLAVE

● Éxito

★ Lanzamiento fallido

★ Nave fallida

★ Entrada en órbita fallida

★ Lánder fallido

OPERADOR/NACIÓN

URSS/Rusia

EE. UU. (NASA)

Japón

India

EAU

ESA

China

Marte: vista posterior
De 1969 en adelante

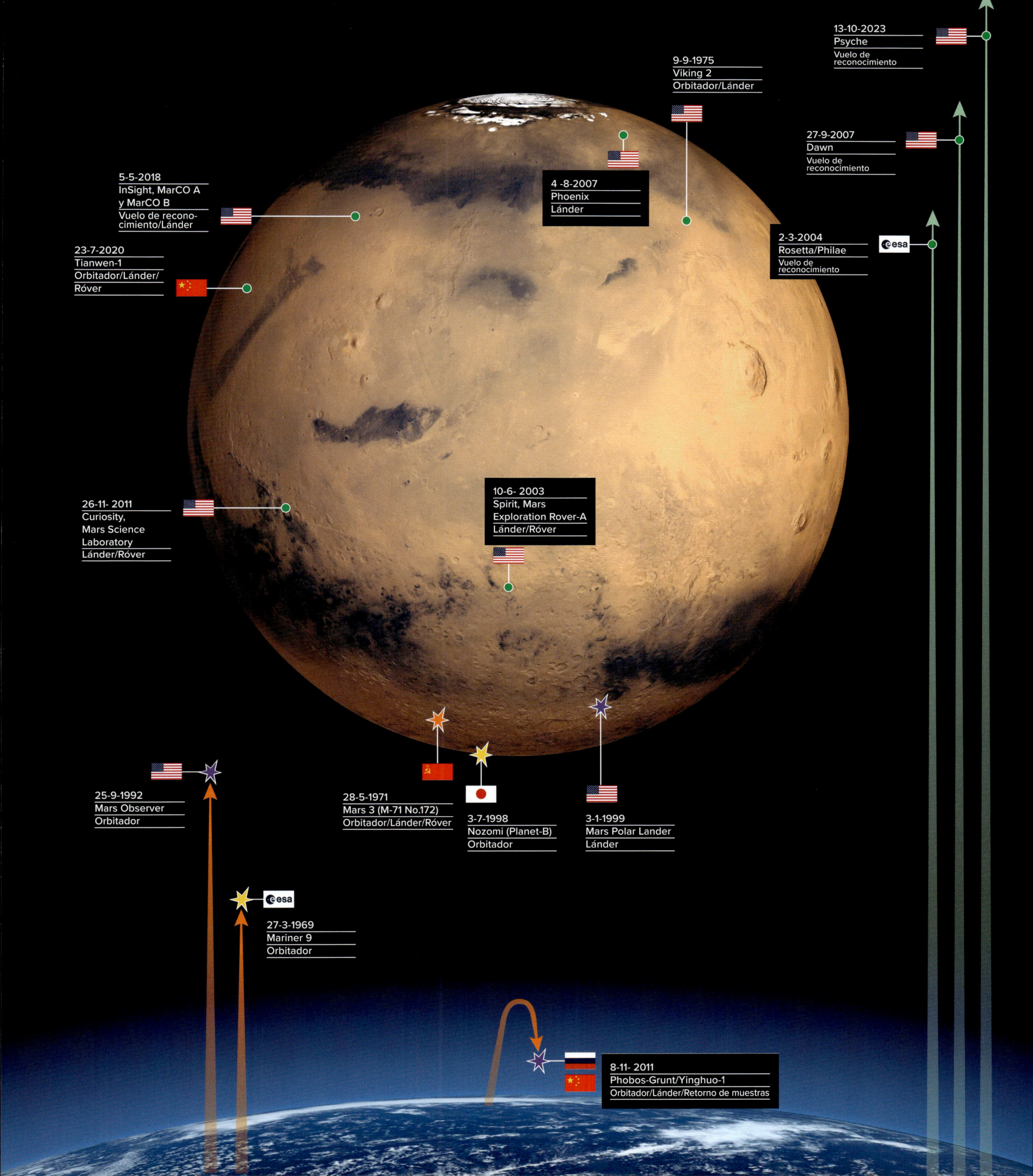
13-10-2023
Psyche
Vuelo de reconocimiento
9-9-1975
Viking 2
Orbitador/Lánder
27-9-2007
Dawn
Vuelo de reconocimiento
5-5-2018
InSight, MarCO A y MarCO B
Vuelo de reconocimiento/Lánder
4 -8-2007
Phoenix
Lánder
2-3-2004
Rosetta/Philae
Vuelo de reconocimiento
esa
23-7-2020
Tianwen-1
Orbitador/Lánder/Róver
26-11- 2011
Curiosity, Mars Science Laboratory
Lánder/Róver
10-6- 2003
Spirit, Mars Exploration Rover-A
Lánder/Róver
25-9-1992
Mars Observer
Orbitador
28-5-1971
Mars 3 (M-71 No.172)
Orbitador/Lánder/Róver
3-7-1998
Nozomi (Planet-B)
Orbitador
3-1-1999
Mars Polar Lander
Lánder
esa
27-3-1969
Mariner 9
Orbitador
8-11- 2011
Phobos-Grunt/Yinghuo-1
Orbitador/Lánder/Retorno de muestras

ROBOTS A LA LUNA

Cuando empezó la era espacial en 1957, el atractivo de la Luna se convirtió en toda una tentación. Tanto Estados Unidos como la Unión Soviética, que se encontraban en plena Guerra Fría en un frente muy amplio, quisieron superarse mutuamente con el envío de sondas lunares. El resultado fue la carrera espacial que transformó los conocimientos humanos del vecino más próximo de la Tierra.

Tras numerosos fracasos de las sondas lunares estadounidenses, a finales de 1959 el Laboratorio de Propulsión a Reacción de la NASA puso en marcha el proyecto Ranger, en parte para subsanar la mala imagen pública. Varias sondas Ranger fracasaron, pero, el 31 de julio de 1964, la Ranger 7 transmitió 4316 preciosas fotografías en alta resolución del Mar de las Nubes lunar, al igual que hicieron las Ranger 8 y 9 en 1965.

A mediados de la década de 1960, la NASA también emprendió el proyecto Lunar Orbiter para fotografiar la Luna en previsión de un posible alunizaje humano. En total, lanzó cinco satélites orbitadores lunares entre el 10 de agosto de 1966 y el 1 de agosto de 1967, todos los cuales lograron sus objetivos. Gracias al programa se obtuvieron las primeras imágenes en alta resolución de la Luna y se sentaron las bases del alunizaje del programa Apolo.

Finalmente, en 1961, la NASA creó el programa Surveyor para realizar un aterrizaje suave en la Luna con un satélite. La pequeña nave con un trípode de aterrizaje pudo tomar fotografías posteriores al alunizaje y realizar distintas mediciones. La Surveyor 1 aterrizó en la Luna el 2 de junio de 1966 y transmitió más de 10 000 fotografías de la superficie. Aunque la segunda misión hizo un aterrizaje de emergencia, el tercer vuelo proporcionó

PÁGINA SIGUIENTE IZQUIERDA El Ranger 9 fotografió la superficie lunar momentos antes de estrellarse el 24 de marzo de 1965.

PÁGINA SIGUIENTE DERECHA La última configuración de la nave Ranger del Bloque III, con la cámara en el fuselaje y los paneles solares desplegados.

ABAJO La primera imagen de la Tierra desde la Luna la transmitió el Lunar Orbiter 1 el 23 de agosto de 1966. Es una precursora de una de las imágenes más célebres de la era espacial: la fotografía *Salida de la Tierra* que tomaron los astronautas del Apolo 8 (*véase* pág. 274).

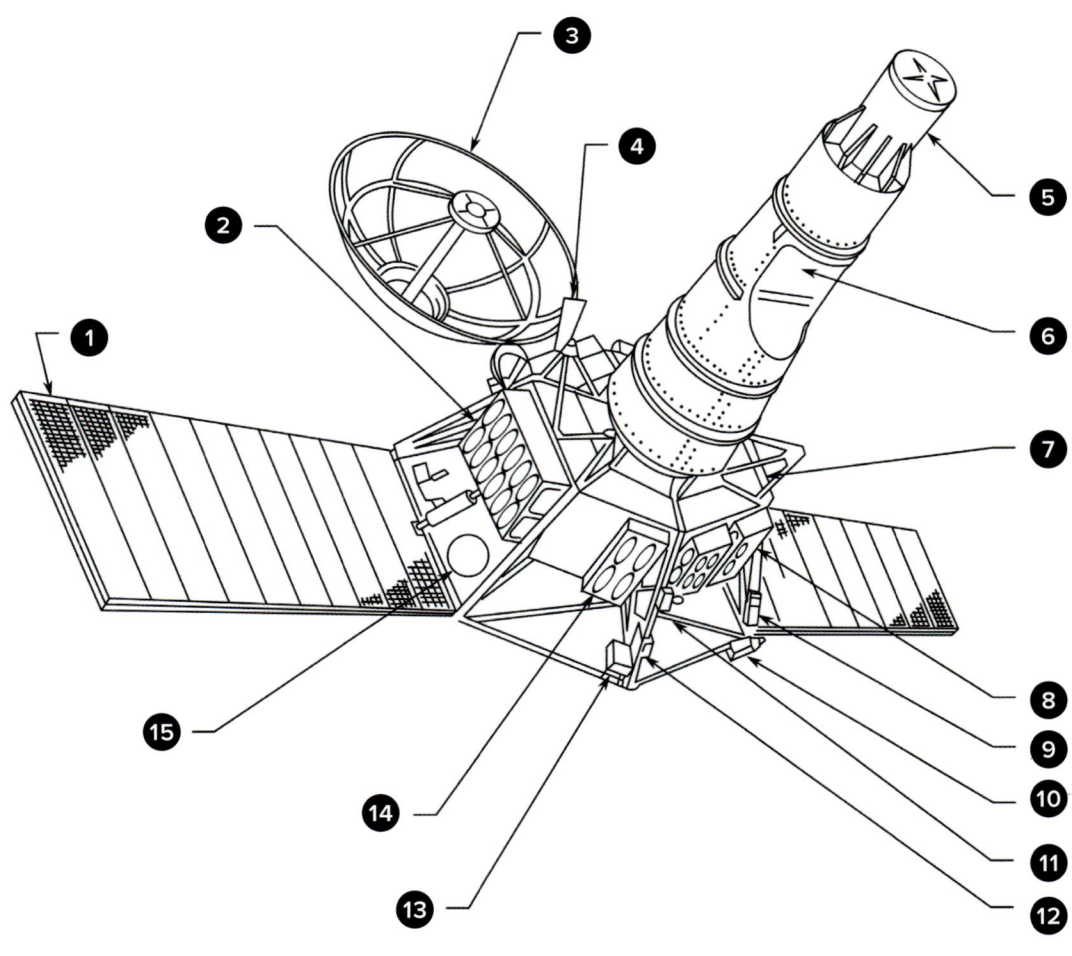

DERECHA La nave Ranger de la década de 1960 se diseñó para tomar fotografías de alta calidad antes de estrellarse contra la Luna. Este esquema de la versión del Bloque III, que fue un éxito después de varios fracasos, ilustra los componentes principales de la sonda.

1. Panel solar
2. Control de actitud
3. Antena de alta ganancia direccional
4. Escudo térmico
5. Antena omnidireccional
6. Subsistema de televisión de la Radio Corporation of America
7. Sistema de comunicaciones y control y mando
8. Alimentación
9. Control de actitud de alabeo
10. Control de actitud de guiñada
11. Control de actitud de cabeceo
12. Sensor solar principal (4)
13. Temporizador de reserva
14. Batería (2)
15. Bombona de gas del control de actitud

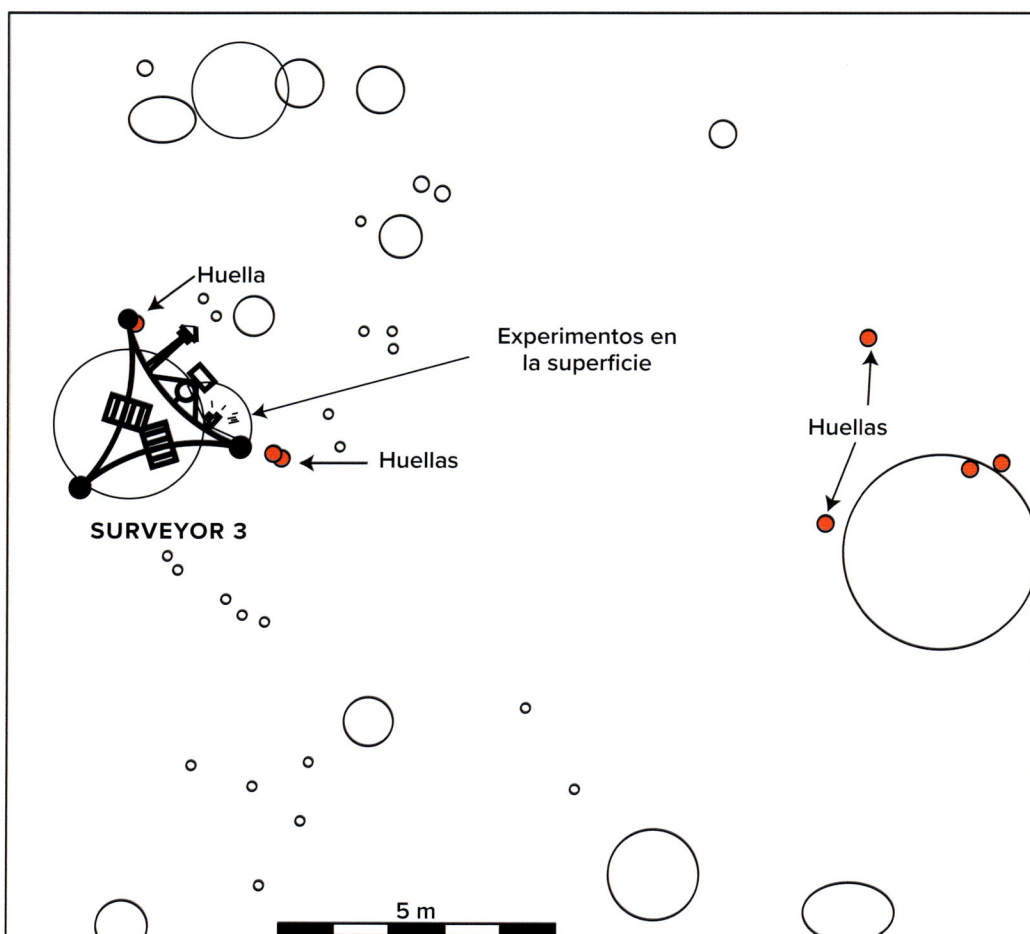

Huella

Experimentos en
la superficie

Huellas

Huellas

SURVEYOR 3

5 m

ARRIBA Este mosaico de fotografías de la Surveyor 3 tomadas en 1967 muestra el cráter Block, justo debajo del borde del cráter Surveyor, que aparece en la parte central derecha.

ARRIBA IZQUIERDA Alan Bean, uno de los astronautas del Apolo 12, fotografió la Surveyor 3 durante su segunda actividad extravehicular, o paseo espacial, el 20 de noviembre de 1969. La Surveyor 3 alunizó dentro del borde de un pequeño cráter el 19 de abril de 1967, donde fotografió la superficie y llevó a cabo experimentos de mecánica de suelos. El brazo del recolector de muestras de la mecánica de suelos se ve extendido hacia la derecha. En lo alto del mástil central se encuentran los paneles solares, mientras que la cámara es el cilindro blanco que está justo a la derecha del mástil. El brazo extendido hacia arriba de la izquierda es la antena omnidireccional. La nave está a solo 3 metros de altura. Esta vista está orientada al norte, en dirección al módulo lunar del Apolo 12, que se ve a lo lejos.

IZQUIERDA Como se aprecia por las huellas, la Surveyor 3 rebotó dos veces al aterrizar, antes de estabilizarse a casi 10 metros del punto de alunizaje original. Los otros círculos negros son pequeños cráteres del lugar de aterrizaje.

PÁGINA SIGUIENTE El Lunokhod 1, el primer róver lunar robótico que fue un éxito, lo llevó a la Luna la nave Luna 17 antes de emprender su viaje por la superficie.

fotografías, mediciones de la composición y la resistencia de la superficie de la corteza lunar, y lecturas de la reflectividad térmica y de radar del suelo.

Aunque la Surveyor 4 fracasó, cuando el programa llegó a su fin en 1968, las otras tres misiones Surveyor habían recopilado datos científicos significativos tanto para las misiones Apolo como para la comunidad científica lunar en general.

Mientras tanto, la Unión Soviética también visitó la Luna en varias ocasiones. Su programa Luna, también llamado Lunik, envió con éxito quince naves entre 1959 y 1976, muchas de las cuales fueron pioneras de la carrera espacial. Aunque los soviéticos tuvieron muchos fracasos, que no se reconocieron públicamente en su momento, lograron enviar dos róveres a la superficie lunar y otras tres misiones retornaron muestras.

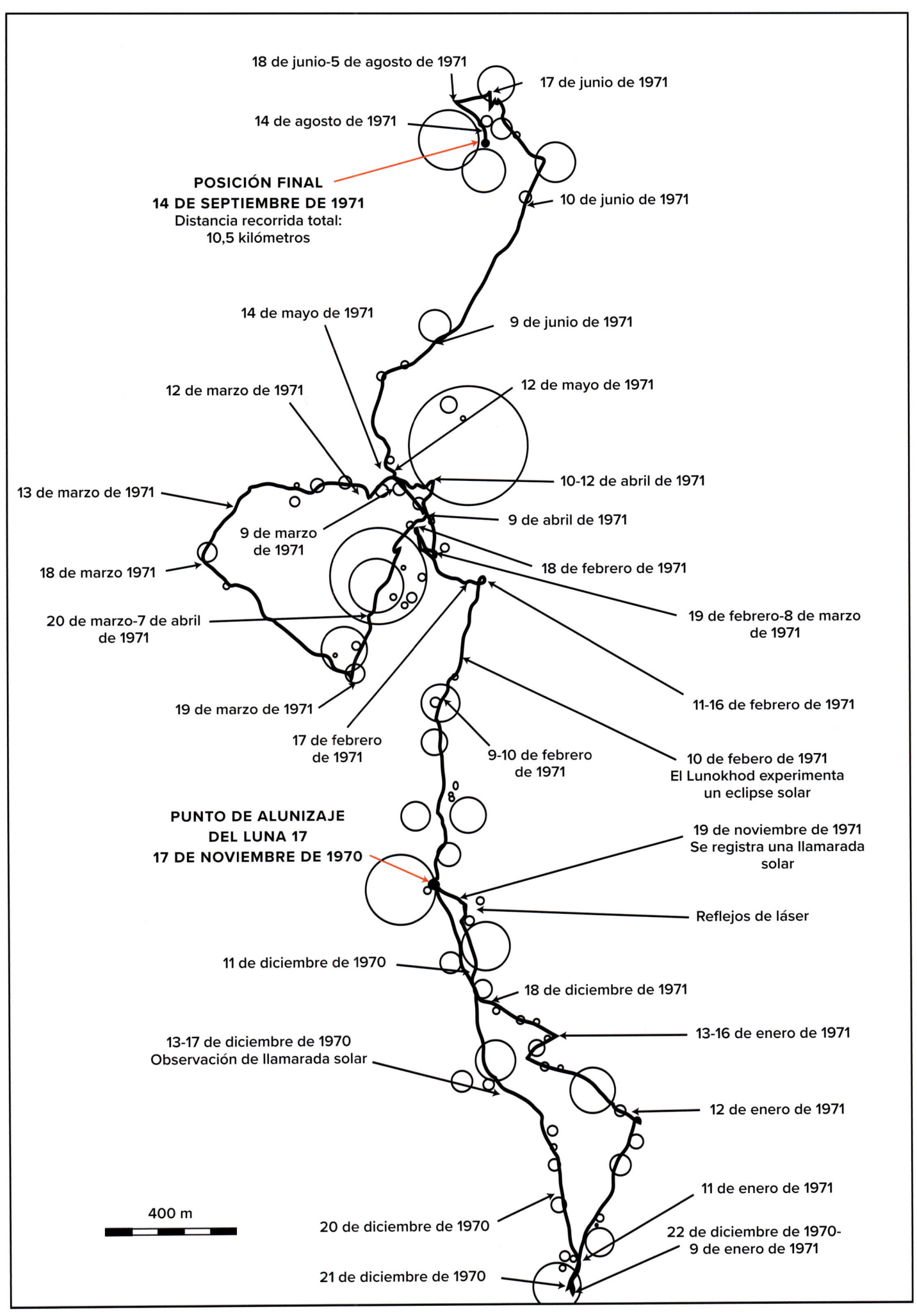

18 de junio-5 de agosto de 1971

17 de junio de 1971

14 de agosto de 1971

POSICIÓN FINAL
14 DE SEPTIEMBRE DE 1971
Distancia recorrida total:
10,5 kilómetros

10 de junio de 1971

14 de mayo de 1971

9 de junio de 1971

12 de marzo de 1971

12 de mayo de 1971

13 de marzo de 1971

10-12 de abril de 1971

9 de marzo
de 1971

9 de abril de 1971

18 de marzo 1971

18 de febrero de 1971

20 de marzo-7 de abril
de 1971

19 de febrero-8 de marzo
de 1971

19 de marzo de 1971

11-16 de febrero de 1971

17 de febrero
de 1971

9-10 de febrero
de 1971

10 de febero de 1971
El Lunokhod experimenta
un eclipse solar

PUNTO DE ALUNIZAJE
DEL LUNA 17
17 DE NOVIEMBRE DE 1970

19 de noviembre de 1971
Se registra una llamarada
solar

Reflejos de láser

11 de diciembre de 1970

18 de diciembre de 1971

13-17 de diciembre de 1970
Observación de llamarada solar

13-16 de enero de 1971

12 de enero de 1971

11 de enero de 1971

400 m

20 de diciembre de 1970

22 de diciembre de 1970-
9 de enero de 1971

21 de diciembre de 1970

«Tanto Estados Unidos como la Unión Soviética, que estaban enzarzados en una competición de la Guerra Fría en un frente muy amplio, quisieron superarse mutuamente con el envío de sondas lunares. El resultado fue la carrera espacial que transformó los conocimientos humanos del vecino más próximo de la Tierra».

PÁGINA SIGUIENTE El Lunokhod 1 fue uno de los grandes éxitos de la Unión Soviética. Fue el primer vehículo controlado a distancia que aterrizó en otro cuerpo del sistema solar. Lanzado desde el Luna 17 el 10 de noviembre de 1970, tocó la superficie lunar el 17 de noviembre. Condujo alrededor de la superficie en breves intervalos hasta el 14 de septiembre de 1971, cuando se perdió el contacto. Recorrió más de 10 kilómetros en total (*véase* pág. 265) y devolvió más de 20 000 imágenes y veinticinco investigaciones del análisis del suelo.

ABAJO Este mapa sigue el movimiento del róver Lunokhod 2, que llegó a la Luna a bordo del Luna 21. Los puntos y las flechas en rojo de la esquina inferior izquierda indican el trayecto del róver entre la posición del 13-14 de febrero de 1973 y la del 13 de marzo de 1973, antes de regresar al punto anterior. Después, volvió una vez más, cuando los controladores descubrieron algo interesante y lo hicieron regresar para ver qué más podían averiguar, antes de volver a la posición del 14 de marzo y otros puntos. La parada «recorrido del magnetómetro» de la derecha del mapa fue el resultado de la decisión de los controladores de enviar el róver al oeste para que llevara a cabo lecturas adicionales.

18 d enero de 1973

16 de enero de 1973

PUNTO DE ALUNIZAJE DEL LUNA 21

19 de enero-10 de febrero de 1973

11 de febrero de 1973

Las ruedas se hunden hasta los ejes en la regolita blanda (suelo lunar)

11 de febrero de 1973

11-12 de febrero de 1973

12 de febrero de 1973

12-16 de febrero de 1973

13 de marzo de 1973

15 de marzo de 1973

14 de marzo de 1973

17 de marzo de 1973

16 de febrero de 1973

15 de marzo de 1973

Muy mala tracción en el suelo cuando el Lunokhod llega a las colinas

14 de marzo de 1973

MONTAÑAS ENMARAÑADAS

17 de febrero de 1973

20 de febrero-12 de maro de 1973

19 de febrero de 1973

19 de febrero de 1973

13-14 de febrero de 1973

1 km

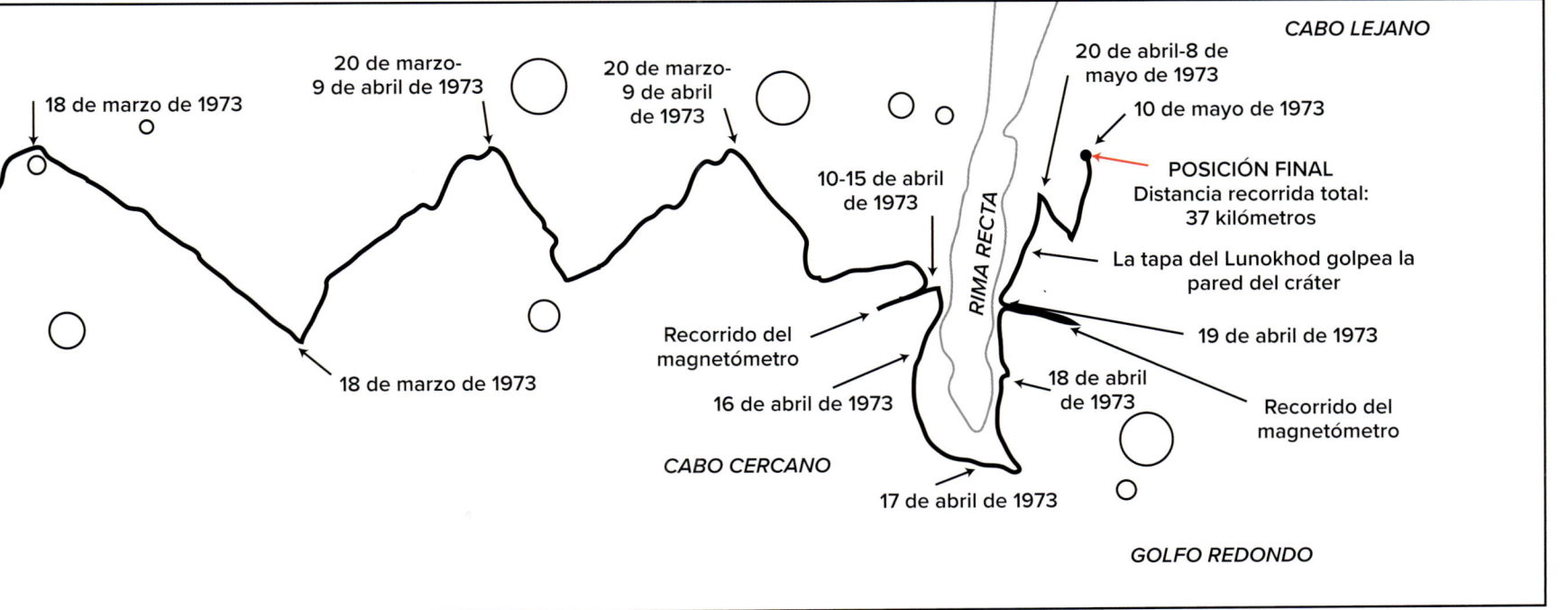

18 de marzo de 1973

20 de marzo-
9 de abril de 1973

20 de marzo-
9 de abril
de 1973

CABO LEJANO

20 de abril-8 de
mayo de 1973

10 de mayo de 1973

10-15 de abril
de 1973

POSICIÓN FINAL
Distancia recorrida total:
37 kilómetros

18 de marzo de 1973

RIMA RECTA

La tapa del Lunokhod golpea la
pared del cráter

Recorrido del
magnetómetro

19 de abril de 1973

16 de abril de 1973

18 de abril
de 1973

Recorrido del
magnetómetro

CABO CERCANO

17 de abril de 1973

GOLFO REDONDO

Después de las misiones de las décadas de 1960 y 1970, han vuelto otras naves a la Luna. En 1994, la sonda Clementine, una misión robótica conjunta pilotada por la Iniciativa de Defensa Estratégica del Departamento de Defensa y la NASA, cartografió más del 90% de la superficie lunar. Descubrió que había hielo procedente del choque de un asteroide en el cráter Shackleton, en el polo sur, lo que dio un nuevo impulso a la ciencia lunar.

A continuación, se lanzó la sonda Lunar Prospector, una pequeña nave de giro estabilizado cuya misión era llevar a cabo una «prospección» de la corteza y la atmósfera lunares en busca de minerales, hielo y determinados gases. Lanzada en 1998, confirmó que había unos 300 millones de toneladas de hielo dispersas en el interior de los cráteres de ambos polos lunares.

China, Japón e India también han enviado sondas a la Luna. El 14 de septiembre de 2007, se lanzó la misión Kaguya de la Agencia Japonesa de Exploración Aeroespacial, formada por un orbitador a 100 kilómetros de altitud y dos pequeños satélites (el Relay Satellite y el VRAD Satellite) en órbita polar cuya misión es explorar la evolución de la Luna. Los instrumentos científicos realizarán un mapa global de la superficie lunar, mediciones del campo magnético y mediciones del campo de gravedad. También cabe destacar la misión lunar Chang'e-4, enviada por China, que, el 3 de enero de 2019, desplegó en el lado opuesto el róver Yutu-2, el primer vehículo de este tipo operativo allí.

Puesto que el agua tiene tantos usos, su explotación podría llegar a mantener una colonia lunar. A partir del hielo, los humanos podrían obtener agua, oxígeno e hidrógeno. Este último podría utilizarse para generar combustible para cohetes y electricidad. Esto ha creado una especie de «fiebre del oro» lunar, con muchas partes interesadas en regresar y explotar los recursos disponibles.

PÁGINA SIGUIENTE Durante el vuelo de 1994, la nave Clementine devolvió imágenes de la Tierra y la Luna. En esta imagen coloreada se ve toda la Tierra sobre el polo norte lunar cuando la sonda Clementine terminó de cartografiar la órbita 102 el 13 de marzo de 1994. Es un día soleado en África y la península Arábiga. El gran cráter de la parte inferior de la imagen se denomina Plaskett.

ABAJO Mapa topográfico de la Luna que muestra tanto la cara visible como la cara oculta, obtenido a partir de la recopilación de más de 5000 fotografías tomadas durante la misión Clementine en 1994. Muestra la altimetría láser en kilómetros (rojo = alto; morado = bajo); mientras que la cara oculta (derecha) es alta y montañosa, la cara visible (izquierda) es baja. Nótese también la gran cuenca Aitken del polo sur, de 2500 kilómetros de diámetro, que se distingue fácilmente en la cara oculta de la Luna, en la zona de color morado de la parte inferior de la imagen.

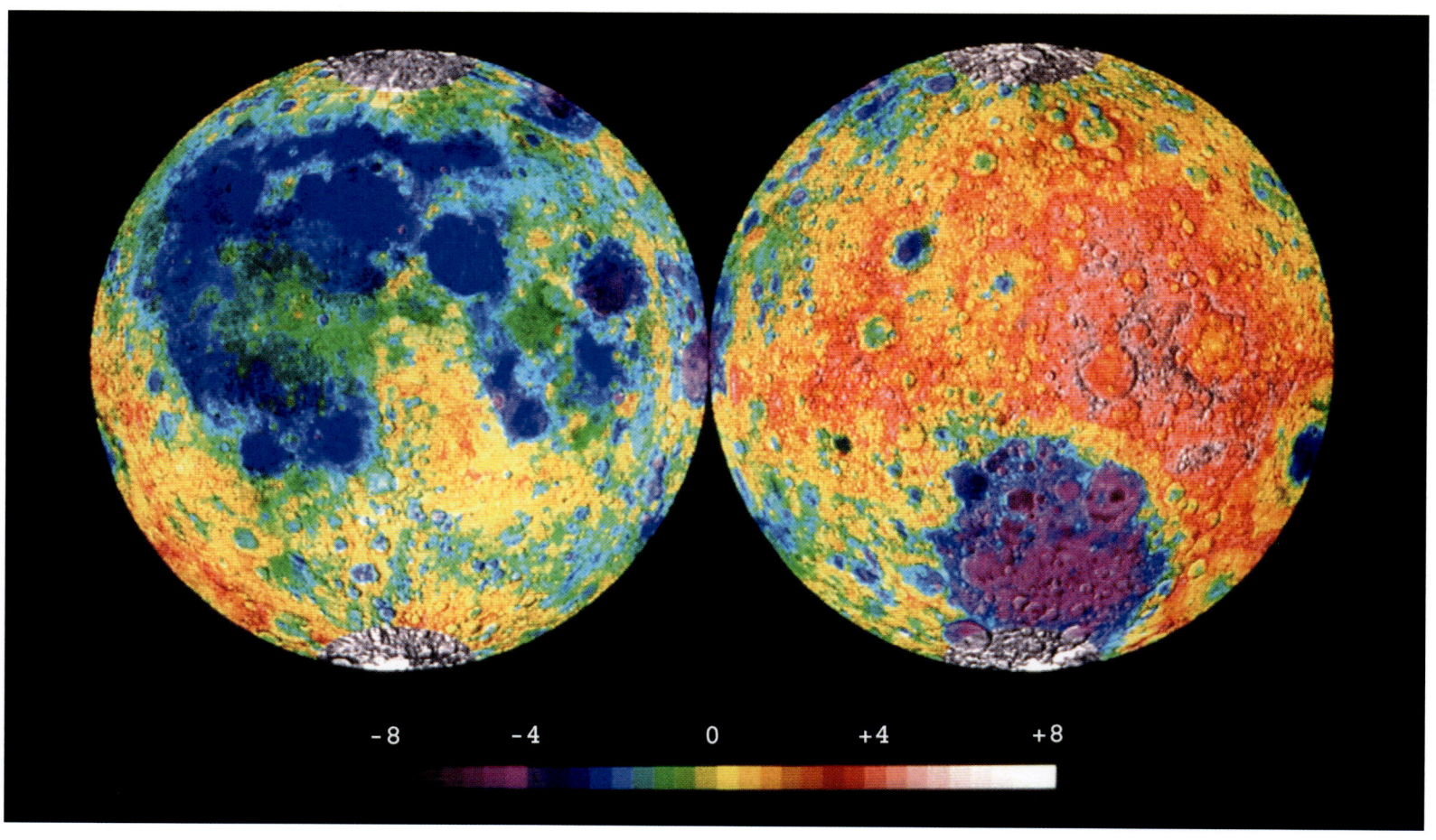

-8   -4   0   +4   +8

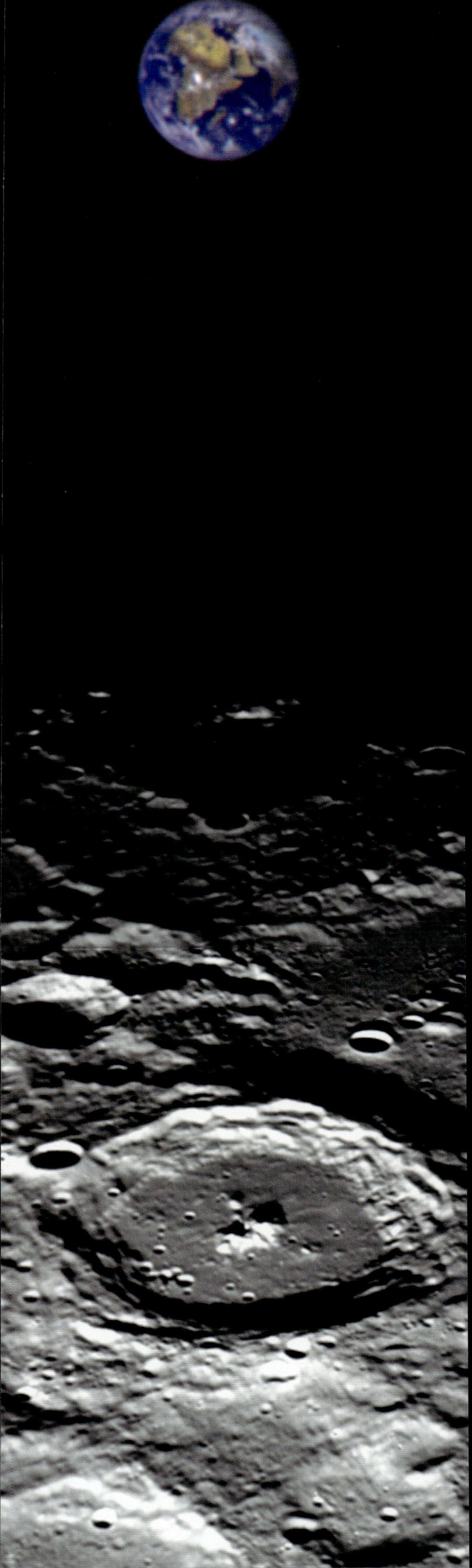

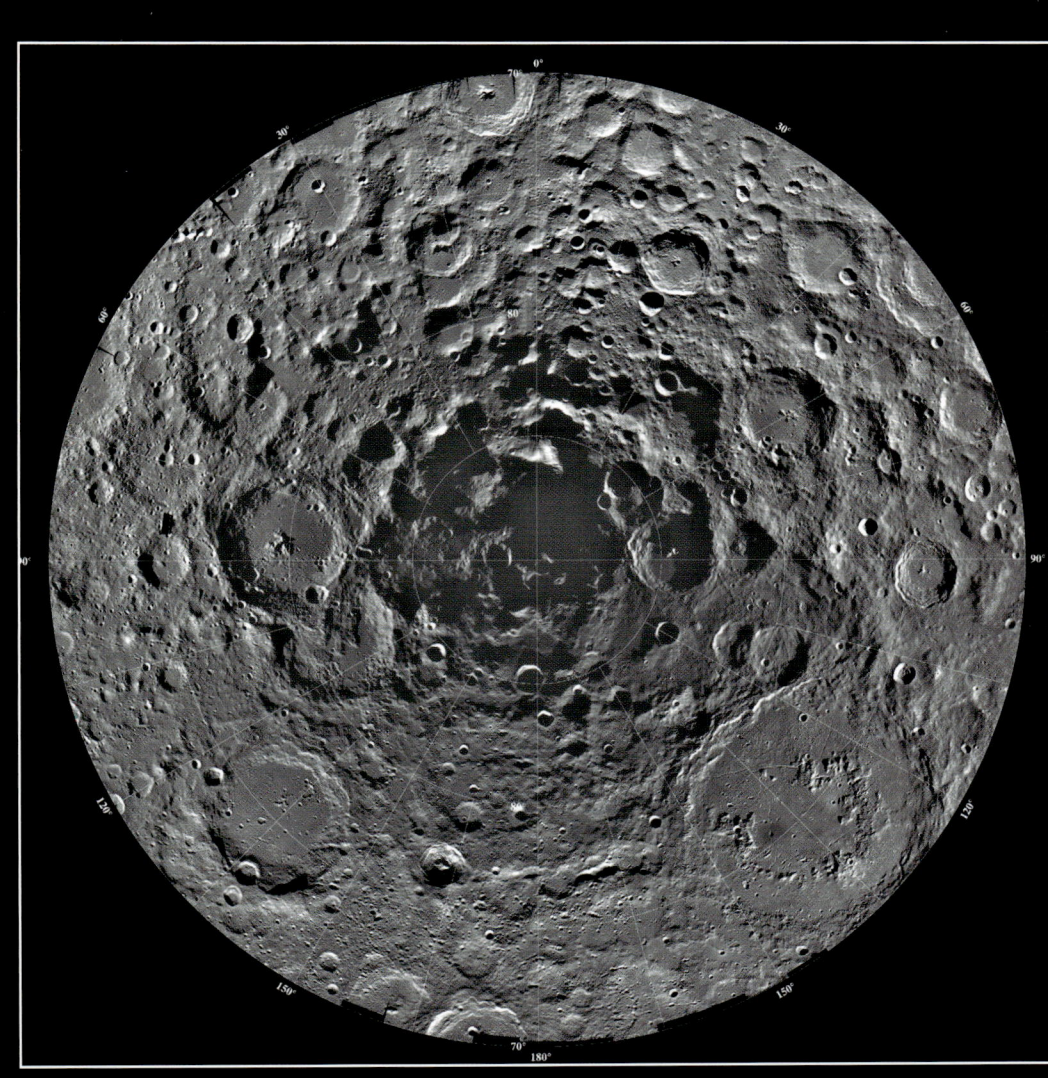

ARRIBA Este mosaico de la región del polo sur de la Luna de 1994 está formado por 1500 imágenes de la sonda Clementine. Una parte considerable de la zona oscura próxima al polo podría estar permanentemente en sombra, por lo que sería lo bastante fría para conservar el hielo.

«La sonda Clementine, una misión robótica conjunta pilotada por la Iniciativa de Defensa Estratégica del Departamento de Defensa y la NASA, cartografió más del 90 % de la superficie lunar».

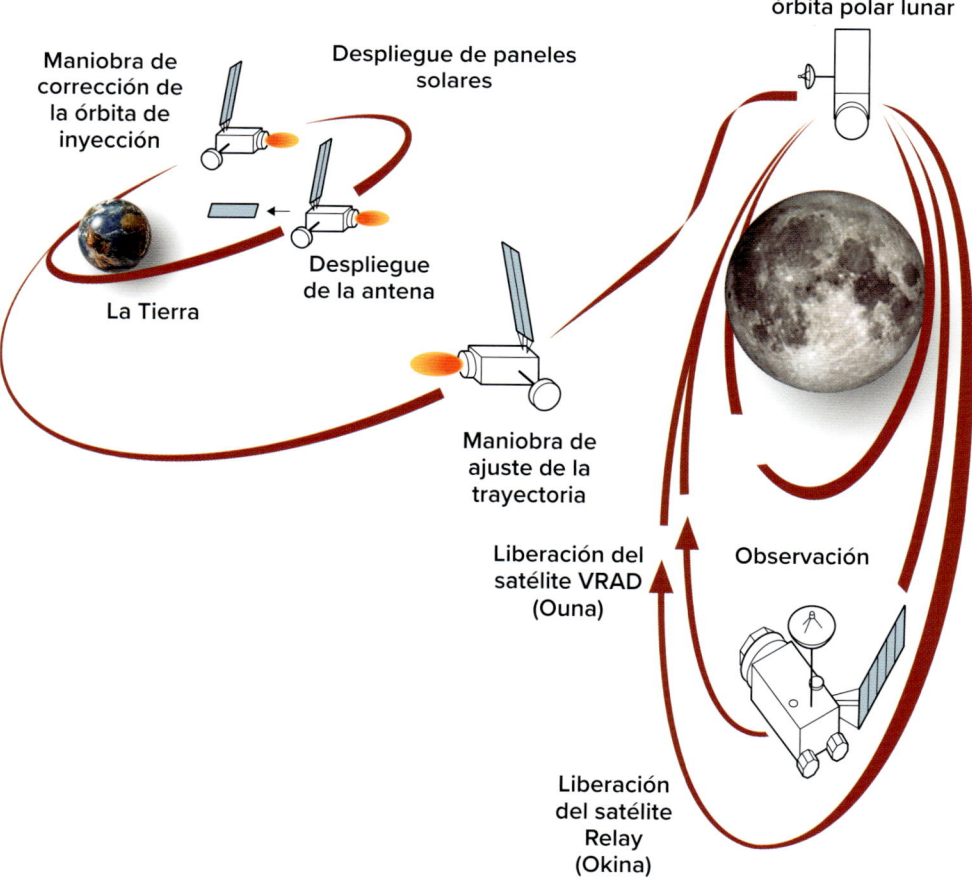

Inserción en la
órbita polar lunar

Maniobra de
corrección de
la órbita de
inyección

Despliegue de paneles
solares

Despliegue
de la antena

La Tierra

Maniobra de
ajuste de la
trayectoria

Liberación del
satélite VRAD
(Ouna)

Observación

Liberación
del satélite
Relay (Okina)

ARRIBA China ha participado en varias misiones robóticas a la Luna. Los resultados de los lánderes Chang'e y el róver Yutu-2 en la cara oculta han sido espectaculares. El lánder de la sonda Chang'e-4 fue fotografiado aquí por el róver Yutu-2 (o Jade Rabbit-2) el 11 de enero de 2019.

IZQUIERDA Los datos de la misión japonesa Kaguya permitieron crear la maqueta topográfica más detallada de la Luna hasta la fecha. El perfil de la misión, incluida la liberación de dos pequeños satélites, el Okina y el Ouna, está cartografiado aquí. La JAXA se refirió a la Kaguya como «la misión lunar más grande desde el programa Apolo».

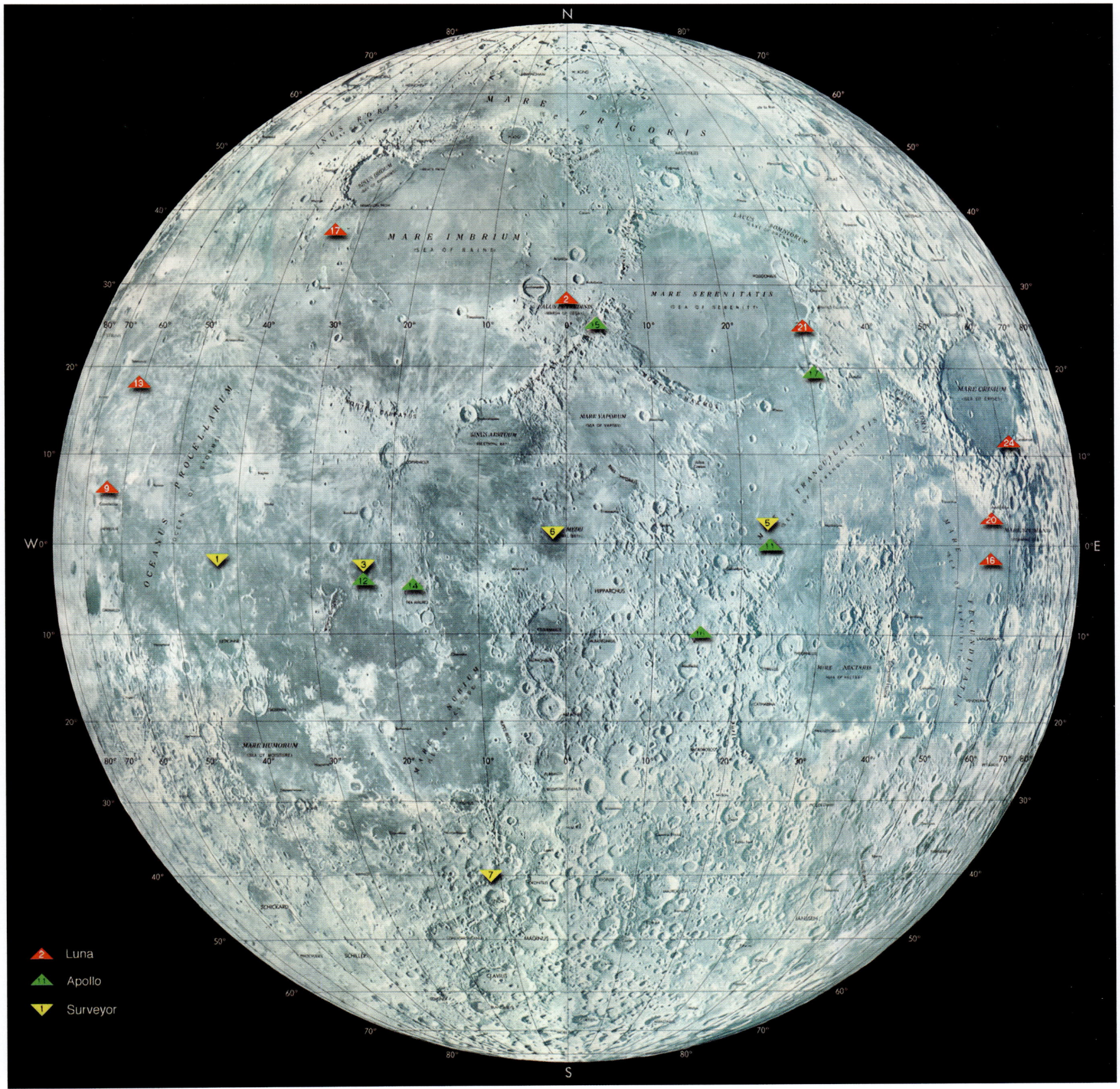

En un mapa de la cara visible de la Luna,
los lánderes Surveyor se indican en amarillo,
la nave soviética Luna en rojo y las misiones
de alunizaje Apolo en verde.

EL PROGRAMA APOLO Y LOS ALUNIZAJES

Los alunizajes humanos representaron la mayor aventura del siglo xx. A resultas de la Guerra Fría que enfrentó a Estados Unidos y la Unión Soviética, el programa Apolo envió seis tripulaciones a la superficie lunar entre los años 1969 y 1972.

Cuando, el 25 de mayo de 1961, el presidente estadounidense John F. Kennedy anunció la decisión de llevar un estadounidense a la Luna y devolverlo sano y salvo «antes de que termine esta década», hizo falta un gran esfuerzo para lograr este objetivo. De hecho, marcó la agenda de la primera década de la NASA. El programa había nacido como un recurso para hacer frente a una situación insatisfactoria: la percepción global del liderazgo soviético en ciencia y tecnología. Pero, además de estos objetivos políticos inmediatos, el proyecto Apolo cobró vida propia, y dejó un importante legado tanto para la nación como para los partidarios de la exploración espacial.

La primera misión Apolo de relevancia pública fue el vuelo del Apolo 8, una misión histórica para orbitar la Luna. Otras dos misiones Apolo se lanzaron antes del clímax del programa: el alunizaje de 1969. Dicho alunizaje se llevó a cabo durante el vuelo del Apolo 11, que despegó el 16 de julio de 1969 y, tras confirmar que el instrumental funcionaba bien, emprendió el viaje de tres días a la Luna. El 20 de julio de 1969 a las 20:18, hora peninsular española, el módulo lunar en el que viajaban los astronautas Neil Armstrong y Buzz Aldrin aterrizó en la superficie lunar, mientras Michael Collins orbitaba por encima de ellos en el módulo de mando del Apolo. Más tarde, Armstrong pisó la Luna, diciendo a la Tierra que era «un pequeño paso para el hombre, pero un gran paso para la humanidad».

Este asombroso vuelo preparó el terreno para posteriores misiones de alunizaje del programa Apolo, de las que hubo otras cinco hasta diciembre de 1972. En cada una de ellas se superó el tiempo pasado en la Luna y la complejidad de los experimentos llevados a cabo. Los experimentos científicos en la Luna y las muestras del suelo devueltas han proporcionado materia prima para las investigaciones científicas desde entonces. En concreto, los científicos han llegado a un consenso sobre el origen de la Luna: hace miles de millones de años, un cuerpo que posiblemente era del tamaño de Marte chocó con la Tierra, y de la combinación de materiales de ambos cuerpos se formó la Luna actual. Asimismo, hemos aprendido sobre los recursos únicos de la Luna, en especial el helio-3, que puede explotarse y utilizarse como fuente de energía. El rendimiento científico fue notable, sobre todo en las últimas tres misiones Apolo, que utilizaron un róver lunar para recorrer las proximidades del lugar de alunizaje.

¿CÓMO SE ORIGINÓ LA LUNA?

La tripulación del Apolo 11 –(*de izquierda a derecha*) Neil Armstrong, el comandante; Michael Collins, el piloto del módulo de mando, y Buzz Aldrin, el piloto del módulo lunar– comprueba la cabina de su nave el 10 de junio de 1969, antes de la misión. Los tres eran muy conscientes de la importancia de su misión, pero solo en retrospectiva apreciamos la contribución al conocimiento sobre los orígenes de la Luna que supuso el programa Apolo de la NASA.

Las seis misiones de alunizaje llevadas a cabo por los astronautas de las naves Apolo entre 1969 y 1972, así como las muestras devueltas por las sondas robóticas de la Unión Soviética, permitieron que los científicos realizaran un análisis exhaustivo de los materiales de la superficie lunar. Esto permitió encontrar respuestas a preguntas como estas: «¿Cuántos años tiene la Luna, cómo se formó y cuál es su composición?».

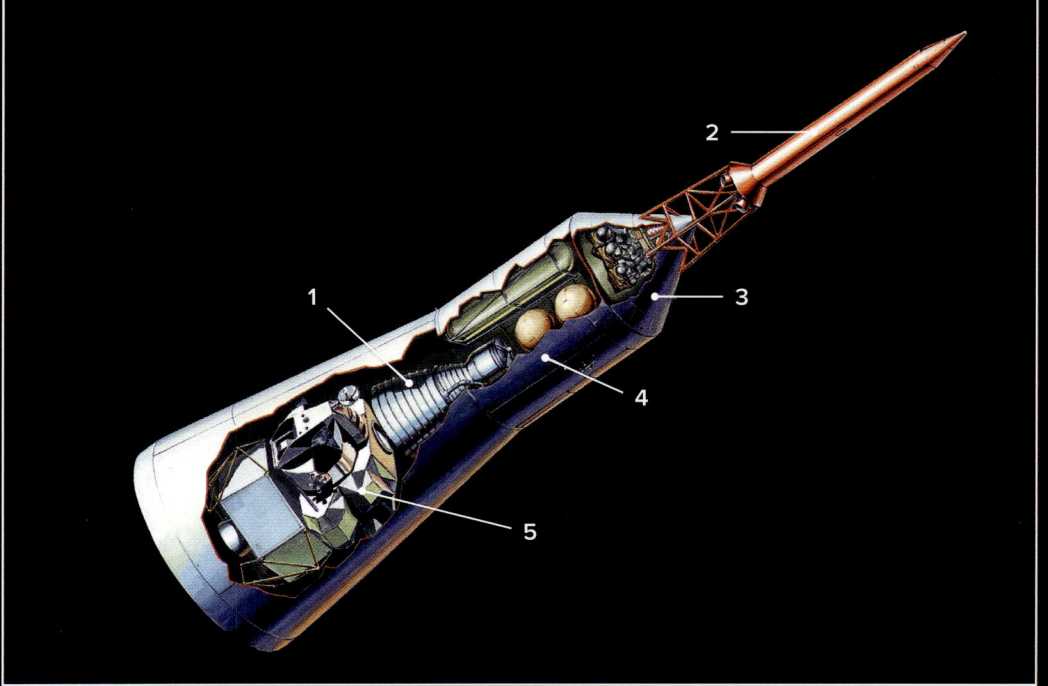

1

2

6

3

7

8

4

9

5

10

11

La tecnología básica necesaria para enviar humanos a la Luna fue el potente cohete Saturn V, que generó 3,4 millones de kilos de propulsión en el lanzamiento. Los componentes principales del cohete eran los siguientes:

1. Cápsula Apolo
2. Módulo lunar
3. Tanque de oxígeno líquido (LOX)
4. Tanque de LOX
5. Tanque de LOX
6. Tanque de combustible
7. 1 motor J-2
8. Tanque de combustible
9. 5 motores J-2
10. Tanque de combustible
11. 5 motores F-1

2

1

3

4

5

El segundo componente básico de la tecnología necesaria para el alunizaje fue la nave Apolo. Este corte de sección muestra sus componentes principales:

1. Motor
2. Sistema de escape para el lanzamiento
3. Módulo de mando
4. Módulo de servicio
5. Módulo lunar

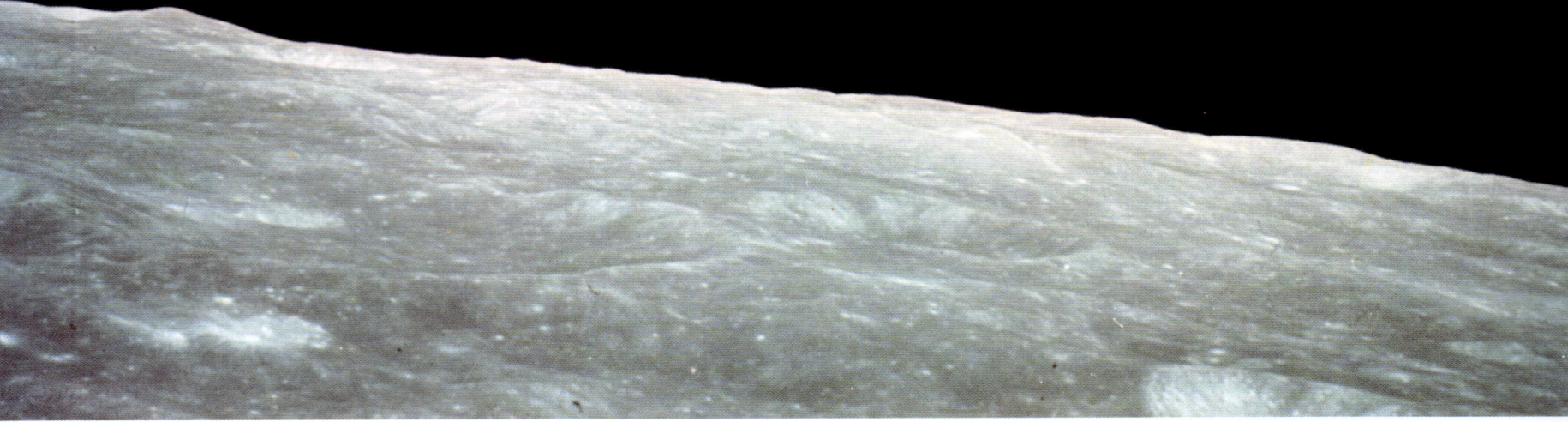

«La primera misión Apolo de relevancia pública fue el vuelo del Apolo 8, una misión histórica para orbitar la Luna».

DERECHA El módulo lunar del Apolo 9 se fotografió en la configuración de alunizaje desde el módulo de mando/servicio el quinto día del vuelo orbital de la Tierra de prueba del Apolo 9 en marzo de 1969. El módulo, conocido popularmente como la «Araña», tiene desplegado el tren de aterrizaje.

ABAJO Antes de que las primeras misiones a la Luna fueran una realidad, la NASA y sus socios corporativos quisieron dar a conocer el programa de un modo gráfico. Aquí, el motor de ascenso se enciende cuando el módulo lunar Apolo 11 despega de la superficie de la Luna. La fase de descenso sirvió de base de lanzamiento y se quedó en la superficie lunar. La Rocketdyne, una división de la estadounidense Rockwell Corporation, fue la subcontratista del motor de ascenso. Por su parte, la Grumman Aircraft Engineering Corporation de Bethpage, Nueva York, fue la contratista principal.

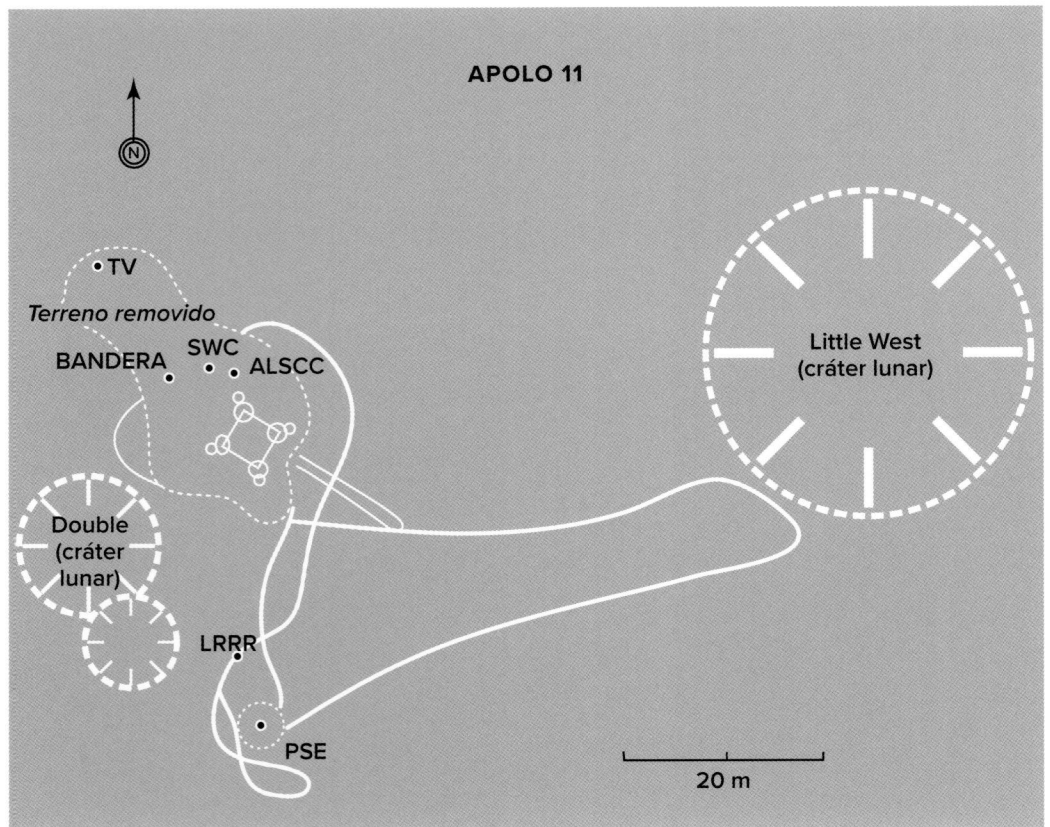

APOLO 11

TV

Terreno removido

BANDERA   SWC   ALSCC

Double
(cráter
lunar)

LRRR

PSE

Little West
(cráter lunar)

20 m

IZQUIERDA Este mapa ilustra la ubicación de los objetos en el punto de alunizaje del Apolo 11, así como las huellas que dejaron los astronautas durante las dos horas largas que estuvieron trabajando fuera de la nave. Los objetos circulares son los cráteres del punto de alunizaje, las líneas continuas corresponden a las huellas de los astronautas y las líneas discontinuas delimitan una zona de terreno removido por la acción humana. Alrededor del punto de alunizaje se desplegaron varios instrumentos: una cámara de televisión (TV); una bandera de Estados Unidos (BANDERA); el SWC (Experimento de la Composición del Viento Solar); la ALSCC (Cámara de Primeros Planos de la Superficie Lunar del Apolo); el experimento LRRR (Retrorreflector de alcance láser), y el PSE (Experimento Sísmico Pasivo).

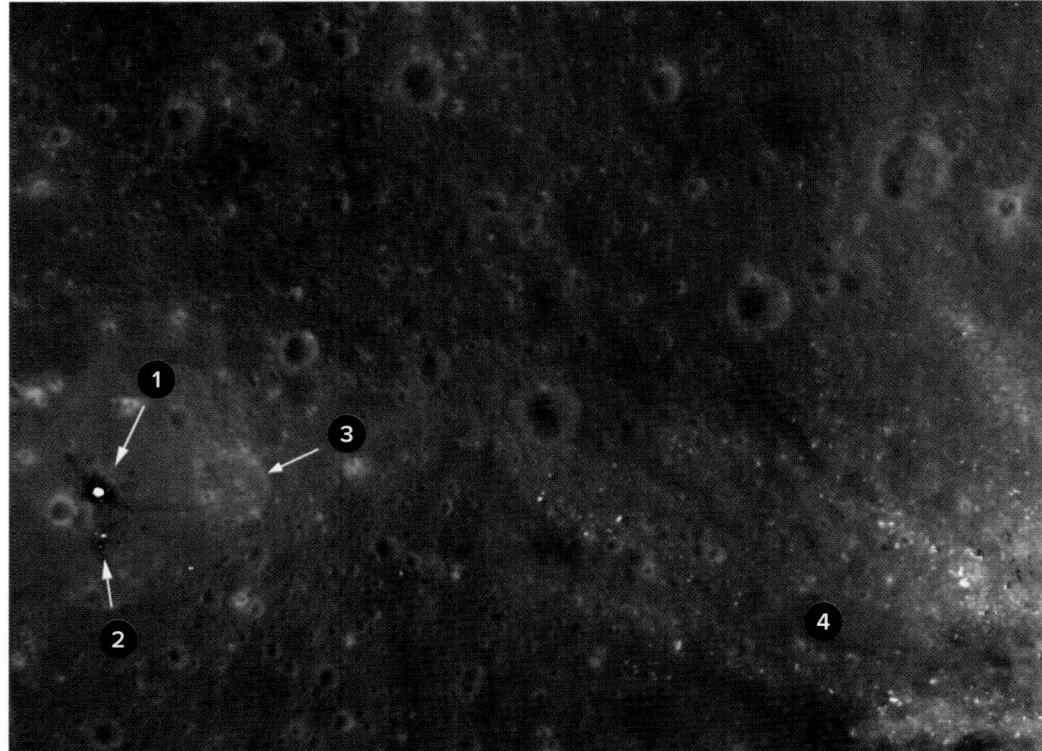

1

3

2

4

IZQUIERDA El punto de alunizaje del Apolo 11 el 20 de julio de 1969, fotografiado por el Lunar Reconnaissance Orbiter en 2010. El objeto luminoso de la izquierda es la fase de descenso del módulo lunar, mientras que el instrumental y las huellas de los astronautas también son visibles, así como la travesía hasta el cráter que está a la derecha del punto de alunizaje. Los astronautas contaron que, cada vez que daban un paso, se levantaba el polvo lunar, una capa excepcionalmente pulverulenta que cubría el estrato inferior, y dejaba un rastro en la superficie. La imagen también muestra la ubicación del paquete de experimentos científicos del Apolo (EASEP). La eyección (4) corresponde al polvo lunar desplazado a más de 40 metros de distancia del punto de alunizaje.

1. Fase de descenso del módulo lunar del Apolo 11
2. EASEP
3. Cráter Little West
4. Eyección

PÁGINA SIGUIENTE Una de las imágenes más icónicas del siglo XX fue un momento solemne del alunizaje del Apolo 11. Aquí, Buzz Aldrin acaba de plantar la bandera de Estados Unidos en la superficie lunar el 20 de julio de 1969. La bandera se convirtió en un tropo del excepcionalismo estadounidense.

«El 20 de julio de 1969 a las 16:18, hora del este de Estados Unidos, el módulo lunar en el que viajaban los astronautas Neil Armstrong y Buzz Aldrin aterrizó en la superficie lunar, mientras Michael Collins orbitaba por encima de ellos en el módulo de mando del Apolo. Más tarde, Armstrong pisó la Luna, diciendo a los millones de personas que lo veían y escuchaban desde la Tierra que era "un pequeño paso para el hombre, pero un gran paso para la humanidad"».

Buzz Aldrin en la superficie lunar durante las operaciones en superficie del 20 de julio de 1969 de la misión Apolo 11. Esta imagen se ha reproducido en todo el mundo de muchas formas y por motivos distintos. En primer plano se distingue la pata del módulo lunar Eagle durante la actividad extravehicular del Apolo 11. La fotografía la tomó Neil Armstrong, cuya imagen se ve reflejada en la visera del traje espacial de Aldrin.

IZQUIERDA Cada una de las seis misiones de alunizaje desplegó un paquete de experimentos científicos de la superficie lunar. Aquí, Alan Bean, uno de los astronautas del Apolo 12, instala los experimentos en el punto de alunizaje durante el segundo alunizaje del otoño de 1969. Las zonas de aterrizaje se convirtieron en lugares de trabajo en los que los astronautas trataban de invertir el tiempo limitado que podían pasar en la superficie en hacer tantas cosas como fuera posible.

IZQUIERDA El módulo lunar del Apolo 12 se fotografió el 19 de noviembre de 1969 en una configuración de alunizaje.

PÁGINA SIGUIENTE El Servicio Geológico de Estados Unidos preparó estos mapas de los puntos de alunizaje de los Apolo 11, 12 y 14. Además de los puntos de aterrizaje y las huellas del recorrido, el mapa muestra las actividades principales que se llevaron a cabo en la superficie.

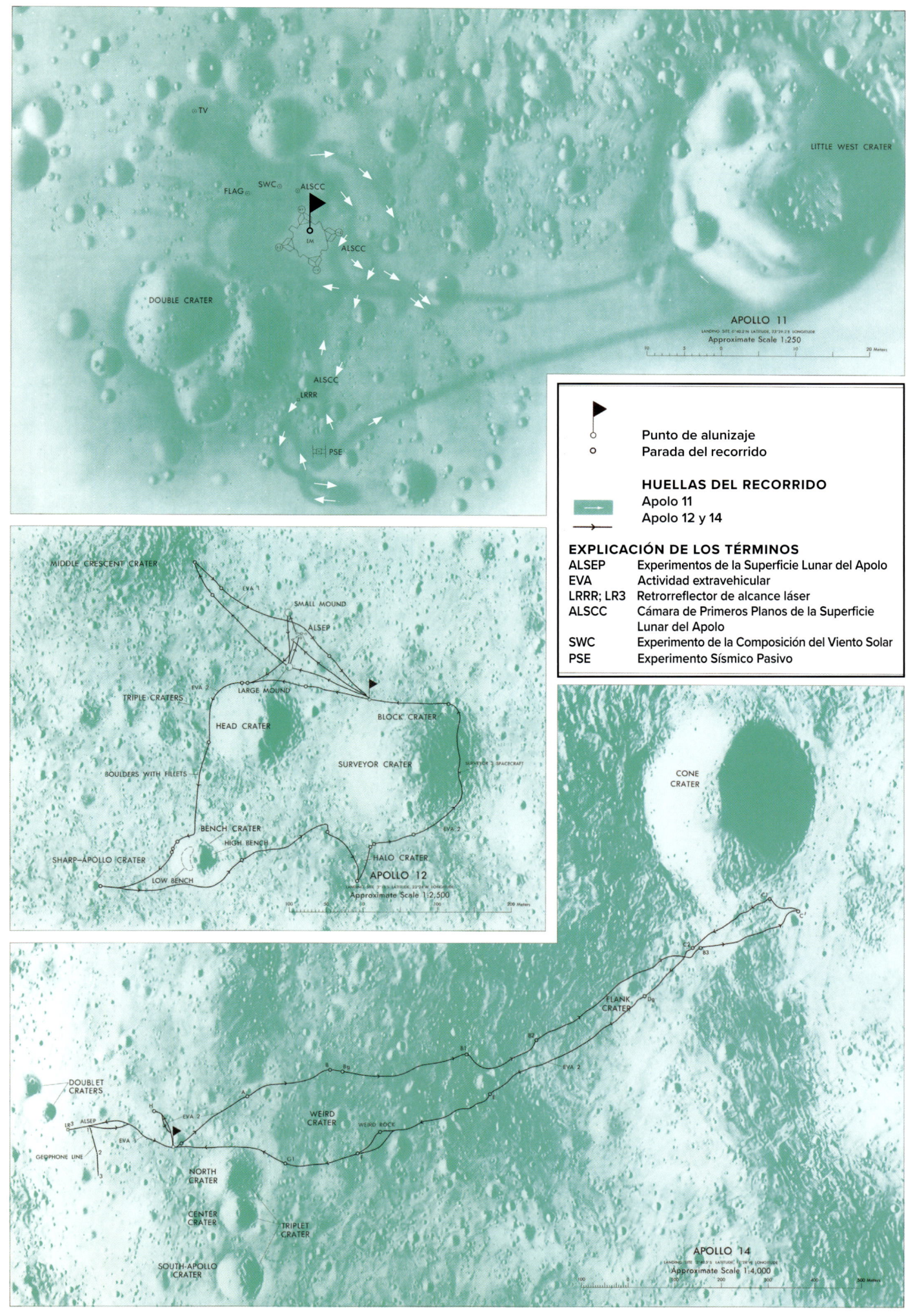

TV

LITTLE WEST CRATER

FLAG SWC ALSCC

ALSCC

DOUBLE CRATER

ALSCC

LRRR

PSE

APOLLO 11
LANDING SITE 0°40.2'N LATITUDE, 23°29.2'E LONGITUDE
Approximate Scale 1:250

MIDDLE CRESCENT CRATER

EVA 1

SMALL MOUND

ALSEP

TRIPLE CRATERS

EVA 2

LARGE MOUND

HEAD CRATER

BLOCK CRATER

SURVEYOR CRATER

BOULDERS WITH FILLETS

SURVEYOR 3 SPACECRAFT

BENCH CRATER

HIGH BENCH

EVA 2

SHARP-APOLLO CRATER

LOW BENCH

HALO CRATER

APOLLO 12
LANDING SITE 2°45'S LATITUDE, 23°24'W LONGITUDE
Approximate Scale 1:2,500

CONE CRATER

FLANK CRATER

DOUBLET CRATERS

ALSEP

LR3

EVA 2

WEIRD CRATER

WEIRD ROCK

EVA 2

GEOPHONE LINE

EVA

NORTH CRATER

CENTER CRATER

TRIPLET CRATER

SOUTH-APOLLO CRATER

APOLLO 14
LANDING SITE 3°40'S LATITUDE, 17°28'W LONGITUDE
Approximate Scale 1:4,000

▶ Punto de alunizaje
○ Parada del recorrido

HUELLAS DEL RECORRIDO
Apolo 11
Apolo 12 y 14

EXPLICACIÓN DE LOS TÉRMINOS
ALSEP   Experimentos de la Superficie Lunar del Apolo
EVA   Actividad extravehicular
LRRR; LR3 Retrorreflector de alcance láser
ALSCC   Cámara de Primeros Planos de la Superficie
           Lunar del Apolo
SWC   Experimento de la Composición del Viento Solar
PSE   Experimento Sísmico Pasivo

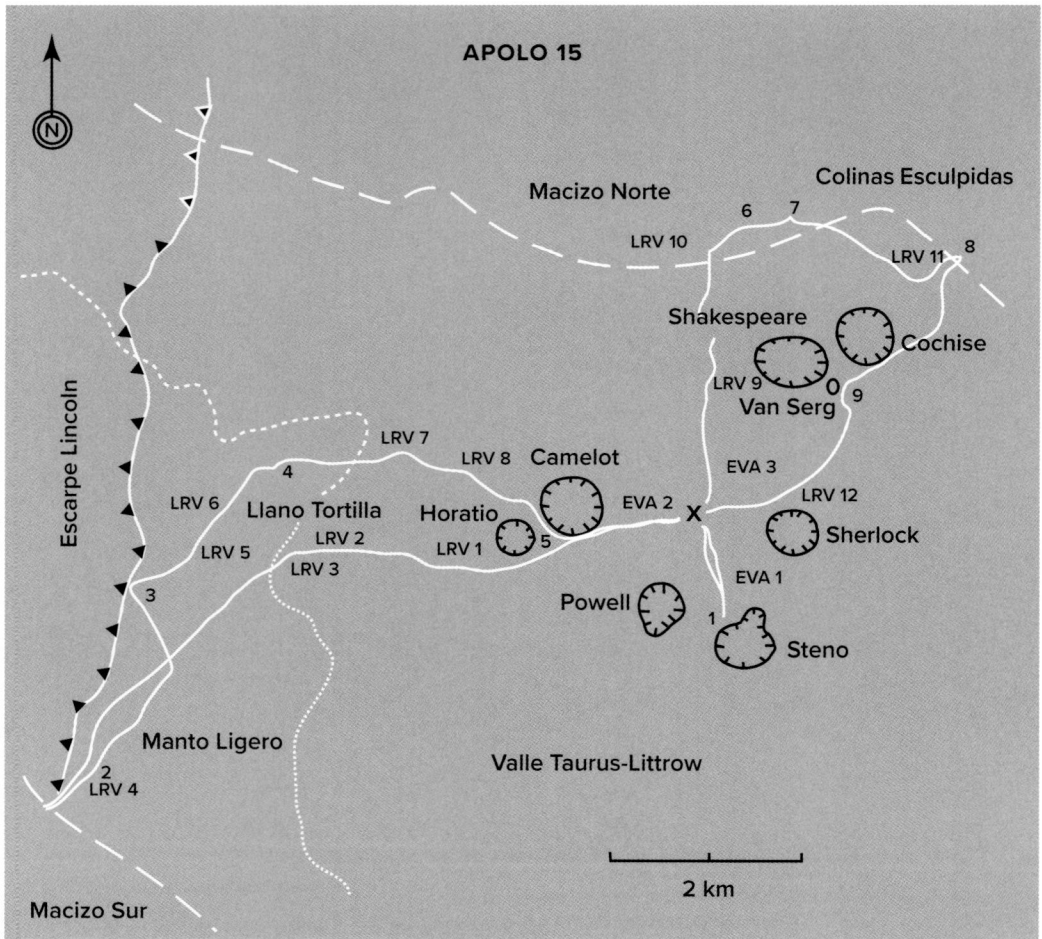

APOLO 15

Macizo Norte

Colinas Esculpidas

6 7

LRV 10

LRV 11 8

Shakespeare

Cochise

LRV 9 0 9

Van Serg

Escarpe Lincoln

LRV 7

LRV 8 Camelot

EVA 3

4

EVA 2 X

LRV 12

LRV 6 Llano Tortilla Horatio

LRV 2

LRV 5 LRV 1 5

Sherlock

LRV 3

EVA 1

3

Powell 1

Steno

Manto Ligero

2

LRV 4

Valle Taurus-Littrow

2 km

Macizo Sur

ARRIBA El astronauta David R. Scott, comandante de la misión Apolo 15, observa de cerca
la roca Genesis en el Laboratorio de Recep-
ción Lunar del Centro de Naves Tripuladas de
Houston, Texas, el 12 de agosto de 1971. Esta
roca ayudó a encajar las piezas de la historia
geológica de la Luna.

IZQUIERDA Este mapa del recorrido de la
misión Apolo 15 demuestra lo mucho que abar-
có la exploración lunar. Las líneas continuas
indican la ruta que recorrieron los astronautas
durante sus tres viajes alrededor del punto de
alunizaje (llamados EVA 1, EVA 2 y EVA 3) a
bordo de un róver lunar (LRV). Esto les permitió recorrer una distancia mucho más amplia
y recoger una mayor variedad de muestras
geológicas. En el mapa están indicadas las
paradas de estas exploraciones, de la LRV 1
a la LRV 12.

ARRIBA Tomada por James Irwin, uno de los astronautas del Apolo 15, durante la segunda actividad extravehicular de la tripulación, en esta fotografía aparecen el róver, el módulo lunar y las montañas de Swann al fondo.

DERECHA Una vista del módulo de mando/servicio del Apolo 15 en órbita lunar, fotografiado desde el módulo lunar justo después del encuentro en 1971. Al fondo se ve la cara visible de la luna. La imagen está orientada al sudeste, al Mar de la Fertilidad, una zona relativamente plana de la superficie lunar.

IZQUIERDA Esta extraordinaria panorámica lunar muestra a Harrison (Jack) Schmitt, el astronauta y geólogo de la Apolo 17, con el róver lunar en la cuarta parada (el cráter Shorty) durante la segunda actividad extravehicular de la tripulación en el punto de alunizaje Taurus-Littrow. El cráter Shorty se encuentra a la derecha. Esta fotografía da una idea, más que ninguna otra imagen de los astronautas en la superficie lunar, de la «magnífica desolación», por utilizar las mismas palabras que Buzz Aldrin, que reinaba en el lugar.

ABAJO Las misiones Apolo 16 y 17 extendieron el alcance de la exploración lunar al final del programa, a principios de la década de 1970. Las líneas continuas de estos mapas indican las rutas que tomaron los astronautas de cada misión durante sus tres actividades extravehiculares a bordo de los róveres lunares. Los recorridos están indicados como EVA 1, 2 o 3. Los números hacen referencia a las paradas que realizaron los astronautas. Las áreas circulares son cráteres, algunos de los cuales tienen nombre, y las líneas discontinuas y con marcas de corte representan otras formaciones geográficas descubiertos por los astronautas. Las misiones fueron progresivamente más largas y, globalmente, reunieron una cosecha científica de una importancia asombrosa.

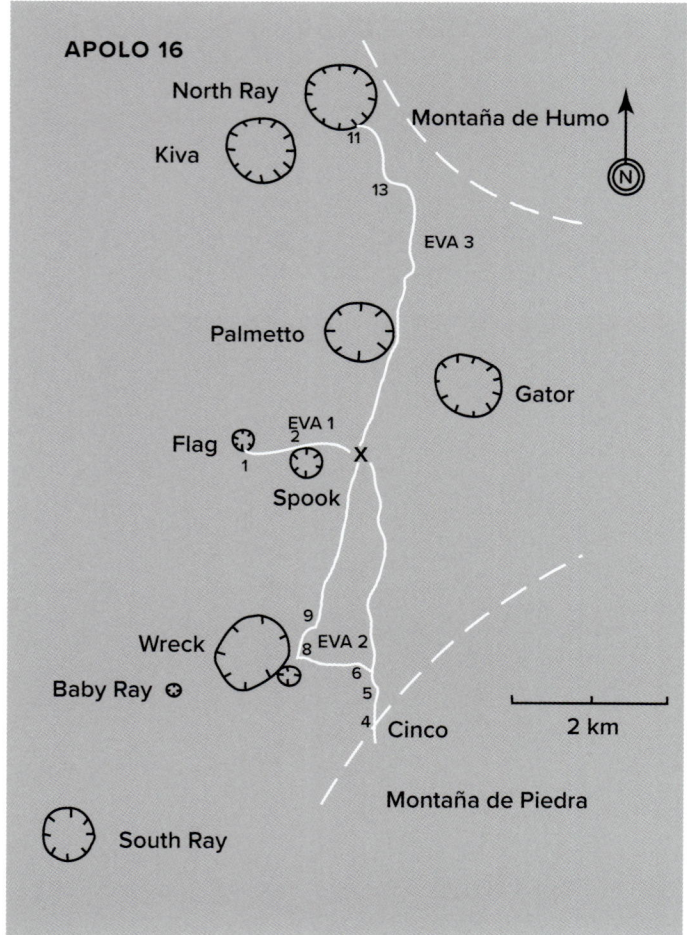

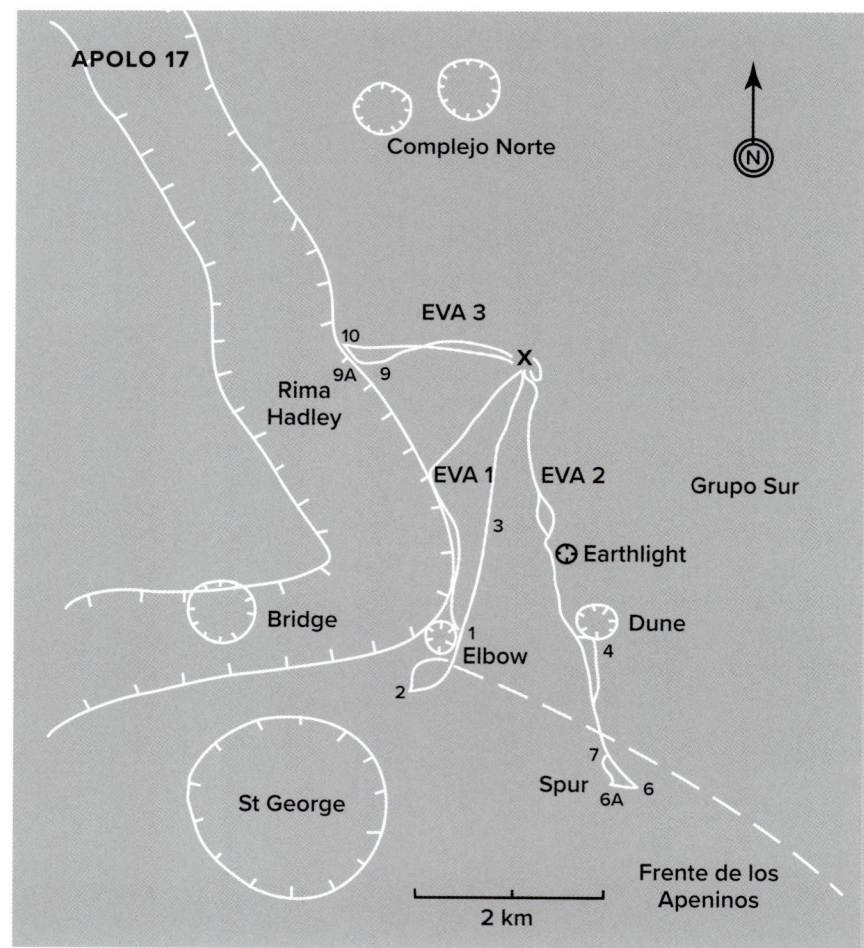

Eugene Cernan, uno de los astronautas del Apolo 17, conduciendo el róver lunar durante una actividad extravehicular, con el módulo lunar en segundo plano.

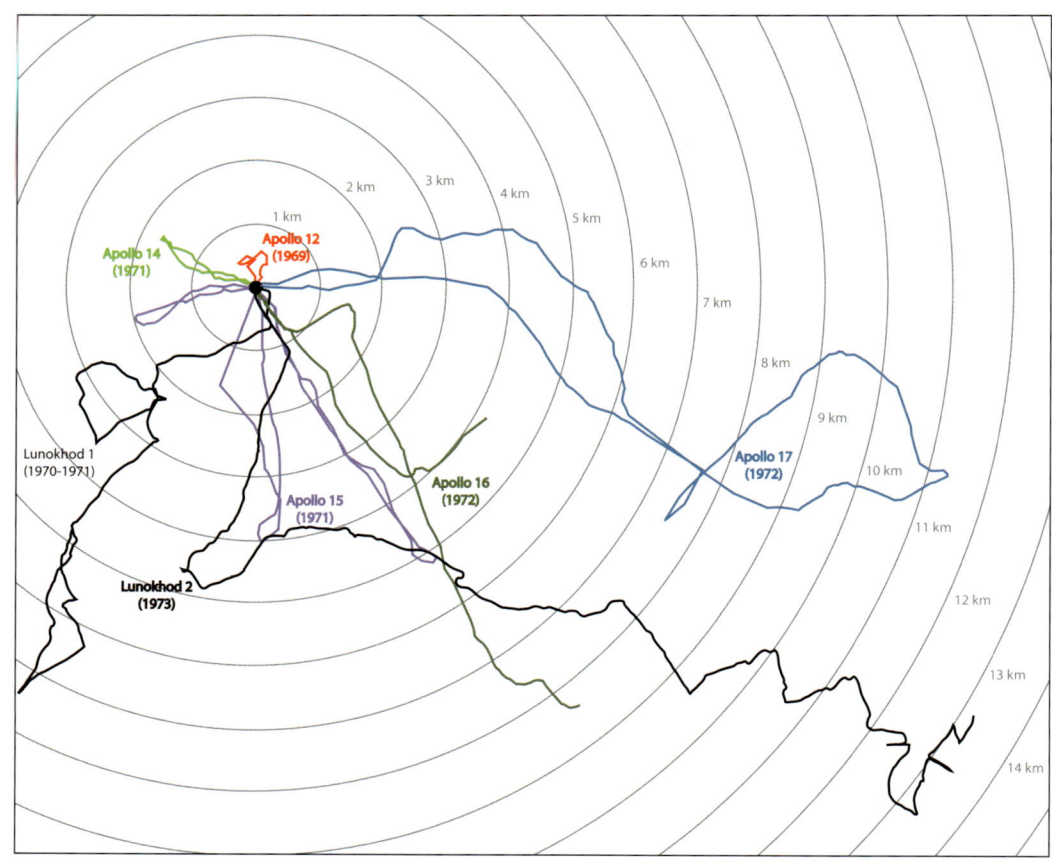

IZQUIERDA En este mapa se han superpuesto los recorridos del programa Apolo y los del Lunokhod, con indicaciones de las distintas distancias y direcciones. En realidad, ni los róveres artificiales ni los astronautas de las misiones Apolo han recorrido grandes distancias en la superficie lunar. El Apolo 17, la última misión de alunizaje tripulada por humanos, recorrió un total de 30,5 kilómetros. Por su parte, el róver chino Yutu-2, que está operativo en la cara oculta de la Luna desde 2019, solo ha recorrido 1000 metros en sus más de tres años en la superficie.

ABAJO Basado en imágenes del Lunar Reconnaissance Orbiter de la NASA, normalizadas fotométricamente y difundidas el 9 de octubre de 2017, este mosaico en color revela la mayor parte de la superficie de la Luna.

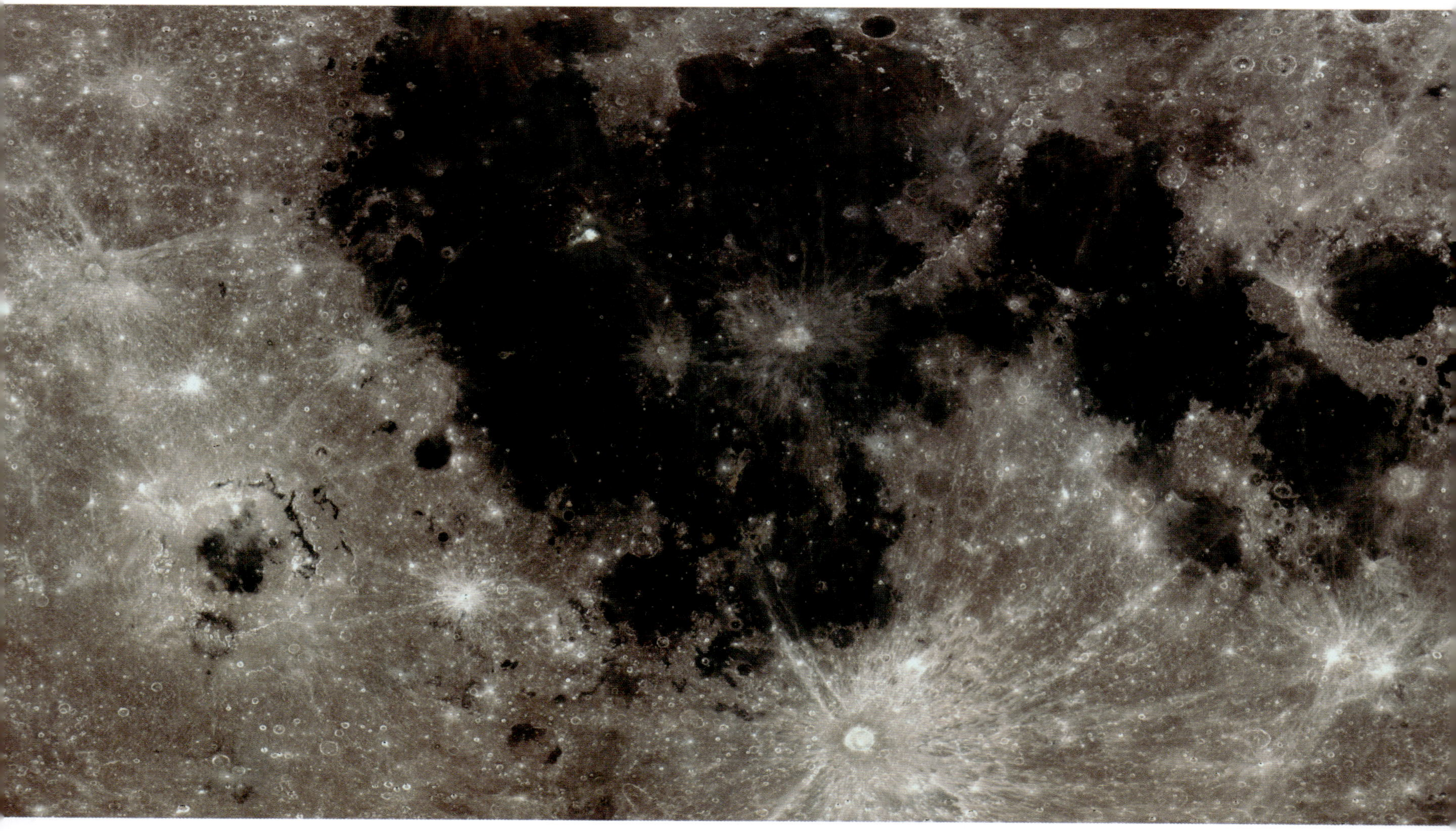

«En concreto, los científicos han llegado a un consenso sobre el origen de la Luna: hace miles de millones de años, un cuerpo que posiblemente era del tamaño de Marte chocó con la Tierra, y de la combinación de materiales de ambos cuerpos se formó la Luna actual».

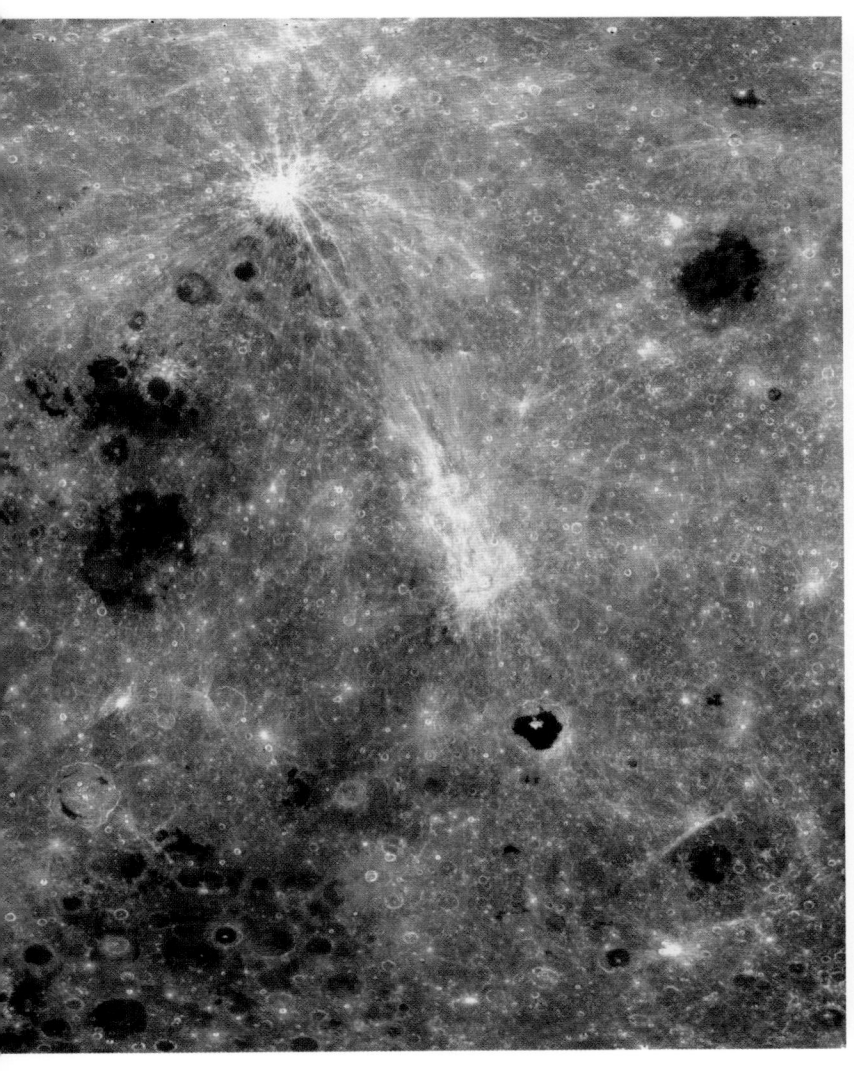

VUELOS DE RECONOCIMIENTO Y ORBITADORES DE LAS MISIONES A LA LUNA

Nave espacial/Vehículo de lanzamiento	Fecha	Operador/Nación	Tipo	Estatus
Pioneer 0 (Able I)/Thor DM-18 Able I	17-8-1958	USAF (EE. UU.)	Orbitador	Lanzamiento fallido
Pioneer 1 (Able II)/Thor DM-18 Able I	11-10-1958	NASA (EE. UU.)	Orbitador	Lanzamiento fallido
Pioneer 2 (Able III)/Thor DM-18 Able I	8-11-1958	NASA (EE. UU.)	Orbitador	Lanzamiento fallido
Pioneer 3/Juno II	6-12-1958	NASA (EE. UU.)	Vuelo de reconocimiento	Lanzamiento fallido
Pioneer 4/Juno II	3-3-1959	NASA (EE. UU.)	Vuelo de reconocimiento	Fracaso parcial
Luna 3 (E-2A No. 1)/Luna	4-3-1959	OKB-1 (URSS)	Vuelo de reconocimiento	Éxito
Pioneer P-3 (Able IVB)/Atlas-D Able	26-11-1959	NASA (EE. UU.)	Orbitador	Lanzamiento fallido
Luna E-3 No.1/Luna	15-4-1960	OKB-1 (URSS)	Vuelo de reconocimiento	Lanzamiento fallido
Luna E-3 No.2/Luna	16-4-1960	OKB-1 (URSS)	Vuelo de reconocimiento	Lanzamiento fallido
Pioneer P-30 (Able VA)/Atlas-D Able	25-9-1960	NASA (EE. UU.)	Orbitador	Lanzamiento fallido
Pioneer P-31 (Able VB)/Atlas-D Able	15-12-1960	NASA (EE. UU.)	Orbitador	Lanzamiento fallido
Zond 3 (3MV-4 No.3)/Molniya	18-7-1965	Lavockin (URSS)	Vuelo de reconocimiento	Éxito
Explorer 33 (AIMP-D)/Delta E1	1-7-1966	NASA (EE. UU.)	Orbitador	Lanzamiento fallido
Lunar Orbiter 1/Atlas SLV-3 Agena-D	10-8-1966	NASA (EE. UU.)	Orbitador	Fracaso parcial
Luna 11 (E-6LF No. 101)/Molniya-M	21-8-1966	Lavochkin (URSS)	Orbitador	Fracaso parcial
Luna 12 (E-6LF No. 102)/Molniya-M	22-10-1966	Lavochkin (URSS)	Orbitador	Éxito
Luna 13 (E-6M No. 205)/Molniya-M	21-12-1966	Lavochkin (URSS)	Orbitador	Éxito
Lunar Orbiter 3/Atlas SLV-3 Agena-D	5-2-1967	NASA (EE. UU.)	Orbitador	Éxito
Lunar Orbiter 4/Atlas SLV-3 Agena-D	4-5-1967	NASA (EE. UU.)	Orbitador	Éxito
Explorer 35 (AIMP-E)/Delta E1	19-7-1967	NASA (EE. UU.)	Orbitador	Éxito
Lunar Orbiter 5/Atlas SLV-3 Agena-D	1-8-1967	NASA (EE. UU.)	Orbitador	Éxito
Soyuz 7K-L1 No.4L/Proton-K/D	27-9-1967	Lavochkin (URSS)	Vuelo de reconocimiento	Nave fallida
Soyuz 7K-L1 No.5L/Proton-K/D	22-11-1967	Lavochkin (URSS)	Vuelo de reconocimiento	Lanzamiento fallido
Luna E-6LS No. 112/Molniya-M	7-2-1968	Lavochkin (URSS)	Orbitador	Lanzamiento fallido
Luna 14 (E-6LS No. 113)/Molniya-M	7-4-1968	Lavochkin (URSS)	Orbitador	Éxito
Soyuz 7K-L1 No. 7L/Proton-K/D	22-4-1968	Lavochkin (URSS)	Vuelo de reconocimiento	Launch failure
Zond 5/Proton-K/D	14-9-1968	Lavochkin (URSS)	Vuelo de reconocimiento	Éxito
Zond 6/Proton-K/D	10-11-1968	Lavochkin (URSS)	Vuelo de reconocimiento	Éxito
Apolo 8/Saturn V	21-12-1968	NASA (EE. UU.)	Orbitador tripulado	Éxito
Soyuz 7K-L1 No. 13L/Proton-K/D	20-1-1969	Lavochkin (URSS)	Vuelo de reconocimiento	Lanzamiento fallido
Soyuz 7K-L1S No. 3/N-1	21-2-1969	Lavochkin (URSS)	Orbitador	Lanzamiento fallido
Apolo 10/Saturn V	18-5-1969	NASA (EE. UU.)	Orbitador	Éxito
Zond 7/Proton-K/D	14-6-1969	Lavochkin (URSS)	Vuelo de reconocimiento	Éxito
Soyuz 7K-L1S No. 5/N1	3-7-1969	OKB-1 (URSS)	Orbitador	Lanzamiento fallido
Apolo 11/Saturn V	16-7-1969	NASA (EE. UU.)	Orbitador/Lánder	Éxito
Apolo 12/Saturn V	14-11-1969	NASA (EE. UU.)	Orbitador/Lánder	Éxito
Apolo 13/Saturn V	11-4-1970	NASA (EE. UU.)	Orbitador/Lánder	Fracaso parcial
Zond 8 (7K-L1 No. 14L)/Proton-K/D	20-10-1970	Lavochkin (URSS)	Vuelo de reconocimiento	Éxito
Apolo 14/Saturn V	31-1-1971	NASA (EE. UU.)	Orbitador/Lánder	Éxito
Apolo 15/Saturn V	14-2-1971	NASA (EE. UU.)	Orbitador/Lánder	Éxito
Luna 19/Proton-K/D	28-9-1971	Lavochkin (URSS)	Orbitador	Éxito
Apolo 16/Saturn V	16-4-1972	NASA (EE. UU.)	Orbitador/Lánder	Éxito
Soyuz 7K-LOK No. 1/N1	3-7-1972	OKB-1 (URSS)	Orbitador	Nave fallida
Apolo 17/Saturn V	7-12-1972	NASA (EE. UU.)	Orbitador/Lánder	Éxito
Explorer 49 (RAE-B)/Delta 1913	10-6-1973	NASA (EE. UU.)	Orbitador	Éxito
Mariner 10/Atlas SLV-3D Centaur-D1A	3-11-1973	NASA (EE. UU.)	Vuelo de reconocimiento	Éxito
Luna 22/Proton-K/D	29-5-1974	Lavochkin (URSS)	Orbitador	Éxito
ISEE-3/Delta 2914	12-8-1978	NASA (EE. UU.)	Vuelo de reconocimiento	Éxito
Geotail/Delta II 6925	24-7-1992	ISAS (Japón)/NASA (EE. UU.)	Vuelo de reconocimiento	Éxito
Clementine (DSPES)/Titan II (23)G Star-37FM	24-1-1994	USAF/NASA (EE. UU.)	Orbitador	Éxito
WIND/Delta II 7925-10	1-11-1994	NASA (EE. UU.)	Vuelo de reconocimiento	Éxito
HGS-1/Proton-K/DM3	24-12-1997	Hughes (EE. UU.)	Vuelo de reconocimiento	Éxito

Nave espacial/Vehículo de lanzamiento	Fecha	Operador/Nación	Tipo	Estatus
Lunar Prospector (Discovery 3)/Athena II	7-1-1998	NASA (EE. UU.)	Orbitador	Éxito
Nozomi/M-V	3-7-1998	ISAS (Japón)	Vuelo de reconocimiento	Éxito
WMAP/Delta 7425-10	30-6-2001	NASA (EE. UU.)	Vuelo de reconocimiento	Éxito
SMART-1/Ariane 5G	27-9-2003	ESA (UE)	Vuelo de reconocimiento	Éxito
STEREO A/STEREO B/Delta II 7925-10L	25-10-2006	NASA (EE. UU.)	Vuelo de reconocimiento	Éxito
THEMIS (ARTEMIS P1/ARTEMIS P2)/Delta II 7925-10L	17-2-2007	NASA (EE. UU.)	Orbitador	Éxito
SELENE (Kaguya/Okina/Ouna)/H-IIA 2002	14-9-2007	JAXA (Japón)	Orbitador	Éxito
Chang'e-1/Long March 3A	24-10-2007	CNSA (China)	Orbitador	Éxito
Chandrayaan-1/PSLV-XL C11	22-10-2008	ISRO (India)	Orbitador/Impactador	Éxito
Lunar Reconnaissance Orbiter/LCROSS/Atlas V 401	18-6-2009	NASA (EE. UU.)	Orbitador/Impactador	Éxito
Chang'e-2/Long March 3C	1-10-2010	CNSA (China)	Orbitador	Éxito
GRAIL (Ebb (GRAIL-A) and (Flow (GRAIL-B)	10-9-2011	NASA (EE. UU.)	Orbitador	Éxito
LADEE/Minotaur V	7-9-2013	NASA (EE. UU.)	Orbitador	Éxito
Chang'e-5-T1/Long March 3C	23-10-2014	CNSA (China)	Orbitador	Éxito
Manfred Memorial Moon Mission/Long March 3C	23-10-2014	LuxSpace (Luxemburgo)	Vuelo de reconocimiento/ Impactador (tras la misión)	Éxito
TESS/Falcon 9 Full Thrust	18-4-2018	NASA (EE. UU.)	Vuelo de reconocimiento	Éxito
Longjiang-1/Longjiang-2/Long March 4C	21-5-2018	CNSA (China)	Orbitador	Éxito
Chandrayaan-2/LVM3	22-7-2019	ISRO (India)	Orbitador/Lánder/Róver	Fracaso parcial
Chang'e 5/Long March 5	23-11-2020	CNSA (China)	Orbitador/Lánder/ Ascendedor/Retorno de muestras	Éxito
CAPSTONE/Electron	28-6-2022	NASA (EE. UU.)	Orbitador	Éxito
Danuri (Korea Pathfinder Lunar Orbiter)/Electron	4-8-2022	KARI (República de Corea)	Orbitador	Éxito
Artemis 1 Orion MPCV CM-002/Space Launch System (SLS) (Bloque 1)	16-11-2022	NASA (EE. UU.)	Orbitador	Éxito
LunaH-Map/Lunar IceCube/Space Launch System (SLS) (Bloque 1)	16-11-2022	NASA (EE. UU.)	Orbitador	Éxito
ArgoMoon/Space Launch System (SLS) (Bloque 1)	16-11-2022	ASI (Italia)	Vuelo de reconocimiento	Éxito
LunIR/Space Launch System (SLS) (Bloque 1)	16-11-2022	Lockheed Martin (EE. UU.)	Vuelo de reconocimiento	Éxito
Near-Earth Asteroid Scout/Space Launch System (SLS) (Bloque 1)	16-11-2022	NASA (EE. UU.)	Vuelo de reconocimiento	Nave fallida
EQUULEUS/Space Launch System (SLS) (Bloque 1)	16-11-2022	JAXA (Japón)	Vuelo de reconocimiento	Éxito
OMOTENASHI/Space Launch System (SLS) (Bloque 1)	16-11-2022	JAXA (Japón)	Orbitador/Retrocohete/ Sonda de superficie	Nave fallida
BioSentinel/Space Launch System (SLS) (Bloque 1)	16-11-2022	NASA (EE. UU.)	Vuelo de reconocimiento	Éxito
CubeSat for Solar Particles/Space Launch System (SLS) (Bloque 1)	16-11-2022	NASA (EE. UU.)	Vuelo de reconocimiento	Nave fallida
Team Miles/Space Launch System (SLS) (Bloque 1)	16-11-2022	NASA (EE. UU.)	Vuelo de reconocimiento	Éxito
Lunar Flashlight/Falcon 9 Bloque 5	11-12-2022	NASA (EE. UU.)	Vuelo de reconocimiento	Nave fallida
Jupiter Icy Moons Explorer/Ariane 5 ECA	14-4-2023	NASA (EE. UU.)	Vuelo de reconocimiento	Éxito
Chandrayaan-3/Vikram lander/Pragyan rover/LVM3	14-7-2023	ISRO (India)	Orbitador/Lánder/Róver	Éxito
SLIM (LEV-1/LEV-2 (Sora-Q)/H-IIA	6-9-2023	JAXA (Japón)/Tomy/ Universidad de Doshisha	Vuelo de reconocimiento/ Lánder/Hopper/Róver	Éxito
Odysseus (IM-1)/Space X Falcon 9	23-2-2024	NASA (EE. UU.)	Lánder	Éxito

PÁGINA ANTERIOR, ARRIBA Y PÁGINAS SIGUIENTES Las misiones de vuelos de reconocimiento y orbitadores a la Luna se enumeran en la tabla de la página anterior y aquí. Las misiones destinadas a llegar a la superficie de la Luna están detalladas en las páginas siguientes.

La Luna - Vista frontal

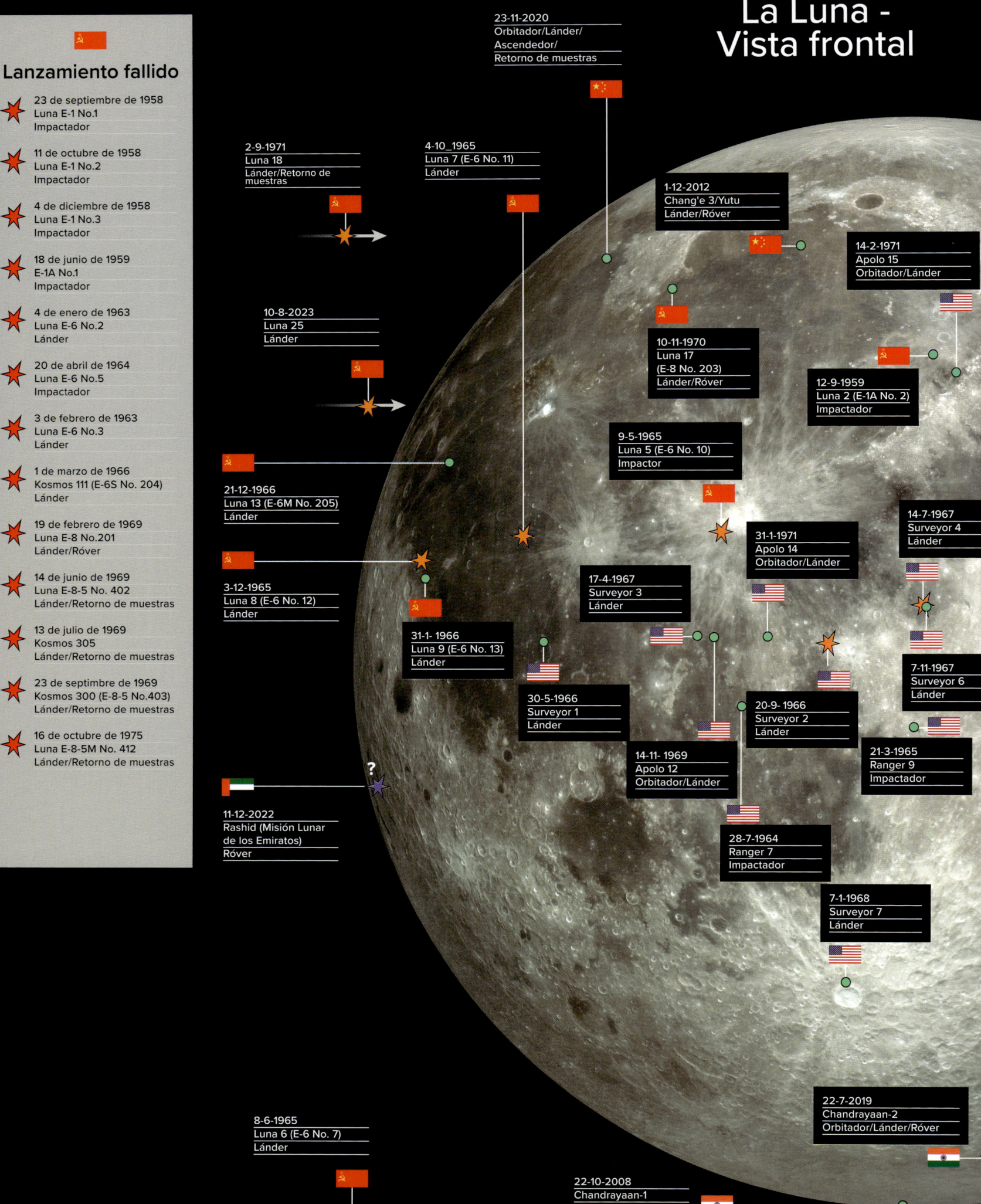

Lanzamiento fallido

23 de septiembre de 1958
Luna E-1 No.1
Impactador

11 de octubre de 1958
Luna E-1 No.2
Impactador

4 de diciembre de 1958
Luna E-1 No.3
Impactador

18 de junio de 1959
E-1A No.1
Impactador

4 de enero de 1963
Luna E-6 No.2
Lánder

20 de abril de 1964
Luna E-6 No.5
Impactador

3 de febrero de 1963
Luna E-6 No.3
Lánder

1 de marzo de 1966
Kosmos 111 (E-6S No. 204)
Lánder

19 de febrero de 1969
Luna E-8 No.201
Lánder/Róver

14 de junio de 1969
Luna E-8-5 No. 402
Lánder/Retorno de muestras

13 de julio de 1969
Kosmos 305
Lánder/Retorno de muestras

23 de septiembre de 1969
Kosmos 300 (E-8-5 No.403)
Lánder/Retorno de muestras

16 de octubre de 1975
Luna E-8-5M No. 412
Lánder/Retorno de muestras

23-11-2020
Orbitador/Lánder/
Ascendedor/
Retorno de muestras

2-9-1971
Luna 18
Lánder/Retorno de
muestras

4-10_1965
Luna 7 (E-6 No. 11)
Lánder

1-12-2012
Chang'e 3/Yutu
Lánder/Róver

14-2-1971
Apolo 15
Orbitador/Lánder

10-8-2023
Luna 25
Lánder

10-11-1970
Luna 17
(E-8 No. 203)
Lánder/Róver

12-9-1959
Luna 2 (E-1A No. 2)
Impactador

9-5-1965
Luna 5 (E-6 No. 10)
Impactor

21-12-1966
Luna 13 (E-6M No. 205)
Lánder

14-7-1967
Surveyor 4
Lánder

31-1-1971
Apolo 14
Orbitador/Lánder

3-12-1965
Luna 8 (E-6 No. 12)
Lánder

17-4-1967
Surveyor 3
Lánder

31-1- 1966
Luna 9 (E-6 No. 13)
Lánder

30-5-1966
Surveyor 1
Lánder

20-9- 1966
Surveyor 2
Lánder

7-11-1967
Surveyor 6
Lánder

14-11- 1969
Apolo 12
Orbitador/Lánder

21-3-1965
Ranger 9
Impactador

11-12-2022
Rashid (Misión Lunar
de los Emiratos)
Róver

28-7-1964
Ranger 7
Impactador

7-1-1968
Surveyor 7
Lánder

22-7-2019 -
Chandrayaan-2
Orbitador/Lánder/Róver

8-6-1965
Luna 6 (E-6 No. 7)
Lánder

22-10-2008
Chandrayaan-1
Orbitador/Impactador

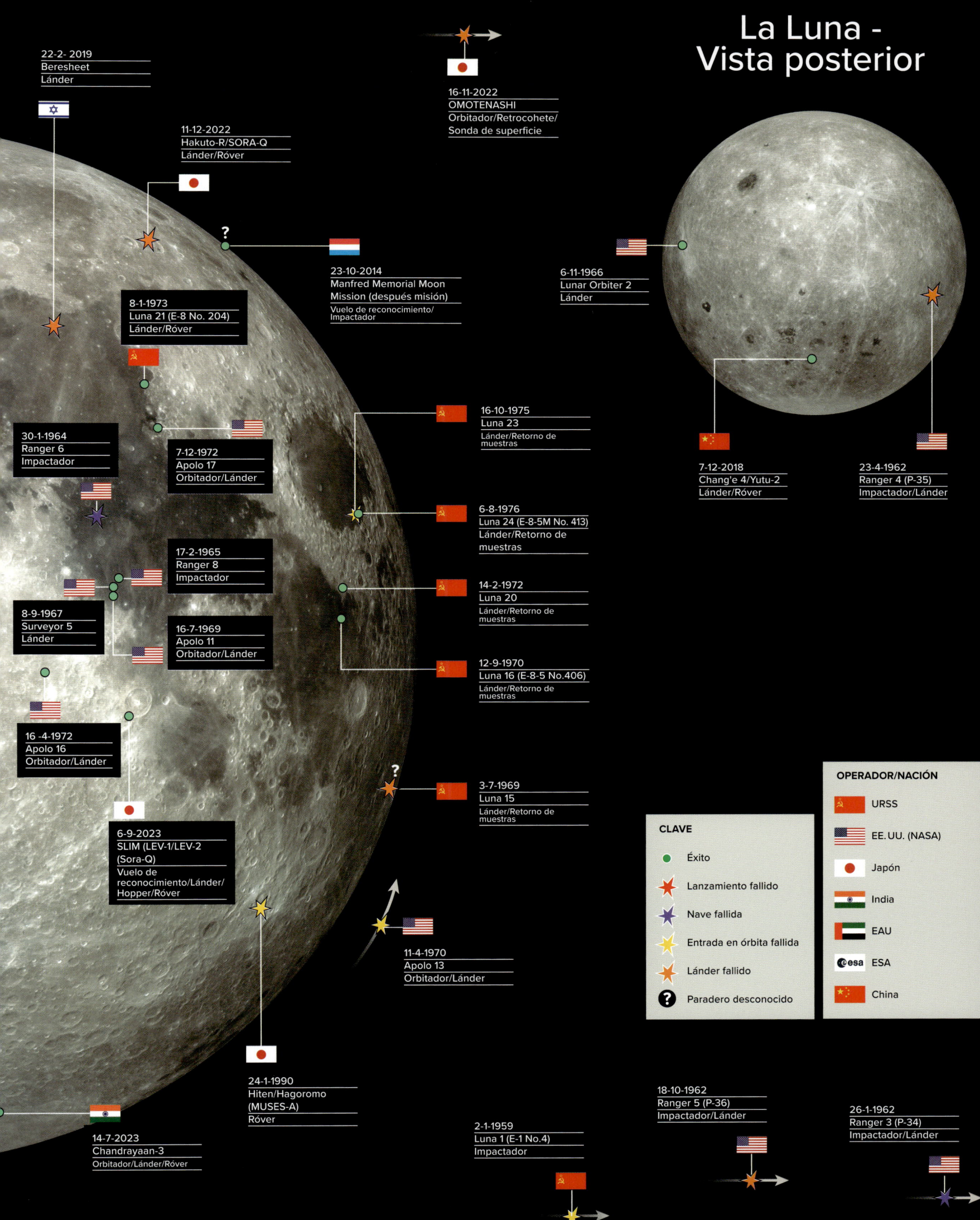

La Luna - Vista posterior

22-2- 2019
Beresheet
Lánder

11-12-2022
Hakuto-R/SORA-Q
Lánder/Róver

16-11-2022
OMOTENASHI
Orbitador/Retrocohete/
Sonda de superficie

23-10-2014
Manfred Memorial Moon
Mission (después misión)
Vuelo de reconocimiento/
Impactador

6-11-1966
Lunar Orbiter 2
Lánder

8-1-1973
Luna 21 (E-8 No. 204)
Lánder/Róver

30-1-1964
Ranger 6
Impactador

7-12-1972
Apolo 17
Orbitador/Lánder

16-10-1975
Luna 23
Lánder/Retorno de
muestras

7-12-2018
Chang'e 4/Yutu-2
Lánder/Róver

23-4-1962
Ranger 4 (P-35)
Impactador/Lánder

6-8-1976
Luna 24 (E-8-5M No. 413)
Lánder/Retorno de
muestras

17-2-1965
Ranger 8
Impactador

14-2-1972
Luna 20
Lánder/Retorno de
muestras

8-9-1967
Surveyor 5
Lánder

16-7-1969
Apolo 11
Orbitador/Lánder

12-9-1970
Luna 16 (E-8-5 No.406)
Lánder/Retorno de
muestras

16 -4-1972
Apolo 16
Orbitador/Lánder

3-7-1969
Luna 15
Lánder/Retorno de
muestras

6-9-2023
SLIM (LEV-1/LEV-2
(Sora-Q)
Vuelo de
reconocimiento/Lánder/
Hopper/Róver

11-4-1970
Apolo 13
Orbitador/Lánder

24-1-1990
Hiten/Hagoromo
(MUSES-A)
Róver

2-1-1959
Luna 1 (E-1 No.4)
Impactador

18-10-1962
Ranger 5 (P-36)
Impactador/Lánder

26-1-1962
Ranger 3 (P-34)
Impactador/Lánder

14-7-2023
Chandrayaan-3
Orbitador/Lánder/Róver

CLAVE

- 🟢 Éxito
- ⭐ Lanzamiento fallido
- ✦ Nave fallida
- ✴ Entrada en órbita fallida
- ⭐ Lánder fallido
- ❓ Paradero desconocido

OPERADOR/NACIÓN

- URSS
- EE. UU. (NASA)
- Japón
- India
- EAU
- ESA
- China

MISIÓN AL PLANETA TIERRA

Hace siglos que los científicos estudian la Tierra, pero el auge de los vuelos espaciales en el siglo XX les permitió observar y medir los cambios a lo largo del tiempo a escala planetaria, al igual que hicieron las naves espaciales enviadas a otros planetas del sistema solar. Esta posibilidad ha transformado los conocimientos de la humanidad sobre nuestro planeta natal.

La perspectiva que ofrecen las imágenes por satélite ha sido de gran ayuda para entender los cambios experimentados por la Tierra a lo largo del tiempo. Ha proporcionado nuevos niveles de precisión de la predicción meteorológica y la ciencia climática, el uso de la tierra, las temperaturas del agua y el aumento del nivel del mar, así como muchos otros factores geofísicos de este planeta.

Naturalmente, los usos científicos de los satélites para comprender la Tierra podían imaginarse antes de la era espacial, pero llevarlos a buen término requirió una cantidad considerable de tiempo y dinero. En la década de 1960, en Estados Unidos, un pequeño grupo de científicos (la mayoría pertenecientes a universidades o laboratorios gubernamentales) se interesó por la utilización de satélites para monitorear la Tierra, y colaboró con los europeos y otros aliados para llevar a cabo mediciones científicas globales. En consecuencia, en sus primeros veinte años de existencia, la NASA lanzó tres satélites destinados a la observación de la Tierra: el satélite meteorológico Tiros en 1960, el satélite de control de los recursos terrestres Landsat en 1972 y el satélite de investigación oceanográfica Seasat en 1978. Los tres fueron todo un éxito.

Cuando el monte Santa Helena entró en erupción el 18 de mayo de 1980, por ejemplo, los satélites rastrearon las toneladas de ceniza volcánica que se extendió en dirección este, lo que permitió a los meteorólogos advertir del peligro y estudiar los efectos de la explosión en el clima mundial. Más espectacular, y más desconcertante, el Nimbus 7, en órbita desde 1978, reveló que los niveles de ozono sobre la Antártida habían descendido durante años y habían alcanzado mínimos históricos en octubre de 1991. Estos datos, unidos a los de otras fuentes, llevaron a la decisión, en 1992, de promulgar protocolos internacionales para prohibir las sustancias químicas que destruían la capa de ozono.

Una nueva fase del estudio de la ciencia terrestre desde el espacio comenzó en la década de 1980, cuando la NASA puso en marcha un programa llamado Mission to Planet Earth (MTPE) para sistematizar el estudio del planeta. A medida que la tecnología robótica espacial maduró, los científicos que ya estaban implicados en la ciencia medioambiental volvieron a centrarse en el desarrollo de una visión de la Tierra como un sistema integrado e interdependiente, utilizando las observaciones por satélite para ayudar a crear modelos climáticos globales. En 1987, un informe de la NASA redactado por la exastronauta Sally Ride recomendaba adoptar el concepto del MTPE como una prioridad para Estados Unidos y el resto del mundo. Aunque, con el tiempo, hubo que reestructurar el programa, este informe sirvió como catalizador de una inversión de más de 10 000 millones de dólares para construir y poner en funcionamiento una serie de naves orbitales, y analizar los datos de las mismas con fines medioambientales. Los satélites del Sistema de Observación de la Tierra (EOS, por sus siglas en inglés) del programa recopilaron una gran variedad de datos de los cuerpos aéreos, terrestres y marítimos del planeta.

A partir de entonces, estos satélites fueron muy valiosos. El huracán Galveston de 1900, por ejemplo, apareció de la nada y mató a una sexta parte

DATOS BÁSICOS DE LA TIERRA

DISTANCIA MEDIA DEL SOL 150 millones de kilómetros o 1 unidad astronómica (ua)

DIÁMETRO 12 756 kilómetros

DENSIDAD 5,513 gramos/centímetro cúbico

GRAVEDAD EN SUPERFICIE 9,80 metros/segundo al cuadrado

PERIODO DE ROTACIÓN (DURACIÓN DEL DÍA) 23 horas, 56 minutos y 4 segundos

PERIODO DE REVOLUCIÓN (DURACIÓN DEL AÑO) 365,242 días

TEMPERATURA MEDIA EN SUPERFICIE 15 grados Celsius

SATÉLITES NATURALES 1

DESCUBRIDOR El descubrimiento de la Tierra no se atribuye a una única persona. La primera fotografía de la Tierra desde el espacio se tomó desde un cohete V-2 lanzado en Nuevo México el 7 de marzo de 1947.

PÁGINA SIGUIENTE Vista completa de la Tierra, fotografiada por el Satélite Geoestacionario Operacional del Medio Ambiente (GOES-8). Gestionado por la Oficina Nacional de Administración Oceánica y Atmosférica (NOAA), es un sistema excelente para el seguimiento de todo tipo de tormentas.

de la población local. Por el contrario, en septiembre de 2005, los datos de los satélites advirtieron de la llegada del huracán Rita a los habitantes de Galveston, que tuvieron tiempo de ser evacuados, con lo que este fenómeno meteorológico dejó solo 113 víctimas mortales en este enclave del sur de Texas. Asimismo, los satélites meteorológicos detectan y hacen un seguimiento de los incendios forestales, los volcanes y las tormentas virulentas, además de documentar medidas de lluvias y vientos. Resulta interesante que el seguimiento de patrones meteorológicos severos y la toma de decisiones sobre la evacuación sean lo que más se ha visto favorecido por los satélites meteorológicos geosíncronos. La Oficina Nacional de Administración Oceánica y Atmosférica (NOAA, por sus siglas en inglés) ha proporcionado un compendio de estadísticas económicas relacionadas con los desastres meteorológicos, incidiendo en que las acciones tomadas para superar estos problemas han permitido ahorrar más de 10 000 millones de dólares cada año en Estados Unidos.

Hasta el 2000, la ciencia del sistema terrestre había madurado, y numerosas naves espaciales destinadas a la observación de la Tierra permitieron a los científicos obtener datos científicos sobre las características físicas de nuestro planeta. Algunas de estas naves son la Tropical Rainfall Measuring Mission (TRMM); la misión Sea-viewing Wide Field-of-View Sensor (SeaWiFS); las misiones de estudios oceánicos Quick Scatterometer (QuikSCAT) y TOPEX/Poseidon, y las misiones Active Cavity Radiometer Irradiance Monitor Satellite (ACRIMSAT) y Upper Atmosphere Research Satellite (UARS). Los instrumentos de estos satélites miden la química atmosférica, la combustión de biomasa y los cambios en la superficie terrestre desde Groenlandia hasta el océano Pacífico tropical. Colectivamente, estas naves han revolucionado nuestros conocimientos sobre la Tierra y los procesos globales que tienen lugar aquí.

Estados Unidos lanzó el Tiros 1, el primer satélite meteorológico, el 1 de abril de 1960. Sus características principales se indican a continuación.

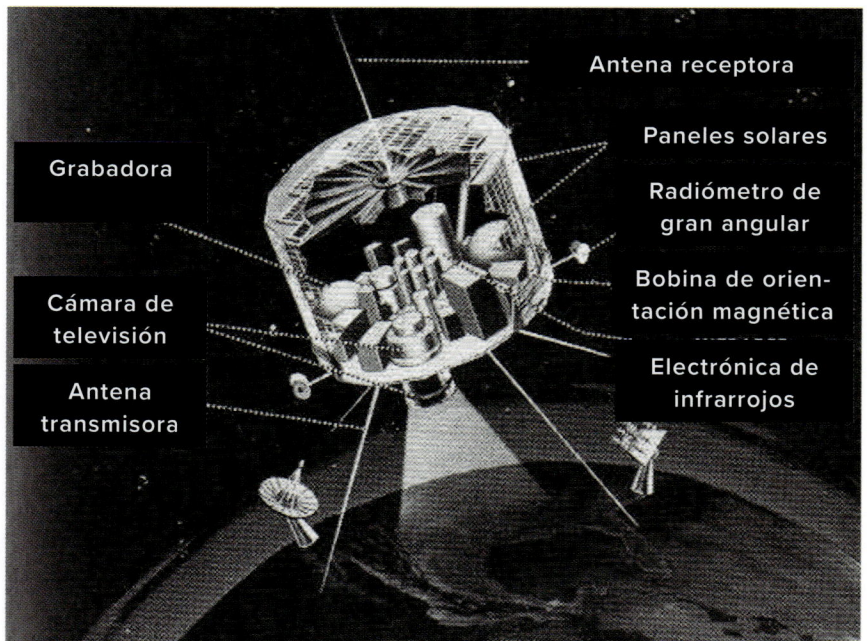

Grabadora

Cámara de televisión

Antena transmisora

Antena receptora

Paneles solares

Radiómetro de gran angular

Bobina de orientación magnética

Electrónica de infrarrojos

JAMES E. HANSEN Y EL DEBATE SOBRE EL CAMBIO CLIMÁTICO

En la década de 1980, los científicos advirtieron del cambio climático en todo el planeta, también llamado «calentamiento global», a partir de los datos obtenidos de muchas fuentes, pero, en especial, de la observación desde el espacio. El científico de la NASA James E. Hansen (n. 1941) fue una pieza clave de este debate. Hacía años que se dedicaba a investigar sobre el calentamiento global, y su organización, el Instituto Goddard de Estudios Espaciales de la NASA, en Manhattan, llevaba décadas realizando un seguimiento del aumento anual de las temperaturas en todo el mundo desde los orígenes de la era espacial. Hansen, así como otros científicos, sostenía que la realidad obliga a actuar para combatir el calentamiento global, reduciendo el nivel de dióxido de carbono. Es célebre su discurso de junio de 1988 ante un comité del Senado de EE. UU. sobre el peligro potencial del cambio climático. Una frase llamó la atención del público: «Ya es hora de dejar de dar rodeos (...) y decir que el efecto invernadero está aquí y está afectando a nuestro clima ahora». Estas polémicas declaraciones no le granjearon la simpatía de los líderes políticos, que se toparon con la oposición de los intereses empresariales.

Hansen no fue el primero que planteó esta cuestión, y el Congreso de EE. UU. actuó ya en 1978 con la aprobación de la Ley del Programa Climático Nacional, a la que siguió la Ley de Investigación del Cambio Climático Global de 1990, que otorgaba más recursos económicos a la ciencia climática.

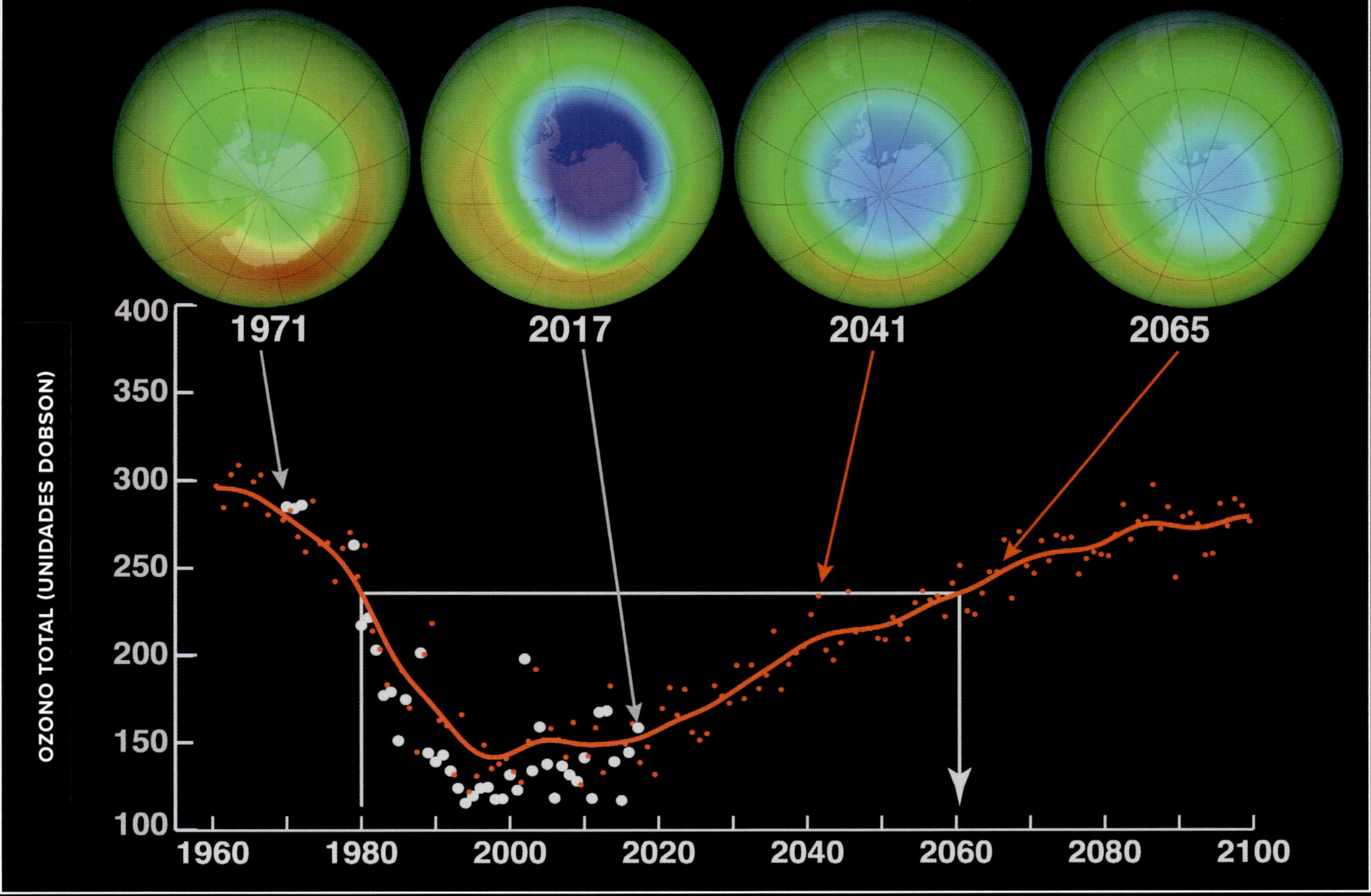

OZONO TOTAL (UNIDADES DOBSON)

1971   **2017**   **2041**   **2065**

400
350
300
250
200
150
100

1960   1980   2000   2020   2040   2060   2080   2100

ARRIBA Los satélites orbitales han grabado imágenes diarias del agujero de ozono de la Antártida. La estrecha vigilancia de la disminución de ozono es necesaria para promover los conocimientos científicos necesarios para garantizar acuerdos internacionales que instituyan medidas correctoras. Este gráfico muestra la media anual de ozono mínimo en octubre sobre la Antártida. La curva roja es la línea de tendencia de la recuperación de ozono. Los cuatro globos muestran los cambios en la capa de ozono a lo largo del tiempo: cuanto más azul es la imagen, menos ozono hay en la atmósfera superior. Cuando se adoptó el Protocolo de Montreal, la capa de ozono empezó a recuperarse.

IZQUIERDA Los datos de los satélites de teledetección pueden utilizarse para controlar los incendios forestales que amenazan las zonas habitadas. En esta imagen del sur de California, capturada por el sensor MODIS del satélite Terra en octubre de 2003, se distinguen al menos cinco focos, unos de los más grandes vistos hasta entonces en California. Al menos trece personas perdieron la vida a causa de estos incendios, muchos de los cuales fueron, al parecer, fruto de alguna negligencia o provocados. Miles de personas fueron evacuadas de la zona y cientos de viviendas quedaron destruidas.

VIRGINIA T. NORWOOD (1927-2023)

Virginia T. Norwood, considerada por muchos la madre del Landsat, en el detector de tormentas por radar de los Laboratorios del Cuerpo de Señales del Ejército de Nueva Jersey. Diseñó el Sistema de Escáner Multiespectral (MSS, por sus siglas en inglés), una tecnología revolucionaria que se utilizó por primera vez en el Landsat 1 en 1972.

Física matemática de formación por el MIT, Norwood demostró su talento como ingeniera consumada desde los comienzos de su carrera. A los veintidós años, antes de trabajar en el Landsat, desarrolló y patentó un reflector de radar que era capaz de detectar vientos de gran altitud, indetectables hasta entonces. Cuando la Surveyor 1 realizó un alunizaje controlado en 1966 y envió imágenes de la superficie lunar a la Tierra, utilizó un transmisor diseñado por el equipo de Norwood, que por entonces tenía treinta y un años. La ingeniera también supervisó el diseño de la antena del sistema. Gracias al equipo de comunicaciones que ella y su equipo habían diseñado, la Surveyor aterrizó en perfectas condiciones, allanando el camino a los alunizajes del programa Apolo que empezarían dos años después.

Meses después del lanzamiento de la Surveyor, empezó a trabajar en un satélite diseñado para registrar datos detallados de los recursos terrestres, su MSS. Esta tecnología pionera aportó nuevos conocimientos sobre geología y recursos minerales, contaminación y silvicultura, entre muchas otras cosas. En 1979, Norwood recibió el premio William T. Pecora por su notable contribución a la mejora de los conocimientos de nuestro planeta a través de la teledetección.

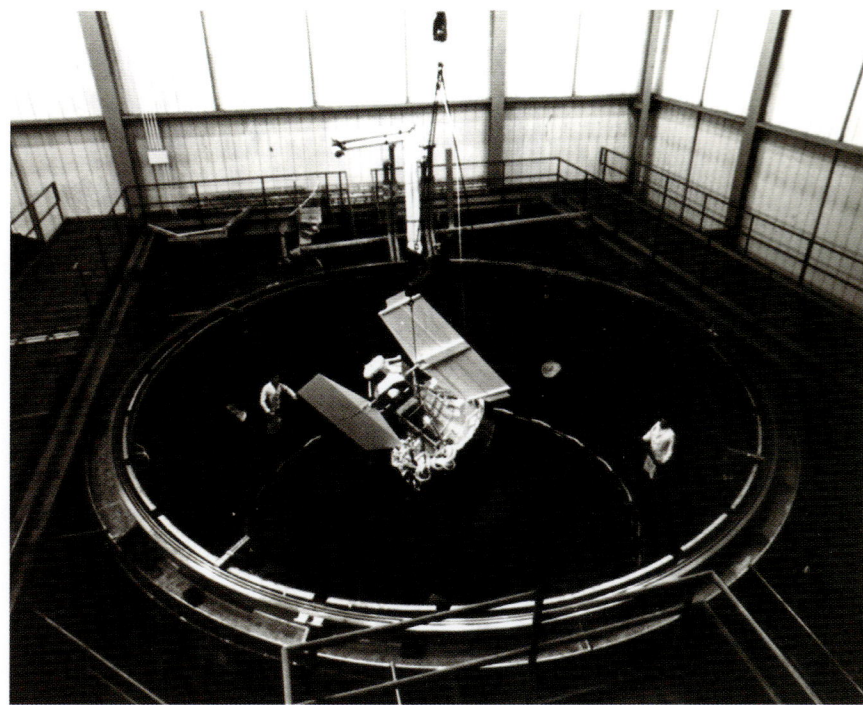

ARRIBA Un artículo del Satélite para la Tecnología de los Recursos de la Tierra (que se convirtió en el Landsat 1 tras su lanzamiento) en una prueba de la cámara espacial de la División Espacial de la General Electric. Este primer satélite, lanzando en 1972, incorporaba múltiples sensores que transmitían ingentes cantidades de datos a los científicos. Desde entonces, han estado operativos una sucesión de satélites más potentes de la misma serie.

ABAJO El Landsat 1 cartografió las formaciones de la superficie terrestre a lo largo del tiempo. Esta imagen de Los Ángeles, tomada el 25 de junio de 1974, se visualiza con el verde visible, el rojo visible y un canal infrarrojo codificados como azul, verde y rojo, respectivamente. El centro de la ciudad se ve como una mancha azul claro en la parte inferior derecha.

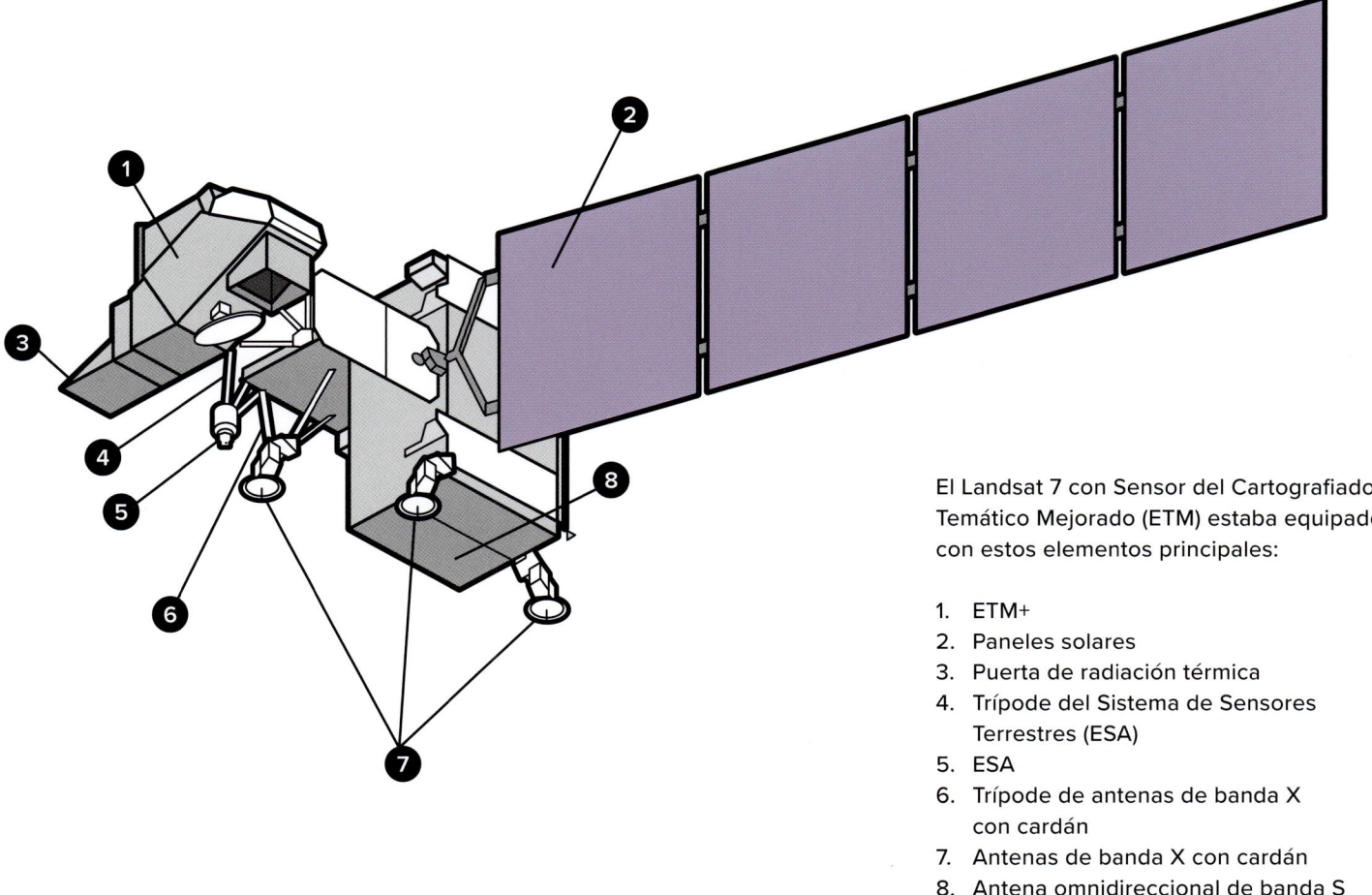

El Landsat 7 con Sensor del Cartografiador Temático Mejorado (ETM) estaba equipado con estos elementos principales:

1. ETM+
2. Paneles solares
3. Puerta de radiación térmica
4. Trípode del Sistema de Sensores Terrestres (ESA)
5. ESA
6. Trípode de antenas de banda X con cardán
7. Antenas de banda X con cardán
8. Antena omnidireccional de banda S

DERECHA Con un mosaico en color de fotografías del satélite Landsat 5 y la Misión Topográfica Shuttle Radar a bordo de la lanzadera espacial Endeavour en el año 2000, esta imagen abarca desde el lago Ontario y el río San Lorenzo (*abajo*) hasta Long Island (*arriba*), mostrando la variada topografía del este del Estado de Nueva York y parte de Nueva Inglaterra. La zona más alta de la izquierda, en primer plano, son las montañas Adirondack, un paisaje profundamente erosionado donde se encuentran las rocas más antiguas del este de Estados Unidos. A la derecha están los Catskills, parte de la cordillera de los Apalaches. Entre estas cadenas montañosas, un amplio valle alberga el río Mohawk y el canal de Erie. Al noroeste (*abajo derecha*) de los Catskills se encuentran los lagos Finger del centro del Estado de Nueva York. El río Hudson se extiende desde la parte central izquierda hasta la ciudad de Nueva York, en la parte superior derecha.

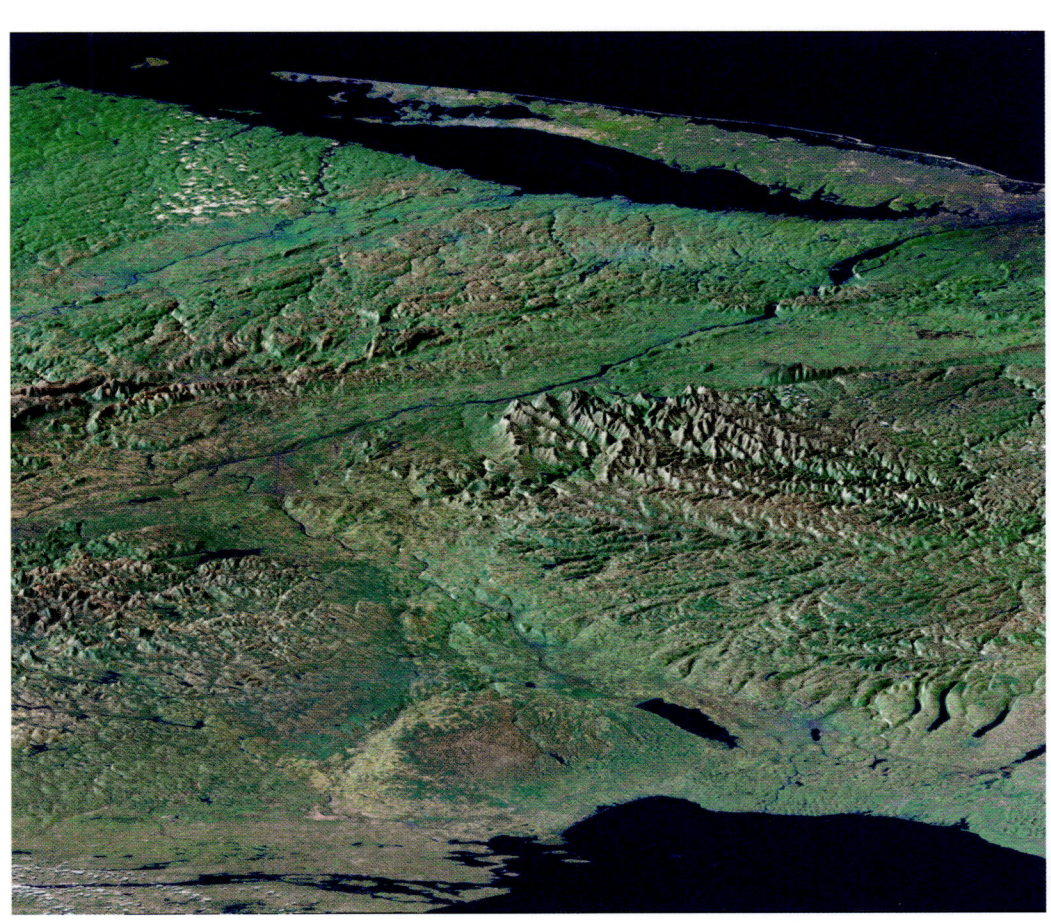

PÁGINA ANTERIOR A partir de seis imágenes del Landsat 5 recopiladas en los años 2009 y 2011, el equipo del Servicio Geológico de Estados Unidos (USGS) creó este mosaico de la bahía de Chesapeake. La línea morada con tintes plateados representa el corredor de Washington, D. C.-Baltimore-Filadelfia-Nueva York.

ABAJO Esquema del Seasat, con sus principales características.

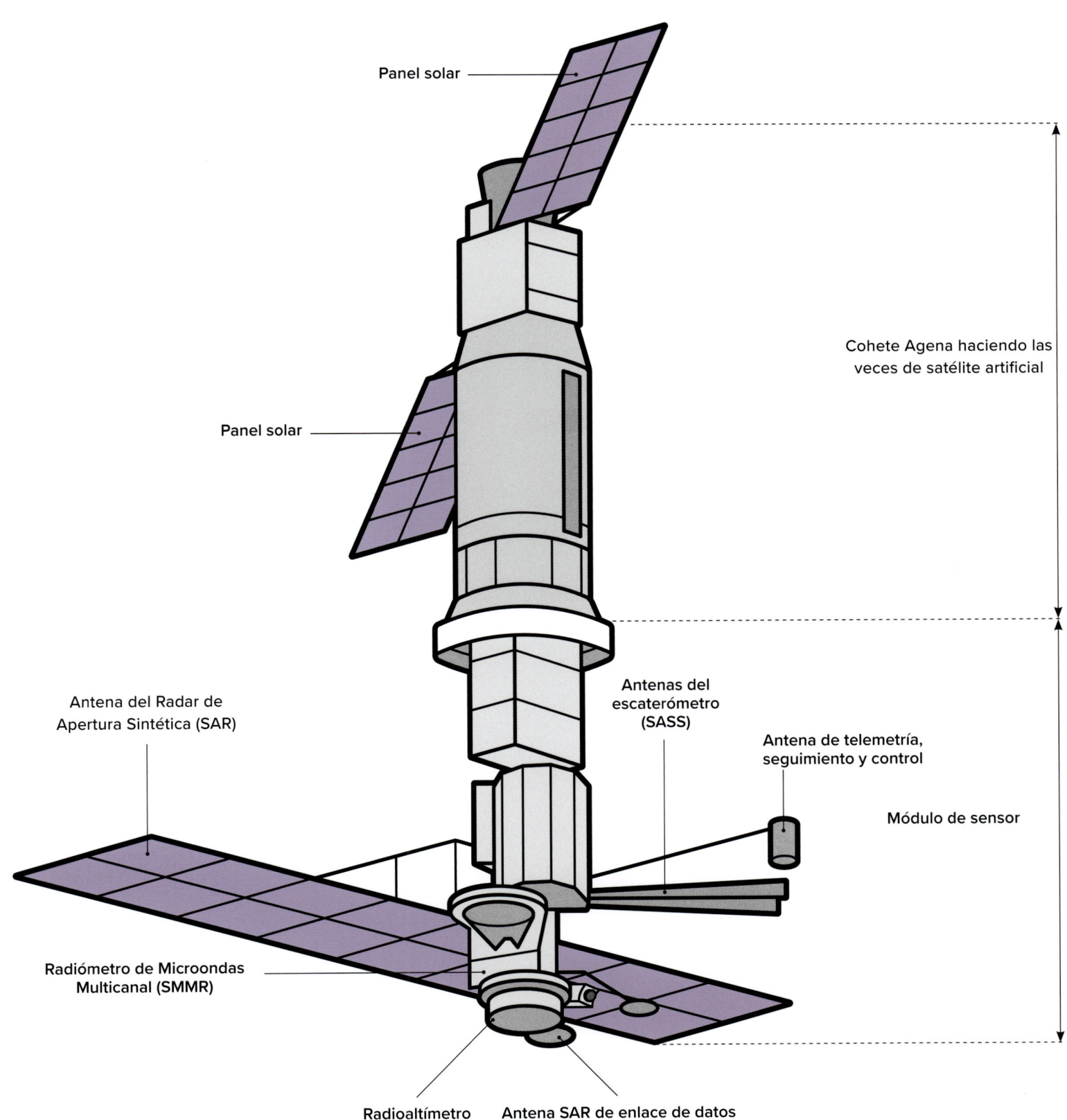

Panel solar

Cohete Agena haciendo las veces de satélite artificial

Panel solar

Antena del Radar de Apertura Sintética (SAR)

Antenas del escaterómetro (SASS)

Antena de telemetría, seguimiento y control

Módulo de sensor

Radiómetro de Microondas Multicanal (SMMR)

Radioaltímetro

Antena SAR de enlace de datos

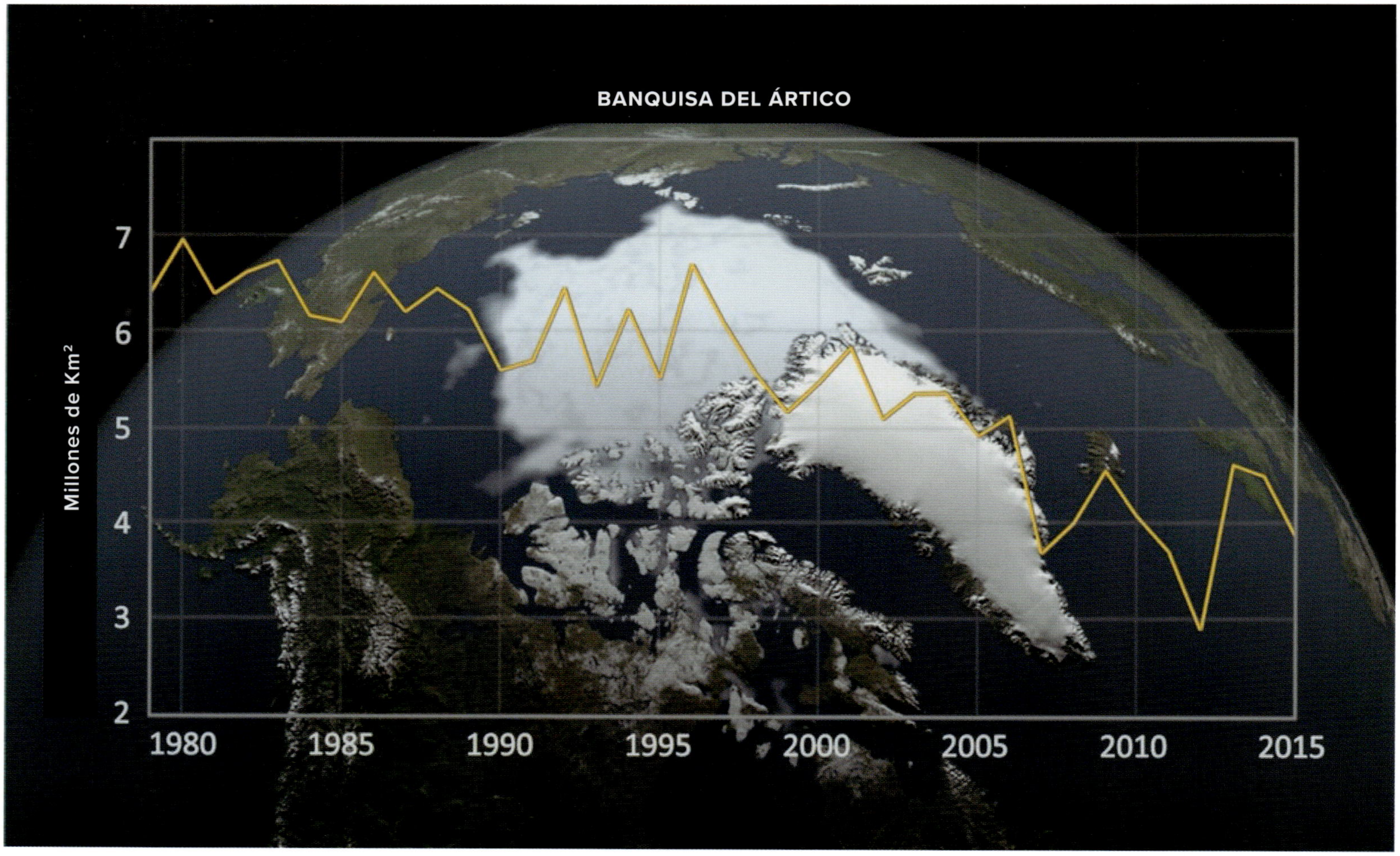

BANQUISA DEL ÁRTICO

Millones de Km²

1980 1985 1990 1995 2000 2005 2010 2015

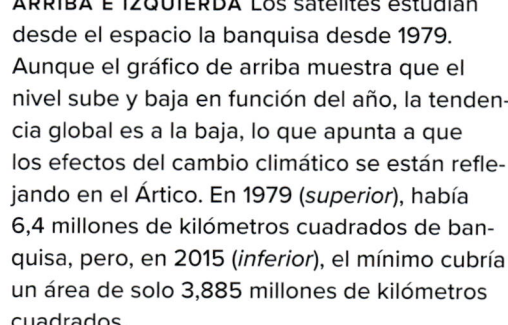

ARRIBA E IZQUIERDA Los satélites estudian desde el espacio la banquisa desde 1979. Aunque el gráfico de arriba muestra que el nivel sube y baja en función del año, la tendencia global es a la baja, lo que apunta a que los efectos del cambio climático se están reflejando en el Ártico. En 1979 (*superior*), había 6,4 millones de kilómetros cuadrados de banquisa, pero, en 2015 (*inferior*), el mínimo cubría un área de solo 3,885 millones de kilómetros cuadrados.

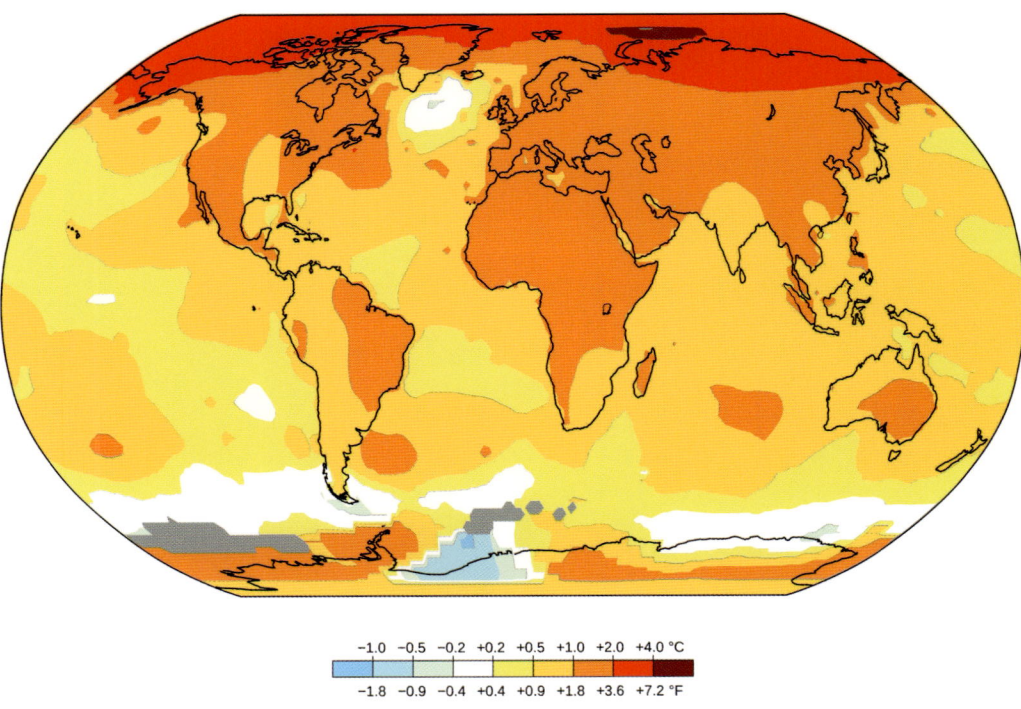

ARRIBA Las imágenes espaciales han sido de gran ayuda para analizar el medio ambiente terrestre. Esta imagen del 3 de agosto de 2023 corresponde al mar de Barents, cerca de Rusia y Escandinavia, donde el microscópico fitoplancton prospera en las aguas ricas en nutrientes, alimentando a los invertebrados y los pequeños crustáceos que son el sustento de peces, aves marinas y mamíferos. Aunque los organismos de fitoplancton son demasiado pequeños para poder verlos a ojo desnudo, la pluma azul claro que se distingue en el mar, en la parte central de la fotografía, muestra miles de millones de estos organismos y cómo han cambiado el agua a lo largo de cientos de kilómetros.

DERECHA Este mapa ilustra la temperatura media del aire del periodo 2011-2021 en comparación con la temperatura del aire de referencia del periodo 1956-1976, con una escala de cambio en la parte inferior. Hasta hoy, los cambios de la temperatura del aire en superficie han sido más pronunciados en latitudes septentrionales y sobre masas terrestres.

| −1.0 | −0.5 | −0.2 | +0.2 | +0.5 | +1.0 | +2.0 | +4.0 °C |

| −1.8 | −0.9 | −0.4 | +0.4 | +0.9 | +1.8 | +3.6 | +7.2 °F |

Esta impresionante imagen a cámara rápida de la Vía Láctea se tomó desde la Estación Espacial Internacional (EEI) en 2015. En ella se distingue parte de la estación, así como el limbo de la Tierra (el borde de la atmósfera que parece casi un halo). El 2 de septiembre de 2015, en redes sociales, el astronauta Kjell Lindgren dijo esto de la imagen: «Un gran relámpago sobre la Tierra ilumina nuestros paneles solares».

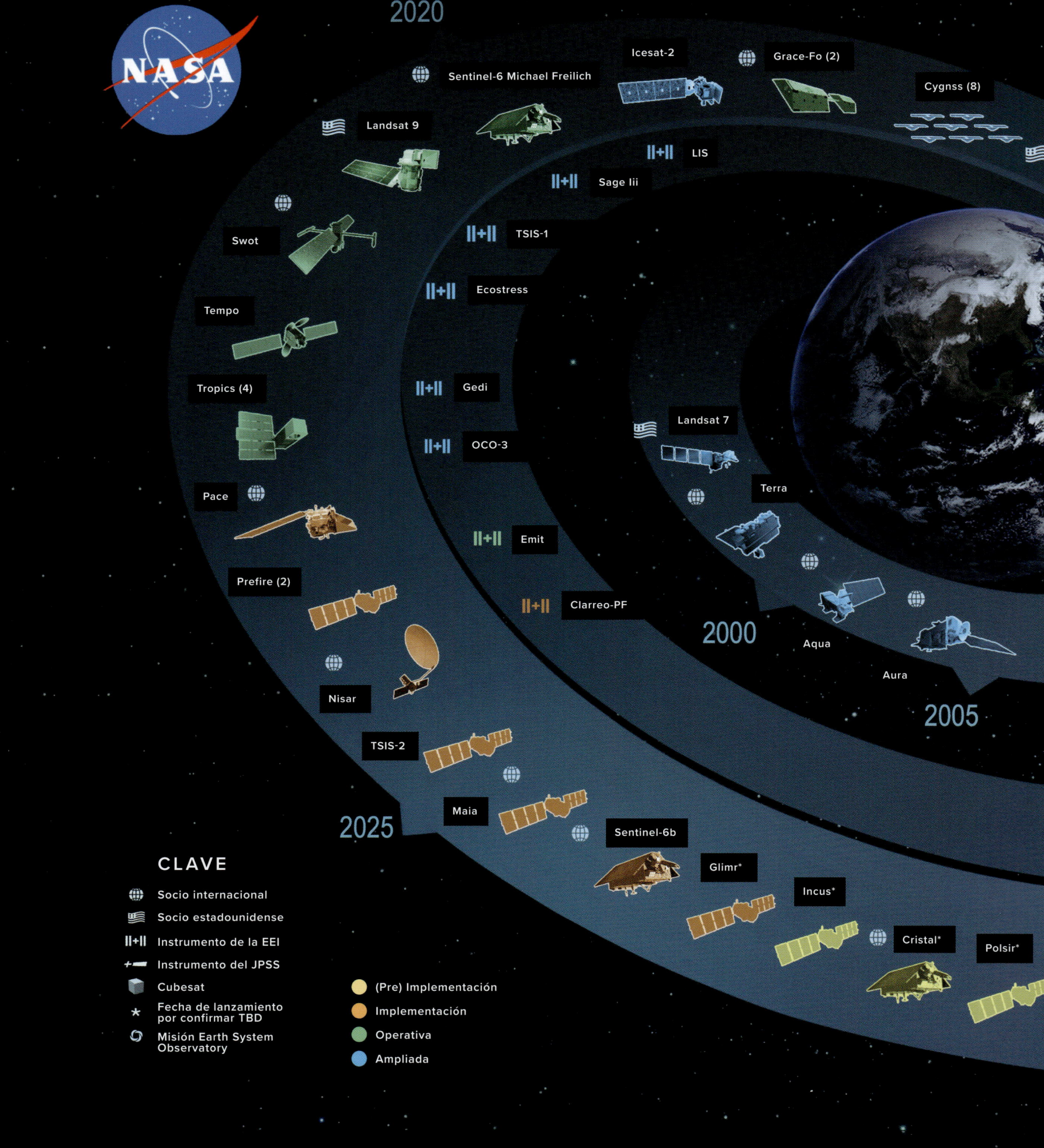

2020

Icesat-2

Grace-Fo (2)

Sentinel-6 Michael Freilich

Cygnss (8)

Landsat 9

LIS

Sage Iii

Swot

TSIS-1

Tempo

Ecostress

Tropics (4)

Gedi

Landsat 7

OCO-3

Terra

Pace

Emit

2000

Prefire (2)

Clarreo-PF

Aqua

Aura

2005

Nisar

TSIS-2

Maia

2025

Sentinel-6b

Glimr*

Incus*

Cristal*

Polsir*

CLAVE

- Socio internacional
- Socio estadounidense
- ‖+‖ Instrumento de la EEI
- Instrumento del JPSS
- Cubesat
- ★ Fecha de lanzamiento por confirmar TBD
- ↻ Misión Earth System Observatory

- (Pre) Implementación
- Implementación
- Operativa
- Ampliada

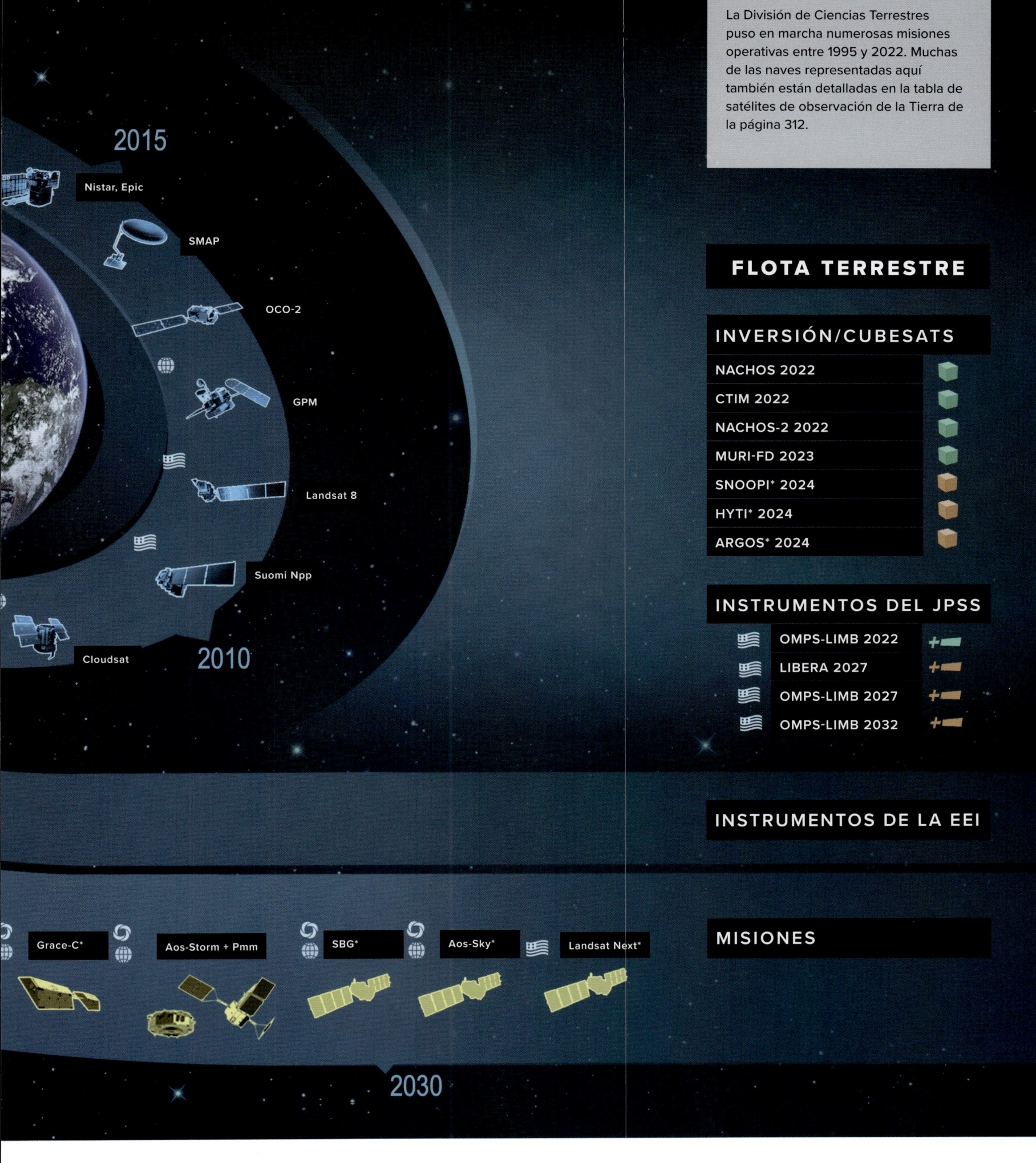

2015

Nistar, Epic

SMAP

OCO-2

GPM

Landsat 8

Suomi Npp

Cloudsat

2010

La División de Ciencias Terrestres puso en marcha numerosas misiones operativas entre 1995 y 2022. Muchas de las naves representadas aquí también están detalladas en la tabla de satélites de observación de la Tierra de la página 312.

FLOTA TERRESTRE

INVERSIÓN/CUBESATS

NACHOS 2022

CTIM 2022

NACHOS-2 2022

MURI-FD 2023

SNOOPI* 2024

HYTI* 2024

ARGOS* 2024

INSTRUMENTOS DEL JPSS

OMPS-LIMB 2022

LIBERA 2027

OMPS-LIMB 2027

OMPS-LIMB 2032

INSTRUMENTOS DE LA EEI

Grace-C*

Aos-Storm + Pmm

SBG*

Aos-Sky*

Landsat Next*

MISIONES

2030

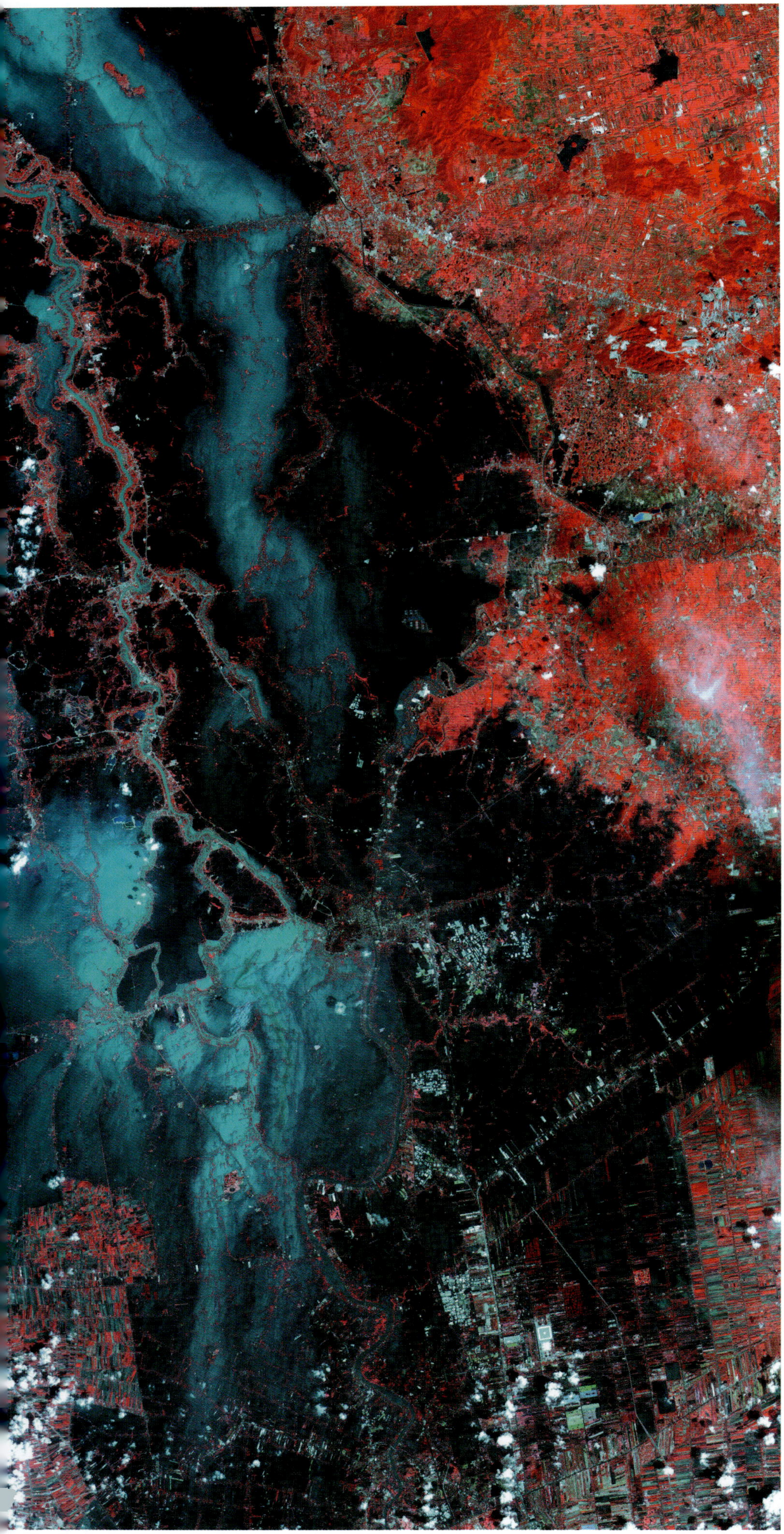

IZQUIERDA El 23 de octubre de 2011, el satélite
Terra de la NASA capturó esta imagen de
la crecida de las aguas aproximándose a la
capital de Bangkok cuando el río Chao Phraya
se desbordó.

ABAJO Trabajadores de la Base de la Fuerza
Espacial Vandenberg de California preparan
para el lanzamiento el satélite Terra de la
NASA. Lanzado en 1999, el Terra inauguró un
registro de datos fundamental con el que trazar
los cambios medioambientales de la Tierra.

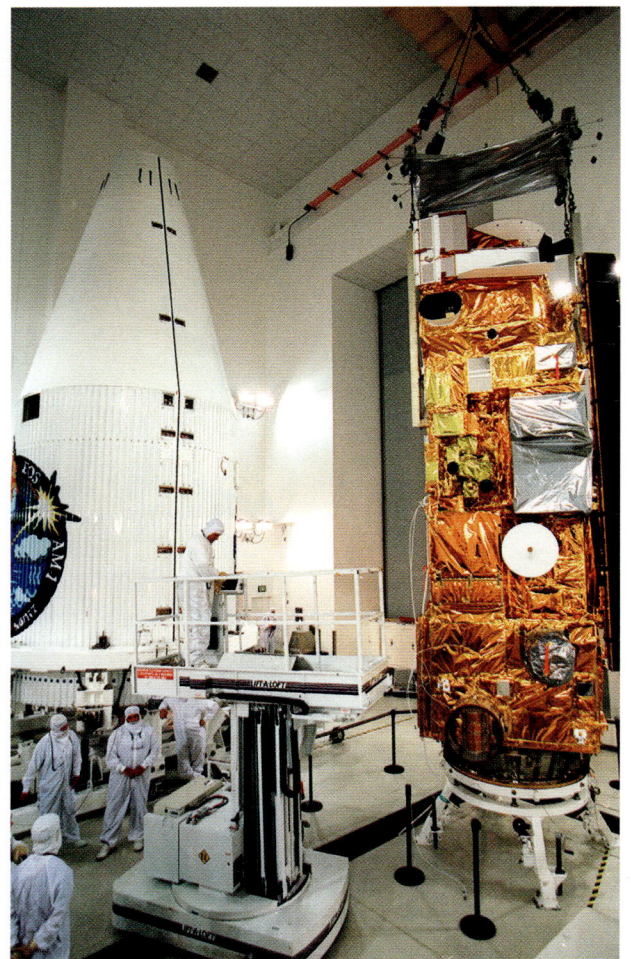

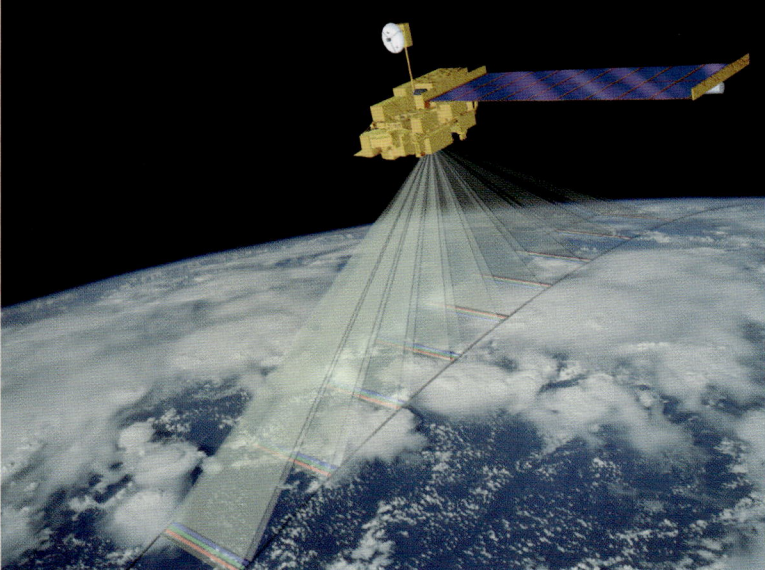

ARRIBA El satélite Terra aportó datos científicos con gran detalle espacial. Sus imágenes están minuciosamente calibradas para proporcionar medidas precisas del brillo, el contraste y el color de los objetos.

ABAJO El satélite observatorio Aquarius/SAC-D fue el resultado de un acuerdo entre Estados Unidos y Argentina. Tras su lanzamiento desde la Base de la Fuerza Espacial Vandenberg el 10 de junio de 2011, empezó a hacer un seguimiento de la salinidad oceánica.

ARRIBA A principios de la década de 2000, la NASA empezó a lanzar una nueva generación de satélites de investigación diseñados específicamente para estudiar la Tierra. Uno de ellos era el Aqua, que recabó datos congruentes con una serie de instrumentos interrelacionados y, desde su lanzamiento a la órbita polar en 2002, ha proporcionado valiosos datos de la interacción del aire, el agua y las masas terrestres de la Tierra como sistema.

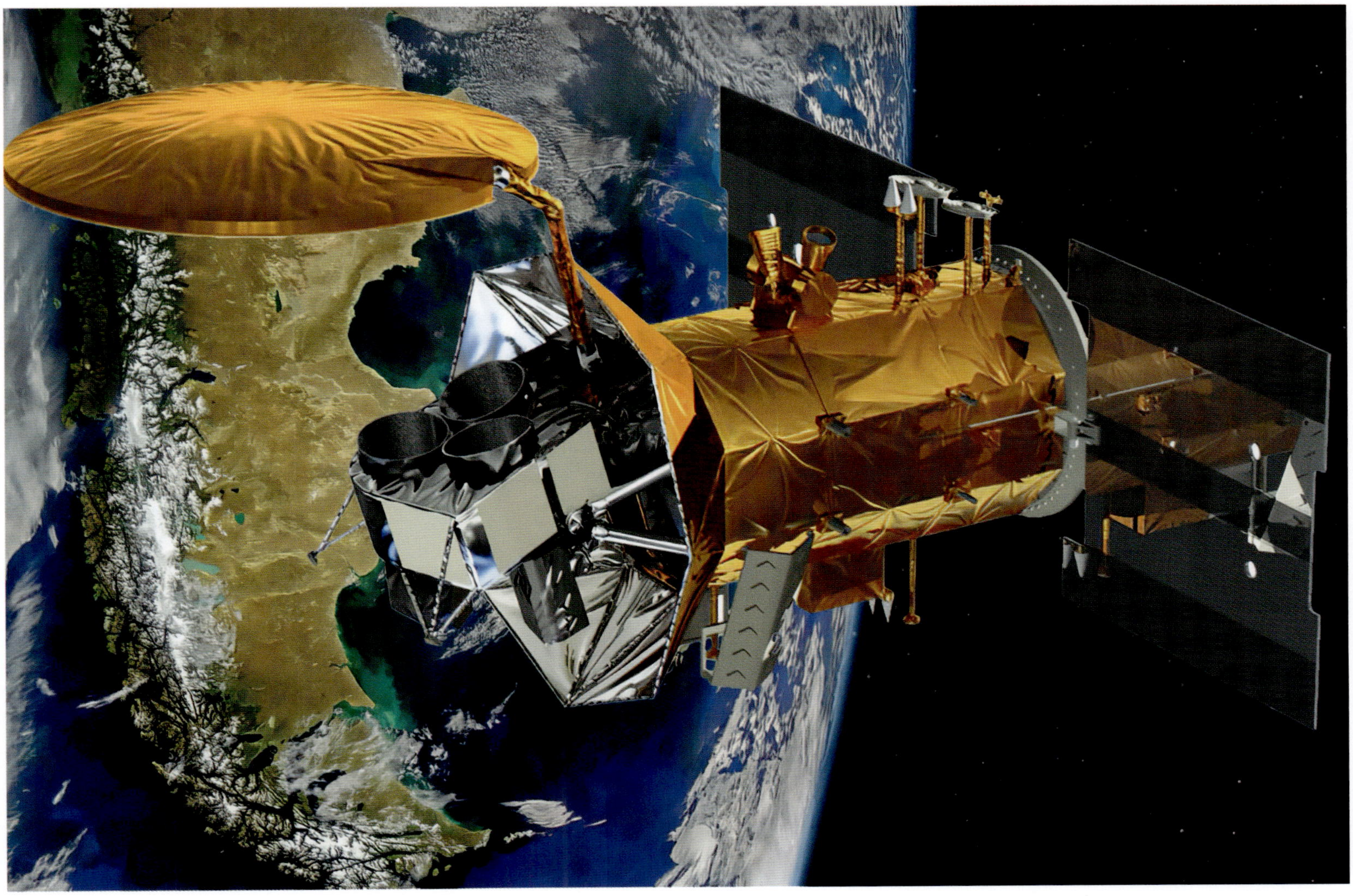

ATLAS DEL ESPACIO

ARRIBA Y DERECHA Desde el lanzamiento en 2011 del satélite Suomi National Polar-orbiting Partnership de la NASA y la NOAA, un equipo de investigadores liderado por el científico terrestre Miguel Román, del Centro de Vuelo Espacial Goddard de la NASA, analiza los datos de las luces nocturnas y desarrolla nuevas aplicaciones de *software* y algoritmos para que las imágenes se vean más nítidas y precisas y sean de fácil acceso. Estas tres composiciones (en las que aparecen el continente americano, Europa, África y Asia) proporcionan una visión nocturna de la Tierra.

ARRIBA IZQUIERDA Banquisa de la bahía de Hudson, al norte de Canadá, capturada por el Radiómetro Avanzado de Exploración por Microondas del Sistema de Observación de la Tierra.

PÁGINA ANTERIOR Satélites como el GOES y el Terra permiten hacer predicciones meteorológicas extremas más precisas que nunca. El instrumento MODIS del satélite Terra de la NASA capturó esta imagen en color real del huracán Charley el 12 de agosto de 2004 a las 11:55, hora del este de Estados Unidos. Cuando se tomó la fotografía, los vientos máximos sostenidos del Charley eran de 145 kilómetros por hora, con rachas superiores, y se desplazaban al noroeste 23 kilómetros por hora.

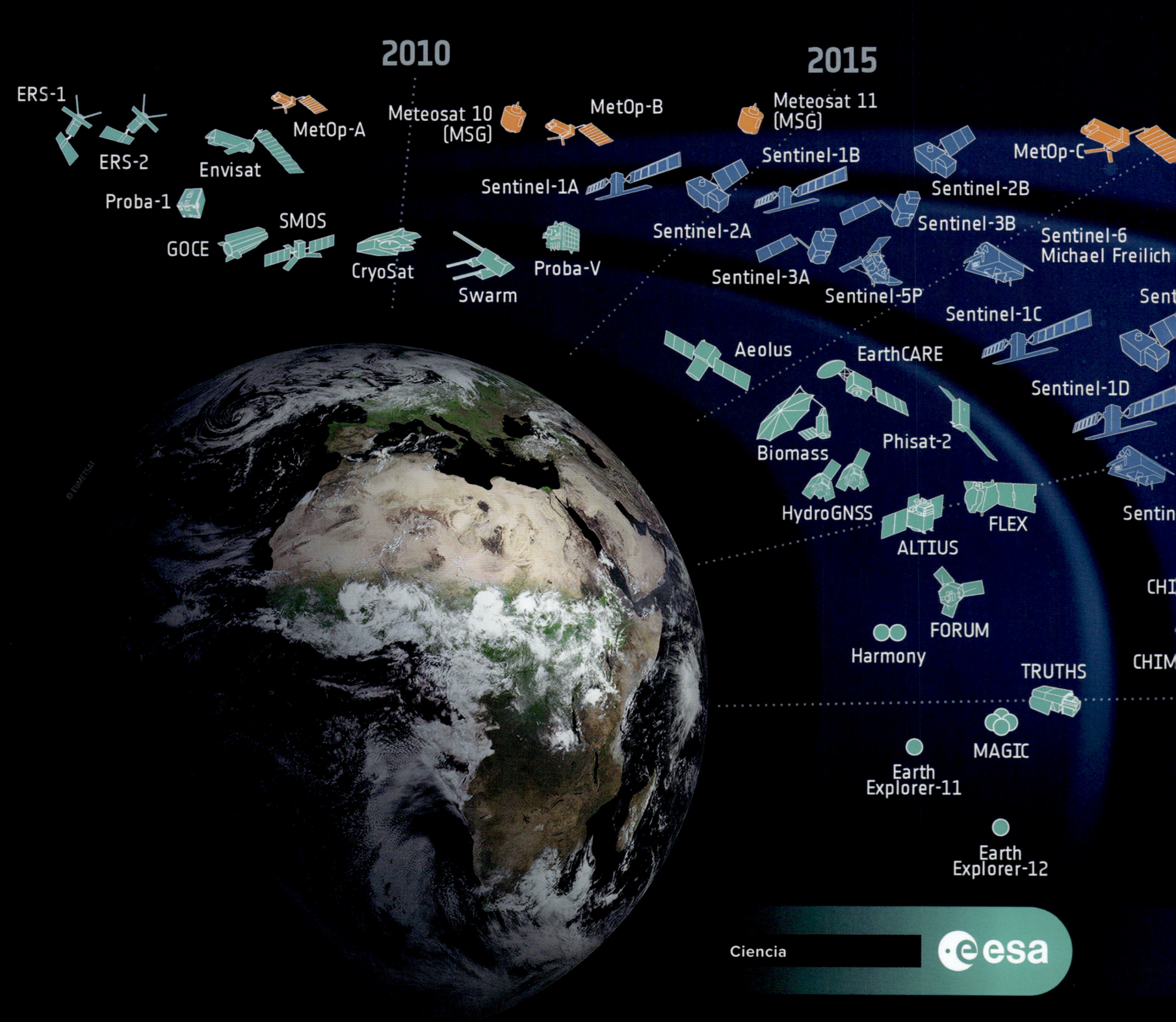

2010

2015

ERS-1
ERS-2
Envisat
MetOp-A
Meteosat 10 (MSG)
MetOp-B
Meteosat 11 (MSG)
Proba-1
SMOS
GOCE
CryoSat
Swarm
Proba-V
Sentinel-1A
Sentinel-1B
Sentinel-2A
Sentinel-2B
Sentinel-3A
Sentinel-3B
Sentinel-5P
MetOp-C
Sentinel-6 Michael Freilich
Sentinel-1C
Sent
Aeolus
EarthCARE
Sentinel-1D
Biomass
Phisat-2
HydroGNSS
FLEX
Sentin
ALTIUS
FORUM
Harmony
CHI
TRUTHS
CHIM
MAGIC
Earth Explorer-11
Earth Explorer-12

Ciencia

esa

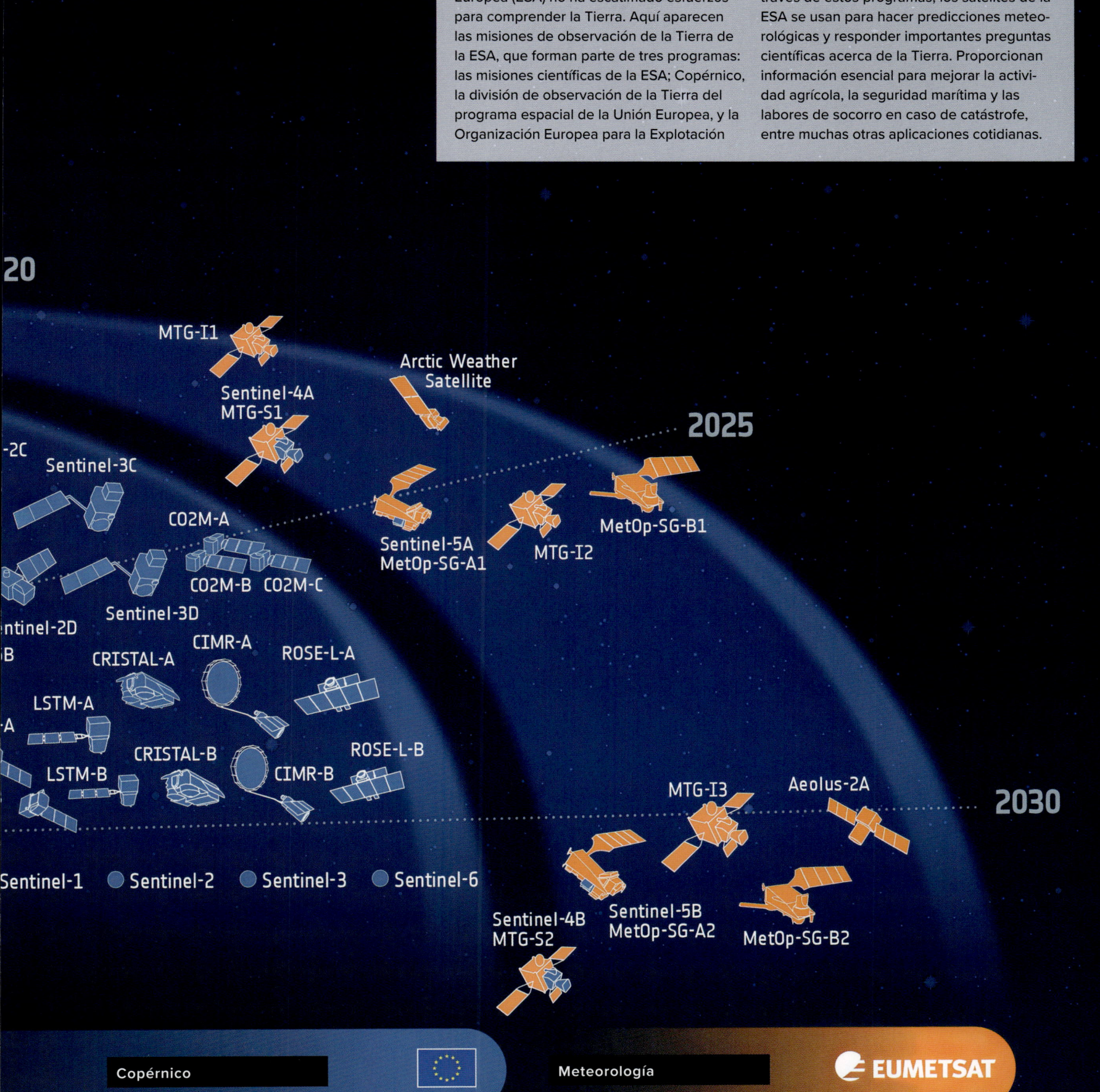

Al igual que la NASA, la Agencia Espacial Europea (ESA) no ha escatimado esfuerzos para comprender la Tierra. Aquí aparecen las misiones de observación de la Tierra de la ESA, que forman parte de tres programas: las misiones científicas de la ESA; Copérnico, la división de observación de la Tierra del programa espacial de la Unión Europea, y la Organización Europea para la Explotación de Satélites Meteorológicos (EUMETSAT). A través de estos programas, los satélites de la ESA se usan para hacer predicciones meteorológicas y responder importantes preguntas científicas acerca de la Tierra. Proporcionan información esencial para mejorar la actividad agrícola, la seguridad marítima y las labores de socorro en caso de catástrofe, entre muchas otras aplicaciones cotidianas.

20

MTG-I1

Arctic Weather
Satellite

Sentinel-4A
MTG-S1

2025

-2C

Sentinel-3C

CO2M-A

Sentinel-5A
MetOp-SG-A1

MTG-I2

MetOp-SG-B1

CO2M-B   CO2M-C

Sentinel-3D

ntinel-2D

CIMR-A

ROSE-L-A

B

CRISTAL-A

LSTM-A

A

CRISTAL-B

CIMR-B

ROSE-L-B

LSTM-B

MTG-I3

Aeolus-2A

2030

Sentinel-1   ⬤ Sentinel-2   ⬤ Sentinel-3   ⬤ Sentinel-6

Sentinel-4B
MTG-S2

Sentinel-5B
MetOp-SG-A2

MetOp-SG-B2

Copérnico

Meteorología

🌀 EUMETSAT

SATÉLITES DE OBSERVACIÓN DE LA TIERRA

Satélite	Fecha de operatividad	Lugar de lanzamiento
ATS-3 (Advanced Technology Satellite)	7-12-1966–1-12-1978	Cabo Cañaveral
Landsat 1	23-7-1972–6-1-1978	Vandenberg
Landsat 2	22-1-1975–25-2-1982	Vandenberg
GOES-1 (Geostationary Operational Environmental Satellite)	16-10-1975–7-3-1985	Vandenberg
Landsat 3	5-3-1978–31-3-1983	Vandenberg
DE 1 y DE 2 (Dynamics Explorer)	3-8-1981–28-2-1991 y 19-2-1983	Vandenberg
Landsat 4	16-7-1982–19-12-1993	Vandenberg
ERBS (Earth Radiation Budget Satellite)	5-10-1984–14-10-2005	Cabo Cañaveral
Landsat 5	1-3-1984–5-6-2013	Vandenberg
CRRES (Combined Release and Radiation Effects Satellite)	25-7-1990–12-10-1991	Cabo Cañaveral
ERS-1 (European Remote-Sensing Satellite)	17-7-1991–10-3-2000	Kourou
ATLAS-1 (Atmospheric Laboratory for Applications and Science)	24-3-1992–2-4-1992	Cabo Cañavera
Landsat 6	5-10-1993–5-10-1993	Vandenberg
Programa ESSA (Environmental Science Services Administration)	3-2-1966– 12-6-1968	Cabo Cañaveral
ADEOS I (Advanced Earth Observing Satellite)	17-8-1996–30-6-1997	Cabo Cañaveral
SeaWiFS	1-8-1997–11-12-2010	Vandenberg
TRMM	27-11-1997–9-4-2015	Tanegashima
Landsat 7	15-4-1999–27-9-2021	Vandenberg
QuikSCAT	19-6-1999–19-11-2009	Vandenberg
Terra (EOS-AM)	18 de diciembre de 1999–	Vandenberg
ACRIMSAT	20-12-1999–30-7-2014	Vandenberg
CHAMP (Challenging Minisatellite Payload)	15-7-2000–19-9-2010	Plesetsk 132/1
NMP (New Millennium Program)/EO-1 (Earth Observing 1)	21-11-2000–30-3-2017	Vandenberg
Jason 1	7-12-2001–1-7-2013	Vandenberg
Meteor 3M-1/SAGE III (Stratospheric Aerosol and Gas Experiment)	10-12-2001–6-3-2006	Baikonur
GRACE (Gravity Recovery and Climate Experiment)	17-3-2002–27-10-2017	Cosmódromo de Plesetsk
Aqua	4 de mayo de 2002–	Vandenberg
ADEOS II (Midori II)	14-12-2002–24-10-2003	Tanegashima
ICESat (Ice, Cloud, and Land Elevation Satellite)	12-1-2003–14-8-2010	Vandenberg
SORCE (Solar Radiation and Climate Experiment)	25-1-2003 –25-2-2020	Cabo Cañaveral
Aura	15 de julio de 2004–	Vandenberg
CloudSat	28 de abril de 2006–	Vandenberg
CALIPSO (Cloud-Aerosol Lidar and Infrared Pathfinder Satellite Observations)	28 de abril de 2006–	Vandenberg
Aquarius	10-6-2011–17-1-2015	Vandenberg
Landsat 8	11 de febrero de 2013–	Vandenberg
OCO-2 (Orbiting Carbon Observatory)	2 de julio de 2014–	Vandenberg
SMAP (Soil Moisture Active Passive)	31 de enero de 2015–	Vandenberg
ICESat-2	15 de septiembre de 2018–	Vandenberg
Landsat 9	27de septiembre de 2021–	Vandenberg

Agencia	Cometido
NASA	Observación meteorológica
NASA/NOAA	Recopilación de datos sobre el uso del suelo a lo largo del tiempo
NASA/NOAA	Recopilación de datos sobre el uso del suelo a lo largo del tiempo
NOAA	Trece satélites GOES: seguimiento y previsión meteorológica; investigación científica para entender la dinámica del suelo, la atmósfera, el océano y el clima
NASA/NOAA	Recopilación de datos sobre el uso del suelo a lo largo del tiempo
NASA	Investigación de las interacciones entre los plasmas de la magnetosfera y la ionosfera
NASA/NOAA	Recopilación de datos sobre el uso del suelo a lo largo del tiempo
NASA	Estudio del balance de radiación de la Tierra y los aerosoles y los gases estratosféricos
NASA/NOAA	Recopilación de datos sobre el uso del suelo a lo largo del tiempo
NASA	Investigación de campos, plasmas y partículas energéticas dentro de la magnetosfera
ESA	Medición de la velocidad y la dirección del viento y los parámetros de las olas oceánicas
NASA	Vuelo a bordo del transbordador espacial Atlantis en su misión STS-45 de la primavera de 1992 para desentrañar el impacto humano en el medio ambiente
NASA/NOAA	Recopilación de datos sobre el uso del suelo a lo largo del tiempo
ESSA/NASA	Fotografía de la capa de nubes
NASA/NASDA	Satélite conjunto de EE. UU. y Japón para estudiar la dispersión del viento y cartografiar la capa de ozono
GeoEye/NASA	Aportación de datos cuantitativos sobre las propiedades bioópticas globales de los océanos
NASA/JAXA	Seguimiento y estudio de las lluvias tropicales
NASA/NOAA	Aportación de imágenes de la superficie terrestre mundial
NASA/JPL	Obtención de secciones transversales de radar y vientos vectoriales próximos a la superficie globales
NASA	Aportación de datos globales del estado de la atmósfera, el suelo y los océanos
NASA	Estudio de la radiación solar total (la cantidad total de luz solar que incide en la Tierra)
GFZ (Centro de Investigación en Geociencias de Alemania)	Investigación atmosférica e ionosférica
NASA	Demostración de nuevas tecnologías y estrategias para mejorar las observaciones terrestres
NASA/CNES	Misión conjunta de EE. UU. y Francia para proporcionar información sobre la velocidad y la altura de las corrientes oceánicas superficiales
Roscosmos	Medición del ozono, el vapor de agua y otros parámetros clave de la atmósfera terrestre
NASA/DLR	Medición del campo de gravedad medio y variable en el tiempo de la Tierra
NASA	Recopilación de información del agua del sistema terrestre
JAXA/NASA	Supervisión del ciclo del agua y la energía como parte del sistema climático mundial
NASA	Medición del balance de masa de la capa de hielo y las características relacionadas
NASA	Mejora del conocimiento del Sol
NASA	Investigación de cuestiones sobre las tendencias de la capa de ozono, los cambios de la calidad del aire y su relación con el cambio climático
NASA	Aportación de un estudio de la estructura vertical y el solapamiento de los sistemas nubosos
NASA/CNES	Misión conjunta de EE. UU. y Francia para mejorar el conocimiento del papel que desempeñan los aerosoles y las nubes en la regulación del clima terrestre
NASA/CONAE	Misión conjunta de EE. UU. y Argentina para cartografiar las variaciones espaciales y temporales de la salinidad de la superficie del mar
NASA/USGS	Aportación de imágenes globales de la superficie terrestre
NASA	Aportación de mediciones espaciales globales del dióxido de carbono atmosférico
NASA	Medición de la humedad superficial del suelo y el estado de congelación y descongelación
NASA	Medición del balance de masa de la capa de hielo
NASA / USGS	Aportación de imágenes globales de la superficie terrestre, continuación del programa Landsat

VENUS: UN INFIERNO CUBIERTO DE NUBES

Venus, casi gemelo de la Tierra en cuanto a tamaño, se vio mucho tiempo como un lugar del sistema solar que podía albergar vida. Estas expectativas dominaron la idea que se tenía del planeta al comienzo de la era espacial, y solo se frustraron por completo cuando la exploración continuada reveló que era un infierno, ¿o no lo hicieron?

En los orígenes de la era espacial, científicos de todo el mundo reconocieron el atractivo de Venus como un planeta casi gemelo de la Tierra por su tamaño, masa y gravitación, por ello especularon con la posibilidad de que en él existiera alguna forma de vida. En la década de 1920, Charles Greeley Abbot (1872-1973), el director del Observatorio Smithsonian, sugirió que Venus «parece que no carece de nada que sea esencial para la habitabilidad». Sin embargo, no podía estar más equivocado, y su conclusión no era más que una fantasía. Las primeras sondas espaciales enviadas a Venus demostraron que es un mundo inhóspito, el anatema de la vida tal y como la conocemos.

EL «EFECTO INVERNADERO» DESMEDIDO DE VENUS

Según otra teoría, que resultó ser cierta, Venus estaba lejos de ser un mundo compatible con la vida. En particular, el astrofísico Carl Sagan, de la Universidad de Cornell, demostró que era un planeta cuya cubierta de nubes alimentaba un «efecto invernadero» fuera de control en el que las presiones atmosféricas y las temperaturas eran muy superiores a las de la Tierra. En 1961, Sagan escribió: «A temperaturas tan altas, y en ausencia de agua en estado líquido, parece poco probable que existan organismos autóctonos en el momento actual (...). Sin embargo, puesto que, como se ha mencionado, no puede haber habido periodos considerables de tiempo en los que Venus tuviera vastos cuerpos de agua y temperaturas en superficie por debajo del punto de ebullición del agua, es poco probable que alguna vez haya podido albergar vida».

Mientras buscaban con rigor vida más allá de la Tierra, Sagan y muchos otros científicos no tuvieron más remedio que llegar a esta conclusión y mantuvieron la esperanza de que las naves espaciales demostraran que estaban equivocados. Sin embargo, no fue así. El «efecto invernadero» era innegable.

«En los orígenes de la era espacial, los científicos reconocieron el atractivo de Venus como un planeta casi gemelo de la Tierra por su tamaño, masa y gravitación».

CARL SAGAN (1934-1996)

Al hilo del debate sobre el calentamiento global de la Tierra de las décadas de 1980 y 1990, Carl Sagan puso Venus como ejemplo de lo que podía ocurrir aquí si los humanos no lograban hacer frente a las emisiones de CO_2 y contrarrestar el calentamiento del planeta. En 1984, dijo en el Senado de Estados Unidos que «la naturaleza ha puesto a nuestro alcance varios planetas, algunos de los cuales tienen un efecto invernadero insignificante, otros un efecto invernadero significativo, y uno de ellos un efecto invernadero monstruoso, y conviene tomar nota de lo que la naturaleza ha tenido a bien proporcionarnos para edificarnos».

Sagan añadió: «En el caso de Venus (...) la temperatura de la superficie (...) es de unos 430 grados centígrados, mucho más alta que la del horno doméstico más potente. La razón de ello es que —lo sabemos ahora gracias a la exploración espacial, más recientemente la misión estadounidense Pioneer Venus— se debe a un efecto invernadero masivo cuyo componente principal es el dióxido de carbono». Pero, lo más importante es que Sagan destacó que lo que los científicos ven en Venus es «precisamente el mismo gas de efecto invernadero que nos ocupa en esta audiencia».

DATOS BÁSICOS DE VENUS

DISTANCIA MEDIA DEL SOL 108 millones de kilómetros o 0,72 unidades astronómicas (ua)

DIÁMETRO 12 100 kilómetros, aproximadamente un 95 % del diámetro de la Tierra

DENSIDAD 5,243 gramos/centímetros cúbicos, algo inferior a la de la Tierra

GRAVEDAD EN SUPERFICIE 8,87 metros/segundo al cuadrado, aproximadamente un 90 % de la gravedad de la Tierra

PERIODO DE ROTACIÓN (DURACIÓN DEL DÍA) 243 días terrestres

PERIODO DE REVOLUCIÓN (DURACIÓN DEL AÑO) 225 días terrestres

TEMPERATURA MEDIA EN SUPERFICIE 464 grados Celsius

SATÉLITES NATURALES Ninguno

DESCUBRIDOR El descubrimiento de Venus, que hace siglos que se observa desde la Tierra, no se atribuye a una única persona. Galileo Galilei fue el primero que lo observó con un telescopio en 1610.

A lo largo de los siglos, Venus, rodeado de nubes, ha suscitado asombro y despertado la imaginación. La Mariner 10 de la NASA estuvo allí en 1974 y capturó esta vista del planeta (*superior*), revelando muy pocos rasgos del gemelo más próximo de la Tierra en cuestión de tamaño. Más recientemente, la NASA reprocesó la imagen (*inferior*), mejorando el contraste y potenciando las nubes a unos 65 kilómetros por encima de la superficie del planeta. Aunque Venus es prácticamente blanco, las manchas rojizas son todo un enigma. Podrían deberse a la presencia de compuestos de azufre o incluso material biológico, pero la comunidad científica aún no ha llegado a un consenso.

SONDAS A VENUS

Tanto Estados Unidos como la Unión Soviética enviaron sondas a Venus desde los comienzos de la era espacial con cierta frecuencia. En el verano de 1962, la NASA lanzó la Mariner 2, que llegó en diciembre al planeta y rastreó las nubes, estimó las temperaturas y las presiones planetarias, midió el entorno de partículas cargadas y buscó un campo magnético similar a la magnetosfera de la Tierra (pero no encontró ninguno).

Estas misiones confirmaron los peores presagios sobre Venus. Los científicos averiguaron que aproximadamente un 97 % de la atmósfera del planeta está formada por dióxido de carbono. Y, aunque era muy rocoso, carecía de agua y las temperaturas en superficie eran superiores a los 464 grados Celsius, tanto de noche como de día, ya fuera verano o invierno. Por último, la presión en la superficie venusina es noventa veces superior a la de la Tierra.

A finales de la década de 1960, los soviéticos enviaron sondas a Venus para obtener datos de la inhóspita superficie, pero ninguna lo consiguió hasta que la Venera 7 devolvió la primera información de la superficie en diciembre de 1970. Durante veintitrés minutos, el lánder transmitió las condiciones en el suelo antes de

La Mariner 2, la primera sonda espacial interplanetaria que completó con éxito una misión, voló a 34 000 kilómetros de Venus en diciembre de 1962, cuando devolvió los primeros datos disponibles sobre las condiciones extremadamente hostiles del planeta.

ARRIBA Los últimos preparativos del vuelo de la Mariner 2 se llevaron a cabo en una planta de montaje del Campo de Pruebas de Misiles del Atlántico (AMR) de Cabo Cañaveral, Florida. La nave la diseñó y construyó el Laboratorio de Propulsión a Reacción, que después lo mandó al AMR, donde se montaron la antena y los paneles solares antes de probarla y lanzarla.

DERECHA Ingenieros del Laboratorio de Propulsión a Reacción de la NASA revisan los datos enviados por la sonda Mariner 2 desde Venus en 1962.

sucumbir al calor y la presión extremos. Era la primera vez que un lánder devolvía información de la superficie de otro planeta.

Los científicos averiguaron mucho más sobre Venus a principios de la década de 1990, cuando la Magallanes cartografió cerca de un 95 % del planeta. Hubo alguna que otra sorpresa, sobre todo cuando la tectónica de placas y los flujos de lava revelaron indicios de erupciones volcánicas.Desde entonces, la MESSEN-GER (por el acrónimo en inglés de Superficie, Ambiente Espacial, Geoquímica y Medición de Mercurio) ha realizado dos vuelos de reconocimiento de Venus camino de Mercurio. Esta misión, y las subsiguientes enviadas por la Agencia Espacial Europea (ESA), Japón y Estados Unidos, han llenado algunas lagunas del conocimiento sobre el gemelo de la Tierra, permitiéndonos averiguar que Venus es más bien un «gemelo malvado», nada hospitalario para los humanos.

En total, más de cuarenta naves se han enviado a Venus desde 1962. Una de ellas, la japonesa Akatsuki, sigue en órbita. La próxima década está previsto el lanzamiento de otras tres misiones.

«Los científicos averiguaron que aproximadamente un 97 % de la atmósfera del planeta está formada por dióxido de carbono. Y, aunque era muy rocoso, carecía de agua y las temperaturas en superficie eran superiores a los 464 grados Celsius, tanto de noche como de día, ya fuera verano o invierno».

Mediante imágenes por radar de apertura sintética que penetran en las nubes, la nave Magallanes de la NASA orbitó Venus y llevó a cabo una sofisticada exploración del planeta durante la primera parte de la década de 1990. Aquí, el volcán Maat Mons de Venus se fotografió desde 558 kilómetros al norte a una altura de 1,6 kilómetros sobre el terreno. La superficie extremadamente caliente, potenciada por el masivo efecto invernadero de las nubes que cubren el planeta, se muestra aquí con ríos de lava extendiéndose a lo largo de cientos de kilómetros por las llanuras fracturadas de primer plano.

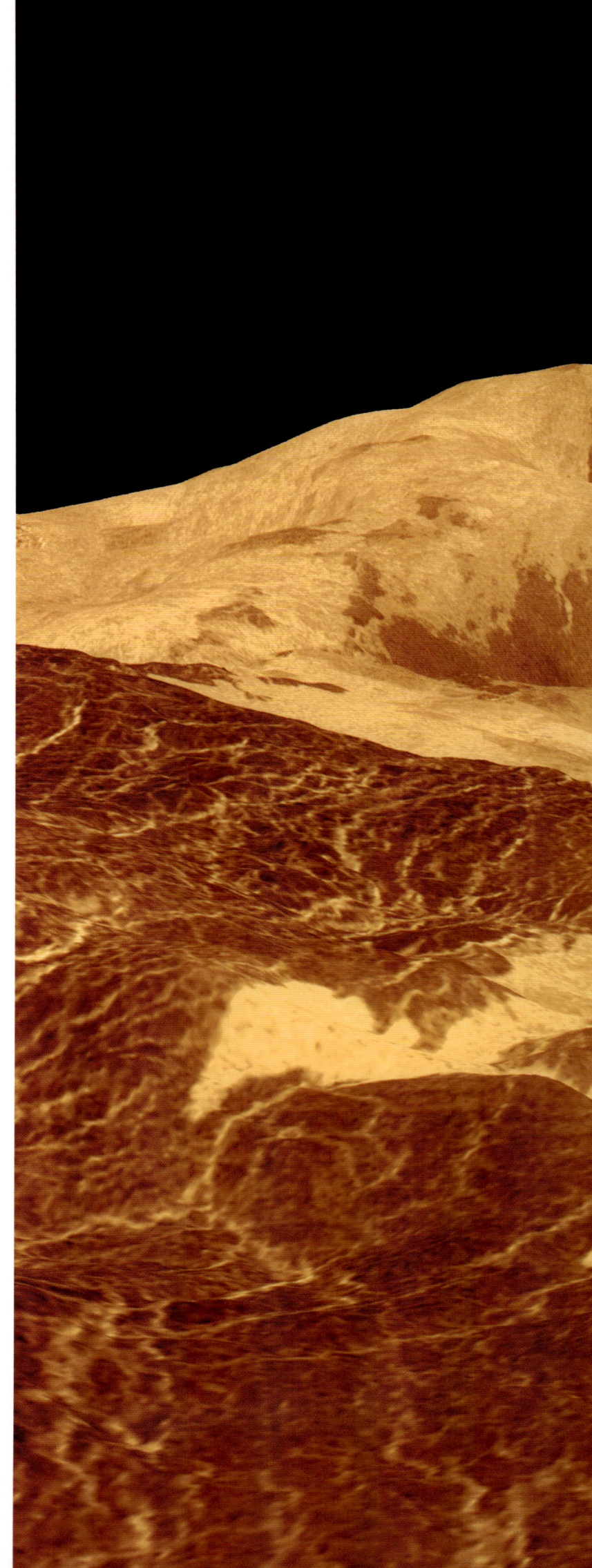

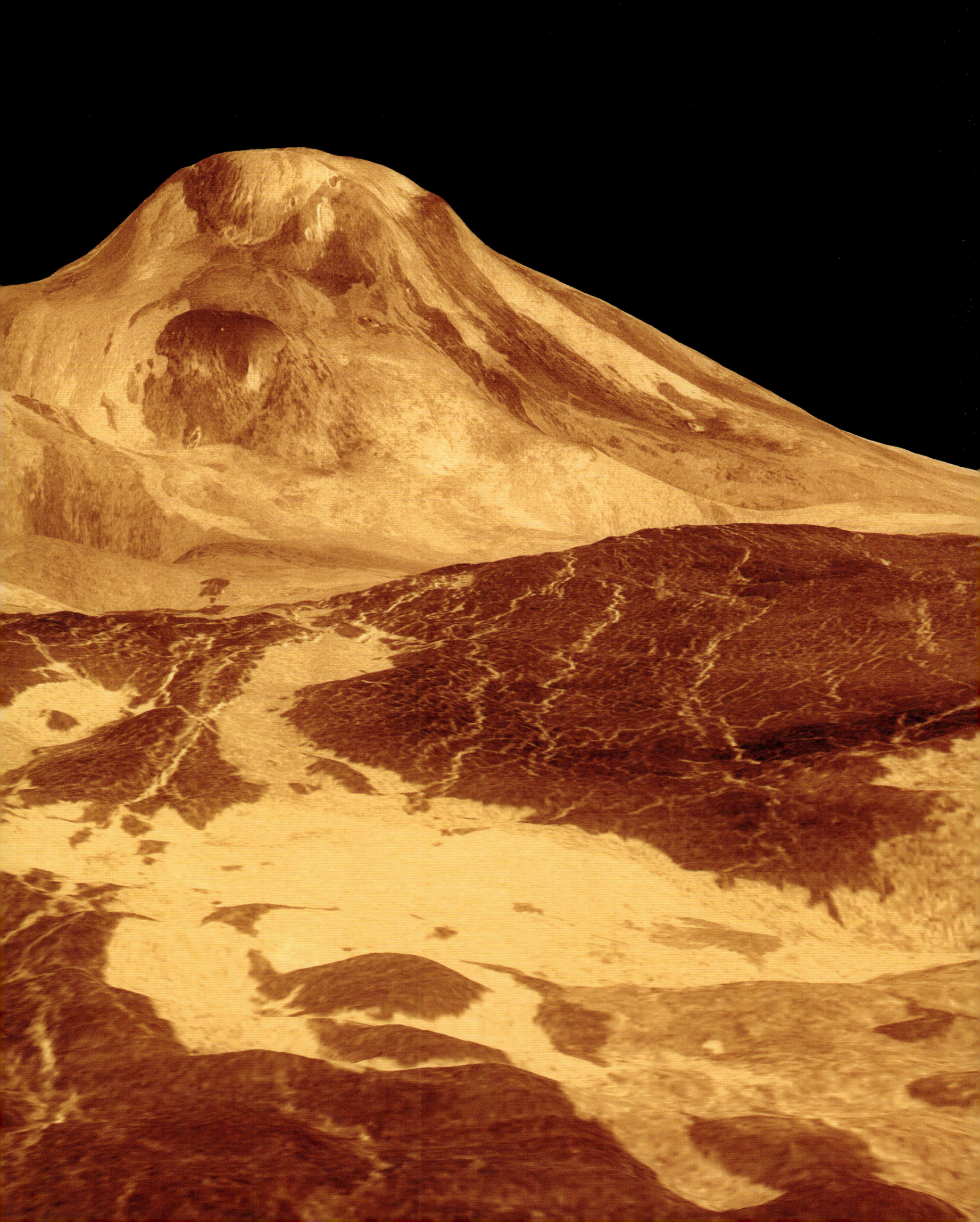

ARRIBA En esta vista global de la superficie de Venus de la imagen por radar de apertura sintética de la Magallanes, se utilizó color simulado (basado, entre otras, en las imágenes en color obtenidas por las Venera 13 y 14) para realzar las estructuras a pequeña escala. La luminosa forma serpentina próxima al ecuador es Ovda Regio, una región montañosa de la parte occidental de lo que los científicos llamaron la altiplanicie ecuatorial Aphrodite Terra. Las zonas oscuras corresponden a los vestigios de grandes impactos de meteoritos.

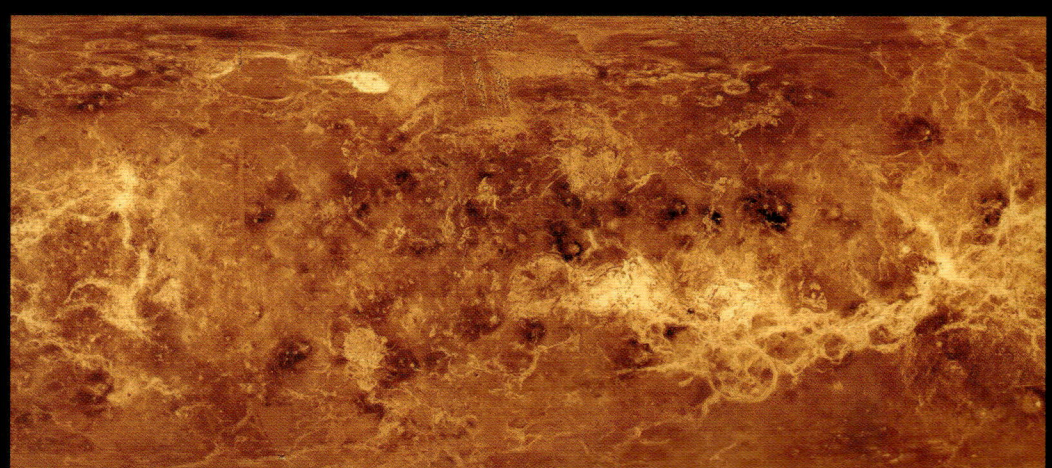

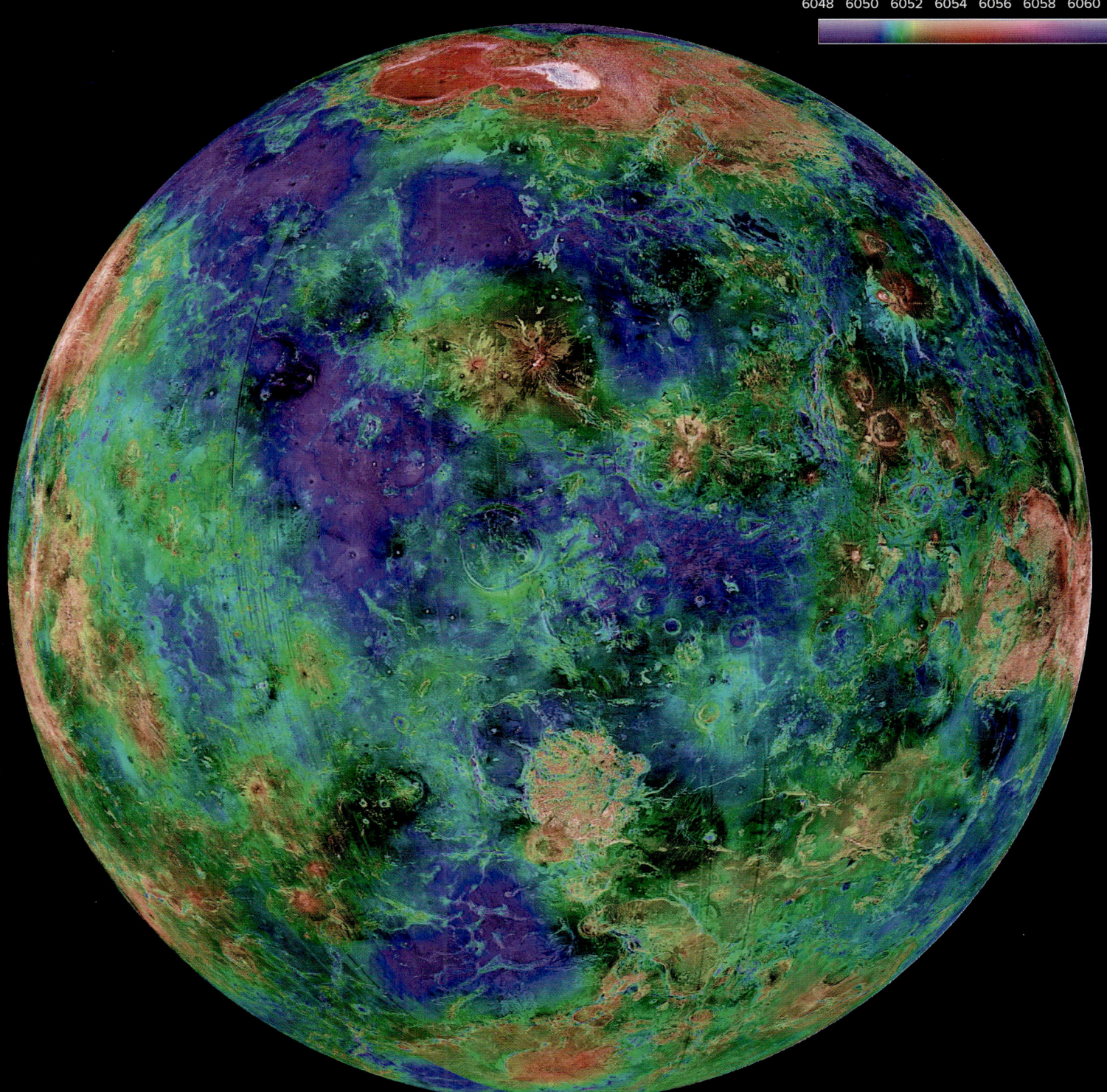

PÁGINA ANTERIOR Mapa de la superficie de Venus creado con la colección completa de imágenes por radar obtenidas por la misión Magallanes y difundido en 1995. El mapa se extiende 240 grados de longitud de este a oeste, y 90 grados de latitud de norte a sur. En la parte superior, a la izquierda del centro, la zona más clara corresponde a Maxwell Montes, la cordillera más alta de Venus. A lo largo del ecuador, a la derecha del centro, se extiende la gran altiplanicie de Aphrodite Terra. Las manchas oscuras corresponden a los halos que rodean algunos de los cráteres de impacto más jóvenes.

ARRIBA Este mosaico topográfico de Venus, creado a partir de las imágenes de la Magallanes, está centrado a 0 grados de longitud y 0 grados de latitud. La composición se procesó para mejorar el contraste y se codificó por colores para representar la elevación. Las elevaciones oscilan entre los 6048 kilómetros de profundidad en azul oscuro y los 6062 kilómetros en morado. El amarillo, el rojo y el verde representan las elevaciones intermedias. Las lagunas de datos del altímetro del radar de la Magallanes se suplieron con lecturas de la sonda Venera y las misiones estadounidenses Pioneer Venus.

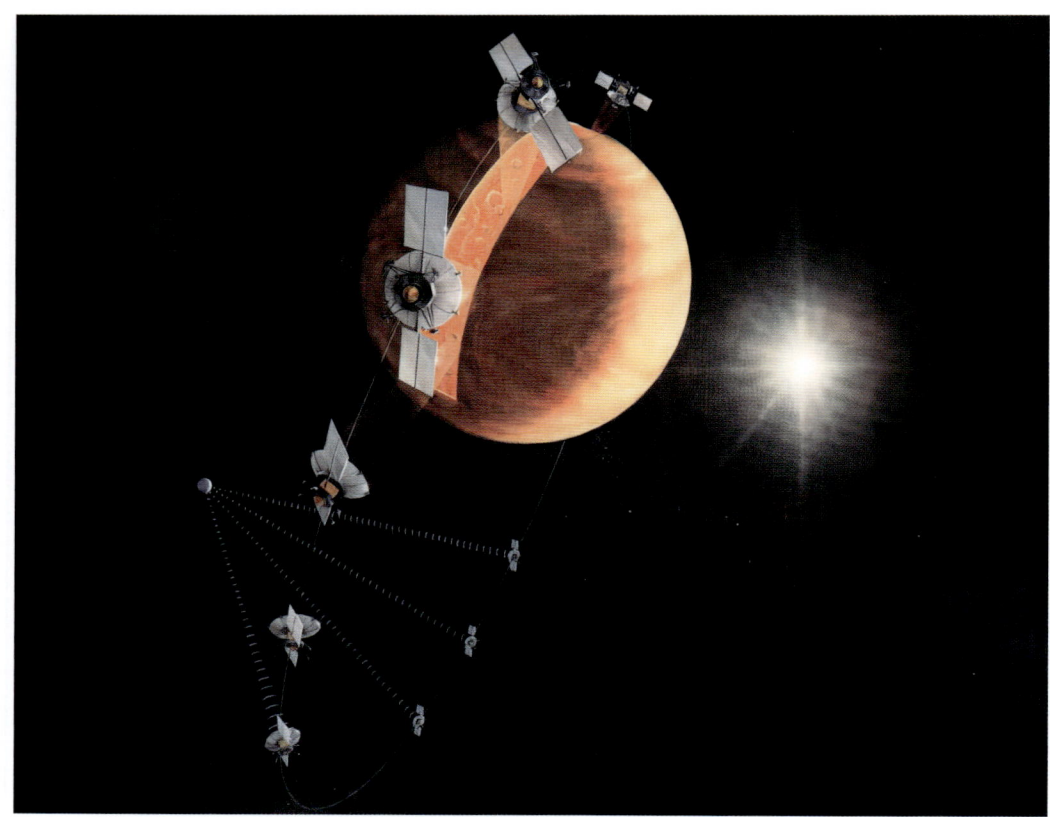

IZQUIERDA La sonda Magallanes creó un mapa de radar de Venus, y descubrió que el 85 % de la superficie está cubierto de flujos volcánicos y revela indicios de movimiento tectónico, vientos turbulentos en superficie, canales de lava y farras. La NASA ordenó a la nave que se sumergiera en la atmósfera venusina en 1994 como parte de un último experimento para recopilar datos atmosféricos.

ABAJO La sonda MESSENGER realizó dos vuelos de reconocimiento de Venus en 2006 y 2007. Sus instrumentos están protegidos por una pantalla de tela cerámica orientada al Sol.

DERECHA Cuando entró en órbita en 2015, la sonda Akatsuki empezó a utilizar sus cinco cámaras para investigar la atmósfera de Venus en longitudes de onda entre el ultravioleta y el infrarrojo medio. Tres años después, la nave entró en un periodo de observación prolongado.

ABAJO Cuando la Parker Solar Probe voló junto a Venus en febrero de 2021, su cámara de gran angular capturó esta imagen de la superficie nocturna del planeta. Esta insólita fotografía se tomó en longitudes de onda del espectro visible, extendiéndose al infrarrojo cercano. Revela un tenue resplandor de la superficie que muestra formaciones características como regiones continentales, llanuras y mesetas. Las vetas luminosas suelen deberse a una combinación de partículas cargadas, el reflejo de la luz solar en el polvo espacial y las partículas de material expulsadas de las estructuras de la sonda tras impactar con las partículas de polvo.

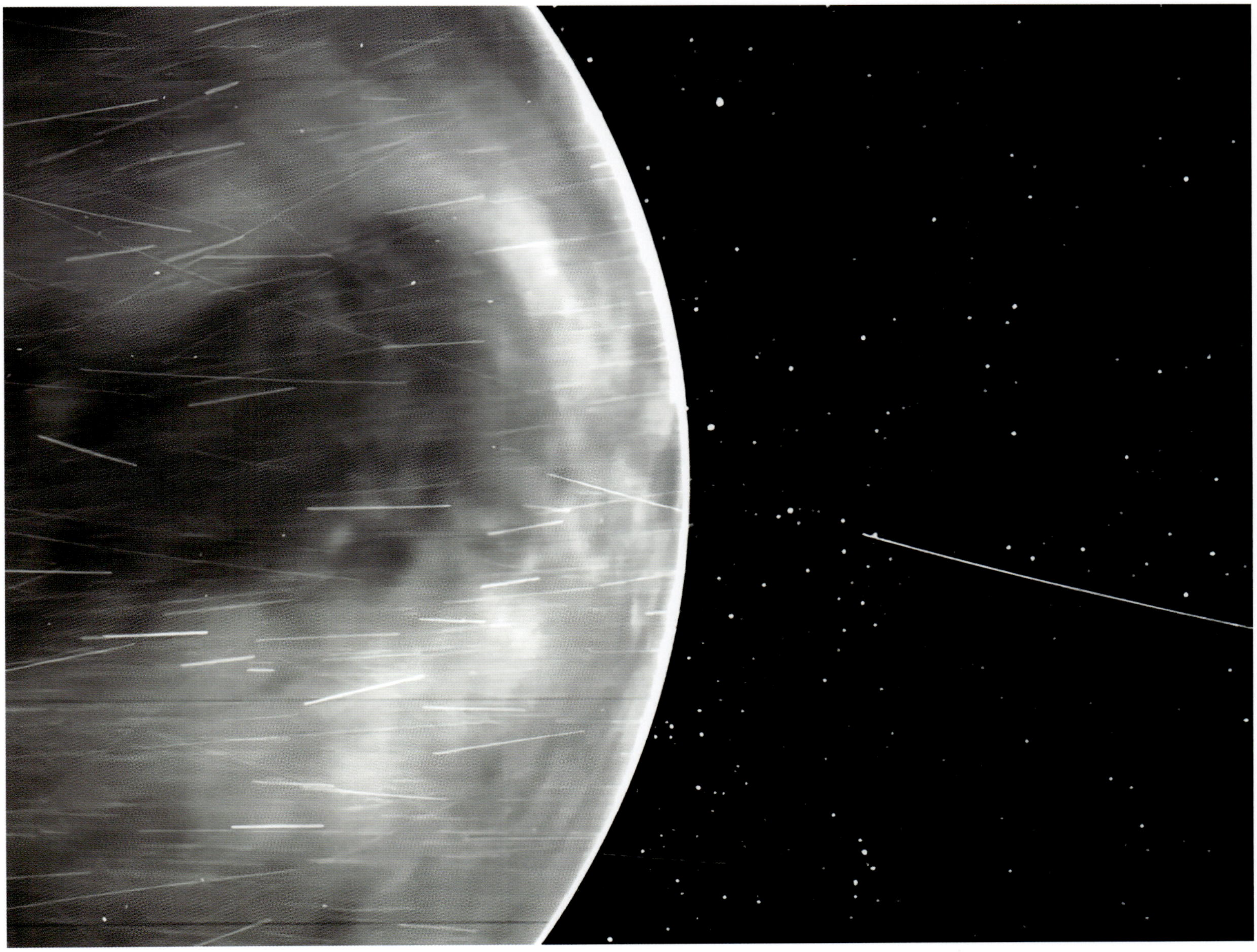

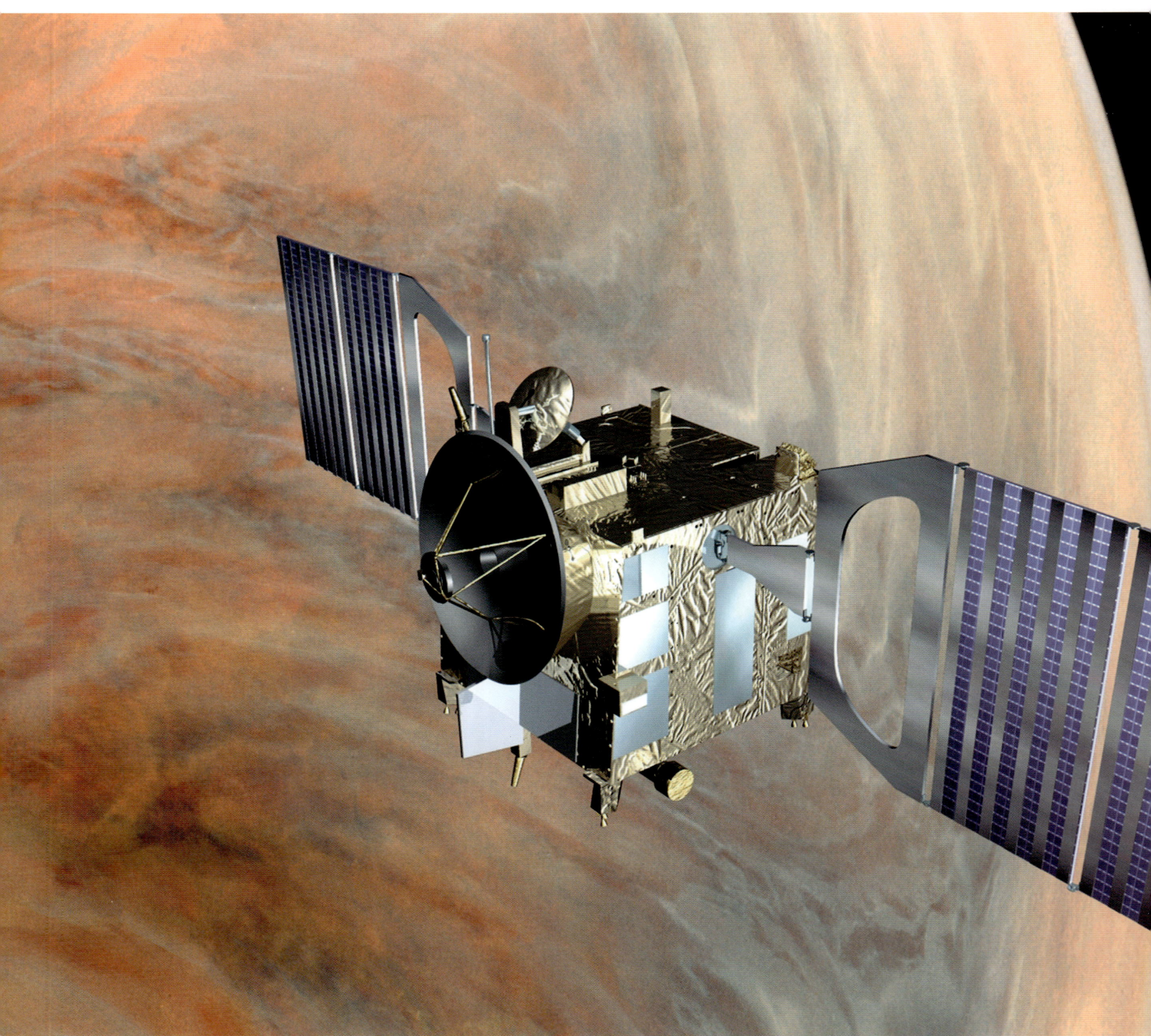

ARRIBA La sonda Venus Express de la ESA contaba con una antena de alta ganancia principal de 1,3 metros de diámetro para las comunicaciones y otra secundaria de 30 centímetros de diámetro en lo alto de la estructura, orientada a la parte posterior. Los paneles solares diseñados especialmente incorporaban líneas de irradiadores entre las líneas de las células solares para irradiar el exceso de calor en el difícil entorno térmico venusino.

La Venus Express, que entró en órbita en 2006, estuvo operativa hasta que se desorbitó y cayó en el planeta el 18 de enero de 2015. Durante la misión, uno de los descubrimientos más significativos de la sonda fue la evidencia de que Venus había registrado actividad volcánica los últimos tres millones de años, lo que indicaría que podría seguir geológicamente activo.

ARRIBA En junio de 1967, la Unión Soviética lanzó la sonda Venera 4, que el 18 de octubre del mismo año aterrizó en Venus, donde inicialmente registró datos de la presión atmosférica, la temperatura y la composición química. La transmisión de datos se interrumpió poco después del aterrizaje.

PÁGINAS SIGUIENTES Mapa de las misiones, tanto exitosas como fallidas, realizadas a Venus hasta la fecha.

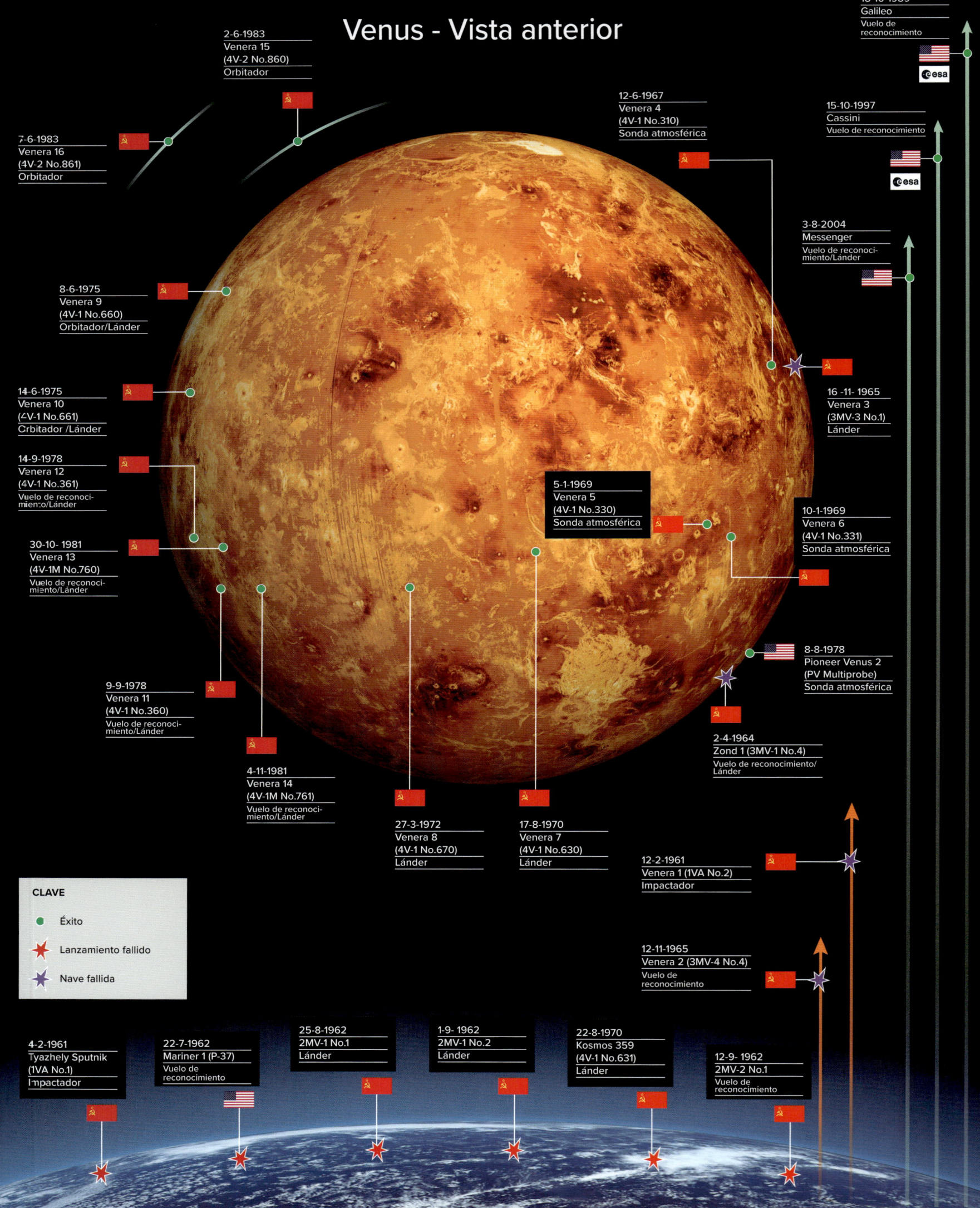

Venus - Vista anterior

18-10-1989
Galileo
Vuelo de reconocimiento

15-10-1997
Cassini
Vuelo de reconocimiento

2-6-1983
Venera 15
(4V-2 No.860)
Orbitador

7-6-1983
Venera 16
(4V-2 No.861)
Orbitador

12-6-1967
Venera 4
(4V-1 No.310)
Sonda atmosférica

3-8-2004
Messenger
Vuelo de reconocimiento/Lánder

8-6-1975
Venera 9
(4V-1 No.660)
Orbitador/Lánder

16 -11- 1965
Venera 3
(3MV-3 No.1)
Lánder

14-6-1975
Venera 10
(4V-1 No.661)
Orbitador /Lánder

5-1-1969
Venera 5
(4V-1 No.330)
Sonda atmosférica

10-1-1969
Venera 6
(4V-1 No.331)
Sonda atmosférica

14-9-1978
Venera 12
(4V-1 No.361)
Vuelo de reconocimiento/Lánder

30-10- 1981
Venera 13
(4V-1M No.760)
Vuelo de reconocimiento/Lánder

8-8-1978
Pioneer Venus 2
(PV Multiprobe)
Sonda atmosférica

9-9-1978
Venera 11
(4V-1 No.360)
Vuelo de reconocimiento/Lánder

2-4-1964
Zond 1 (3MV-1 No.4)
Vuelo de reconocimiento/
Lánder

4-11-1981
Venera 14
(4V-1M No.761)
Vuelo de reconocimiento/Lánder

27-3-1972
Venera 8
(4V-1 No.670)
Lánder

17-8-1970
Venera 7
(4V-1 No.630)
Lánder

12-2-1961
Venera 1 (1VA No.2)
Impactador

CLAVE

● Éxito

✦ Lanzamiento fallido

✦ Nave fallida

12-11-1965
Venera 2 (3MV-4 No.4)
Vuelo de
reconocimiento

4-2-1961
Tyazhely Sputnik
(1VA No.1)
Impactador

22-7-1962
Mariner 1 (P-37)
Vuelo de
reconocimiento

25-8-1962
2MV-1 No.1
Lánder

1-9- 1962
2MV-1 No.2
Lánder

22-8-1970
Kosmos 359
(4V-1 No.631)
Lánder

12-9- 1962
2MV-2 No.1
Vuelo de
reconocimiento

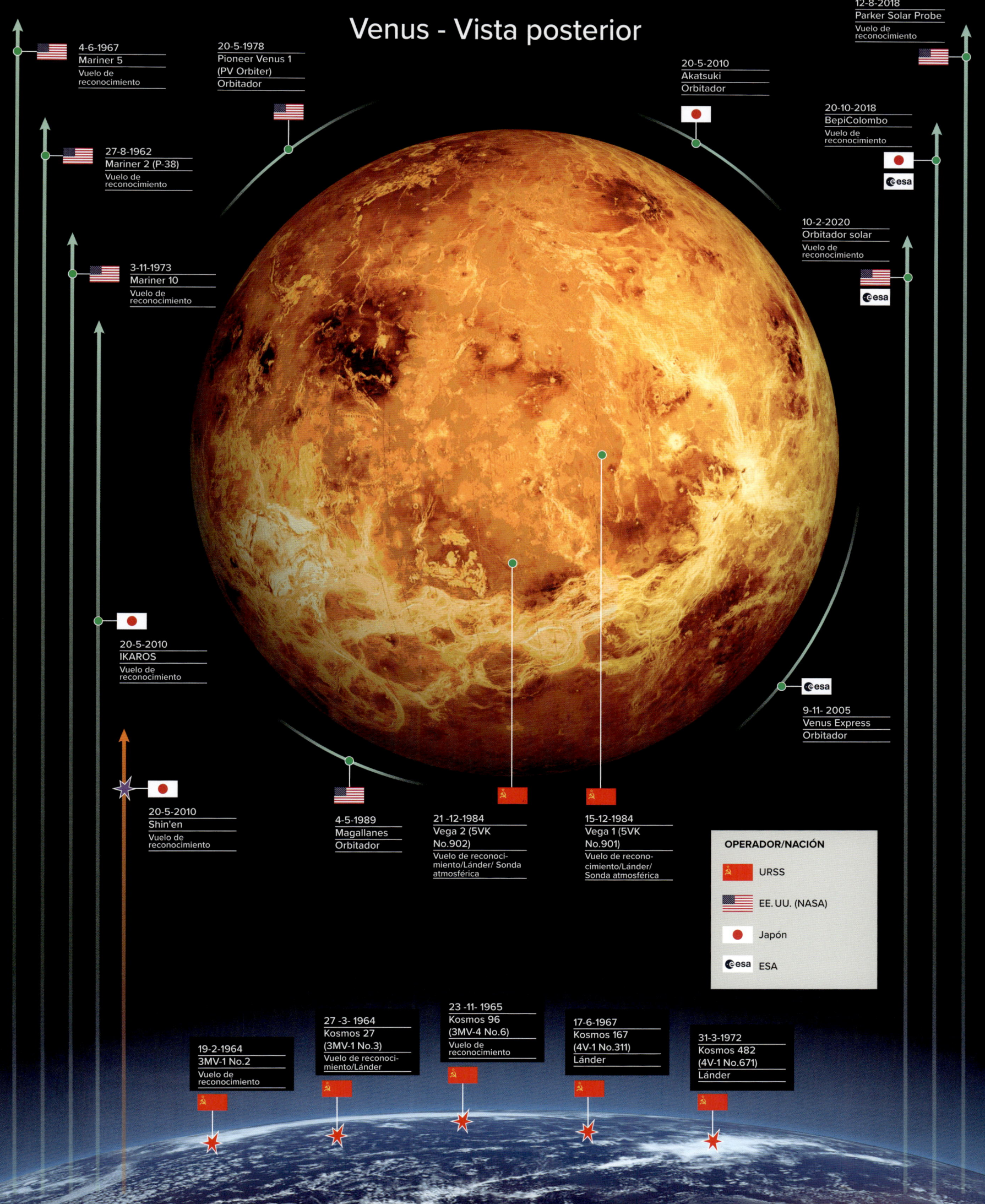

Venus - Vista posterior

12-8-2018
Parker Solar Probe
Vuelo de
reconocimiento

4-6-1967
Mariner 5
Vuelo de
reconocimiento

20-5-1978
Pioneer Venus 1
(PV Orbiter)
Orbitador

20-5-2010
Akatsuki
Orbitador

20-10-2018
BepiColombo
Vuelo de
reconocimiento

27-8-1962
Mariner 2 (P-38)
Vuelo de
reconocimiento

10-2-2020
Orbitador solar
Vuelo de
reconocimiento

3-11-1973
Mariner 10
Vuelo de
reconocimiento

20-5-2010
IKAROS
Vuelo de
reconocimiento

9-11- 2005
Venus Express
Orbitador

20-5-2010
Shin'en
Vuelo de
reconocimiento

4-5-1989
Magallanes
Orbitador

21 -12-1984
Vega 2 (5VK
No.902)
Vuelo de reconoci-
miento/Lánder/ Sonda
atmosférica

15-12-1984
Vega 1 (5VK
No.901)
Vuelo de recono-
cimiento/Lánder/
Sonda atmosférica

OPERADOR/NACIÓN

URSS

EE. UU. (NASA)

Japón

ESA

23 -11- 1965
Kosmos 96
(3MV-4 No.6)
Vuelo de
reconocimiento

27 -3- 1964
Kosmos 27
(3MV-1 No.3)
Vuelo de reconoci-
miento/Lánder

17-6-1967
Kosmos 167
(4V-1 No.311)
Lánder

31-3-1972
Kosmos 482
(4V-1 No.671)
Lánder

19-2-1964
3MV-1 No.2
Vuelo de
reconocimiento

MERCURIO, EL PLANETA ABRASADOR

Hace mucho que Mercurio, el planeta más próximo al Sol, se considera un mundo abrasador. La ciencia ficción suele caracterizarlo como un lugar donde, si alguien estuviera en contacto con la luz directa del sol, se evaporaría de inmediato. Una exageración, sin duda, lo que no quita que sea un mundo inhóspito para la vida que conocemos.

Solo se han enviado cuatro naves espaciales a Mercurio. La primera, la Mariner 10, se lanzó el 3 de noviembre de 1973 y llegó a Venus el 5 de febrero de 1974, después de tres meses de vuelo. En tres vuelos de reconocimiento, la Mariner 10 demostró que Venus tenía, en el mejor de los casos, un campo magnético débil, y que la ionosfera interactuaba con el viento solar para formar un arco de choque (la onda de choque creada por la colisión del viento estelar con otro medio). Asimismo, confirmó que Mercurio carecía de atmósfera y que había cráteres en la superficie.

La MESSENGER (por el acrónimo en inglés de Superficie, Ambiente Espacial, Geoquímica y Medición de Mercurio) de la NASA exploró Mercurio con tres vuelos de reconocimiento antes de orbitar el planeta durante cuatro años, después de los cuales se estrelló en la superficie al final de su misión en 2015. Lanzada en 2004, la MESSENGER capturó 100 000 imágenes de la superficie bañada por el Sol. Reveló una gran cantidad de agua en la exosfera de Mercurio, descubrió hielo en los polos del planeta y encontró indicios de actividad volcánica en la superficie.

En 2018, la Agencia Espacial Europea (ESA) y la Agencia Japonesa de Exploración Aeroespacial (JAXA) lanzaron una misión conjunta a Mercurio, la BepiColombo, formada por dos orbitadores: el Mercury Planetary Orbiter (MPO) y el Mercury Magnetospheric Orbiter (MMO). El primer encuentro con Mercurio se produjo durante un vuelo de reconocimiento el 1 de octubre de 2021, y desde entonces se han hecho otros antes de entrar en la órbita de Mercurio a finales de 2026 para ampliar la investigación del planeta.

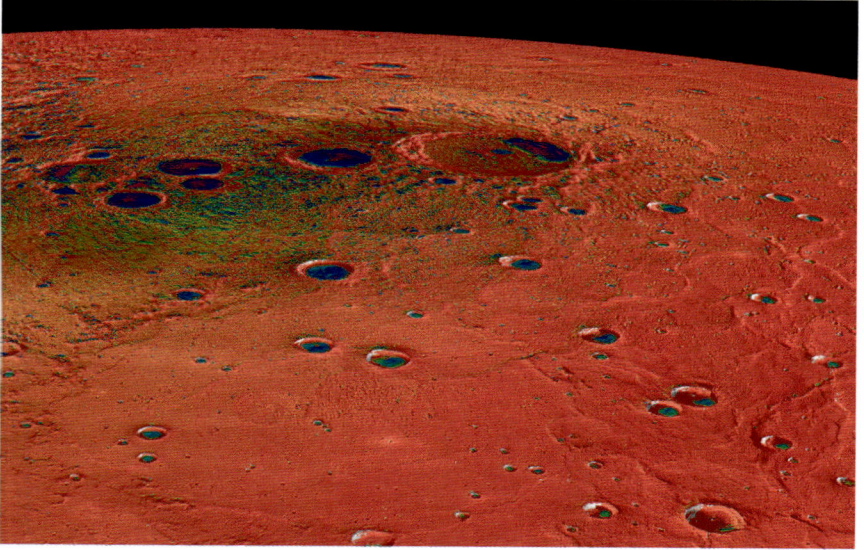

DATOS BÁSICOS DE MERCURIO

DISTANCIA MEDIA DEL SOL 58 millones de kilómetros o 0,4 unidades astronómicas (ua)

DIÁMETRO 4876 kilómetros, aproximadamente un 38 % del diámetro de la Tierra

DENSIDSAD 5,427 gramos/centímetros cúbicos, solo algo inferior a la de la Tierra, de 5,515 gramos/centímetros cúbicos

GRAVEDAD EN SUPERFICIE 3,7 metros/segundo al cuadrado, aproximadamente un 38 % de la gravedad de la Tierra

PERIODO DE ROTACIÓN (DURACIÓN DEL DÍA) 176 días terrestres

PERIODO DE REVOLUCIÓN (DURACIÓN DEL AÑO) 87,97 días (0,25 años terrestres)

TEMPERATURA MEDIA EN SUPERFICIE 167 grados Celsius

SATÉLITES NATURALES Ninguno

DESCUBRIDOR El descubrimiento de Mercurio, que hace siglos que se observa desde la Tierra, no se atribuye a una única persona. Galileo Galilei fue el primero que lo observó con un telescopio en 1610.

Las sondas espaciales han visitado pocas veces Mercurio, el planeta más próximo al Sol, pero los resultados han sido espectaculares. En la década de 2010, la sonda MESSENGER de la NASA lo orbitó, recopiló datos científicos sobre el planeta acoplado por marea al Sol y descubrió que, sorprendentemente, no era un ambiente tan infernal como se creía. Esta imagen muestra la región del polo norte de Mercurio, coloreada por la temperatura en superficie bianual máxima, que oscila entre los 400 K (rojo) y los 50 K (morado). La superficie iluminada por el Sol de Mercurio tiene las temperaturas más altas, mientras que zonas de las regiones polares están permanentemente en sombra, como se aprecia en los cráteres indicados aquí en morado. En estas regiones, incluso las temperaturas máximas pueden ser extremadamente bajas. Los instrumentos terrestres y los de la MESSENGER demostraron la presencia de depósitos de hielo. Los cráteres más próximos a los polos de Mercurio tienen temperaturas en superficie inferiores a los 100 K (-173 ° Celsius), y el hielo es estable en la superficie. ¿Qué puede haber en estas regiones?

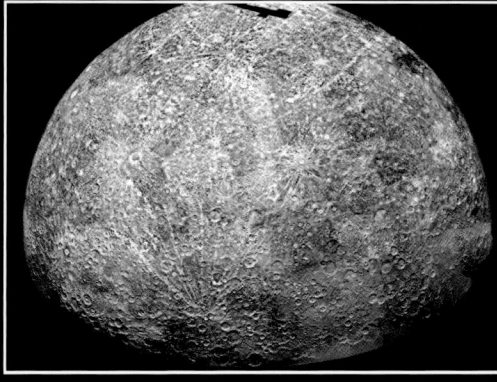

ARRIBA La sonda Mariner 10 fotografió el hemisferio sur de Mercurio durante su primer vuelo de reconocimiento del planeta en 1974.

CENTRO Durante su máxima aproximación el 18 de julio de 1974, la sonda Mariner 10 capturó estos sorprendentes cráteres, dejando claro que Mercurio había sido bombardeado por meteoritos a lo largo de eones.

DERECHA Mosaico casi global de Mercurio formado por imágenes capturadas por la Mariner 10 en 1974.

ABAJO Los instrumentos a bordo de la sonda Mariner 10 enviados a Venus y Mercurio en 1973.

1. Antena de baja ganancia
2. Espectrómetro ultravioleta de luminiscencia
3. Cámaras de televisión
4. Telescopio de partículas cargadas
5. Espectrómetro ultravioleta de ocultación
6. Magnetómetros
7. Panel solar basculante
8. Detector de plasma
9. Radiómetro de infrarrojos
10. Tobera de motor de cohete
11. Antena de alta ganancia orientable
12. Protector solar

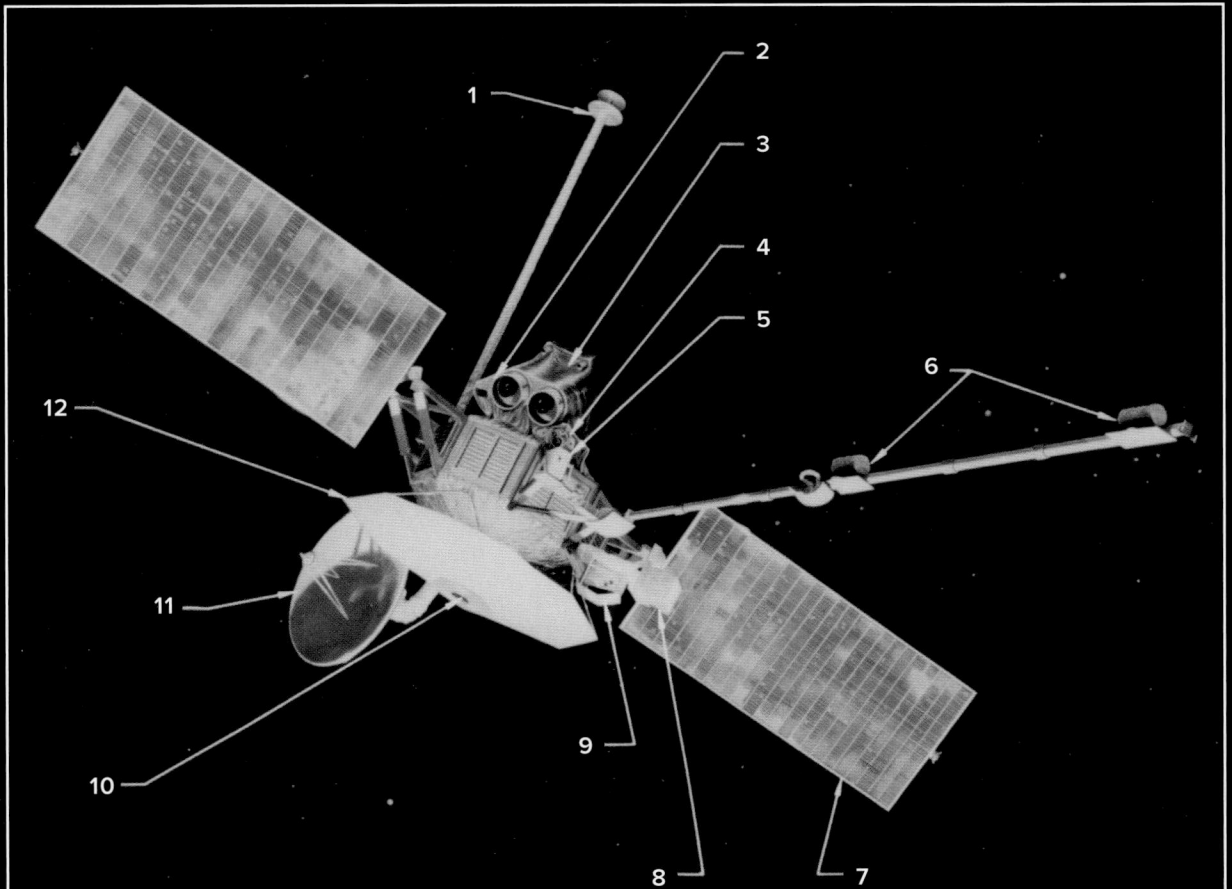

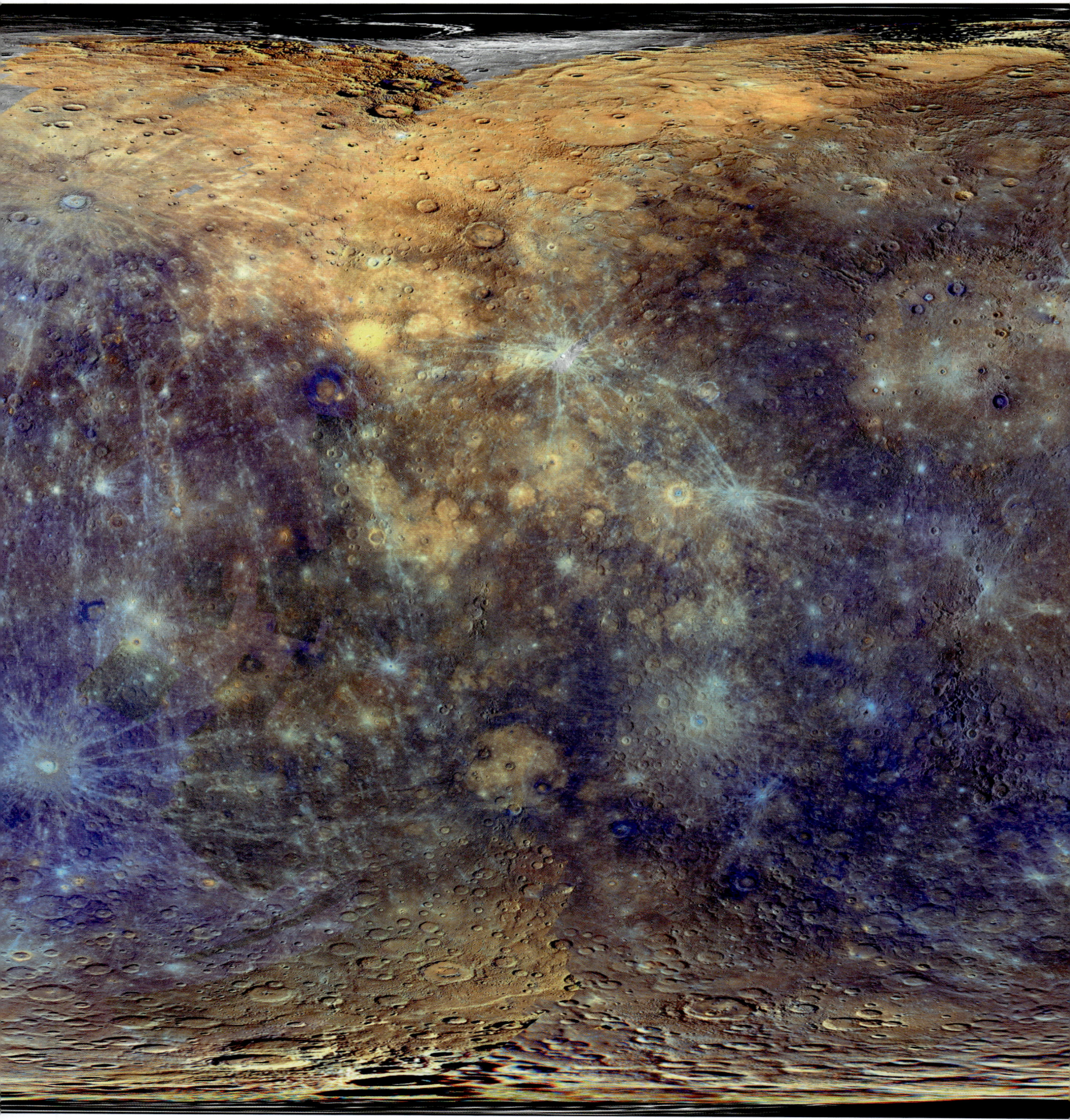

ATLAS DEL ESPACIO

La misión extendida a Mercurio acometida por la sonda espacial MESSENGER amplió enormemente los conocimientos sobre el planeta más próximo al Sol. Resultado de la recopilación de imágenes del mapa base en color de la MESSENGER, los colores de esta imagen se han potenciado para que se aprecien mejor las diferencias químicas, mineralógicas y físicas de las rocas que conforman la superficie de Mercurio.

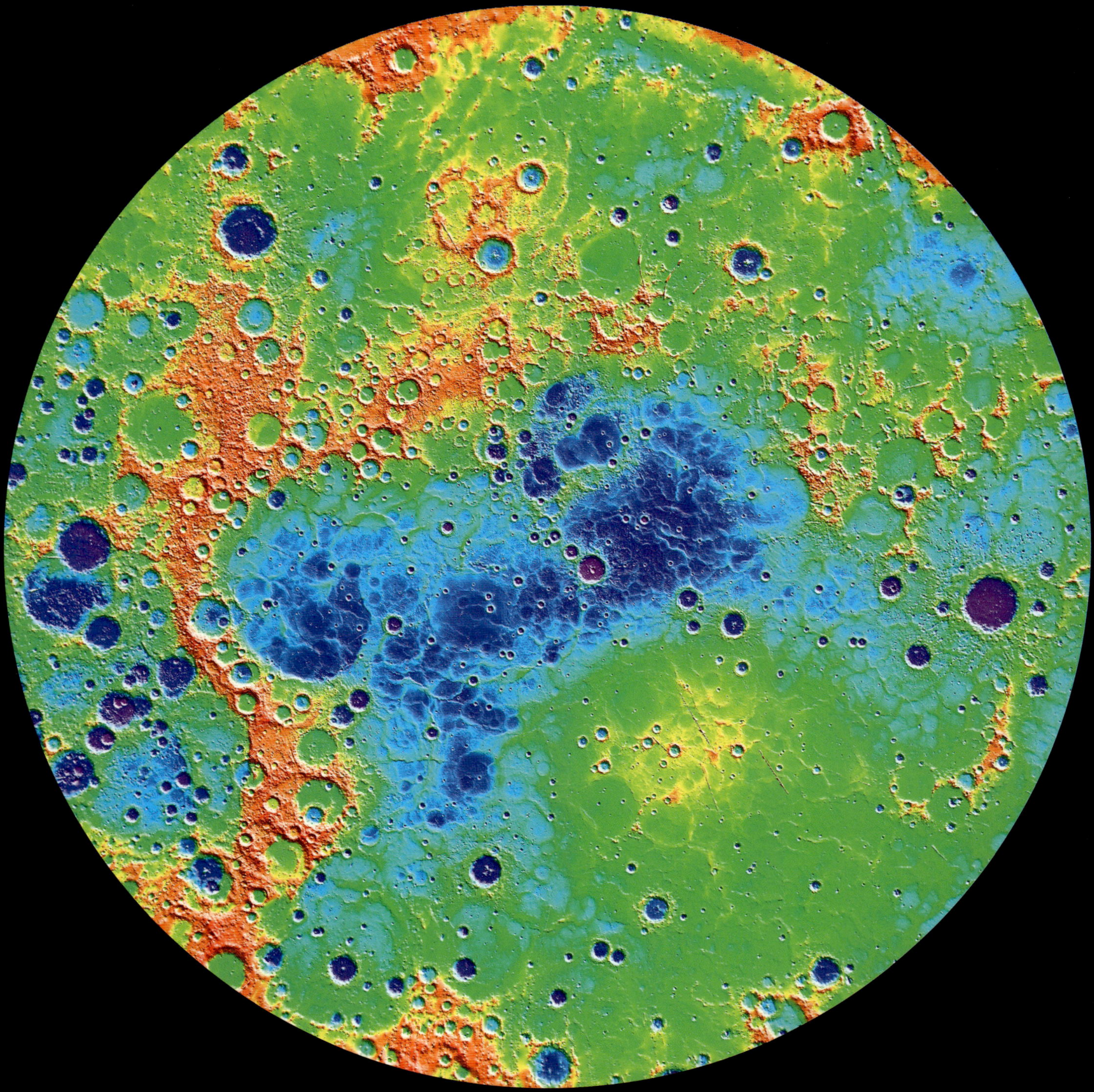

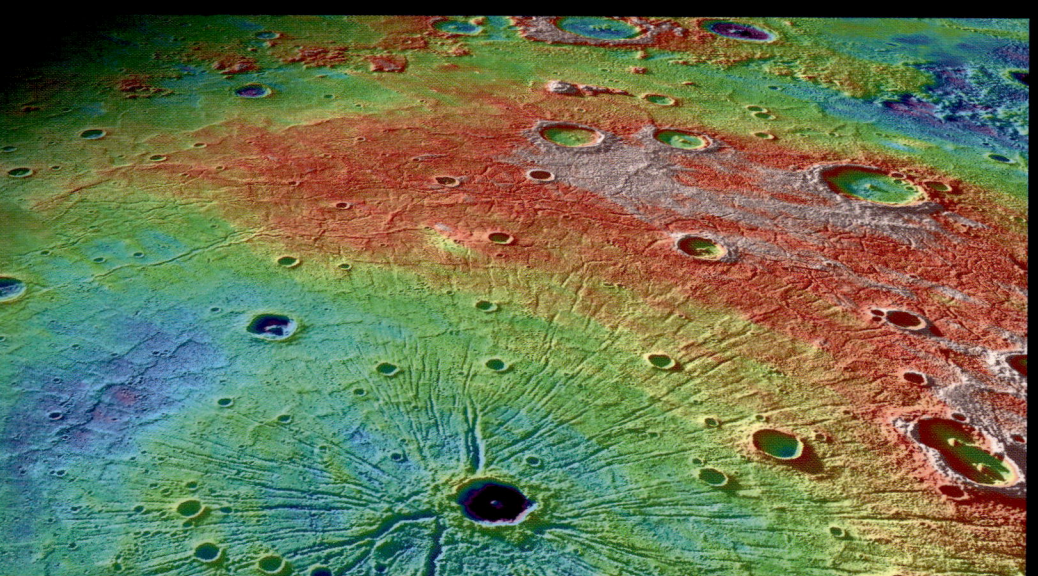

ARRIBA En este mosaico de fotografías tomadas por la MESSENGER, las regiones más bajas de la topografía de Mercurio aparecen en morado, y las más altas, en rojo. Las áreas verdes dominantes son llanuras relativamente planas de puntos intermedios entre las tierras altas y las cuencas. La diferencia de elevación entre las regiones más altas y más bajas que aparecen aquí es de 10 kilómetros.

IZQUIERDA En dirección noroeste sobre la cuenca Caloris Planitia, se formó una depresión de unos 1500 kilómetros de diámetro hace varios millones de años por el impacto de un gran objeto en la superficie de Mercurio. En primer plano, vemos las Pantheon Fossae, una serie de depresiones tectónicas que irradian del centro de la cuenca hacia fuera.

IZQUIERDA La misión BepiColombo fascinó a los científicos, así como al gran público, cuando tomó esta fotografía de Mercurio el 1 de octubre de 2021, a 2418 kilómetros de la superficie del planeta. La región forma parte del hemisferio norte de Mercurio y revela indicios de una actividad volcánica considerable, con flujos de lava y erupciones.

ABAJO La BepiColombo de la ESA y la JAXA se lanzó en octubre de 2018. La sonda, que tomó una ruta tortuosa, debería orbitar Mercurio a principios de 2025. Una vez allí, sus dos satélites, el Mercury Planetary Orbiter y el Mercury Magnetospheric Orbiter, estudiarán el campo magnético, la magnetosfera y las estructuras interiores y superficiales del planeta.

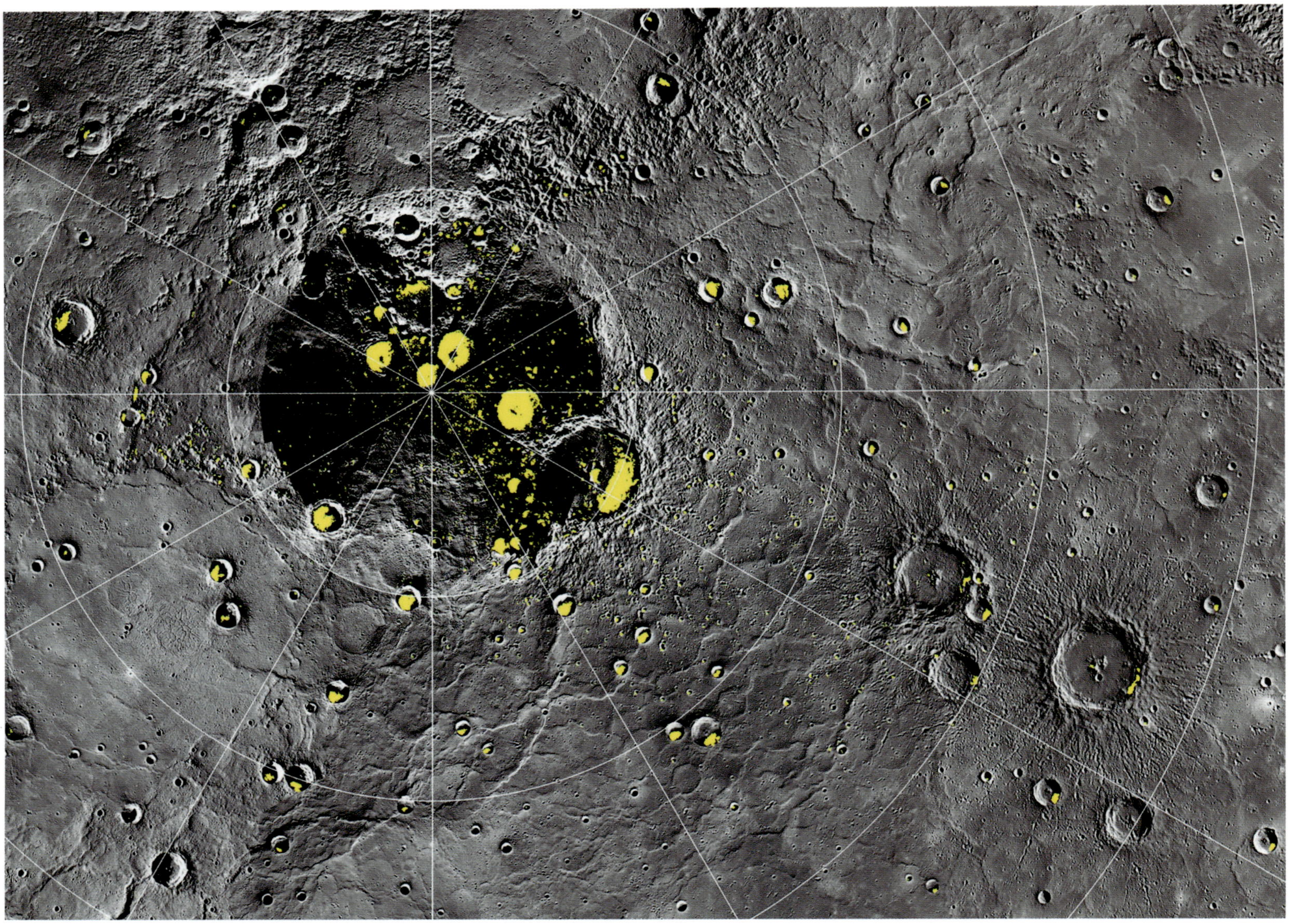

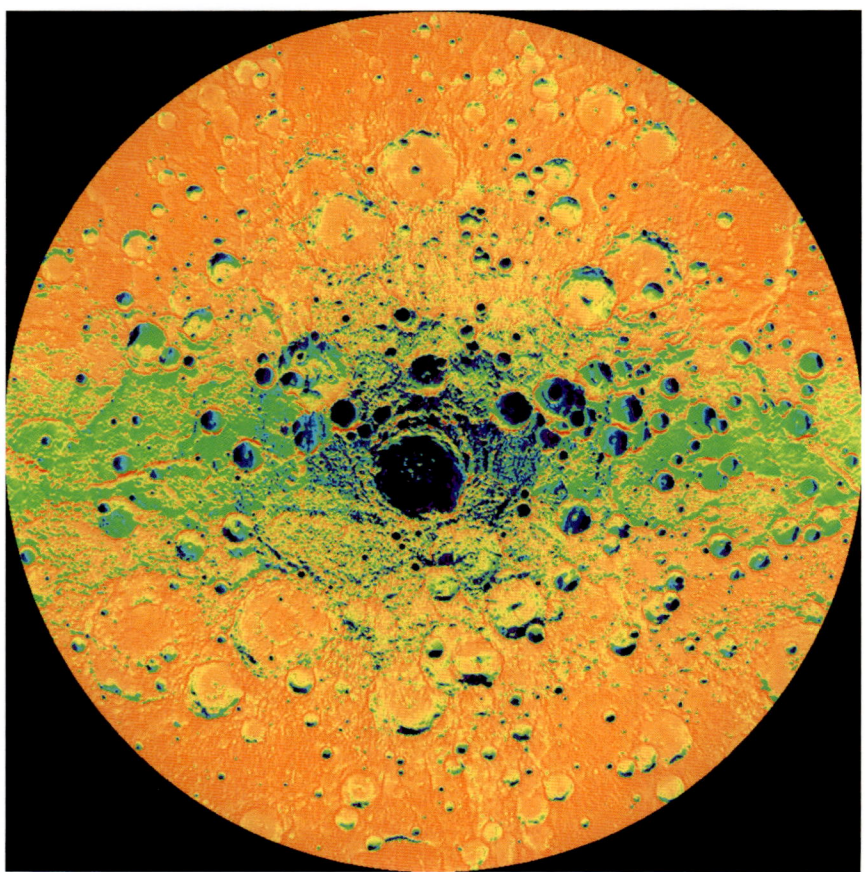

ARRIBA La imagen por radar de mayor resolución de la región polar norte de Mercurio la creó el Observatorio de Arecibo, superpuesta aquí en un mosaico de imágenes orbitales de la MESSENGER. Se cree que las bandas brillantes en amarillo contienen hielo.

IZQUIERDA Este mapa de iluminación de la región polar sur de Mercurio se creó a partir de ochenta y nueve fotografías de cámara de gran angular obtenidas por el Sistema de Imagen Dual de Mercurio a lo largo de un día solar completo. El mapa está coloreado en función del porcentaje de tiempo que una determinada zona está iluminada por el Sol: las zonas en negro están en sombra permanente, el verde indica un 25 % de iluminación, y el naranja, un 45 %.

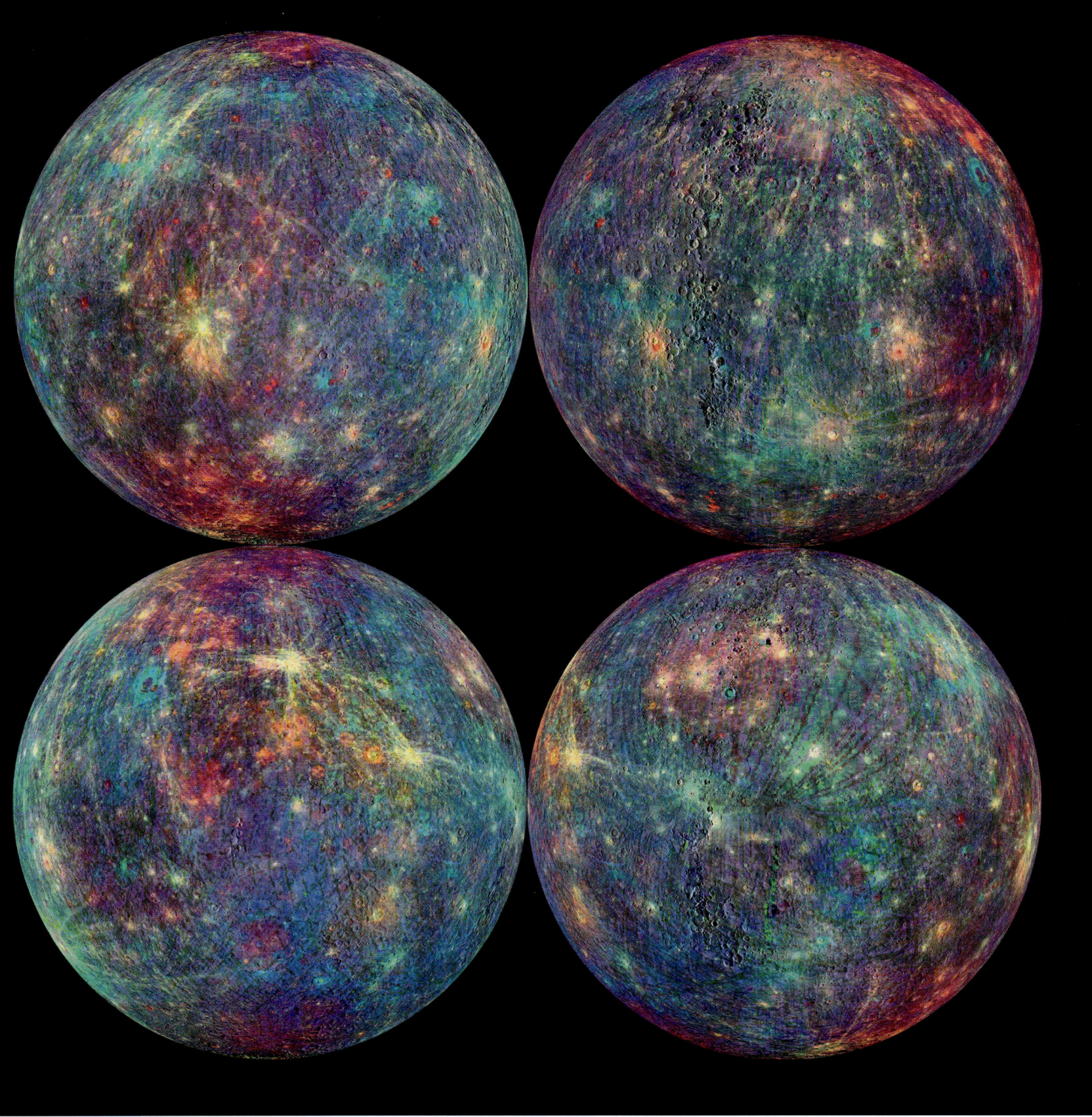

El Espectrómetro de Luz Visible e Infrarroja (VIRS) de la MESSENGER ha recopilado mediciones de la superficie para saber más sobre los minerales y los procesos de la superficie de Mercurio. Ha revelado vastos terrenos y pequeñas formaciones peculiares como respiraderos piroclásticos y cráteres recientes. La diversidad de la superficie se aprecia aquí, donde los colores representan longitudes de onda compuestas medidas por el VIRS: el rojo representa 575 nanómetros (nm); el verde, 415 nm/750 nm, y el azul, 310 nm/390 nm.

Latitud central (*todos los globos*): 0°
Longitud central (*superior izquierda*): 270° E
Longitud central (*superior derecha*): 0° E
Longitud central (*inferior izquierda*): 90° E
Longitud central (*inferior derecha*): 180° E

ESE VIEJO Y AFORTUNADO SOL

El Sol mantiene unido el sistema solar con la fuerza de su gravedad y preserva la Tierra en su zona habitable, al menos hasta ahora. Hace siglos que los astrónomos tratan de comprender el Sol con sofisticados observatorios terrestres para todo tipo de investigaciones. Desde los orígenes de la era espacial, numerosas naves también han estudiado los misterios del Sol y han ampliado nuestros conocimientos del cosmos.

La célebre canción de 1949 That Lucky Old Sun (Just Rolls Around Heaven All Day) [literalmente, «Ese viejo y afortunado Sol (que se pasa el día dando vueltas por el cielo)»] dice muy poco del centro de nuestro sistema solar. La gravedad del Sol mantiene este sistema en su sitio, y su ardiente combustible proporciona calor, luz y energía, lo que posibilita la vida en la Tierra. Los humanos estudian el Sol desde hace siglos, y en la era espacial han desplegado numerosas misiones para estudiarlo todo, desde la atmósfera hasta la superficie. Aunque la tecnología actual no permite explorarlo físicamente, desde 1958 ha habido muchas sondas de observación solar. Buena parte de los datos recopilados sobre el Sol han sido sobre los rayos cósmicos, que periódicamente bombardean la Tierra e interrumpen las comunicaciones y otras funcionalidades eléctricas; las eyecciones de masa coronal (grandes expulsiones de plasma y campo magnético de la corona del Sol), y lo que muchos miembros de las operaciones espaciales definen como la «meteorología espacial», es decir, fenómenos solares que afectan a la Tierra y a las naves en órbita. Algunas de las naves de exploración del Sol son las siguientes: la Parker Solar Probe; el Solar Orbiter; el Solar and Heliospheric Observatory (SOHO); el Advanced Composition Explorer (ACE); el Interface Region Imaging Spectrograph (IRIS); el Wind; el Hinode; el Solar Dynamics Observatory (SDO); el Deep Space Climate Observatory (DSCOVR); el CubeSat for Solar Particles (CuSP), y el Solar Terrestrial Relations Observatory (STEREO).

El Sol y su atmósfera consisten en varias zonas, o capas, desde el núcleo interno hasta la corona externa. La actividad solar genera erupciones solares, con fenómenos como las manchas, las llamaradas, las protuberancias y las eyecciones de masa coronal que influyen en la meteorología espacial, o en las condiciones ambientales próximas a la Tierra. La sociedad moderna depende de diversas tecnologías susceptibles a la meteorología espacial. Las perturbaciones del Sol pueden provocar tormentas geomagnéticas, interrumpir las comunicaciones por satélite y de los equipos de navegación, e incluso causar apagones. La eyección de masa coronal media que choca con la Tierra suma 1500 gigavatios de electricidad a la atmósfera: esto equivale al doble de la capacidad de generación de energía de todo Estados Unidos.

DATOS BÁSICOS DEL SOL

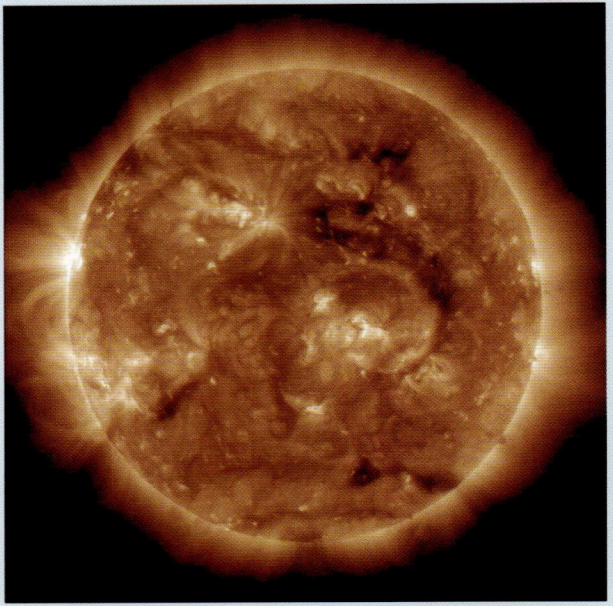

DIÁMETRO 1391400 kilómetros, unas 109 veces el de la Tierra

DENSIDAD 1,4 gramos/centímetro cúbico

GRAVEDAD EN SUPERFICIE 28,02 metros/segundo al cuadrado

PERIODO DE ROTACIÓN (DURACIÓN DEL DÍA) 26,24 días terrestres

PERIODO DE REVOLUCIÓN (DURACIÓN DEL AÑO) 230 millones de años para rodear la galaxia de la Vía Láctea

TEMPERATURA MEDIA EN SUPERFICIE 5500 grados Celsius

SATÉLITES NATURALES 8 planetas

DESCUBRIDOR El descubrimiento del Sol, que hace siglos que se observa desde la Tierra, no se atribuye a una única persona.

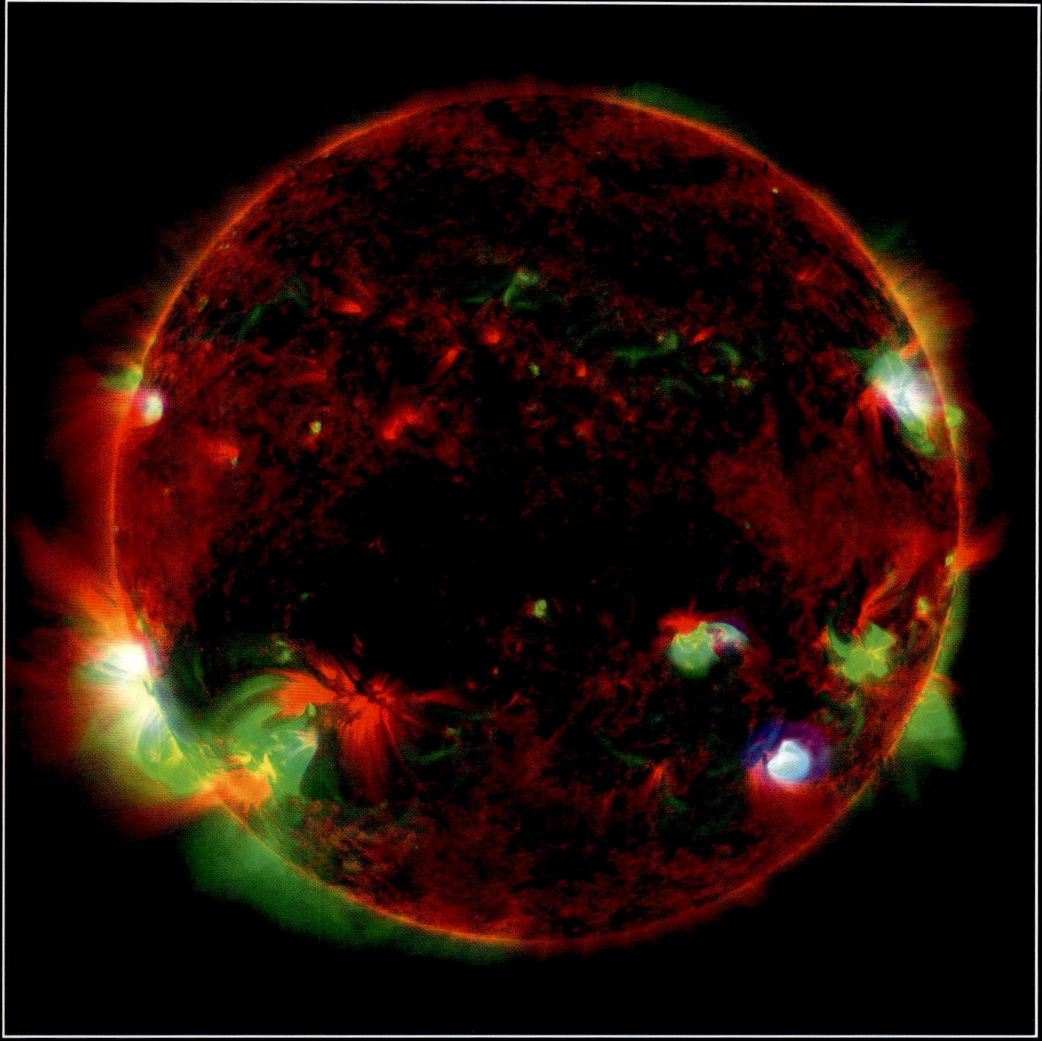

IZQUIERDA Esta composición del Sol, difundida el 9 de febrero de 2023, comprende los datos de los rayos X de alta energía del Telescopio Espectroscópico Nuclear Conjunto (NuSTAR) de la NASA en azul; los datos de los rayos X de baja energía del Telescopio de Rayos X (XRT) de la misión Hinode de la Agencia Japonesa de Exploración Aeroespacial en verde, y la luz ultravioleta detectada por el Captador de Imágenes Atmosféricas Conjunto (AIA) del Observatorio de la Dinámica Solar (SDO) de la NASA en rojo. Lo más interesante es que la imagen demuestra que la atmósfera exterior del Sol, la corona, registra temperaturas superiores a un millón de grados, cien veces más que las temperaturas más interiores del Sol. ¿Por qué? No existe una explicación clara, y esta pregunta sigue siendo relevante para investigaciones futuras.

ABAJO Estas fotografías, todas tomadas el 27 de octubre de 2017, muestran el Sol desde su superficie hasta su atmósfera exterior. En la primera, se ve con un filtro de luz blanca, mientras que las otras siete se tomaron en distintas longitudes de onda de luz ultravioleta extrema, y cada una revela temperaturas y rasgos distintos.

El Sol libera un flujo constante de partículas y campos magnéticos denominado viento solar. Este viento choca con los mundos del sistema solar con sus partículas y su radiación, que pueden alcanzar las superficies planetarias a menos que lo impida una atmósfera, un campo magnético o ambas cosas.

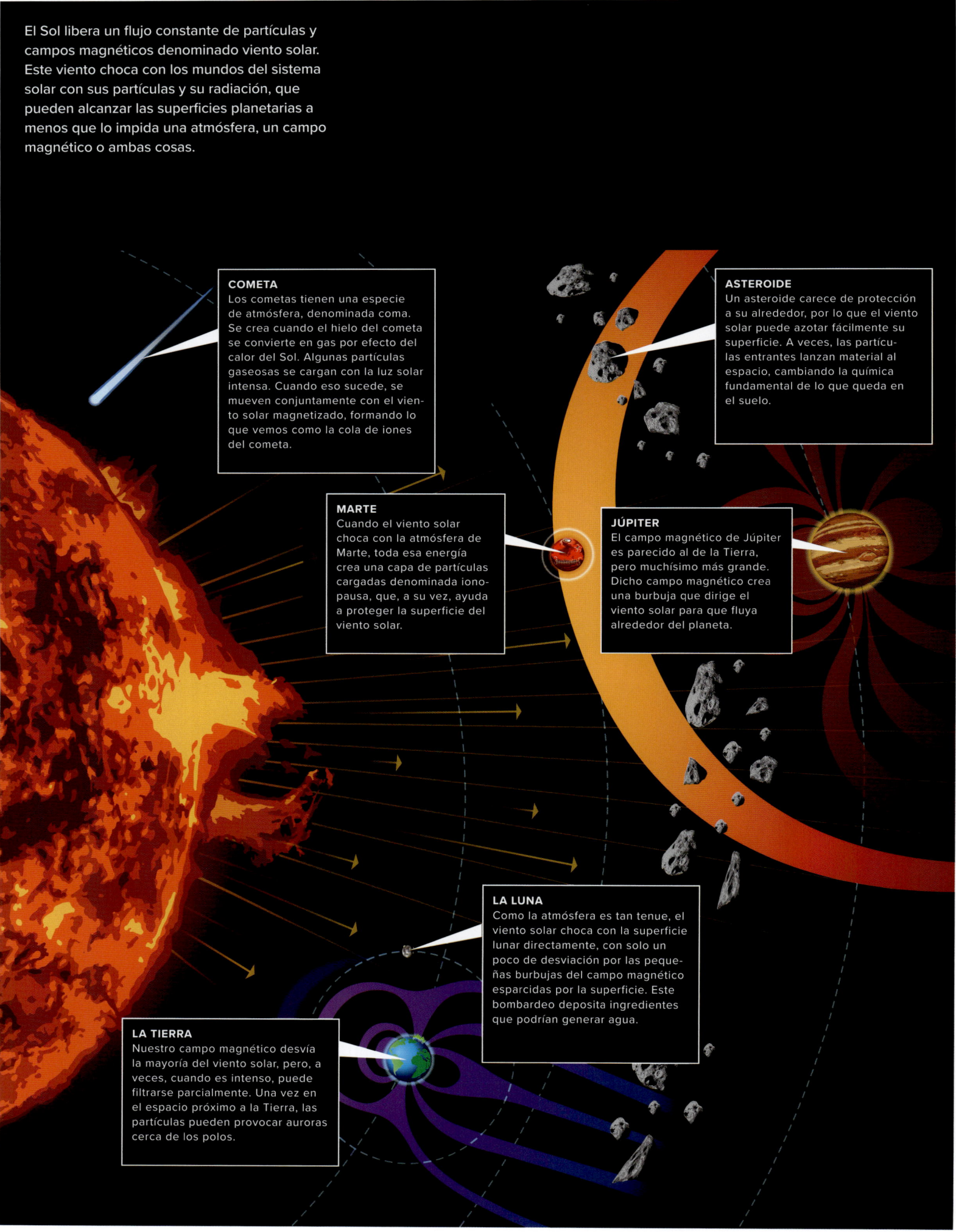

COMETA
Los cometas tienen una especie de atmósfera, denominada coma. Se crea cuando el hielo del cometa se convierte en gas por efecto del calor del Sol. Algunas partículas gaseosas se cargan con la luz solar intensa. Cuando eso sucede, se mueven conjuntamente con el viento solar magnetizado, formando lo que vemos como la cola de iones del cometa.

ASTEROIDE
Un asteroide carece de protección a su alrededor, por lo que el viento solar puede azotar fácilmente su superficie. A veces, las partículas entrantes lanzan material al espacio, cambiando la química fundamental de lo que queda en el suelo.

MARTE
Cuando el viento solar choca con la atmósfera de Marte, toda esa energía crea una capa de partículas cargadas denominada ionopausa, que, a su vez, ayuda a proteger la superficie del viento solar.

JÚPITER
El campo magnético de Júpiter es parecido al de la Tierra, pero muchísimo más grande. Dicho campo magnético crea una burbuja que dirige el viento solar para que fluya alrededor del planeta.

LA LUNA
Como la atmósfera es tan tenue, el viento solar choca con la superficie lunar directamente, con solo un poco de desviación por las pequeñas burbujas del campo magnético esparcidas por la superficie. Este bombardeo deposita ingredientes que podrían generar agua.

LA TIERRA
Nuestro campo magnético desvía la mayoría del viento solar, pero, a veces, cuando es intenso, puede filtrarse parcialmente. Una vez en el espacio próximo a la Tierra, las partículas pueden provocar auroras cerca de los polos.

ARRIBA El 23 de abril de 2017, el satélite Swift de la NASA detectó la secuencia más intensa, ardiente y prolongada de llamaradas solares vista desde una enana roja cercana, plasmada en esta recreación artística.

IZQUIERDA Esta erupción solar se extiende a 257 000 kilómetros de distancia del Sol. La Tierra, que se ha superpuesto a efectos de escala, mide 12 700 kilómetros de diámetro. El diámetro de esta erupción solar relativamente menor es aproximadamente veinte veces mayor que el de nuestro planeta.

PÁGINAS SIGUIENTES Varias agencias han lanzado muchas sondas especializadas en la observación del Sol con el objetivo de estudiar la superficie y los fenómenos solares. Sus órbitas están cartografiadas aquí. Las misiones Pioneer de la NASA de la década de 1960 no se han incluido, puesto que existe poca información sobre sus órbitas.

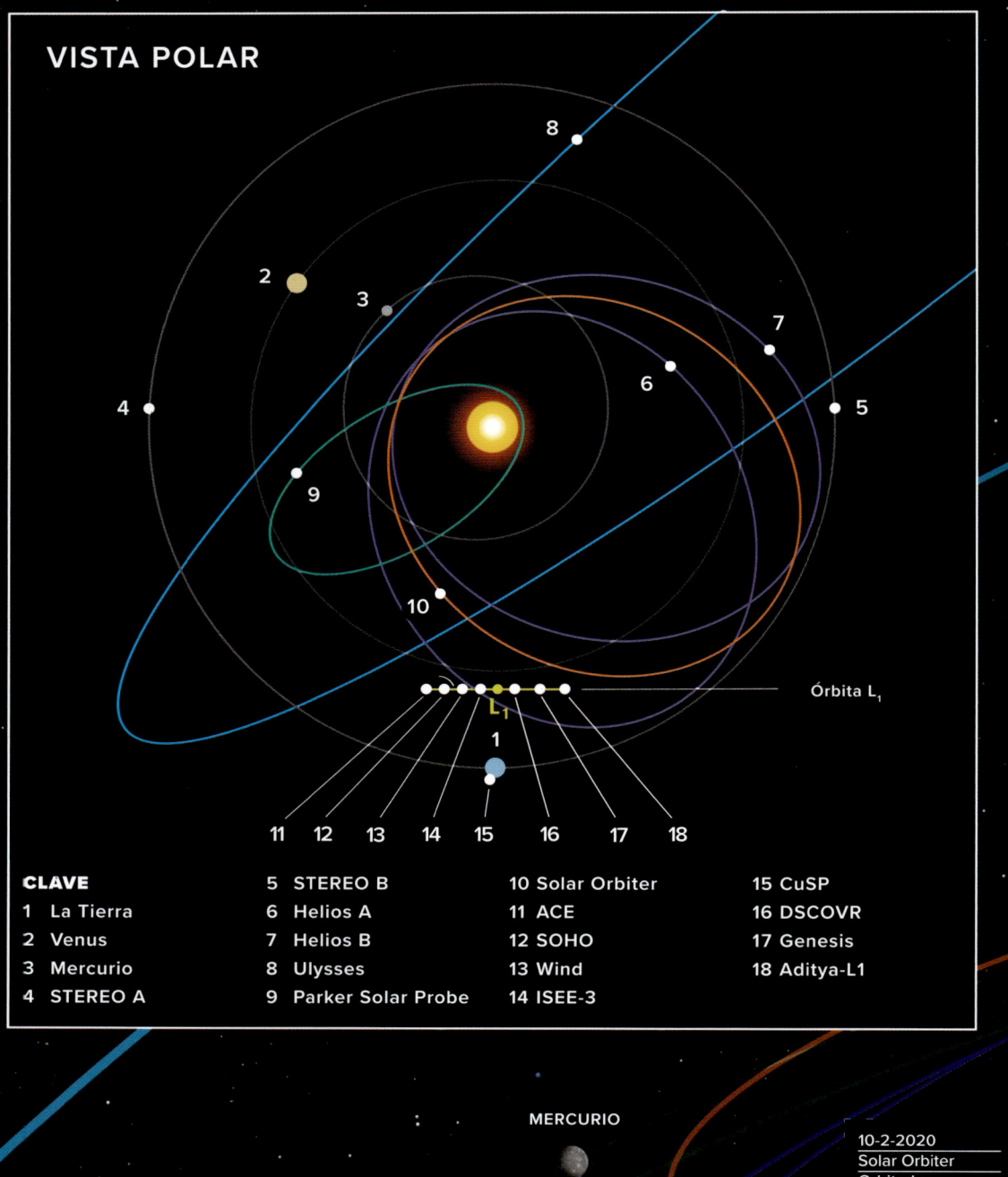

VISTA POLAR

Órbita L₁

L_1

CLAVE

1 La Tierra	5 STEREO B	10 Solar Orbiter	15 CuSP
2 Venus	6 Helios A	11 ACE	16 DSCOVR
3 Mercurio	7 Helios B	12 SOHO	17 Genesis
4 STEREO A	8 Ulysses	13 Wind	18 Aditya-L1
	9 Parker Solar Probe	14 ISEE-3	

6-10-1990
Ulysses
Orbitador

SOL

MERCURIO

10-2-2020
Solar Orbiter
Orbitador

VENUS

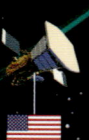

12-8- 2018
Parker Solar Probe
Orbitador

25-10-2006
STEREO B
Orbitador

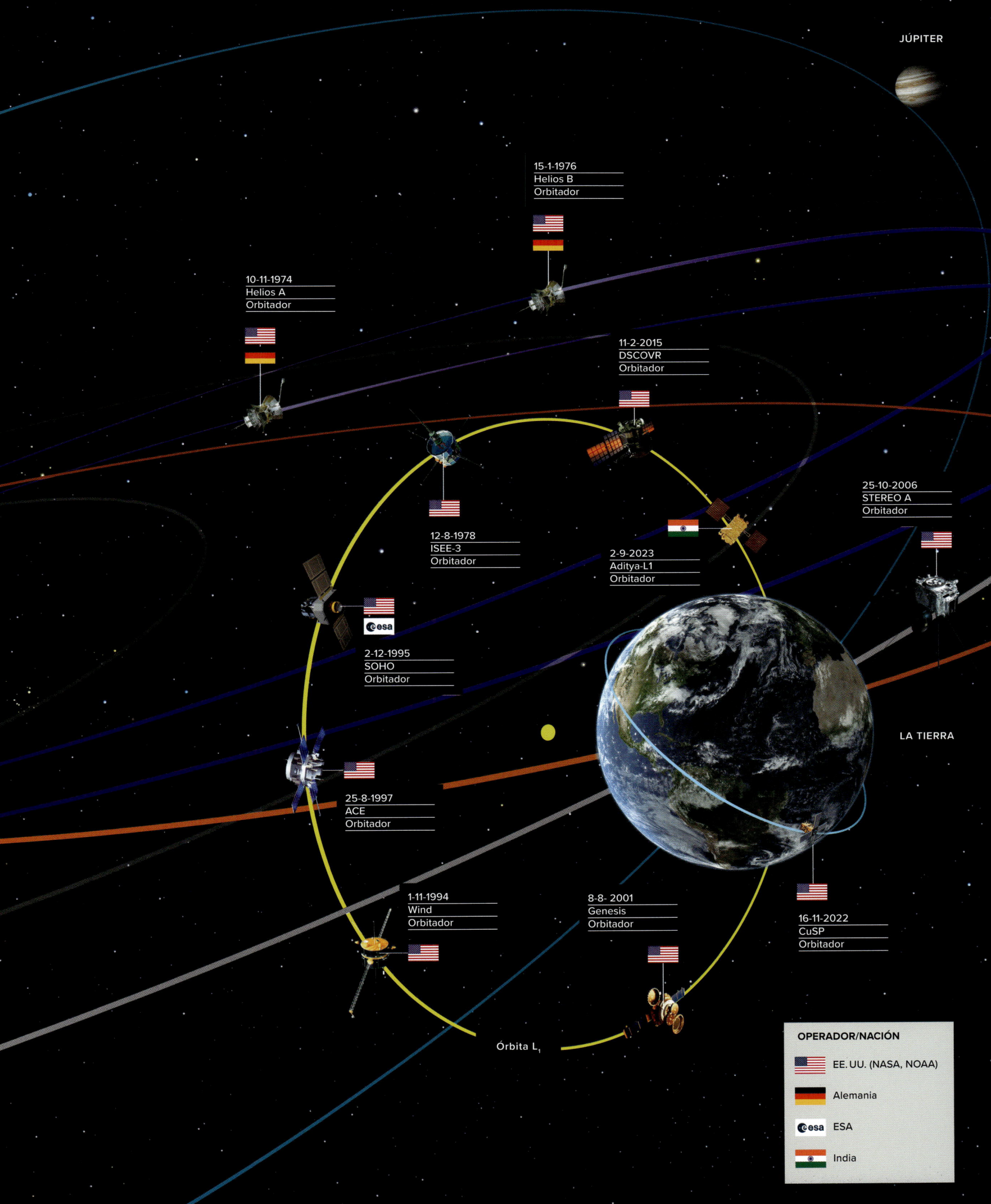

JÚPITER

15-1-1976
Helios B
Orbitador

10-11-1974
Helios A
Orbitador

11-2-2015
DSCOVR
Orbitador

25-10-2006
STEREO A
Orbitador

12-8-1978
ISEE-3
Orbitador

2-9-2023
Aditya-L1
Orbitador

2-12-1995
SOHO
Orbitador

25-8-1997
ACE
Orbitador

LA TIERRA

1-11-1994
Wind
Orbitador

8-8- 2001
Genesis
Orbitador

16-11-2022
CuSP
Orbitador

Órbita L₁

OPERADOR/NACIÓN

EE. UU. (NASA, NOAA)

Alemania

esa ESA

India

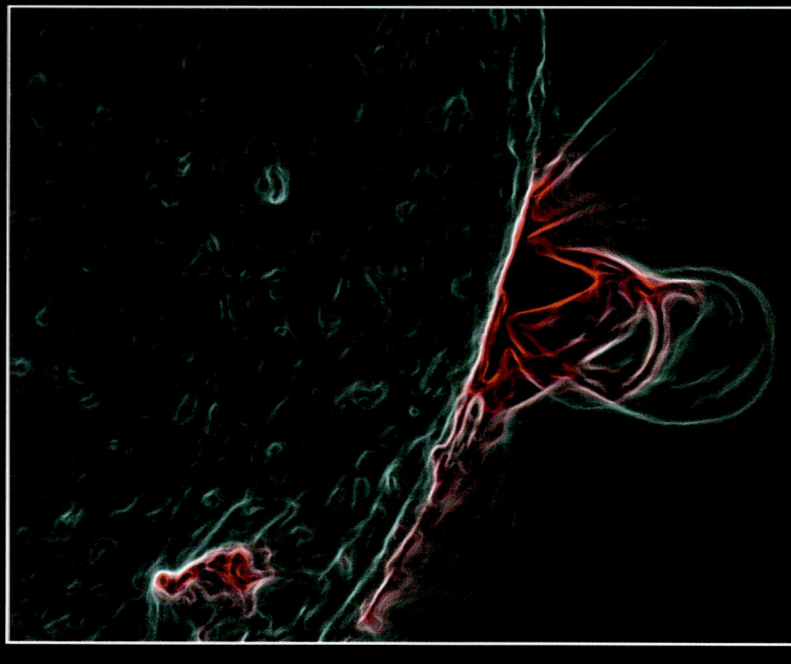

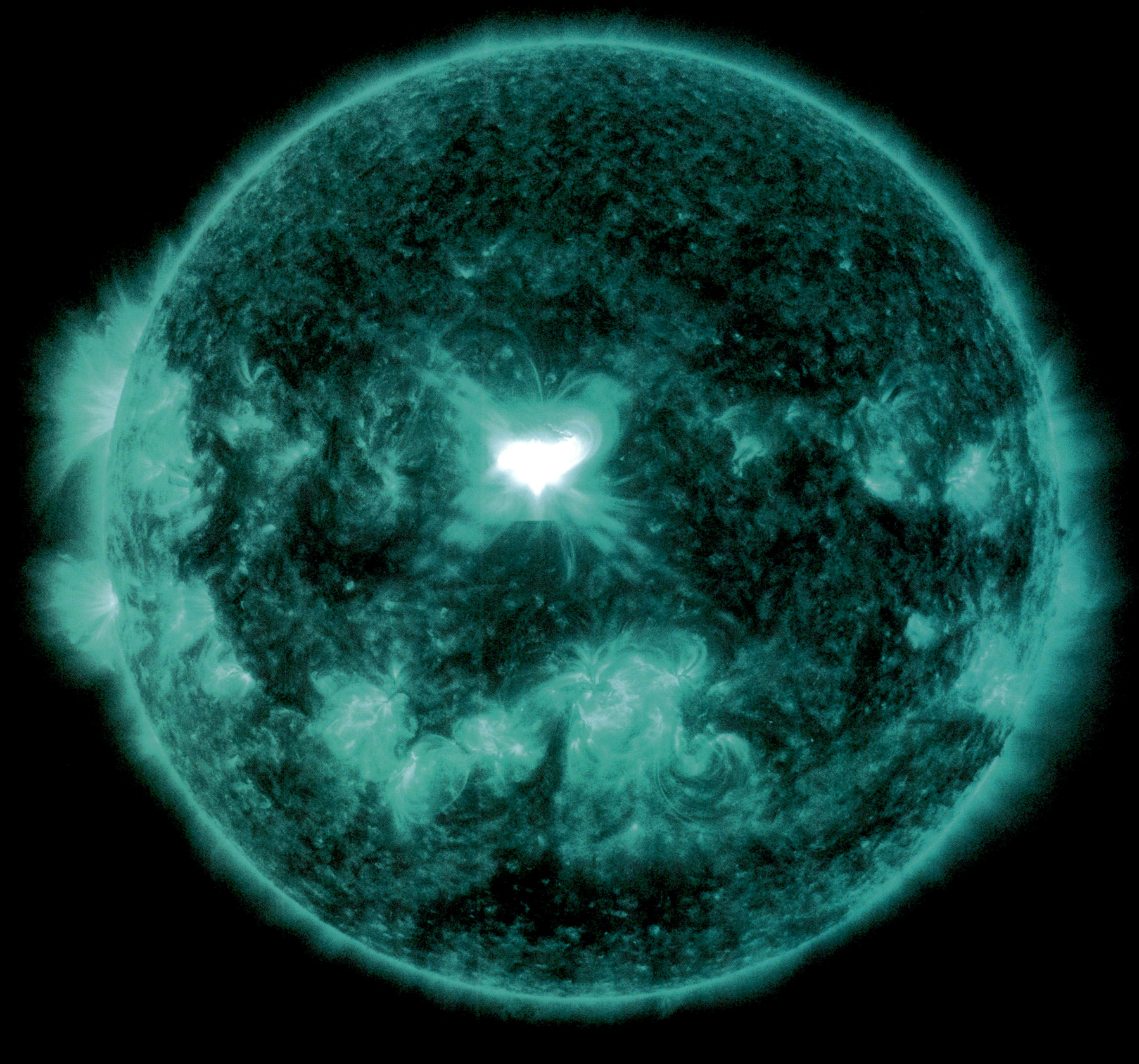

El Observatorio de la Dinámica Solar de la NASA capturó una llamarada solar significativa, que alcanzó su punto máximo el 10 de septiembre de 2014. Esta llamarada se considera de tipo X1.6. La «X» denota las llamaradas más intensas, mientras que el número proporciona más información sobre su intensidad: si es X2, es el doble de intensa que una X1, si es X3, el triple, y así sucesivamente.

5 ¿QUÉ NOS DEPARA EL FUTURO?

Colonias espaciales como esta han formado parte del imaginario colectivo desde los orígenes de la era espacial. Está por ver si, algún día, los humanos se instalarán lejos de la Tierra.

Es incuestionable que la exploración espacial ofrece una ventana al universo, donde se han realizado descubrimientos asombrosos, y, sin duda, así seguirá siendo en el futuro. Las experiencias humanas en el espacio en lo que queda del siglo XXI irán mucho más lejos que los logros del siglo XX. Las posibilidades de la exploración espacial son inconmensurables.

La posibilidad de aumentar nuestra presencia en el sistema solar parece muy real. No cabe duda de que los humanos volverán a la Luna a lo largo de la primera mitad de este siglo, un objetivo emocionante como pocos. Las naciones del mundo, así como varias empresas independientes, ven el potencial para establecer actividades comerciales allí. Por consiguiente, estamos en un punto de inflexión en el que el uso renovado de la Luna en las próximas décadas es probable que dispare el tráfico lunar y los orbitadores, las estaciones de investigación y las actividades comerciales en la Luna, y tal vez sea el comienzo de asentamientos más permanentes.

Hemos llegado a este punto como culminación de tres fases principales de la era espacial, con una nueva fase de operaciones lunares que acaba de empezar:

DÉCADAS DE 1950 A 1980: LA ÉPOCA HEROICA DE LA CARRERA ESPACIAL
Durante este periodo, dos naciones rivales, Estados Unidos y la Unión Soviética, dominaron el panorama espacial y lo utilizaron como una puesta en escena de una Guerra Fría global. Por entonces, los humanos aprendieron a volar al espacio, pero este seguía siendo una frontera insondable.

DÉCADAS DE 1980 A 2000: LA ÓRBITA DE LA TIERRA SE INCORPORA AL ÁMBITO NORMAL DE LAS ACTIVIDADES HUMANAS
En esta época, los vuelos prolongados y diversos tripulados por humanos en la órbita de la Tierra permitieron recabar valiosos conocimientos científicos y hacer una aplicación práctica del entorno espacial para el uso cotidiano, convirtiendo el espacio orbital en un lugar que había dejado de ser una frontera. Las comunicaciones, la navegación y otras posibilidades orbitales reorientaron el modo en el que los humanos vivían sus vidas en la Tierra.

DÉCADA DE 2000 HASTA LA ACTUALIDAD: EL INCREMENTO DE LOS ACTORES ESPACIALES COMERCIALES/EMPRESARIALES
La Directiva de Decisión Presidencial del presidente de Estados Unidos, Bill Clinton, de 1996 «para fomentar la inversión, la propiedad y la explotación de activos espaciales» prosperó. En las primeras décadas del siglo XXI, la NASA (líder mundial en actividades espaciales) ha cedido buena parte de sus actividades orbitales a firmas comerciales externas, lo que le ha permitido centrarse la exploración cislunar (que significa «a este lado de la Luna») e incluso translunar («más allá de la Luna»).

Esta actividad ha abierto el camino a distintas actividades, primero en la Luna y después en Marte, así como al potencial para establecer colonias espaciales y explorar otros lugares intrigantes del sistema solar.

En una misión humana a Marte ambientada justo después del amanecer, al fondo del cañón se distinguen las primeras nubes de la mañana. El astronauta del centro baja por un acantilado del planeta, cuya gravedad es un tercio la de la Tierra, para estudiar formaciones geológicas, mientras que el que está en lo alto termina de instalar una estación meteorológica para supervisar el clima marciano. Aunque se trata de una ilustración hipotética, hace mucho que la NASA difunde imágenes de este tipo para crear expectativas de un programa de exploración de Marte. Hay motivos de peso para pensar que una misión como esta tendrá lugar a lo largo de este siglo.

ATLAS DEL ESPACIO

«La posibilidad de aumentar nuestra presencia en el sistema solar parece muy real. No cabe duda de que los humanos volverán a la Luna a lo largo de la primera mitad de este siglo, un objetivo emocionante como pocos».

La misión de la sonda espacial Europa Clipper orbitará Júpiter y tiene previsto explorar al detalle uno de los lugares más fascinantes del sistema solar exterior, la luna gigante Europa. Las primeras misiones a la región han descubierto que en ella podría haber un océano de agua en estado líquido debajo de una capa de hielo, unas condiciones que serían favorables para las formas de vida.

OPERACIONES LUNARES PERMANENTES

Hace tiempo que la Luna es un objetivo de la exploración humana. En las primeras décadas de este siglo, el deseo de volver allí y llevar a cabo operaciones permanentes resulta irresistible para los astrónomos.

El deseo de regresar a la Luna ha estado presente desde el final de los programas Apolo de las décadas de 1960 y 1970, pero, no fue hasta la década de 1990 cuando los científicos determinaron que había posibilidades muy reales de explotar recursos (en concreto, el hielo de la profundidad de los cráteres polares), lo que volvió a despertar el interés. Esto contribuyó a la creación del concurso Google Lunar XPRIZE (cuyo primer premio estaba valorado en 20 millones de dólares estadounidenses), con el propósito de impulsar una misión de alunizaje de bajo coste para 2015. Veintisiete equipos participaron en el concurso para construir un lánder lunar. Muchos de ellos pensaron que un róver sería útil para, entre otras cosas, explotar los recursos de la Luna, por eso lo incorporaron al proyecto. Aunque el concurso quedó desierto, lo cierto es que fomentó una considerable innovación en la tecnología lunar.

Nos encontramos en un punto de convergencia en el que los programas espaciales estatales y las firmas comerciales han llegado al consenso de que las operaciones lunares son factibles y convenientes. La NASA está trabajando para que los astronautas vuelvan a la Luna como parte del programa Artemis. Un vuelo de prueba sin tripulación, el Artemis I, se lanzó a la Luna el 16 de noviembre de 2022 y realizó dos vuelos de reconocimiento antes de regresar a la Tierra el 11 de diciembre. El Artemis II, el primer vuelo tripulado del programa, tiene previsto su lanzamiento en abril de 2026 en un vuelo circunlunar, mientras que el Artemis III se lanzaría a mediados de 2027 y supondría una nueva ocasión para que los humanos volvieran a la superficie lunar.

Pero, además, hay muchos otros proyectos en marcha. China ha iniciado la exploración robótica de la cara oculta de la Luna, y ha anunciado la intención de que los humanos pisen la Luna en la década de 2030. Aunque, lamentablemente, el lánder ruso Luna-25 se estrelló en agosto de 2023, Rusia tiene otras misiones en curso. Por su parte, India ha enviado sondas robóticas a la Luna y logró con éxito el alunizaje de la Chandrayaan-3, la tercera de sus misiones de exploración lunar, en agosto de 2023. Mientras tanto, se están planteando una serie de proyectos comerciales para llegar a la Luna y explotar el hielo de los polos.

ARRIBA La Luna asoma por encima del cohete Space Launch System (SLS) de la NASA el 14 de noviembre de 2022. Se estaban realizando los preparativos para el lanzamiento de la misión Artemis I, un vuelo no tripulado para probar los componentes del sistema en una misión circunlunar. La nave Orion se encuentra en la plataforma de lanzamiento 39B.

SUPERIOR DERECHA Astronautas trabajando en la superficie lunar durante la misión Artemis prevista.

DERECHA Un astronauta se arrodilla para recoger regolita (tierra lunar).

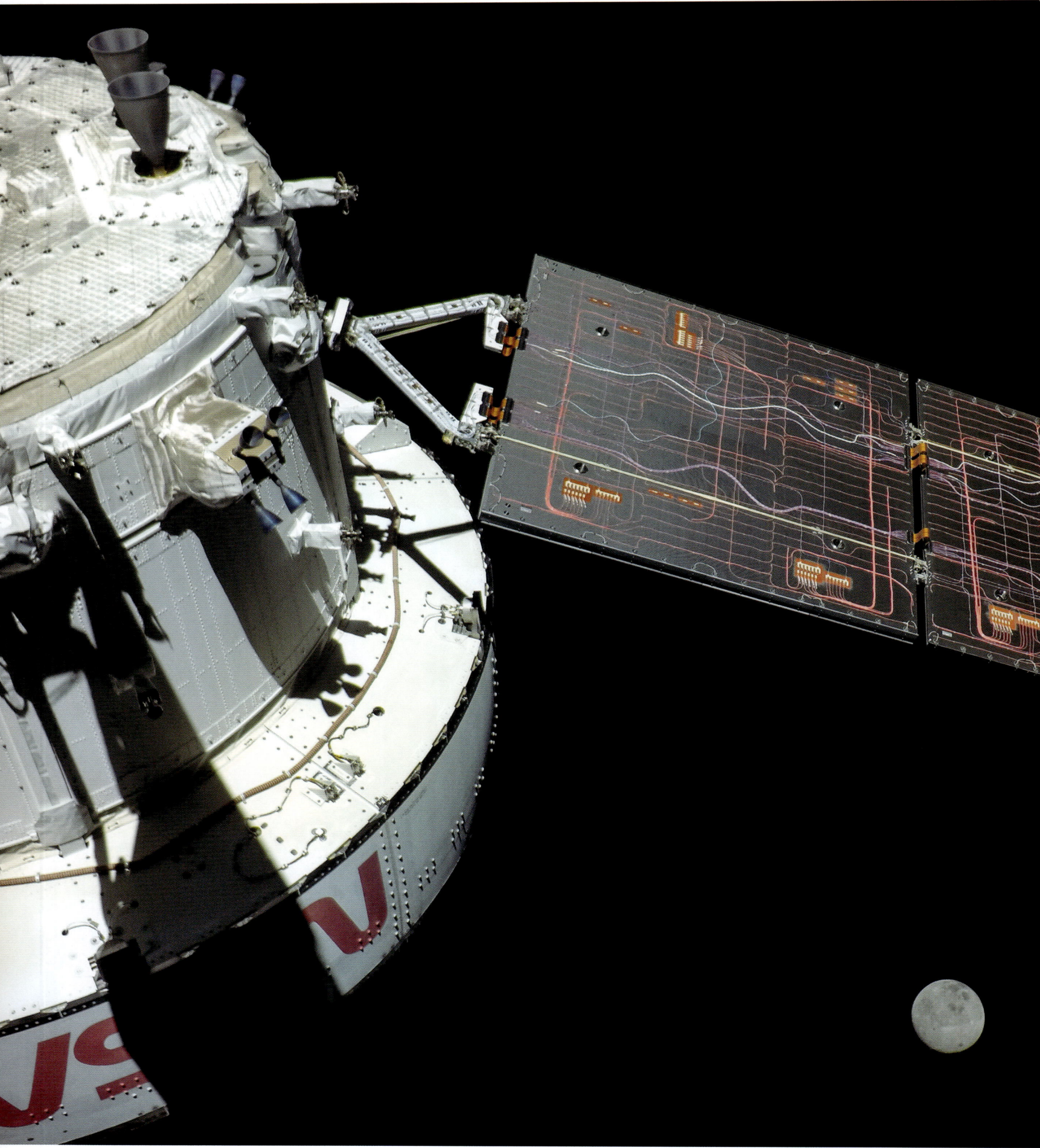

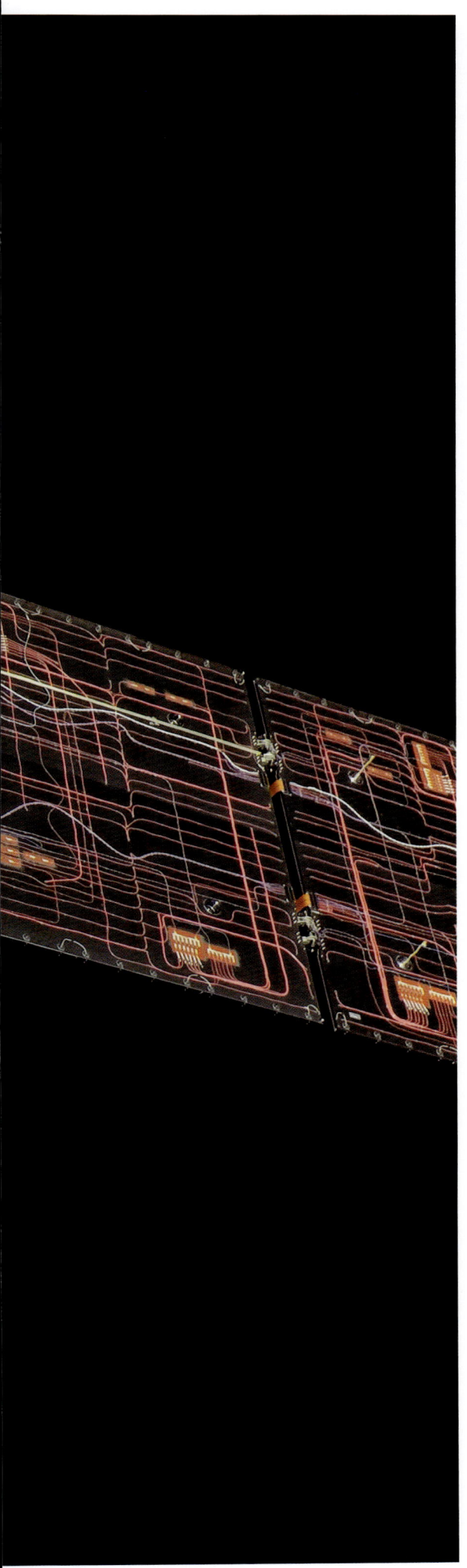

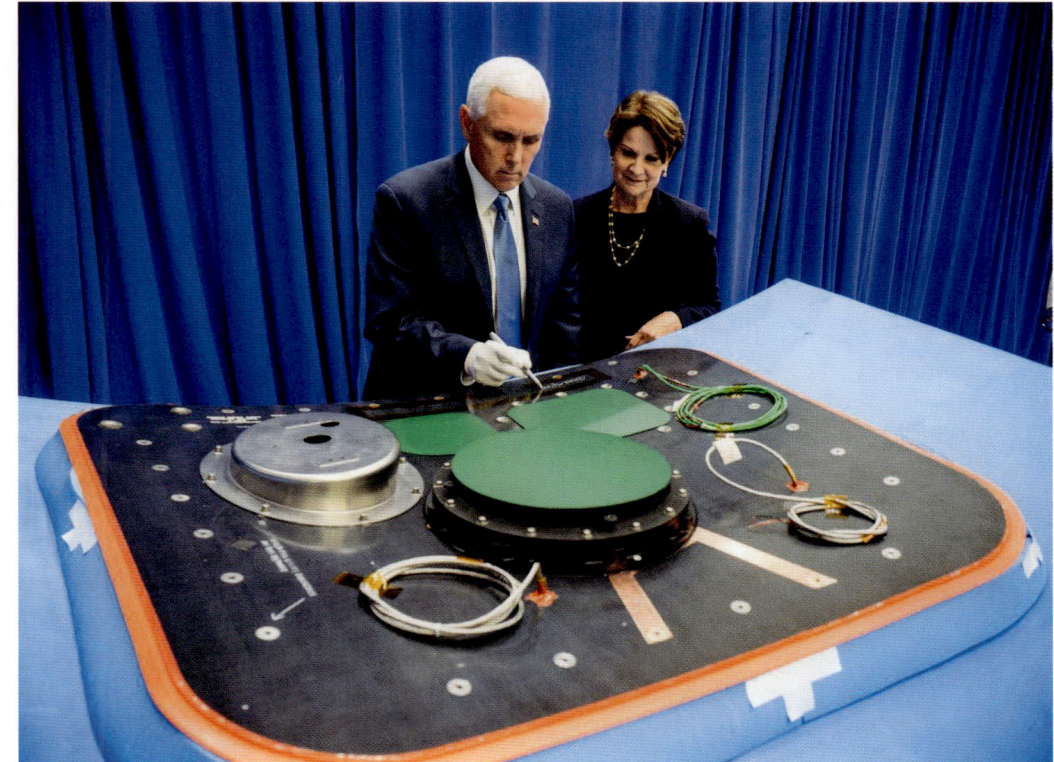

IZQUIERDA El decimosexto día de vuelo de la misión Artemis I, una cámara instalada en los paneles solares de la nave Orion capturó esta imagen de nuestra Luna cuando la nave se disponía a salir de la órbita retrógrada distante.

ARRIBA En julio de 2019, Mike Pence, el vicepresidente de Estados Unidos, visitó el Centro Espacial Kennedy de la NASA en Florida para anunciar el fin de la construcción de la cápsula Orion para la tripulación, que firmó.

DERECHA En el interior de la cápsula Orion para la tripulación se pusieron unos torsos fantasma con chalecos de detección de radiación. Al regresar a la Tierra, los torsos se sometieron a una serie de inspecciones para averiguar el riesgo de radiación de futuras misiones tripuladas.

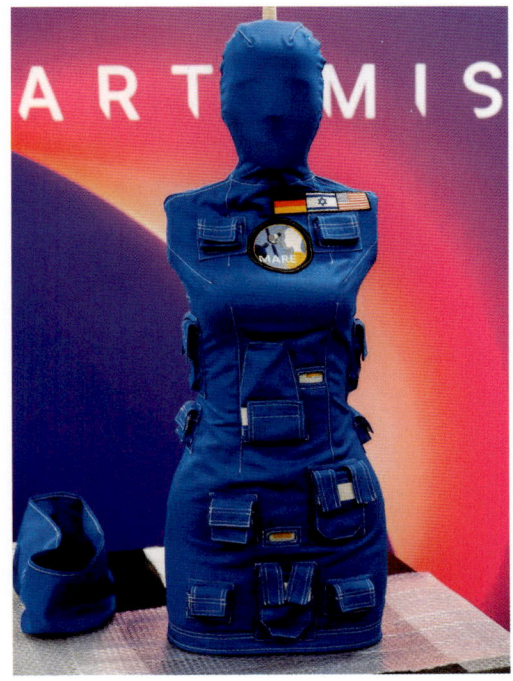

1. DESPEGUE
Los astronautas despegan de la plataforma de lanzamiento 39B del Centro Espacial Kennedy.

2. SEPARACIÓN DE PROPULSORES DE COHETES SÓLIDOS, COFIAS Y SISTEMA DE ESCAPE PARA EL LANZAMIENTO

3. APAGADO DEL MOTOR PRINCIPAL DE LA ETAPA CENTRAL CON SEPARACIÓN

4.MANIOBRA DE ELEVACIÓN DEL PERIGEO

5. MANIOBRA DE ELEVACIÓN DEL APOGEO A LA ÓRBITA TERRESTRE ALTA
Empiezan las 23,5 horas de verificación de la nave.

6. SEPARACIÓN DE LA ORION DE LA ETAPA DE PROPULSIÓN CRIOGÉNICA PROVISIONAL SEGUIDA DE DEMOSTRACIÓN DE OPERACIONES DE PROXIMIDAD
Además de la valoración de las cualidades de manipulación manual durante dos horas como máximo.

7. MANIOBRA DE SEPARACIÓN DE ORION DE LA ETAPA SUPERIOR
Empieza la verificación de la órbita terrestre alta. Evaluación de los equipos de soporte vital, ejercicio y habitabilidad.

8.MANIOBRA DE ELEVACIÓN DEL PERIGEO

9. INYECCIÓN TRANSLUNAR CON EL MOTOR PRINCIPAL DE LA ORION
Trayectoria lunar de retorno libre iniciada con el módulo de servicio europeo.

10. TRÁNSITO DE SALIDA A LA LUNA
Realización de las maniobras de corrección de la trayectoria de salida necesarias para la trayectoria lunar de retorno libre; tiempo de trayecto aproximado de cuatro días.

11. VUELO DE RECONOCIMIENTO LUNAR
A 10 427 kilómetros (media) de altitud de la cara oculta de la Luna.

12. INYECCIÓN TRANSTERRESTRE
Realización de las maniobras de corrección de trayectoria de retorno

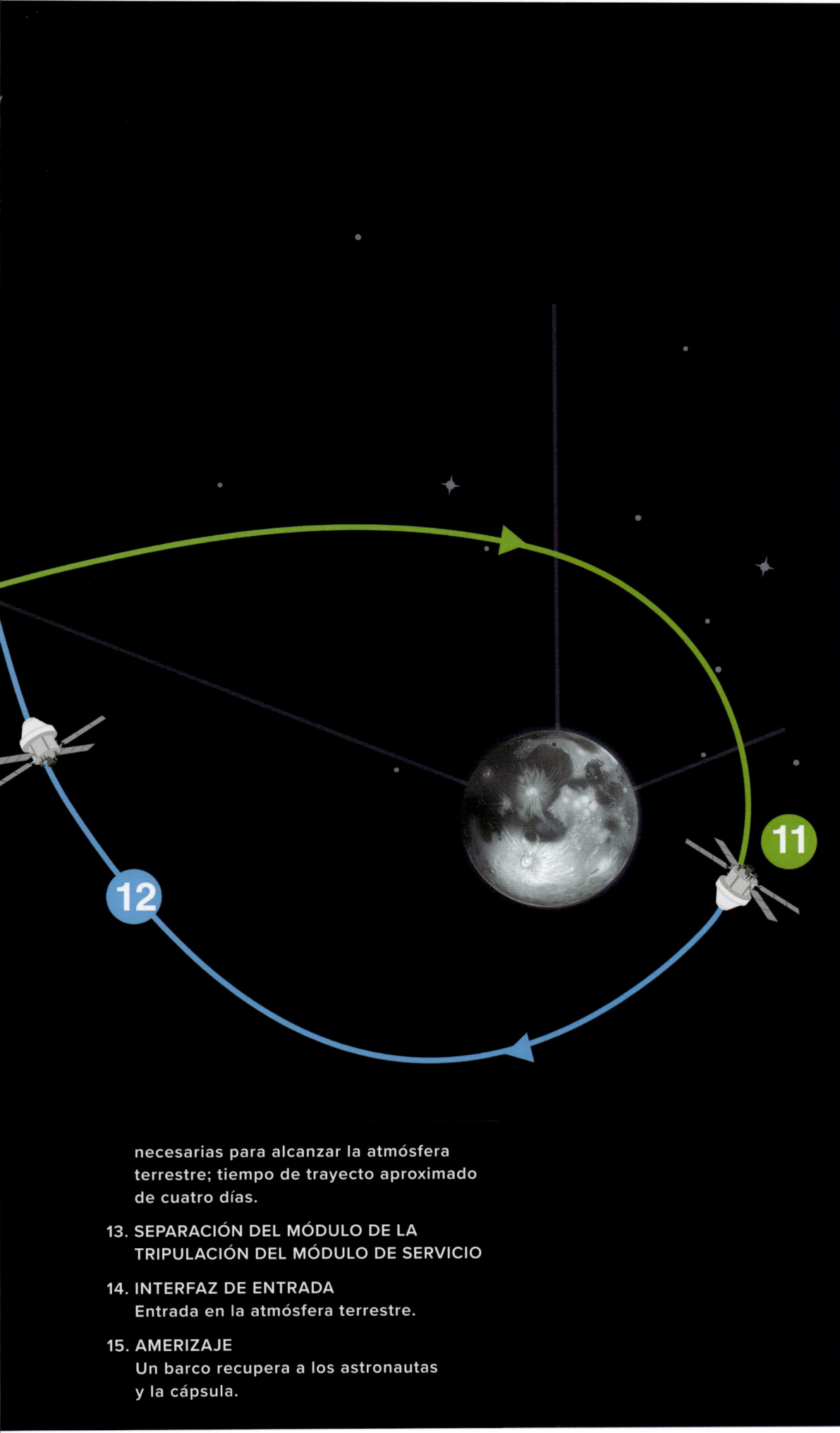

Artemis II, el primer vuelo tripulado de la NASA, está programado para 2025. Este mapa de la trayectoria incluye el cohete SLS y la cápsula espacial Orion para los cuatro miembros de la tripulación. Está previsto como un vuelo circunlunar no muy distinto de la misión Apolo 8 que rodeó la Luna en diciembre de 1968, y podría abrir camino a las operaciones a largo plazo en la Luna. Cada punto de la misión está indicado con un número en el diagrama.

necesarias para alcanzar la atmósfera terrestre; tiempo de trayecto aproximado de cuatro días.

13. SEPARACIÓN DEL MÓDULO DE LA TRIPULACIÓN DEL MÓDULO DE SERVICIO

14. INTERFAZ DE ENTRADA
Entrada en la atmósfera terrestre.

15. AMERIZAJE
Un barco recupera a los astronautas y la cápsula.

IZQUIERDA Los miembros de la tripulación de la Artemis II posan delante del módulo de la tripulación, Orion, en el Neil Armstrong Operations and Checkout Building del Centro Espacial Kennedy de la NASA. De izquierda a derecha: Jeremy Hansen, especialista de la misión; Victor Glover, piloto; Reid Wiseman, comandante, y Christina Hammock Koch, especialista de la misión.

PÁGINA SIGUIENTE Se han hecho muchos carteles promocionales de la misión Artemis II. En este aparece la especialista de la misión Christina Hammock Koch. La misión Artemis II será su segundo vuelo al espacio.

IZQUIERDA El artículo de prueba del módulo de la tripulación, una maqueta a escala real de la nave Orion, en aguas del océano Pacífico durante la décima prueba de recuperación de la NASA, diseñada para practicar los procedimientos de recuperación de las misiones Artemis tripuladas.

La NASA ha encargado a la empresa Blue Origin de Jeff Bezos la construcción de un lánder lunar para su misión Artemis V. Además de Blue Origin como contratista principal, el equipo del lánder está formado por los gigantes de la industria aeroespacial Lockheed Martin y Northrop Grumman, así como el Laboratorio Draper del Instituto de Tecnología de Massachusetts.

¿POR QUÉ VOLVER A LA LUNA?

Se trata de una cuestión trascendental, sobre todo porque es algo que los humanos ya han vivido. ¿Por qué no continuar con Marte? Las ventajas de la explotación lunar son considerables y prácticas, y las entidades de exploración espacial mundiales reconocen esta verdad más que nunca.

Se puede argumentar que volver a la Luna es esencial por estas siete razones de peso:

- Está a solo tres días de trayecto de la Tierra, por lo que ofrece una relativa seguridad a las operaciones en el espacio profundo.
- Ofrece un banco de pruebas ideal para las tecnologías y los sistemas requeridos para una exploración espacial más amplia, y fomenta las competencias de tecnología punta en todas las entidades implicadas en la iniciativa.
- Proporciona una base excelente para la astronomía, la geología y otras ciencias, permitiendo la creación de pilares fundamentales para los conocimientos necesarios que conduzcan a la comprensión del universo.
- Fomenta el acuerdo global del uso de la Luna para toda la humanidad, extendiendo los conocimientos adquiridos a través de la Estación Espacial Internacional (EEI) a la cooperación internacional pacífica en el espacio.
- Impulsa el desarrollo de la energía de bajo coste y otras tecnologías que se utilizarán no solo en la Luna, sino también en la Tierra.
- Invita a imaginar un futuro sin barreras en el que la humanidad no está acotada a la superficie terrestre, sino que puede habitar dentro y fuera de los límites del sistema solar.
- Cuenta con una gran riqueza de minerales y otros recursos que podrían explotarse y utilizarse tanto para actividades terrestres como para financiar la exploración de otros lugares.

UNA BASE LUNAR

En cuanto la accesibilidad a la Luna forme parte de la rutina, será posible construir un puesto de avanzada humano allí, principalmente por la disponibilidad de materiales. A partir del hielo extraído de los polos lunares, la humanidad podría obtener agua, oxígeno e hidrógeno. Todos ellos son componentes fundamentales para una presencia humana permanente, y ya están presentes en abundancia en la Luna.

Una base lunar sería muy similar a una estación de investigación de la Antártida, como mínimo a corto plazo. Podría empezar como unas instalaciones en las que los científicos, los ingenieros y los técnicos llevaran a cabo actividades que beneficiaran a todos. Esto facilitaría una cooperación internacional pacífica y evolutiva.

La exploración espacial es un proceso complejo. Lo más complicado de crear una base lunar es negociar los acuerdos internacionales que amplíen el alcance de lo que ya se está haciendo con la EEI. Esto requiere acuerdos políticos entre las entidades de exploración espacial de todo el mundo que resulten ventajosos para todas las partes. Hasta la fecha, estas iniciativas espaciales de cooperación han resultado muy satisfactorias y sumamente útiles desde todo tipo de perspectivas científicas, técnicas, sociales y políticas.

El concepto de la Agencia Europea Espacial (ESA) de una base lunar incluye astronautas, módulos cupulares para cultivar plantas y depósitos para almacenar agua, oxígeno y combustible. En la imagen también aparecen paneles solares para generar energía y hábitats protegidos con regolita.

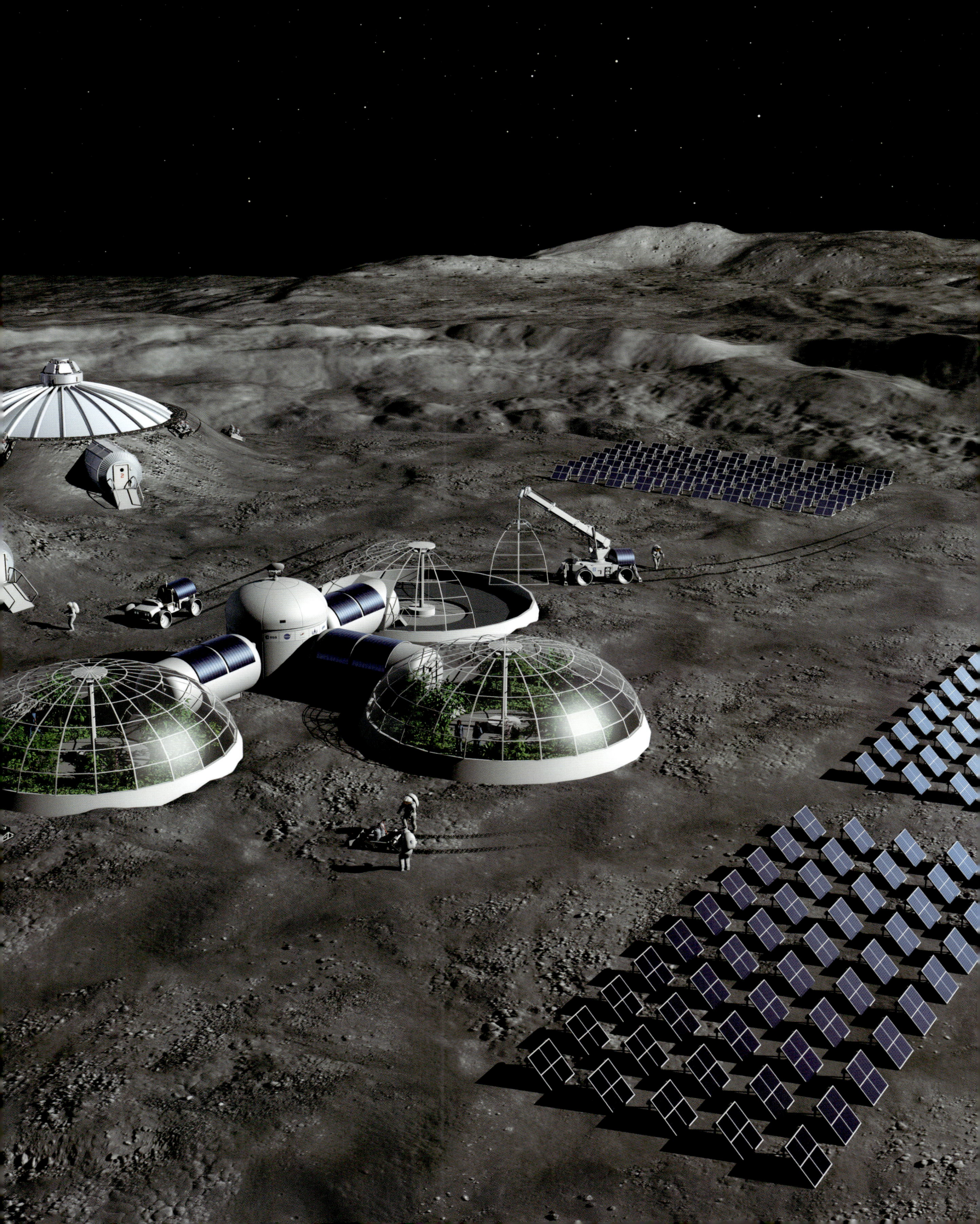

ARRIBA Con el establecimiento de una base lunar, podría implantarse también el comercio. A lo largo del proceso, se destinarían zonas de la superficie lunar a distintas industrias, como la producción de oxígeno lunar, las comunicaciones y la producción de helio-3.

IZQUIERDA Una de las visiones más creativas y esotéricas de un futuro lunar incluye la posibilidad de celebrar los Juegos Olímpicos Lunares. Imagine las posibilidades del salto con pértiga, el salto de altura y otros deportes en un lugar con una sexta parte de la gravedad de la Tierra.

Este concepto de 1995 de un alunizaje muestra tecnologías sorprendentemente distintas a las que se han implementado en el programa Artemis de la NASA. Artemis, por ejemplo, contempla una estación espacial en órbita lunar, que serviría para que los vehículos del espacio profundo procedentes de la Tierra atracaran antes de que se enviaran lánderes más pequeños a la superficie lunar. Además, la mayoría de los hábitats de la Luna se construirían debajo de la regolita para proteger a los humanos de los rayos cósmicos, y no en la superficie como se ilustra aquí.

«En cuanto la accesibilidad a la Luna forme parte de la rutina, será posible construir un puesto de avanzada humano allí, principalmente por la disponibilidad de materiales. A partir del hielo extraído de los polos lunares, la humanidad podría obtener agua, oxígeno e hidrógeno».

El arte conceptual sobre una base lunar tiene una larga historia detrás. Este ejemplo, de 1986, se incluyó en un estudio de verano de las posibles actividades futuras de la NASA. En la ilustración se daba importancia un róver, que aparece en primer plano, similar al que se utilizó en las misiones Apolo.

DAVIDSON

CONTINUACIÓN DE LA EXPLORACIÓN DE MARTE

Pese a los múltiples fracasos de la NASA por obtener la aprobación para enviar humanos a Marte en el siglo XX, para muchos sigue siendo un objetivo importante. Todo parece indicar que, en algún momento del siglo XXI, los humanos llegarán a Marte.

Desde principios de siglo, no han parado de surgir iniciativas para averiguar más cosas de Marte, y los exploradores robóticos han desvelado un mundo rico y fascinante. La búsqueda de vida en Marte (incluso en la forma de los microorganismos que se encuentran debajo de los casquetes polares o en fuentes termales subterráneas calentadas por respiraderos del núcleo marciano) alimenta estas iniciativas, que no tienen visos de cesar a medida que avance el siglo.

Pese a ser un objetivo tentador, el envío de humanos a Marte supone todo un reto. Pero existen propuestas que tal vez prosperarían si los astronautas pudieran «vivir de la tierra». Los primeros humanos que llegaran a Marte podrían obtener combustible y consumibles del entorno marciano. Una misión de este calibre requeriría un calendario de más de dos años para volar al planeta, trabajar en la superficie y, después, regresar a la Tierra. Además, se necesitaría un vehículo para llegar hasta allí, un lánder con un laboratorio científico y un módulo habitacional, una planta generadora de electricidad, róveres, alguna manera de cultivar alimentos y, lo principal, un vehículo de ascenso para abandonar el planeta.

El combustible podría fabricarse en Marte a partir de la atmósfera local, que consta básicamente de dióxido de carbono. Los elementos de este gas podrían descomponerse en una cámara de reacción. El proceso, descubierto por el químico francés Paul Sabatier (1854-1941), genera metano y agua. El metano se bombearía a través de un refrigerador criogénico, que lo reduciría a estado líquido, y se almacenaría como combustible para cohetes. El agua se transformaría en hidrógeno y oxígeno para uso de los astronautas.

A su llegada, los humanos tendrían que desplegar un invernadero, probablemente inflable, para cultivar alimentos. Con unos róveres, la tripulación podría empezar a explorar el terreno de los alrededores. Los humanos recogerían muestras para analizarlas y perforarían el sustrato marciano en busca de agua y cualquier tipo de vida subterránea que pudiera haber. Asimismo, buscarían fósiles y tratarían de confirmar la existencia de cualquier otro tipo de recursos naturales en Marte. Una vez completada su tarea, la tripulación emprendería un viaje de regreso de cien días a la Tierra.

Una misión como esta plantea problemas técnicos considerables, pero pueden solucionarse con tiempo y recursos suficientes. Los ingenieros tendrían que desarrollar tecnologías altamente fiables de bajo coste para que fuera una realidad.

Hay muchas ilustraciones de posibles misiones humanas a Marte. Esta, de 1990, imagina un aterrizaje en el planeta rojo, previsto ambiciosamente para 2019. En primer plano, los astronautas llevan a cabo una serie de observaciones científicas en un entorno romántico tanto por el tono como por el contenido. Con la tormenta de polvo acercándose, pronto regresarán a su lánder para estar a salvo, y este devolverá a la tripulación a un vehículo de transferencia aparcado en la órbita de Marte para emprender el viaje de vuelta a la Tierra.

Durante este viaje, así como en la superficie, la tripulación estaría expuesta a distintos tipos de radiación. Un tiempo rápido de tránsito es la mejor protección frente a la radiación, pero las llamaradas solares también podrían ser letales, especialmente en el vacío desprotegido del espacio. Los ingenieros tendrían que desarrollar sistemas de protección para que la misión fuera un éxito. Además, habría que mantener la gravedad artificial en la nave que llevara a la tripulación a Marte y de regreso a la Tierra para minimizar los problemas biomédicos asociados a la exposición prolongada a entornos de baja gravedad. Esto podría conseguirse rotando zonas de la nave.

SUPERACIÓN DE OBSTÁCULOS

Si los humanos van a Marte este siglo, será porque los de la Tierra estarán dispuestos a destinar recursos suficientes para superar estos obstáculos. En la actualidad, solo existe una modesta financiación pública para subsanar estos gastos.

Naturalmente, podríamos enviar expediciones humanas a Marte. No tiene nada de mágico, y una movilización multinacional para ello sería un éxito. Sin embargo, el aterrizaje humano en Marte requeriría la decisión de aceptar un riesgo considerable y gastar una cantidad sustancial de recursos durante un largo periodo de tiempo. Poniendo el Apolo de ejemplo, cualquiera que aspire a organizar una expedición humana a Marte debe hacerse una pregunta crucial: ¿qué razón política, militar, social o económica, desafío cultural, escenario o emergencia justificarían el importante compromiso de enviar humanos a Marte?

Asimismo, teniendo en cuenta el historial de logros que incluye numerosos fallos de sondas robóticas a Marte, ¿estamos dispuestos a asumir el riesgo que conlleva para los humanos una misión de este tipo? A falta de una sorpresa importante que cambie esta ecuación, es poco probable que los humanos vayan a aterrizar en Marte antes de la segunda mitad de este siglo.

ARRIBA Dos astronautas cerca del punto de aterrizaje Ganges Chasma de Marte inspeccionan un lánder robótico y su pequeño róver.

PÁGINA ANTERIOR Dos astronautas trabajan en la superficie durante una misión humana a Marte, mientras un helicóptero parecido al Ingenuity Mars (*véase* pág. 238) los sobrevuela.

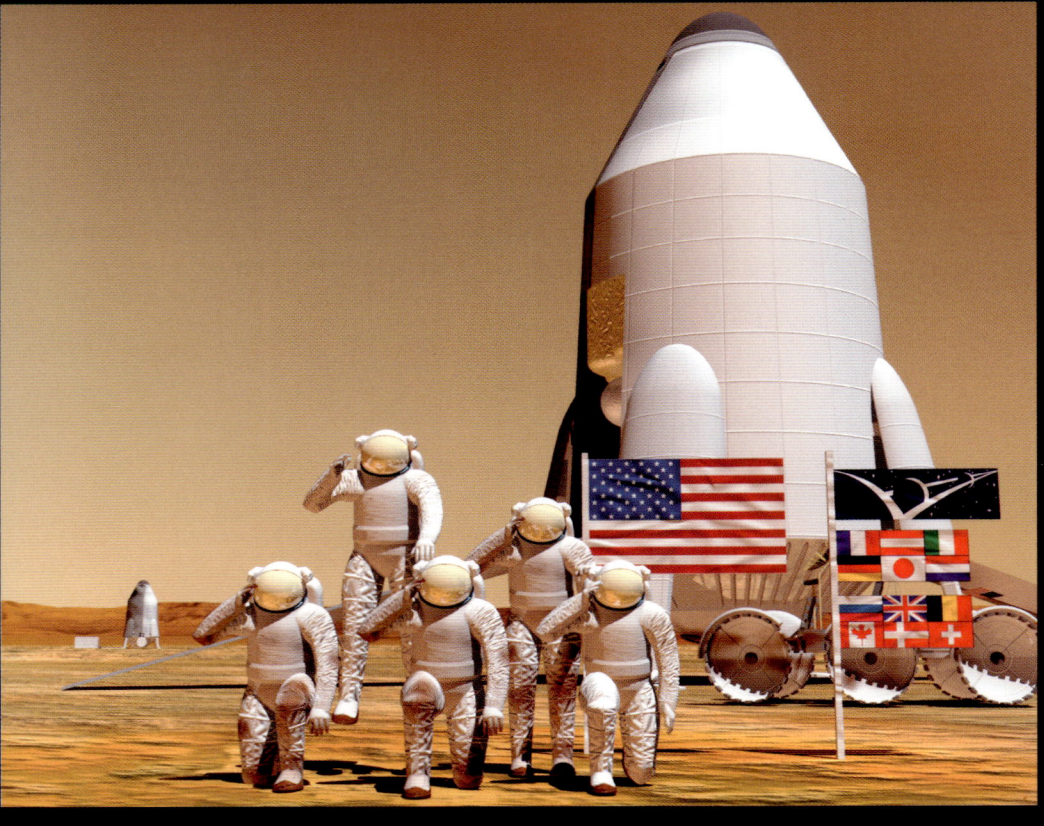

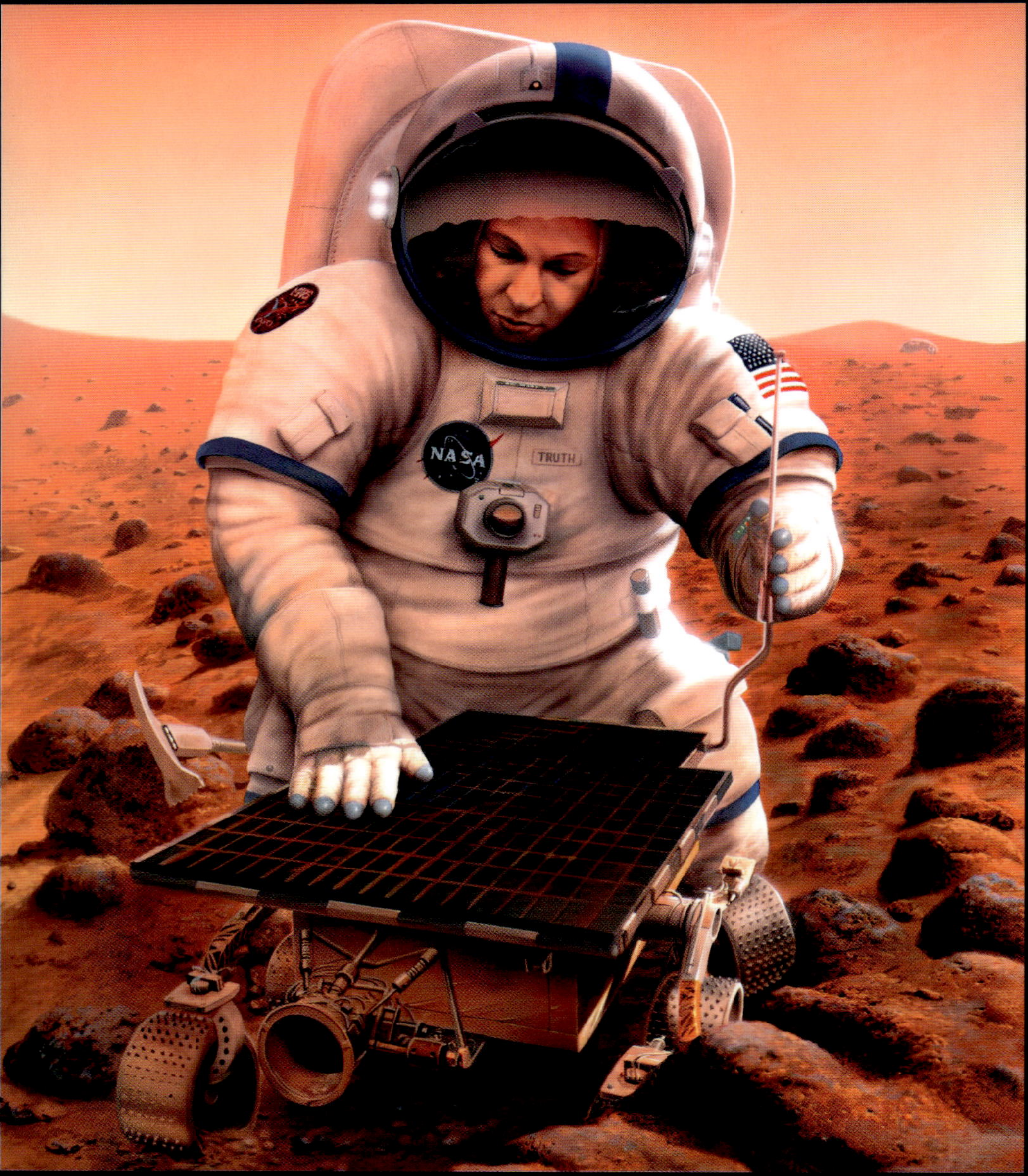

IZQUIERDA El aterrizaje de un equipo internacional de astronautas en Marte, con una plantada solemne de banderas.

ABAJO IZQUIERDA El róver Sojourner, de 1997, se llamó así en honor de la célebre abolicionista Sojourner Truth, que había sido víctima de la esclavitud. Aquí, un astronauta y descendiente de Sojourner recupera la nave.

PÁGINA SIGUIENTE El gran volcán en escudo Pavonis Mons, situado cerca del ecuador de Marte, podría ejercer de punto de aterrizaje y estación de investigación en la superficie del planeta. En la imagen aparecen róveres, hábitats, una planta generadora de electricidad, invernaderos, operaciones de lanzamiento y aterrizaje, instalaciones de mantenimiento e incluso un avión marciano.

«Los primeros humanos que llegaran a Marte podrían obtener combustible y consumibles del entorno marciano. Una misión de este calibre requeriría un calendario de más de dos años para volar al planeta, trabajar en la superficie y, después, regresar a la Tierra».

UNA ESPECIE MULTIPLANETARIA

El movimiento permanente de humanos lejos de la Tierra es prioritario para los partidarios de la exploración espacial. Si bien esto plantea una serie de retos abrumadores, las posibilidades son infinitas. Ya se han dado pequeños pasos en esta dirección en los debates sobre las actividades continuadas en la Luna y Marte, y, a medida que avanza el siglo XXI, los asentamientos espaciales permanentes podrían recibir una mayor atención y ganar prioridad.

Existen varias posibilidades para la migración humana al sistema solar. La más inmediata, lógicamente, es la probabilidad de fundar asentamientos en la Luna y Marte, pero también están los asteroides y las lunas de algunos planetas jovianos que, con el tiempo, podrían habitarse. Estos lugares ofrecen posibilidades como los tiempos de desplazamiento realistas de material, equipos y personas con distintas naves; el desarrollo de construcciones y equipamientos autóctonos con materiales que no sean originarios de la Tierra, y el establecimiento de familias de colonos que se encarguen de negocios para financiar el turismo y la minería.

El turismo espacial será lo siguiente que llegue a cualquier lugar del sistema solar que habiten los humanos. En los primeros años, este turismo tendría muchas similitudes con el que comienza a haber en la Antártida hoy día. Empezaría con pequeños grupos que visitarían las estaciones de investigación, pero después podrían llegar las instalaciones de propiedad privada para turistas. ¿Podrían la Luna o Marte, por ejemplo, convertirse en el destino por excelencia de los aventureros? Las empresas emergentes de turismo espacial ya están vendiendo vuelos espaciales suborbitales y preparándose para la posibilidad del turismo lunar.

Además de los asentamientos en cuerpos del sistema solar, también hay la posibilidad de fundar colonias autosuficientes en el espacio. Más que vivir en la superficie de un planeta, los colonos podrían residir en el interior de cilindros o esferas gigantescos. Cada biosfera independiente contaría con una atmósfera respirable, así como los ingredientes necesarios para mantener los cultivos y la vida, y podría rotar para proporcionar gravedad artificial. En suma, podrían convertirse en arcas cósmicas de humanos, animales y plantas viviendo en equilibrio. El Sol proporcionaría una fuente constante de energía no contaminante. El interés por estos asentamientos espaciales ha llevado a la creación de estudios sobre su viabilidad, algunos de los cuales han obtenido ayudas con el tiempo.

Estas perspectivas de los asentamientos lejos de los confines de la Tierra resultan tentadoras e idílicas, pero es poco probable que se hagan realidad antes de la segunda mitad de este siglo. Aun así, son intrigantes, y han fomentado el pensamiento visionario de cómo podría materializarse una oportunidad como esta.

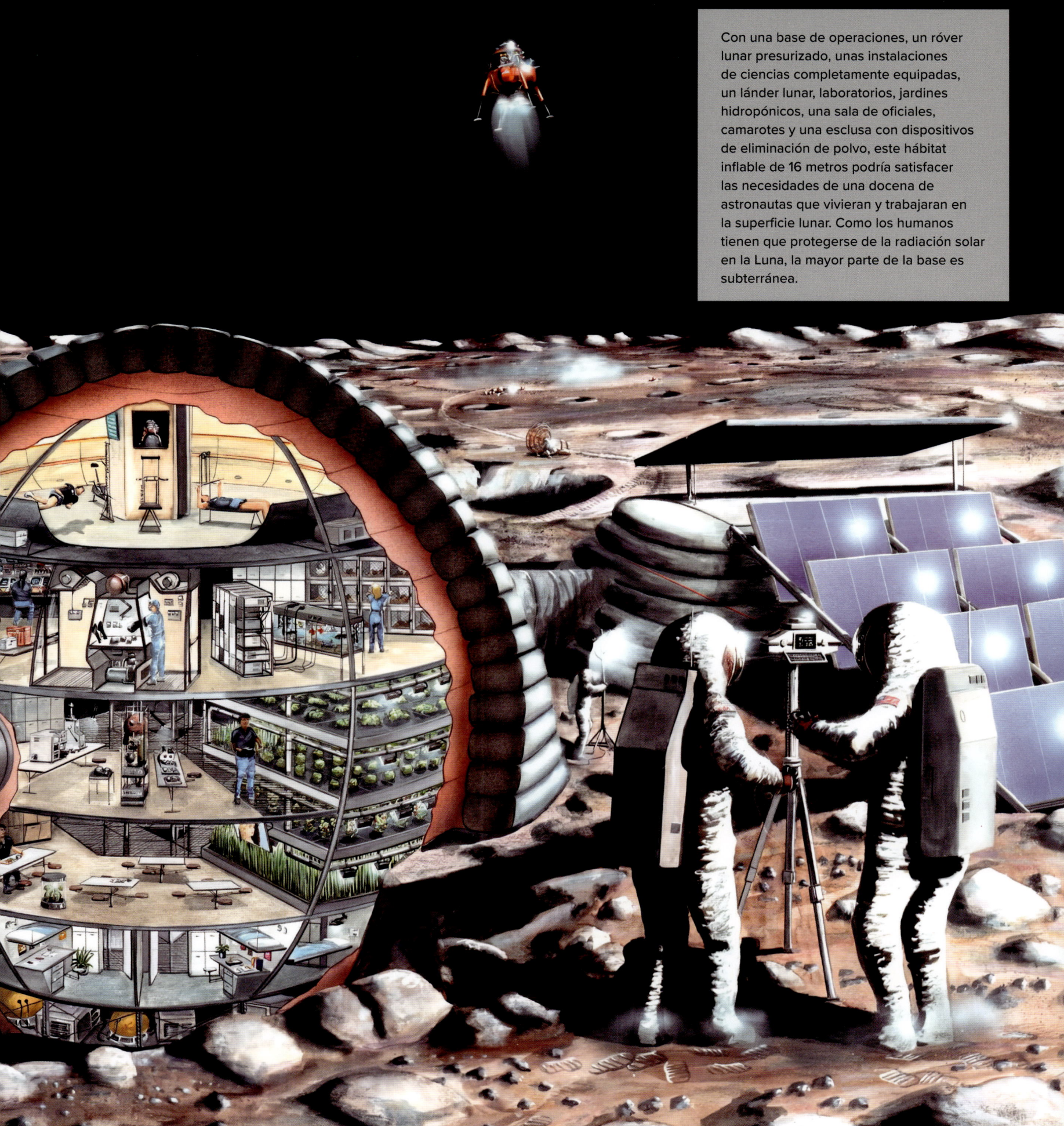

Con una base de operaciones, un róver lunar presurizado, unas instalaciones de ciencias completamente equipadas, un lánder lunar, laboratorios, jardines hidropónicos, una sala de oficiales, camarotes y una esclusa con dispositivos de eliminación de polvo, este hábitat inflable de 16 metros podría satisfacer las necesidades de una docena de astronautas que vivieran y trabajaran en la superficie lunar. Como los humanos tienen que protegerse de la radiación solar en la Luna, la mayor parte de la base es subterránea.

«*Existen varias posibilidades para la migración humana al sistema solar. La más inmediata, lógicamente, es la probabilidad de fundar asentamientos en la Luna y Marte, pero también están los asteroides y las lunas de algunos planetas jovianos que, con el tiempo, podrían habitarse*».

En esta otra futurible base lunar, las cúpulas de la izquierda son módulos residenciales y de laboratorio. El largo tubo que atraviesa toda la imagen es una catapulta electromagnética, formada por una larga serie de potentes electroimanes. A la derecha, se carga un proyectil, que se acelera por la acción de los electroimanes que disparan en ráfaga. El proyectil obtiene suficiente velocidad para volar de regreso a la Tierra, donde puede que sea capturado en órbita o vuelva a entrar en la atmósfera por sí solo. Estas técnicas podrían utilizarse para transportar a bajo coste minerales o metales manufacturados y medicamentos de la colonia lunar a la Tierra.

ARRIBA En Fobos, los astronautas comprueban que una máquina de extracción de propelente funciona bien. ¿Acaso un robot sofisticado podría llevar a cabo esta tarea?

PÁGINA SIGUIENTE ARRIBA Una colonia subterránea en Marte, con estantes llenos de plantas cultivadas como alimento.

PÁGINA SIGUIENTE ABAJO La explotación de recursos hace tiempo que se contempla como una actividad principal de las colonias espaciales. Esta ilustración conceptual de la NASA muestra la extracción de ilmenita, un componente rico en oxígeno del suelo lunar.

Pat Rawlings '83

©VICTOR HABBICK

SUPERIOR El turismo puede llegar a ser una atractiva actividad empresarial en el espacio. Tal vez algún día veamos hoteles en la Luna.

ARRIBA En el futuro, la automatización será clave para las operaciones espaciales.

ARRIBA El interior de una sala de máquinas, donde los astronautas supervisan un asentamiento lunar y los trabajos de explotación minera.

«Estas perspectivas de los asentamientos lejos de los
confines de la Tierra resultan tentadoras e idílicas, pero es
poco probable que se hagan realidad antes de la segunda
mitad de este siglo. Aun así, son intrigantes, y han
fomentado en todo el mundo el pensamiento visionario de
cómo podría materializarse una oportunidad como esta»

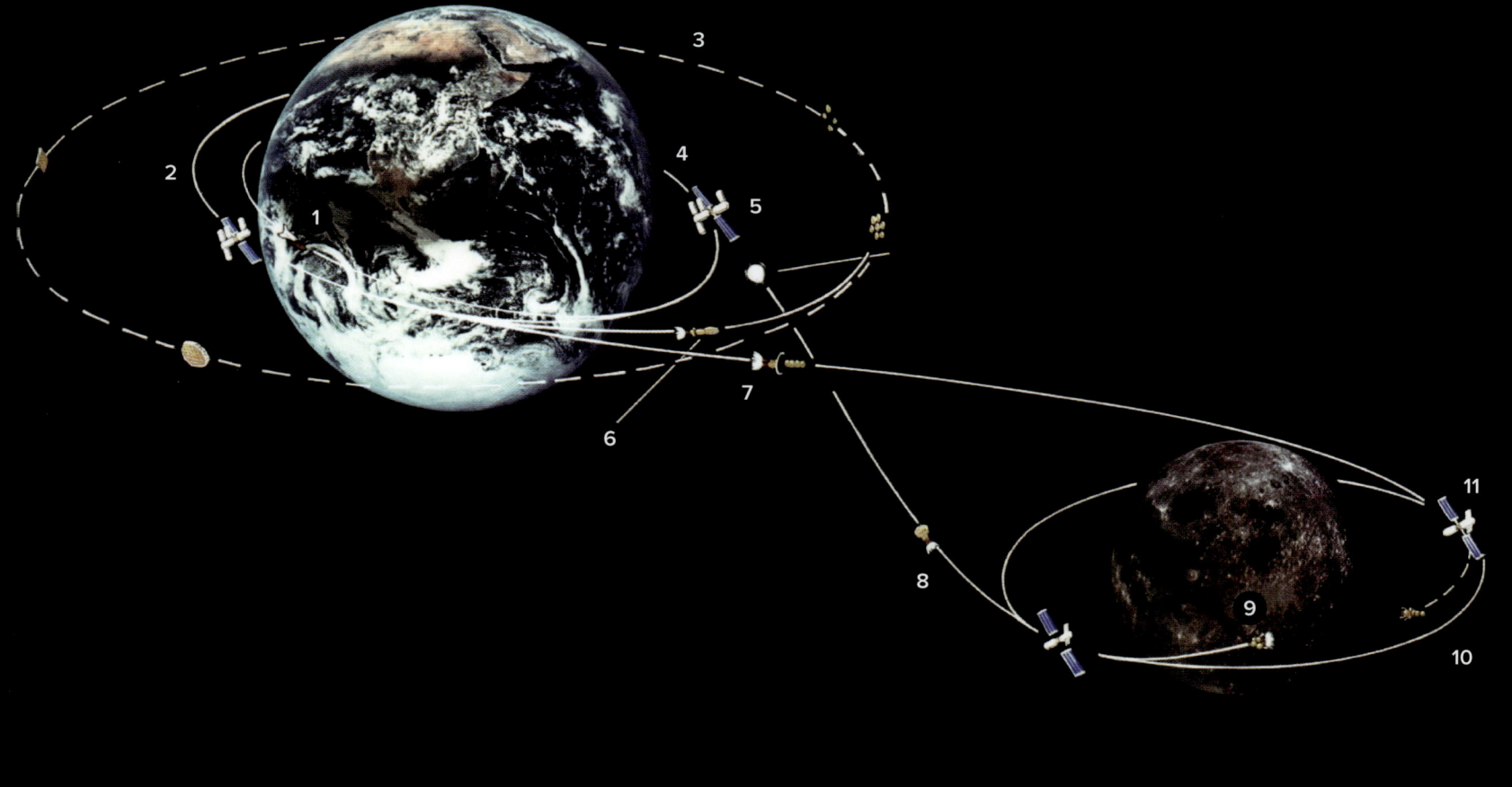

ARRIBA Los vehículos podrían tomar varias rutas cuando el oxígeno líquido (LOX) extraído de la Luna se transportara a la Tierra y se utilizara como combustible para varios vehículos. Algunos viajarían a la órbita terrestre geosíncrona (GEO), donde los satélites de comunicaciones pueden repararse o sustituirse. Otros volarían entre la Tierra y la Luna, llevando hidrógeno líquido a las instalaciones lunares y devolviendo oxígeno líquido a las instalaciones de la órbita terrestre baja (LEO).

1. Lanzamiento de un vehículo con un depósito de hidrógeno líquido (LH2) y una nave espacial en GEO para el encuentro con la estación espacial de la LEO
2. LEO
3. GEO
4. 28½ grados en la LEO
5. Estación espacial/depósito de propelente
6. Viaje del Orbital Test Vehicle (OTV) a la GEO con satélite de comunicaciones alimentado por LOX de producción lunar
7. Transbordador lunar con LH2 de la LEO
8. Transbordador lunar con LOX de producción lunar rumbo a la LEO
9. Ascenso del módulo lunar con LOX
10. Descenso del módulo lunar con LOX
11. Estación espacial en órbita lunar

PÁGINA SIGUIENTE En el verano de 1975, el centro de investigación Ames de la NASA, la asociación ASEE y la Universidad de Stanford patrocinaron el proyecto *Space Settlements*; A Design Study para analizar todos los aspectos de la vida en el espacio. Aquí, tres artistas distintos ilustran la propuesta del toro de Stanford. El asentamiento consiste en un toroide o anillo de 1,5 kilómetros de diámetro que giraría una vez por minuto para proporcionar gravedad normal terrestre a sus 10 000 habitantes. El gran montaje podría realizarse en el espacio.

La idea de una colonia espacial fue promovida por el físico estadounidense Gerard K. O'Neill en su libro *Ciudades del espacio* (1976). Aquí, el cilindro mide 9,2 kilómetros de diámetro y 36 kilómetros de largo. La rotación en torno al eje longitudinal, a una velocidad de 210 metros/ segundo en superficie, proporciona gravedad artificial por medio de la fuerza centrípeta.

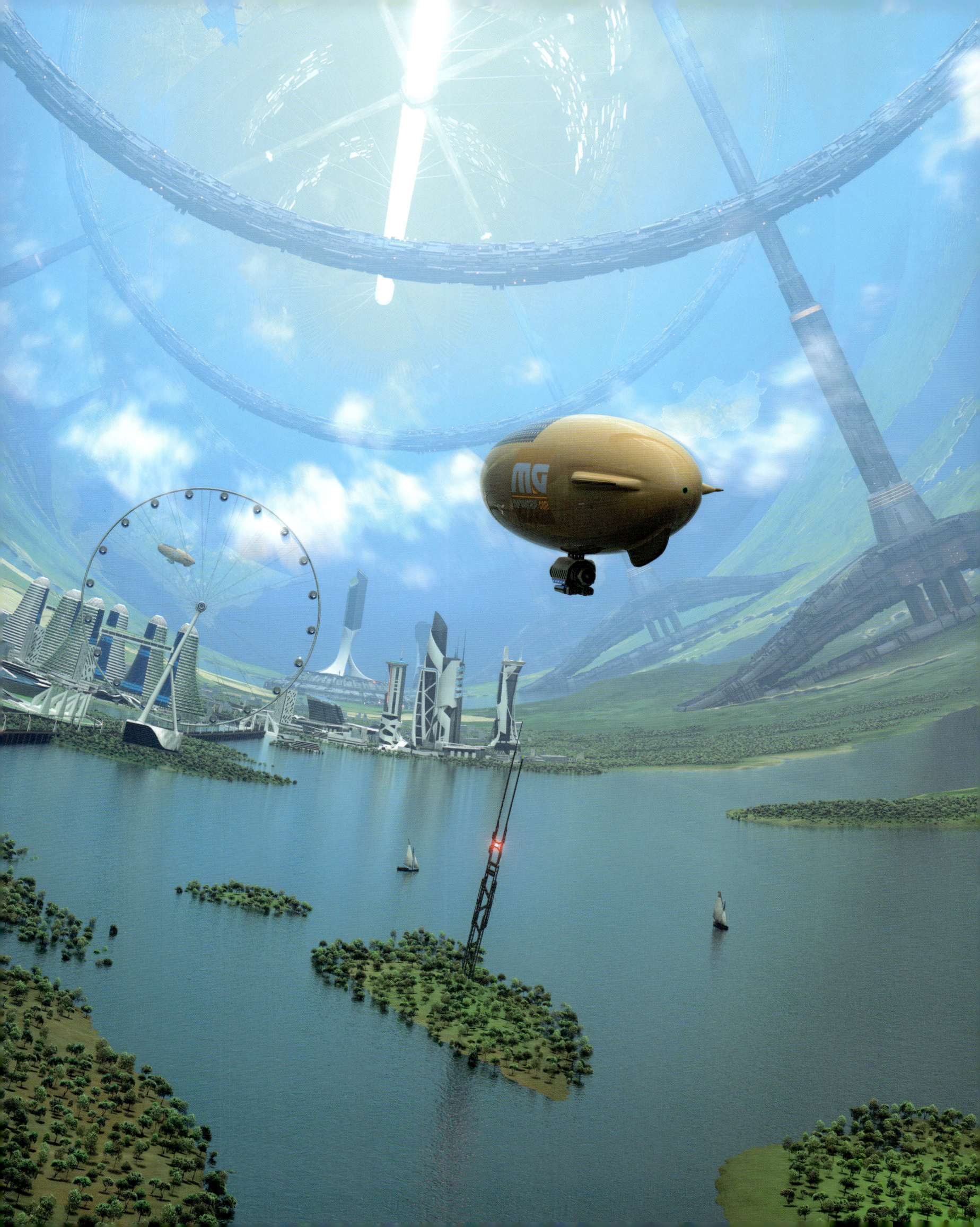

En 1976 y 1977, la NASA patrocinó estudios de verano sobre la viabilidad de las colonias espaciales, no en un planeta o una luna, sino flotando libremente en el sistema solar. Encargó al artista Rick Guidice una serie de ilustraciones elaboradas de dichas instalaciones. Esta representa una esfera de Bernal independiente, que gira para generar gravedad artificial, con una zona residencial dentro de la esfera central. Las zonas agrícolas están en los «neumáticos». Los espejos reflejan la luz del sol para iluminar el hábitat y las granjas. Los grandes paneles solares irradian el exceso de calor al espacio, y los paneles de celdas solares proporcionan electricidad. Las fábricas y las dársenas de las naves espaciales están a ambos extremos del largo tubo central.

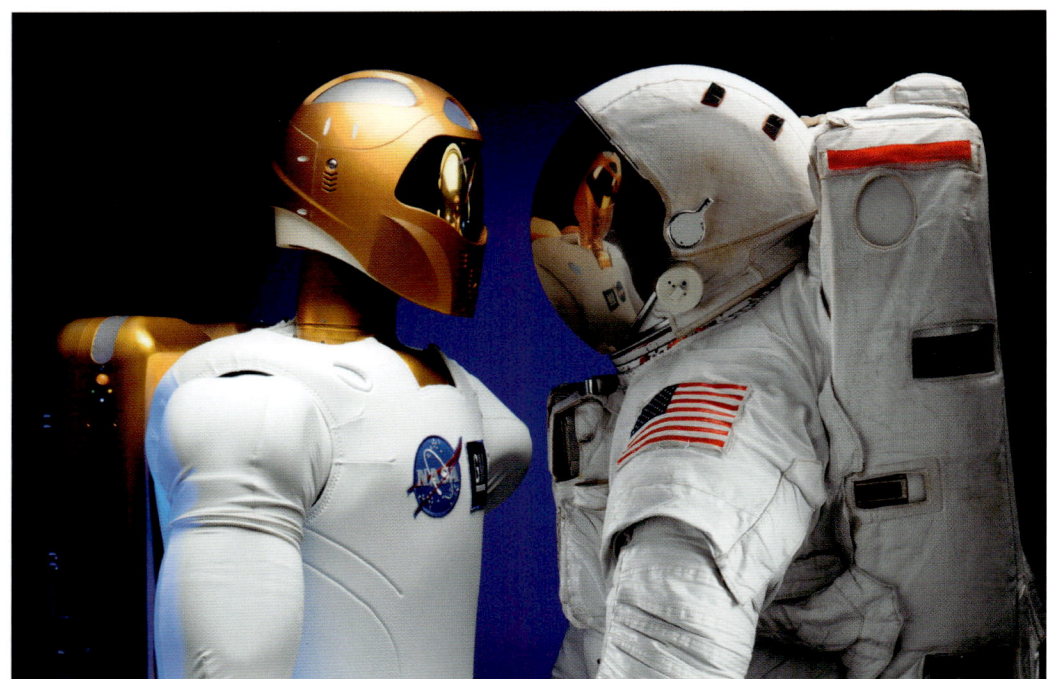

ARRIBA La posibilidad de automatizar la minería espacial plantea la cuestión fundamental de si la presencia humana es realmente necesaria o no. A la izquierda está Robonaut 2, un diestro robot humanoide que podría sustituir a los astronautas humanos.

DERECHA Esta propuesta de una colonia espacial en una esfera de Bernal revela un interior no muy distinto a la zona de la bahía de San Francisco de la Tierra. No es casualidad, puesto que el estudio de verano que patrocinó la NASA se celebró en el Centro de Investigación Ames de esta zona de Estados Unidos. La idílica representación del interior de una colonia en rotación incluso cuenta con un ala delta en el centro de la esfera, un lugar donde habría ingravidez.

«Más que vivir en la superficie de un planeta, los colonos podrían residir en el interior de cilindros o esferas gigantescos. Cada biosfera independiente contaría con una atmósfera respirable, así como los ingredientes necesarios para mantener los cultivos y la vida, y podría rotar para proporcionar gravedad artificial».

LA EXPLORACIÓN INTERESTELAR: MÁS ALLÁ DE 2100

La intriga de viajar más allá de los confines de este sistema solar nos lleva a especular con esta posibilidad, pero la realidad es que no es algo que vaya a suceder a corto plazo. La migración interestelar es un objetivo muy lejano.

Las distancias entre las estrellas son tan colosales (el sistema estelar más cercano está a 4,3 años luz), que las perspectivas de que los humanos exploren el espacio interestelar son sumamente remotas. No obstante, esto no quita que tengamos tendencia a pensar en viajar a otras estrellas, tanto cercanas como lejanas. Las formas de viajar a otros sistemas son cosa de ciencia ficción (como el desplazamiento por curvatura de *Star Trek* y la animación suspendida de *Avatar*), aunque a veces se inmiscuyen en las investigaciones tecnológicas rigurosas.

Por ejemplo, en 2010, la Agencia de Proyectos de Investigación Avanzados de Defensa de Estados Unidos, en colaboración con la NASA, financió el estudio 100 Year Starship «para explorar la nueva generación de tecnologías necesarias para los viajes espaciales tripulados de larga distancia». Concebido para impulsar la innovación de cara a los viajes interestelares, la Dorothy Jemison Foundation for Excellence, la Icarus Interstellar y la Foundation for Enterprise Development lideraron el experimento. En varias conferencias sobre la investigación, se ha hablado de las posibilidades de distintos sistemas de propulsión, de métodos para mantener la estasis humana durante siglos y de las perspectivas de las naves multigeneracionales, y algunos equipos de científicos incluso han trabajado en el desarrollo de tecnología para el proyecto.

Aunque ninguno de ellos existe ya, se han contemplado cuatro métodos para viajar más allá de los confines del sistema solar:

- Utilizar algún tipo de velocidad más rápida que la luz, que es de 299 338 kilómetros por segundo, como la de hiperimpulsores, agujeros de gusano o algún otro sistema exótico de propulsión.
- Desarrollar algún tipo de procedimiento de animación suspendida que permita a los humanos soportar los viajes increíblemente largos entre las estrellas.
- Aumentar la longevidad humana a través de la modificación científica o tecnológica.
- Crear naves espaciales multigeneracionales (arcas espaciales) capaces de sustentar a los humanos a lo largo de los siglos que se tardará en llegar a otra estrella a velocidades inferiores a la de la luz.

Estos retos de la migración estelar podrían llegarse a superar con el tiempo. Sin embargo, las dificultades prácticas son inmensas y requerirán una tecnología mucho más sofisticada que los cohetes convencionales que han lanzado todos los proyectos de exploración espacial hasta la fecha. Es posible que puedan superarse los retos científicos, pero es poco probable que sea en este siglo.

PÁGINA SIGUIENTE Una nave hipotética utiliza un anillo de inducción de «energía negativa» para lograr una velocidad prácticamente igual a la de la luz a través de un agujero negro. La energía negativa es un concepto enigmático de la mecánica cuántica en el que intervienen la gravedad, la fisión nuclear y otras energías. Puede que, algún día (mucho más allá del siglo XXI), su aprovechamiento permita realizar viajes interestelares.

«Las dificultades prácticas son inmensas y requerirán una tecnología mucho más sofisticada que los cohetes convencionales que han lanzado todos los proyectos de exploración espacial hasta la fecha».

Una nave de antimateria utiliza la energía liberada por la aniquilación total que se produce cuando la antimateria y la materia entran en contacto. La eficacia es del ciento por ciento porque toda la masa se convierte en energía, generando 1000 veces la energía de la fisión nuclear. Las enormes cantidades de energía podrían permitir viajar a otras estrellas, aunque de momento este planteamiento es absolutamente teórico.

«Las distancias entre las estrellas son tan colosales (el sistema estelar más cercano está a 4,3 años luz), que las perspectivas de que los humanos exploren el espacio interestelar son sumamente remotas. No obstante, esto no quita que tengamos tendencia a pensar en viajar a otras estrellas, tanto cercanas como lejanas».

ÍNDICE ALFABÉTICO

Los números de página en cursiva remiten a las ilustraciones.

ATLAS DEL ESPACIO

AGRADECIMIENTOS

Siempre que un escritor escribe un libro, contrae numerosas deudas intelectuales. En mi caso, quisiera dar las gracias a la Agencia Espacial Europea y a los programas espaciales de otras naciones que me ayudaron a documentarme y a enmendar errores. También quisiera agradecer a Emma Harverson que haya dirigido este proyecto, a Katie Crous por su trabajo de edición, y a Gemma Wilson y los diseñadores de Quarto por producir el libro. Gracias también a Carolyn Gleason y su equipo de Smithsonian Books por apoyar este proyecto. Mi profundo agradecimiento a todas estas magníficas personas.

En especial, agradezco la ayuda de Andrew K. Johnston, que colaboró conmigo para escribir otro atlas, *Historia de la exploración espacial* (2009), que hablaba de la exploración del sistema solar y las principales misiones para conocerlo, así como para cartografiar los lugares de lanzamiento de todo el mundo, y muchos otros artefactos terrestres destinados a la exploración espacial. Las versiones de algunos de los mapas creados para el libro anterior se han modificado y revisado para utilizarlos también en este.

Asimismo, quisiera dar las gracias a las siguientes personas, que me ayudaron de formas muy distintas: Daniel Adamo, Erik Conway, David H. DeVorkin, James Rodger Fleming, Jim Green, G. Michael Green, Wes Huntress, Dennis R. Jenkins, W. Henry Lambright, Jennifer Levasseur, John M. Logsdon, Howard E. McCurdy, Valerie Neal, Allan A. Needell, Michael J. Neufeld, Brian Odom, Asif A. Siddiqi y Margaret Weitekamp. Sobre todo, estoy en deuda con las mujeres de mi vida, mi esposa, Monique Laney, y mis hijas, Dana y Sarah Launius. Puede que todas estas personas discrepen de las ideas y las observaciones vertidas en este libro, pero espero que estén de acuerdo en que se trata de un informe provechoso sobre el conocimiento del universo.

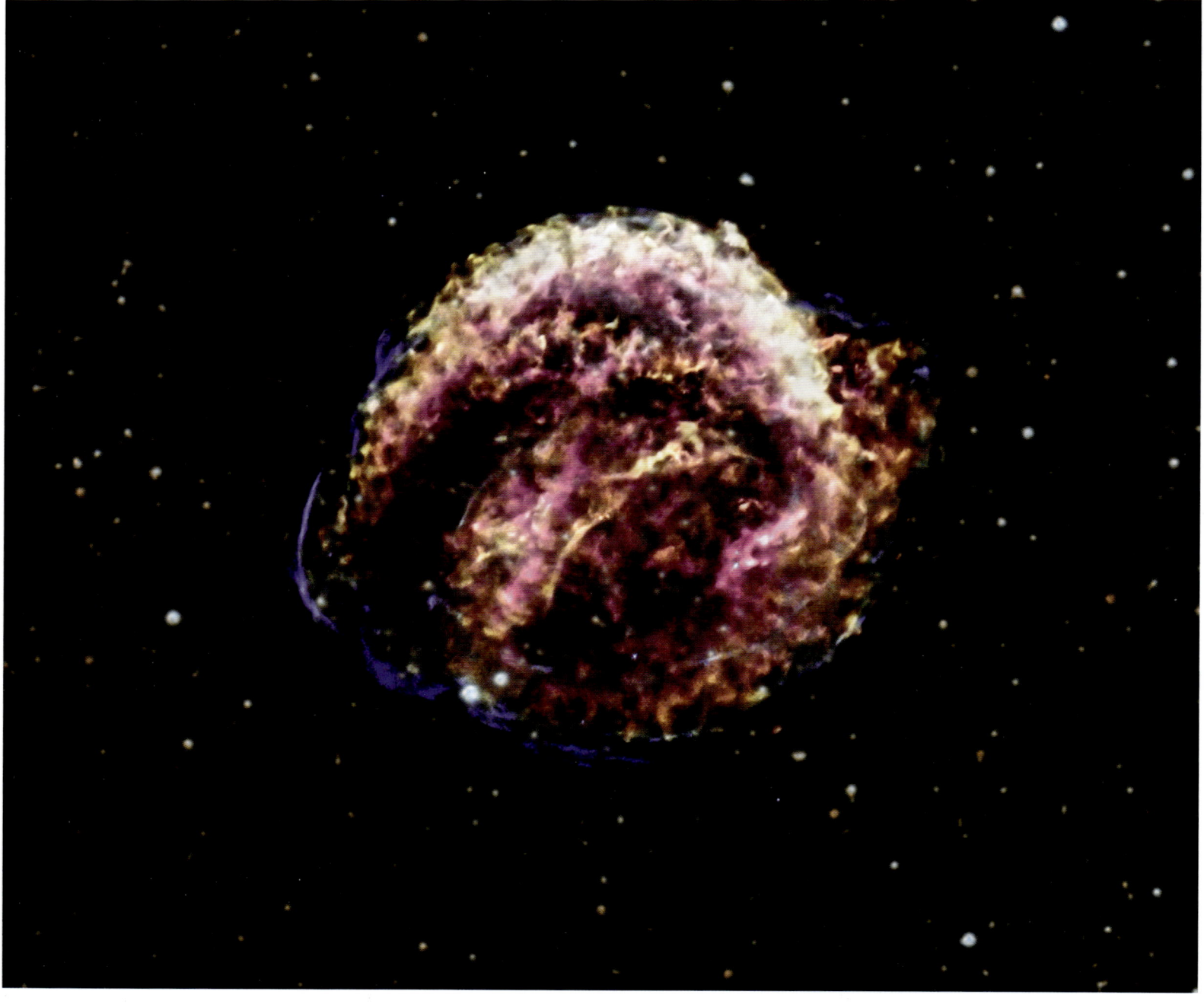

CRÉDITOS FOTOGRÁFICOS

Las imágenes de las páginas enumeradas a continuación se han reproducido gracias a la autorización de los propietarios. Los editores han hecho lo posible por contactar con ellos, y piden disculpas por cualquier error u omisión en los que hayan incurrido involuntariamente. Las indicaciones son las siguientes: **ar=arriba; ab=abajo; i=izquierda; c=centro** y **d=derecha.**

Cubierta posterior: (arriba) ESO/M. Kornmesser; (centro) NASA/JPL; (abajo) NASA, ESA y J. Olmsted (STScI).

10-11 NASA, ESA, CSA y STScI. **12** Mark Garlick / Science Photo Library. **13** CIENCIA: NASA, ESA, CSA, Olivia C. Jones (UK ATC), Guido De Marchi (ESTEC) y Margaret Meixner (USRA). PROCESAMIENTO DE LA IMAGEN: Alyssa Pagan (STScI), Nolan Habel (USRA), Laura Lenkić (USRA) y Laurie E. U. Chu (NASA Ames). **14-15** NASA, ESA, CSA, STScI y Webb ERO Production Team. **16** NYPL / Science Source / Science Photo Library. **17** Adquisición, Fletcher Fund y Joseph E. Hotung y Michael y Danielle Rosenberg Gifts, 1989. The Metropolitan Museum of Art, Nueva York, 1989.140. **18i** Library of Congress, Washington D. C. **18d** Adler Planetarium and Astronomy Museum. **19ar** Museo Arqueológico Nacional de Atenas/ Foto: Tilemahos Efthimiadis, a través de Flickr (CC BY 2.0). **19ab** Tony Freeth, 2020, de Freeth, T., Higgon, D., et al. *A Model of the Cosmos in the ancient Greek Antikythera Mechanism*. Sci Rep 11, 5821 (2021) https://doi.org/10.1038/s41598-021-84310-w. **20-21** NASA, ESA, CSA y STScI. **22-23** Bibilotèque Nationale de France, París. **24i** Smithsonian Libraries, Digital Collections (PDM). **24d** Smithsonian Libraries and Archives, Washington D. C., SI-A-56122. **25ar, 25ab** De un mapa de *Historia de la exploración espacial* (2009), fondo Shutterstock/alexkoral. **26-27** NASA. **28** Marco Giannini. **29ari** Cortesía del programa Gravity Probe B patrocinado por la NASA en la Universidad de Stanford/texto modificado por Quarto Publishing plc. **29ard** NASA. **29ab** Ferdinand Schmutzer/Wikipedia. **30-31** ESA/Webb, NASA y CSA, J. Rigby (CC BY 4.0). **32** Fotografía de los documentos de Edwin P. Hubble, Huntington Library, San Marino, California. **33** Cortesía de la Carnegie Institution for Science. **34i** Wikicommons. **34-35** David (Deddy) Dayag, **36-37** NASA, ESA, Leah Hustak (STScI)/texto modificado por Quarto Publishing plc. **38-39** NASA/STScI/CEERS/ TACC/S. Finkelstein/M. Bagley/Z. Levay. **40-41** Elisabeth Roen Kelly. **42-43** NASA, ESA, Ann Feild (STScI) y Adam Riess (STScI/JHU)/texto modificado por Quarto Publishing plc. **44-45** NASA, ESA y Adam G. Riess (STScI, JHU)/diseño modificado por Quarto Publishing plc. **46** M. Blanton y el Sloan Digital Sky Survey. Copyright © 2010-2013 SDSS-III/texto modificado por Quarto Publishing plc. **47ar** NASA/JPL-Caltech/A. Kashlinsky (GSFC)/ texto modificado por Quarto Publishing plc. **47ab** NASA/WMAP Science Team. **48i** NASA/Science Photo Library. **48d** Agencia Espacial Europea/Planck. **49** NASA/JPL-Caltech/ESA/ texto modificado por Quarto Publishing plc. **50** NASA GSFC/CIL/Adriana Manrique Gutierrez. **51** NASA/Goddard/Chris Gunn. **52-53** Fotografía: NASA, ESA y CSA/procesamiento de la imagen: Anton M. Koekemoer y Joseph DePasquale (STScI). **54** Royal Astronomical Society/Science Photo Library. **55ar** NASA/ ESA/CSA/T. Treu, UCLA/NAOJ/J. Zavala/T. Bakx, Universidad de Nagoya/ texto modificado por Quarto Publishing plc. **55ab** C. Mullis et al./ texto modificado por Quarto Publishing plc. **56-57** CIENCIA: NASA, ESA, CSA y Tommaso Treu (UCLA)/ PROCESAMIENTO DE LA IMAGEN: Zolt G. Levay (STScI)/ texto modificado por Quarto Publishing plc. **58** NASA, ESA, CSA y M. Zamani (ESA/Webb). **59** ESA-C. Carreau. **60-61** NASA, ESA, CSA y STScI. **62** Cortesía de Carnegie Institution for Science. **63ar** NASA/JPL-Caltech. **63ab** jivacore/ Shutterstock.com; Alexander Owen/ Shutterstock.com; Alex Mit/ Shutterstock.com. **64** NASA, ESA y D. Coe (Laboratorio de Propulsión a Reacción de la NASA/Instituto de Tecnología de California e Instituto de Ciencias del Telescopio Espacial), N. Benítez (Instituto de Astrofísica de Andalucía), T. Broadhurst (Universidad del País Vasco) y H. Ford (Universidad Johns Hopkins). **65** NASA, ESA y M. Montes (Universidad de Nueva Gales del Sur, Sídney, Australia). **66-67** ESA/Hubble y NASA, R. Tully SA/Hubble y NASA y R. Tully (Gagandeep Anand). **68** NASA y ESA. **69** Centro de Vuelo Espacial Goddard de la NASA. **70-71** Elisabeth Roen Kelly. **72-73** NASA, ESA y J. Olmsted (STScI). **74-75** Hubble—NASA, ESA, K. Kuntz (JHU), F. Bresolin (Universidad de Hawái), J. Trauger (Laboratorio de Propulsión a Reacción), J. Mould (NOAO), Y.-H. Chu (Universidad de Illinois, Urbana) y STScI; CFHT— Observatorio Canadá-Francia-Hawái/ J.-C. Cuillandre/ Coelum; NOAO—G. Jacoby, B. Bohannan y M. Hanna/ NOAO/ AURA/NSF. **77** NASA/JPL-Caltech/R. Hurt (SSC/ Caltech)/texto modificado por Quarto Publishing plc. **78ar** ESA/Gaia/DPAC, CC BY-SA 3.0 IGO. **78ab** NASA/ESA/ JPL-Caltech/Conroy et. al. 2021. **79ar** NASA/ESA/J. Dalcanton, B.F. Williams y M. Durbin (Universidad de Washington). **79ab** ESA/NASA/JPL-Caltech/GBT/WSRT/ IRAM/C. Clark (STScI). **80-81** Copyright © Robert Gendler/ ESO. **82-83** Ilustración científica: NASA, ESA, Z. Levay y R. van der Marel (STScI), T. Hallas y A. Mellinger. **84ar** NASA, ESA, CSA y STScI. **84ab** ESA/ATG medialab. **85** ESA/Webb, NASA y CSA, P. Kelly / texto modificado por Quarto Publishing plc. **86i** Spencer Sutton/ Science History Images/Alamy Stock Photo (detalles). **86-87** Hubble—NASA, ESA, K. Kuntz (JHU), F. Bresolin (Universidad de Hawái), J. Trauger (Laboratorio de Propulsión a Reacción), J. Mould (NOAO), Y.-H. Chu (Universidad de Illinois, Urbana) y STScI; CFHT— Observatorio Canadá-Francia-Hawái/ J.-C. Cuillandre/Coelum; NOAO—G. Jacoby, B. Bohannan y M. Hanna/NOAO/AURA/NSF. **88-89** Centro de Vuelo Espacial Goddard de la NASA/ESO/JPL-Caltech/DSS. **90-91** NASA/JPL-Caltech/SSC. **91** ESA/Hubble y NASA, Agradecimiento: Judy Schmidt. **92-93** NASA/ JPL-Caltech/SSC. **94-95** ESA/Hubble y NASA, J. Lee. Agradecimiento: Leo Shatz. **96i** NASA. **96d** NASA. **97** ESA/Hubble y NASA, J. Bally y M. Robberto. **98** Wikimedia Commons. **99** NASA/JPL-Caltech/GSFC/JAXA. **100-101** Centro de Rayos X Chandrar/texto modificado por Quarto Publishing plc. **102** NASA, ESA, el Hubble Heritage Team (STScI/AURA) y J. Hester y P. Scowen (Universidad Estatal de Arizona). **103** NASA, ESA, el Hubble Heritage Team (STScI/AURA) y J. Hester y P. Scowen (Universidad Estatal de Arizona). **104** Ciencia: NASA, ESA, CSA y STScI. Procesamiento de la imagen: Joseph DePasquale (STScI), Anton M. Koekemoer (STScI) y Alyssa Pagan (STScI). **105** ESO/M. Kornmesser. **106-107** ESA/Webb, NASA, CSA, T. Ray (Dublin Institute for Advanced Studies). **108** Rayos X: NASA/CXC/SAO; Ópticos: NASA/STScI, Observatorio Palomar, DSS; Radio: NSF/NRAO/VLA; H-Alfa: LCO/IMACS/MMTF. **108-109** Rayos X: NASA/CXC/Dublin Inst. Advanced Studies/S. Green et al.; Infrarrojos: NASA/JPL/Spitzer. **110** NASA, ESA, CSA y STScI. **111** NASA, ESA, CSA, STScI y el Webb ERO Production Team. **112** Galería Nacional de Praga/Fine Art Images/Heritage Images/Getty Images. **113ar** Rayos X: NASA/CXC/SAO/D.Patnaude, Ópticos: DSS. **113ab** Rayos X: NASA/SAO/CXC; Infrarrojos: NASA/JPL-Caltech/A. Tappe & J. Rho. **114-115** NASA, ESA y Hubble Heritage (STScI/AURA)-ESA/Hubble Collaboration. Agradecimiento: Robert A. Fesen (Dartmouth College, EE. UU.) y James Long (ESA/Hubble) (CC BY 4.0). **116** NASA/CXC/SAO. **117** NASA, ESA, CSA, STScI y Webb ERO Production Team. **118-119** ESA/Webb, NASA, CSA, M. Barlow (UCL), N. Cox (ACRI-ST) y R. Wesson. (Universidad de Cardiff). **120** NASA/JPL-Caltech (dealles)/ texto modificado por Quarto Publishing plc. **121** NASA, ESA, W. Fong (Northwestern University), y T. Laskar (Universidad de Bath, Reino Unido)/texto modificado por Quarto Publishing plc. **122ar** NASA/JPL-Caltech/texto modificado por Quarto Publishing plc. **122ab** ESA-C. Carreau. **122-123** Event Horizon Telescope Collaboration. **124i, 124c, 125** NASA/C. Henze. **126** NASA. **127** NASA. **128** MSFC-0102550 ASA/Centro Marshall de Vuelos Espaciales)/texto modificado por Quarto Publishing plc. **131ar** MSFC-9134213. **131abd** Dr. Seth Shostak/Science Photo Library. **132** NASA/CXC. **133** NASA/JPL. **134** ESA/Gaia/DPAC (CC BY-SA 3.0 IGO). **135** Elisabeth Roen Kelly. **136-137** Elisabeth Roen Kelly. **138-139** © ESA/AOES Medialab (STScI/ESA)/texto modificado por Quarto Publishing plc. **140-141** Observadores cósmicos (actualizado en 2023) © Agencia Espacial Europea—ESA (CC BY-SA 3.0 IGO)/ texto modificado por Quarto Publishing plc. **141ab** NASA. **142** Creado originalmente para *Historia de la exploración espacial* (2009). **143ar** ESA, NASA, M. Kornmesser (ESA/Hubble) y STSc. **143ab** NASA. **144** NASA/ JPL-Caltech/ texto modificado por Quarto Publishing plc. **145** NASA/JPL-Caltech. **146-147** Elisabeth Roen Kelly. **148-149** NASA, ESA y M. Kornmesser (ESO). **150** Andrew Clegg, NSF. **151ari** NASA. **151ard** NASA. **151abi** NASA. **151abd** Dr. Seth Shostak/Science Photo Library. **152-153** NASA/ESA/STScI. **154-155** NASA, ESA y G. Bacon (STScI). **156** Archivos Nacionales de los Paíss Bajos/Anefo—Joop van Bilsen (detalle). **157ar** NASA/JPL-Caltech. **157ab** NASA/ JPL-Caltech/JHUAPL. **158ar** Everett Collection Historical/Alamy Stock Photo. **158ab** NASA/texto modificado por Quarto Publishing plc. **159ar** Marco Giannini, de un mapa para *Historia de la exploración espacial* (2009). **159ab** Observatorio Europeo Austral. **160-161** NASA/ESA/STScI. **162-163** Elisabeth Roen Kelly. **164ar** Science History Images/Alamy Stock Photo. **164ab** NASA, ESA y M. Showalter (SETI Institute), detalle. **165** NASA/Laboratorio de Física Aplicada de la Universidad Johns Hopkins/Instituto de Investigación del Suroeste/Centro de Rayos X Chandra. **166** NASA/Joel Kowsky. **167ar** Laboratorio de Física Aplicada de la Universidad Johns Hopkins/Instituto de Investigación del Suroeste (JHUAPL/SwRI). **167ab** NASA. **168** NASA/ Laboratorio de Física Aplicada de la Universidad Johns Hopkins/Instituto de Investigación del Suroeste/texto modificado por Quarto Publishing plc. **169** Laboratorio de Física Aplicada de la Universidad Johns Hopkins/Instituto de Investigación del Suroeste (JHUAPL/ SwRI). **170** NASA/texto modificado por Quarto Publishing plc. **171** Caltech (detalles). **172** NASA. **173ar** De un mapa de *Historia de la exploración espacial* (2009). **173ab** NASA. **174** NASA/JPL-Caltech/texto modificado por Quarto Publishing plc. **175ar** De un mapa de *Historia de la exploración espacial* (2009). **175ab** NASA/JPL-Caltech. **176-177** Elisabeth Roen Kelly. **178-179** NASA/JPL. **179ar** NASA/JPL. **180** Marco Giannini, de un mapa de *Historia de la exploración espacial* (2009). **181** NASA/JPL. **182ari** NASA/JPL/Universities Space Research Association/Lunar & Planetary Institute. **182ci** NASA/JPL. **182ard** David Hardy/Science Photo Library. **182ab** Marco Giannini, de un mapa de *Historia de la exploración espacial* (2009). **183** De un mapa de *Historia de la exploración espacial* (2009). **184** NASA/JPL. **185** NASA/JPL/STSci. **186ar** NASA/JPL. **186c** NASA/JPL. **186ab** NASA/JPL. **187ar** NASA/ JPL. **187ab** NASA/JPL/USGS. **188ar** NASA/JPL. **188ab** NASA/JPL-Caltech/ texto y diseño modificados por Quarto Publishing plc. **189ar** Marco Giannini, de un mapa de *Historia de la exploración espacial* (2009). **189ab** NASA/JPL/ STScI. **190** NASA. **191** NASA. **193ar** De un mapa de *Historia de la exploración espacial* (2009). **193ab** Marco Giannini, de un mapa de *Historia de la exploración espacial* (2009). **194t** NASA/ JPL-Caltech. **194ab** NASA/ JPL-Caltech. **195ar** NASA/JPL-Caltech. **195ba** NASA/JPL-Caltech/USGS. **196-197** NASA/JPL-Caltech. **198ari** NASA. **198ard** NASA. **199** NASA y ESA. **200** NASA. **201** Marco Giannini, de un mapa de *Historia de la exploración espacial* (2009). **202** NASA. **203ar** Marco Giannini, de un mapa de *Historia de la exploración espacial* (2009). **203ab** NASA/JPL-Caltech/SwRI/MSSS. Procesamiento de la imagen de Thomas Thomopoulos © CC BY. **204-205ar** NASA. **204ab** NASA/JPL. **205** NASA/JPL. **206** Ciencia: Geronimo Villanueva (NASA-GSFC). Ilustración: NASA, ESA, CSA, STScI y Leah Hustak (STScI)/texto y diseño modificados por Quarto Publishing plc. **207** NASA, ESA, CSA y Jupiter ERS Team; procesamiento de la imagen de Ricardo Hueso (UPV/EHU) y la científica ciudadana Judy Schmidt/texto modificado por Quarto Publishing plc. **208** NASA, ESA y (Vesta) L. McFadden (Universidad de Maryland) y (Ceres) J. Parker (Southwest Research Institute)/texto modificado por Quarto Publishing plc. **209ar** NASA/ESA/Giotto Project. **209ab** Marco Giannini, de un mapa de *Historia de la exploración espacial* (2009). **210ari** NASA/JPL. **210ard** NASA/JPL. **211** Marco Giannini, de un mapa de *Historia de la exploración espacial* (2009). **212** NASA/JPL-Caltech. **213ar** NASA/JPL. **213ab** Marco Giannini, de un mapa de *Historia de la exploración espacial* (2009). **214i** NASA/Goddard/Universidad de Arizona. **214d** NASA/Keegan Barber. **215ar** NASA. **215ab** NASA/JPL/JHUAPL. **216** NASA/Johns Hopkins APL/Steve Gribben. **217ar** JAXA/ilustración de Akihiro Ikeshita. **217ab** NASA. **218-219** NASA. **220-221** NASA /JSC/Terry Virts. **222** NASA, ESA y Zolt G. Levay (STScI). **223** NASA/ JHUAPL/ESA/MPS/UPD/LAM/IAA/ RSSD/INTA/UPM/DASP/IDA. **224** Detlev van Ravenswaay/Science Photo Library. **225** NASA/JPL/USGS. **226** Bibliotecas de la Universidad de California. **227ar** Fuerzas Aéreas de Estados Unidos/ Lunar and Planetary Institute/texto modificado por Quarto Publishing plc. **227ab** Detlev van Ravenswaay/Science Photo Library. **228-229** Science History Images/Alamy Stock Photo. **230ari** NASA/Laboratorio de Propulsión a Reacción-Caltech. **230ard** NASA/JPL-Caltech/Dan Goods. **230abi** NASA/JPL-Caltech/Dan Goods. **230abd** NASA/ NSSDC/Mariner 4. **231ar** NASA/JPL. **231ab** Transferencia de la Administración Nacional de Aeronáutica y el Espacio. **232-233** NASA/JPL-Caltech/Universidad de Arizona. **234-235** NASA/JPL. **234ar** NASA/JPL. **234ab** NASA/JPL. **235ab** NASA/texto modificado por Quarto Publishing plc. **236-237** NASA/JPL. **237ab** NASA/JPL. **238** NASA/JPL. **239ar** NASA/JPL-Caltech/Cornell. **239ab** NASA/ JPL-Caltech/MSSS. **240** NASA/JPL-Caltech/texto modificado por Quarto Publishing plc. **240ari** NASA/JPL-Caltech/texto modificado por Quarto Publishing plc. **241abd** NASA/JPL-Caltech/MSSS. **241abi** NASA/JPL-Caltech. **240-241** NASA/JPL-Caltech/Universidad de Cornell. **242-243** NASA/JPL-Caltech/texto modificado por Quarto Publishing plc. **244ar** NASA/HRSC FUB/DLR/ESA **245ar** NASA/JPL-Caltech/Universidad de Arizona **244-255** NASA/JPL-Caltech. **246ar** NASA/JPL-Caltech/MSSS/texto modificado por Quarto Publishing plc. **247ar** NASA/JPL-Caltech/MSSS. **246-247** NASA/JPL-Caltech/MSSS. **248ar** NASA/JSC/Universidad de Stanford. **248ab** NASA/JSC/ Universidad de Stanford. **249ar** Julian Baum/Science Photo Library. **249abi** NASA/JPL/MSSS. **249abd** NASA/JPL/MSSS. **250** NASA/JPL/texto modificado por Quarto Publishing plc. **251** NASA/JPL-Caltech. **252** NASA/JPL. **253ar** NASA/Ilustración de Michael Carroll/texto modificado por Quarto Publishing plc. **253ab** Universidad Estatal de Arizona/Ron Miller. **254ar** NASA/JPL. **254ab** NASA/JPL/MSSS. **254-255** Marco Giannini, de un mapa de *Historia de la exploración espacial* (2009). **255** NASA/ Ilustración de Michael Carroll/texto modificado por Quarto Publishing plc. **256-257** NASA/ JPL-Caltech/Universidad de Arizona. **258ar** NASA/ESA/JPL-Caltech. **258ab** NASA/JPL-Caltech. **259-261** Elisabeth Roen Kelly. **262** NASA. **263ari** NASA. **263ard** NASA. **263ab** NASA/texto modificado por Quarto Publishing plc. **264ari** NASA. **264ard** NASA. **264ab** De un mapa de *Historia de la exploración espacial* (2009). **265** De un mapa de *Historia de la exploración espacial* (2009). **266** NASA/JPL-Caltech. de un mapa de *Historia de la exploración espacial* (2009). **267ar** Detlev van Ravenswaay/Science Photo Library. **268** BDMO/NASA/Lunar and Planetary Institute/texto modificado por Quarto Publishing plc. **269i** NASA. **269ard** NASA/texto modificado por Quarto Publishing plc. **270ar** Administración Espacial Nacional China/Xinhua/Alamy Stock Photo. **270ab** Marco Giannini, de un mapa de *Historia de la exploración espacial* (2009). **271** NASA/Wikipedia. **272** NASA. **273ar** NASA/ MSFC/texto modificado por Quarto Publishing plc. **273ab** NASA/MSFC/texto modificado por Quarto Publishing plc. **274** NASA. **275ar** NASA. **275ab** NASA. **276ar** De un mapa de *Historia de la exploración espacial* (2009). **276ab** NASA/GSFC/ Universidad Estatal de Arizona/texto modificado por Quarto Publishing plc. **277** NASA. **278-279** NASA/Wikipedia. **280ar** NASA. **280ab** NASA. **281** NASA/U.S. Geological Survey/Lunar and Planetary Institute. **282ar** NASA. **282ab** De un mapa de *Historia de la exploración espacial* (2009). **283ar** NASA. **283ab** NASA. **284ar** NASA. **284ab** De un mapa de *Historia de la exploración espacial* (2009). **286** NASA. **286ar** De un mapa de *Historia de la exploración espacial* (2009). **286-287** NASA/GSFC/Universidad Estatal de Arizona. **287abd** NASA/GSFC/Universidad Estatal de Arizona. **290-291** Elisabeth Roen Kelly. **293** NASA. **294abi** NASA/texto modificado por Quarto Publishing plc. **294ard** NASA/Rye Livingston. **295ar** Centro de Vuelo Espacial Goddard de la NASA; Figura creada por Eric R. Nash, NASA/GSFC SSAI y Paul A. Newman, NASA/GSFC, Ozone Hole Watch /texto modificado por Quarto Publishing plc. **295ab** NASA, Jacques Descloitres, MODIS Rapid Response Team de la NASA GSFC. **296ari** NASA/ Rye Livingston. **296ard** NASA. **296ab** NASA/JPL. **297ar** NASA. **297ar** NASA/JPL. **298** NASA/USGS/Landsat 5. **299** NASA. **300** NASA/Estudio Científico de Visualización del Centro de Vuelo Espacial Goddard de la NASA; datos de Blue Marble cortesía de Reto Stockli (NASA/GSFC)/texto modificado por Quarto Publishing plc. **301ar** Imagen del Observatorio de la Tierra de la NASA de Michala Garrison, usando datos de MODIS de NASA EOSDIS LANCE y GIBS/Worldview. **301ab** Estudio Científico de Visualización de la NASA, Clave y título del autor de la carga (Eric Fisk). **302-303** NASA/Kjell Lindgren. **304-305** © ESA (CC BY-SA 3.0 IGO)/texto modificado por Quarto Publishing plc. **306i** NASA/GSFC/ METI/ERSDAC/JAROS y U.S./Japan ASTER Science Team. **306d** NASA. **307ari** NASA. **307ard** Imagen cortesía de Shigeru Suzuki y Eric M. De Jong, Proyecto de Visualización del Sistema Solar, NASA JPL. **307ab** NASA. **308ar** NASA/ Estudio Científico de Visualización de la NASA del Centro de Vuelo Espacial Goddard. **308ab** NASA. **309** Fotografía del Observatorio de la Tierra de la NASA de Joshua Stevens, con datos Suomi NPP VIIRS de Miguel Román, Centro de Vuelo Espacial Goddard de la NASA. **310-311** © ESA (CC BY-SA 3.0 IGO). **314** NASA/JPL. **315** NASA/JPL-Caltech. **316** NASA/JPL. **317ar** NASA/JPL. **317ab** NASA/JPL-Caltech. **318-319** NASA/JPL. **320ar** NASA/JPL. **320ab** NASA/JPL. **321** NASA/JPL/ USGS. **322ar** NASA/JPL-Caltech. **322ab** NASA/ Laboratorio de Física Aplicada de la Universidad Johns Hopkins. **323ar** NASA/JAXA. **323ab** NASA/JPL/APL/NRL. **324** Agencia Espacial Europea (ESA)/AEOS Medialab/Science Photo Library. **325** Detlev van Ravenswaay/Science Photo Library. **326-327** Elisabeth Roen Kelly. **328** NASA/Laboratorio de Física Aplicada de la Universidad Johns Hopkins/Carnegie Institution of Washington. **329ari** NASA/JPL. **329arc** NASA/GRC. **329ard** NASA/GRC. **329ab** NASA/JPL/texto modificado por Quarto Publishing plc. **330-331** NASA/Laboratorio de Física Aplicada de la Universidad Johns Hopkins/Carnegie Institution of Washington. **332ar** NASA/Laboratorio de Física Aplicada de la Universidad Johns Hopkins/Carnegie Institution of Washington. **332ab** NASA/Laboratorio de Física Aplicada de la Universidad Johns Hopkins/Carnegie Institution of Washington. **333ar** ESA/BepiColombo/ MTM (CC BY-SA 3.0 IGO)/texto modificado por Quarto Publishing plc. **333ab** ESA/ATG medialab. **334ar** NASA/Laboratorio de Física Aplicada de la Universidad Johns Hopkins/Carnegie Institution of Washington. NASA/Johns. **334ab** Laboratorio de Física Aplicada de la Universidad Johns Hopkins/Carnegie Institution of Washington/Byrne et al. **335** NASA/ Laboratorio de Física Aplicada de la Universidad Johns Hopkins/Carnegie Institution of Washington. **336** NASA/ SDO/ AIA. **337ar** NASA/JPL-Caltech/JAXA. **337ab** NASA/ GSFC/Observatorio de la Dinámica Solar. **338** Centro de Vuelo Espacial Goddard de la NASA/Mary Pat Hrybyk-Keith. **339ar** Centro de Vuelo Espacial Goddard de la NASA/S. Wiessinger. **339ab** NASA/SDO/Steele Hill/texto modificado por Quarto Publishing plc. **340-341** Elisabeth Roen Kelly. **342ar** NASA/ JPL-Caltech/GSFC. **342ab** NASA/Centro de Vuelo Espacial Goddard de la NASA/SDO. **343** NASA/Goddard/SDO. **344-345** Mark Garlick/Science Photo Library. **346-347** NASA/Pat Rawlings. **348-349** NASA. **350-351** NASA/JPL-Caltech. **352** NASA/Bill Ingalls. **353ar** NASA. **353ab** NASA. **354** NASA. **355ar** NASA. **355ab** NASA/Kim Shiflett. **356-357** NASA/texto modificado por Quarto Publishing plc. **358ar** NASA/Kim Shiflett. **358ab** NASA/Frank Michaux. **359** NASA/Josh Valcarcel. **360-361** Blue Origin. **362-263** P. Carril/Agencia Espacial Europea. **364ar** NASA. **364ab** NASA/Pat Rawlings. **365** NASA/Pat Rawlings. **366-367** Imagen de la NASA S86-27256 (junio de 1986): Concepto artístico de una base lunar. **368-369** NASA/Ren Wick. **370** NASA. **371** NASA/ Pat Rawlings/SAIC. **372ar** NASA/ Jack Frassanito and Assocs. **372ab** NASA/Pat Rawlings/SAIC. **373** NASA/Pat Rawlings. **374-375** NASA. **376-377** David Hardy/Science Photo Library. **378** NASA/Pat Rawlings. **379ar** NASA. **378ab** NASA/Pat Rawlings. **380ar** Victor Habbick/Science Photo Library. **380ab** NASA. **381** NASA. **382-383** NASA/ texto modificado por Quarto Publishing plc. **384-385** Mark Garlick/Science Photo Library. **386-387** NASA/Rick Guidice. **388i** NASA. **388-389** NASA/Rick Guidice. **391** NASA. **392-393** Gregoire Cirade/Science Photo Library.

Título original: *Atlas of Space*

© 2025 Librero b.v. (edición española)
www.librero.nl

Este libro fue ideado, diseñado y producido por Quintessence Editions,
un grupo editorial de Quarto Group
© 2024 Quarto Publishing Plc

Directora editorial: Carolyn Gleason
Editor: Jaime Schwender
Editora de contenido: Julie Huggins
Editores séniores: Eszter Karpati y Emma Harverson
Editora asistente: Ella Whiting
Diseño original: GRADE
Diseño: Transmission
Ilustradores: Elisabeth Roen Kelly y Marco Giannini
Directora de arte: Gemma Wilson
Investigación de imágenes: Sara Ayad
Gerente de producción: David Hearn
Editora asociada: Eszter Karpati
Redactora: Lorraine Dickey

Producción de la edición española:
Traducción: Carme Franch Ribes
para Delivering iBooks & Design
Redacción y maquetación:
Delivering iBooks & Design, Barcelona

Distribución exclusiva de la edición española:
Librero IBP S. L.
C/ Paseo de los Olmos, n.º 20
Planta 1.ª, oficina 7
28005 Madrid, España
www.librero-ibp.es

Impreso en China
ISBN: 978-94-6499-121-5

Se han realizado todos los esfuerzos posibles para garantizar que la información recogida en este
libro sea correcta. En caso de error u omisión al consignar los derechos de autor de las imágenes
incluidas en la obra, Librero b.v. pide disculpas y se compromete a enmendar la información en
futuras ediciones del libro.